KB101396

1920

1930

연표 구성 및 디자인:
홍은주 김형재

천도교 대신사출세백년기념관
1924
이훈우 설계, 1959년 모습
© 임인식; 임인식·임정의 편,
[그때그모습], 발언, 1995, 59쪽

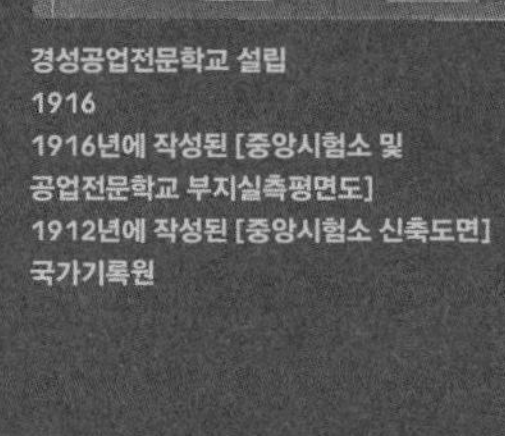

경성공업전문학교 설립
1916
1916년에 작성된 [중앙시험소 및
공업전문학교 부지실측평면도]
1912년에 작성된 [중앙시험소 신축도면]
국가기록원

을축년 대홍수
1925
홍수 피해를 기록한 경성부수재도
서울역사아카이브

경성제국대학 전경
1926
서울특별시시사편찬위원회

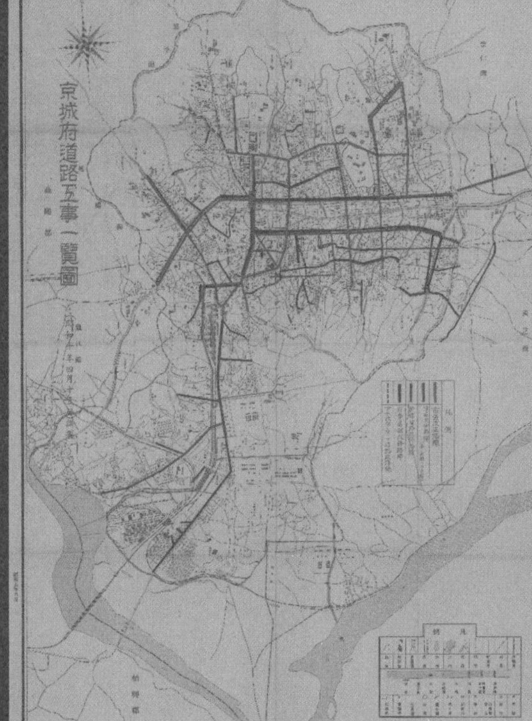

경성부의 도로 공사현황
1935
경성부토목사업개요 내
경성부도로공사일람도
서울역사아카이브

북악산과 시가지 전경
1930년대
서울특별시사편찬위원회

화신백화점
1937
박길룡 설계,
[서울부흥대
서울대학교

서울시 인구 (명)

250,208 261,698 271,414 288,260 297,465 336,349 306,363 315,006 321,848 340,290 355,426 365,432 374,909 382,491 394,511 404,202 727,241

1940

남대문로 광장
1930년대
조선은행, 동양척식주식회사, 중앙우체국
등이 모여있던 모습
서울특별시사편찬위원회

반도호텔
1938
[서울부흥대관], 국제통신사, 1960
서울대학교 중앙도서관

950년대 말 모습
], 국제통신사, 1960
앙도서관

1950

세종로 일대
1945
1945년 미 해군 전폭기에서 촬영한 세종로
일대의 모습
서울특별시사편찬위원회

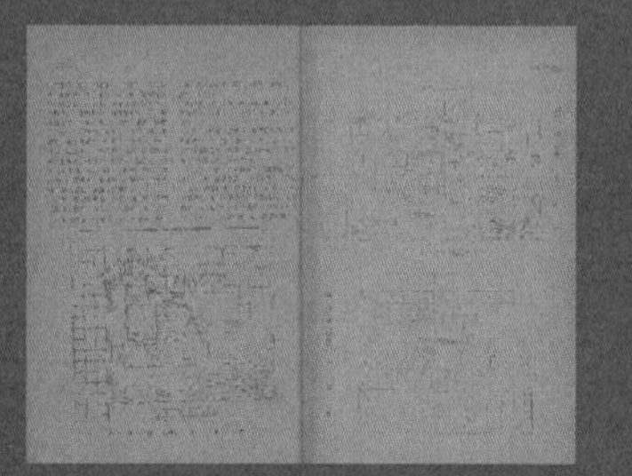

조선주택영단 국민주택 설계도안 공모
1945
조선건축기술단, [조선건축] 1947. 3. 20.
서울대학교 중앙도서관

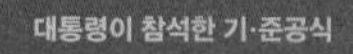

대통령이 참석한 기·준공식

국회의사당(옛 부민관) 복구공사
1953-1954
[건축] 1955. 6.
목천문화재단

대한건축학회 발족
1954
대한건축학회지 창간호 표지
[건축] 1955. 6.
목천문화재단

서울시가안내도
1950년대말
[서울부흥대관], 국제통
서울대학교 중앙도서관

청계천 복개공사(1958-1961)
1961
(좌) 해방전 청계천변의 목조가옥
(우) 1961년 청계천 복개공사 개통식
(좌) 서울특별시사편찬위원회
(우) 국가기록원

보건사회부 주관
제1회 전국주택설계
1958
현상공모작품집 표지
단독주택 1등 당선안
보건사회부, [제1회 전
건축자재 당선작품],
목천문화재단

06,396 · 737,214 · 774,286 · 935,464 · 974,933 · 1,114,004 · 1,078,178 · 947,630 · 901,371 · 1,266,057 · 1,707,322 · 1,418,025 · 1,693,224 · 648,432 · 716,865 · 1,010,416 · 1,242,880 · 1,574,868

대한민국 명목 GDP (조원

0.1 0.1

1960

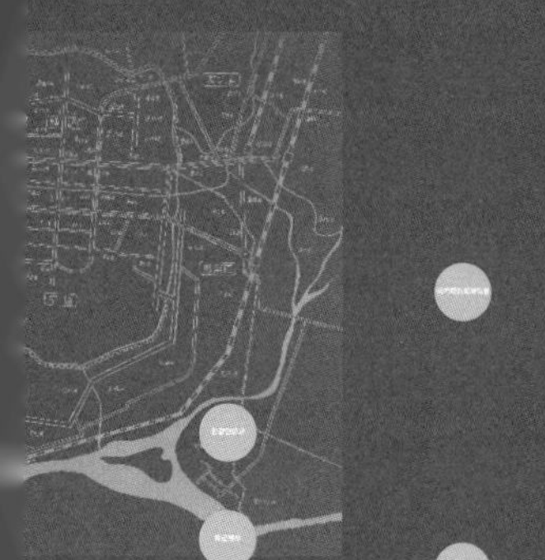

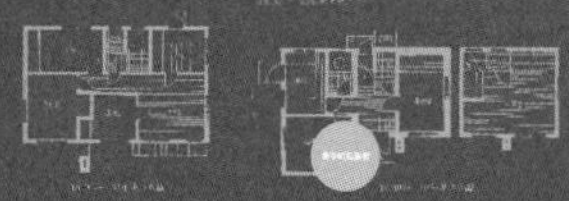

ICA주택 건설사업
1957-1962
산업은행 6개년 사업에 사용한 평면도
[공간] 1969. 3.

자유센터와 [illegible]호텔
1963-1969
김수근문화재단

제2한강교(양화대교)
1965
서울역사아카이브

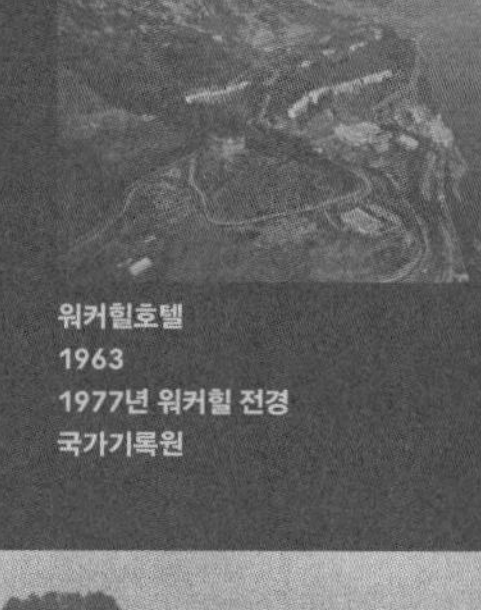

워커힐호텔
1963
1977년 워커힐 전경
국가기록원

ROK청사/USOM청사
1961
19[illegible] 정부청사 신축공사 모습
국가기록원

마포아파트
1962
[서울도시기본계획 An Outline of The Preliminary Master Plan Seoul, Korea], 1966
목천문화재단

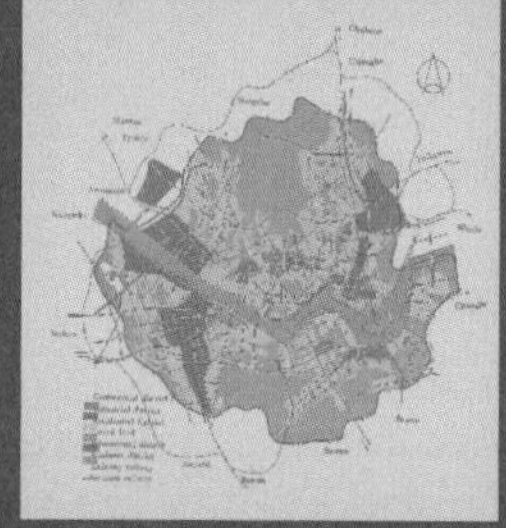

서울도시기본계획
1966
[서울도시기본계획 An Outline of The Preliminary Master Plan Seoul, Korea], 1966
목천문화재단

서울특별시전도
1966
서울특별시사편찬위원

광화문 사거리
1960년대 중반
[서울도시기본계획 An Outline of The Preliminary Master Plan Seoul, Korea], 1966
목천문화재단

남산 국회의사당 현상설계
1959
(위) 당선작: 박춘명, 김수근, 강병기, 정경, 정종태
(아래) 2등작: 송종석, 안영배
대한민국의원사무처, [국회의사당 신축현상설계도안 심사기념화], 1959
목천문화재단

군인아파트
1963-1964
김중업건축연구소의 설계로 준공된 모습
[건축] 1965. 7.

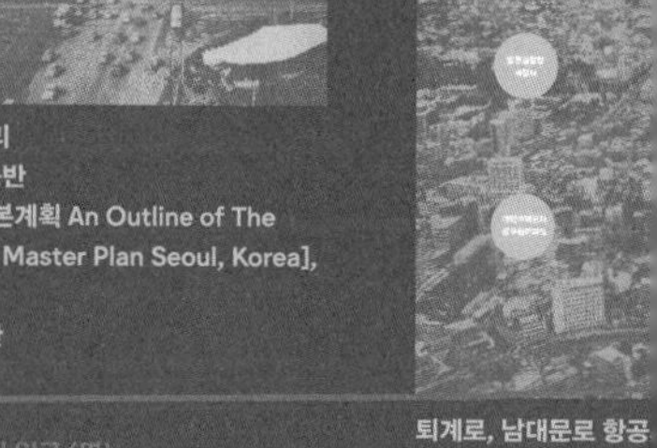

퇴계로, 남대문로 항공
1960년대 중반
[서울도시기본계획 An
Preliminary Master
1966
목천문화재단

조흥은행 남대문 지점
1960
구조사-건축기술연구소 설계로 준공된 모습
목천문화재단

1,666,005
1,756,406
2,093,969
2,983,324
3,254,630
서울시 인구 (명)

1,440,000
서울시 총 도로 길이 (m)

대한민국 명목 GDP (조원)
0.2 0.2 0.2 0.2 0.3 0.4 0.5 0.7 0.8

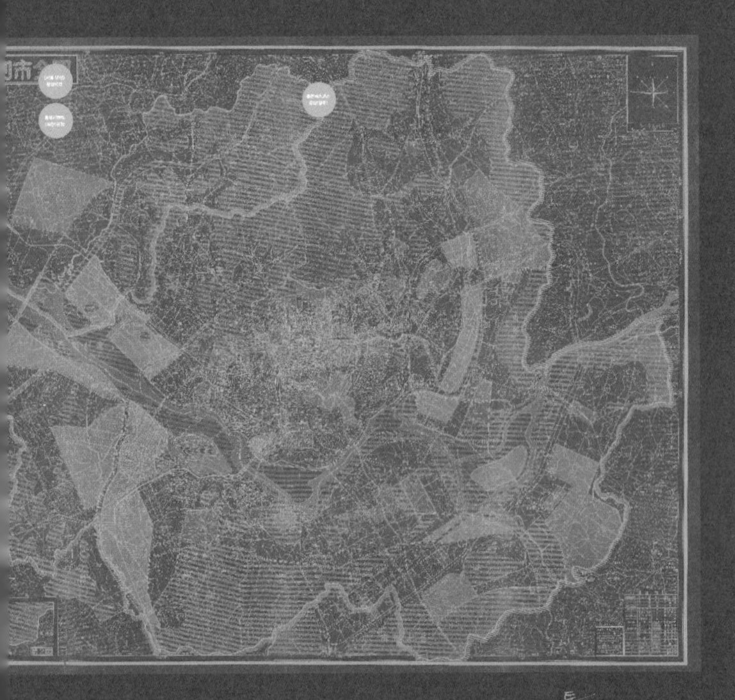

김포국제공항 종합계획
1966
한국종합기술개발공사 건축부의 계획안
[공간] 1968. 4.

진

utline of The
n Seoul, Korea],

정부종합청사 현상설계
1966
나상진의 당선안
[공간] 1967. 5.

관악 컨트리클럽하우스
1967
[건축사] 1967. 11.

여의도종합개발계획
1968
한국종합기술개발공사 도시계획부의
여의도종합개발계획 모형
[공간] 1969. 4.

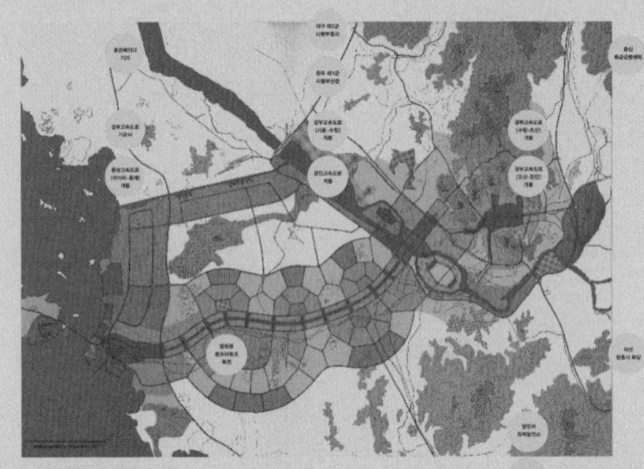

김태수의 [A Master Plan for Seoul City]
1968
목천문화재단

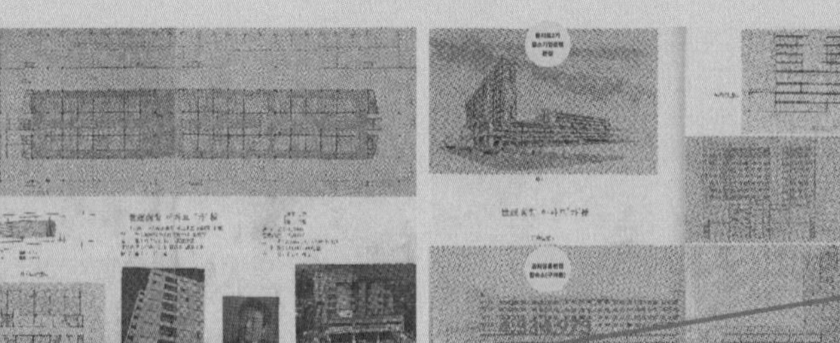

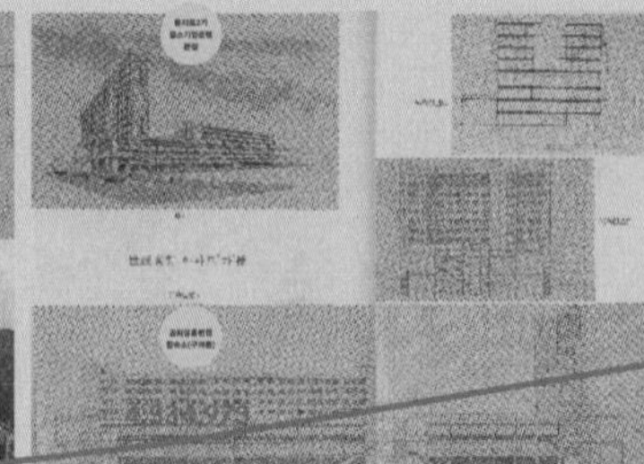

세운상가
1967
한국종합기술개발공사 건축부의 세운상가
아파트 "가"동 설계도
[건축사] 1968. 5.

3,969,218

4,776,928

서울시 인구 (명)

제1회 한국무역박람회
1968
제1회 한국무역박람회장으로 쓰인 구로동
제2공단
서울특별시사편찬위원회

마포대교
1970
서울역사

광화문
1970
1970년
정부종합
서현

한국과학기술원
1968
김수근건축연구소의 한
마스터플랜
[공간] 1968. 6.

조선호텔과 환구단 황궁우, 이
1970
© 안영배
목천문화재단

대한민국 명목 GDP (조원)

1.1

1.3

1.7

2.2

1970

잠실대교 개통
1972
서울특별시사편찬위원회

여의도 시범아파트 단지와
서울대교(현 마포대교)
1973
서울역사박물관

대한체육회 태릉선수촌
1975
구조사-건축기술연구소의 태릉선수촌
조감도와 투시도
목천문화재단

반포일대 개발
1976
반포주공아파트 항공사진
국토지리정보원

준공된

잠실지구종합개발계획
1971
[건축사] 1971. 2.

삼일빌딩과 3.1고가도로
1970
서울특별시사편찬위원회

시청앞광장-광화문 역사광장 계획안
1974
제23회 국전에서 국무총리상을 수상한
신기철外 8인의 역사광장 계획안
[건축사] 1974. 6.

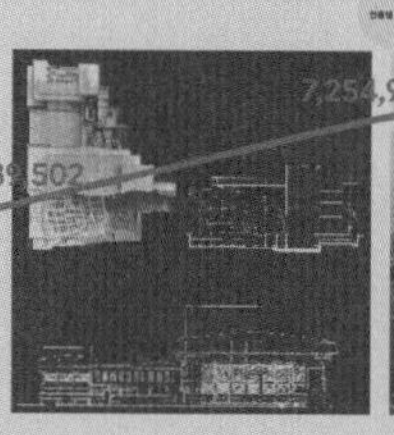

시민회관 현상설계
1973
(좌) 엄이건축연구소의 당선안
(우) 1978년 준공된 세종문화회관
(좌) [꾸밈] 1977. 9-10.
(우) 서울역사아카이브

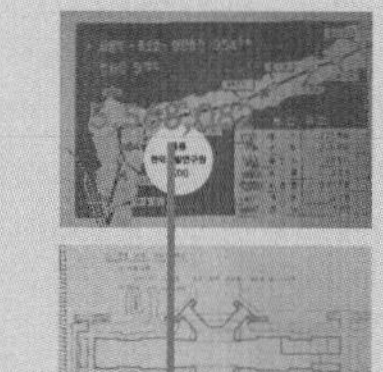

지하철 1호선 개통
1974
1972년 건설예정노선도와 종로5가 정류장
설계도면
서울역사아카이브

여의도 국회의사당
1975
국회의사당 조감도
대한민국의회사무처, [국회의사당 건립지],
1976
목천문화재단

대우센터빌딩
1977
1976년에 촬영된 대우빌딩
국가기록원

5,432,198 · 5,525,262 · 5,594,442 · 5,658,895 · 5,766,899 · 6,005,483 · 6,164,735 · 6,889,502 · 7,254,958 · 7,525,629

인구 (명)

총 도로 길이 (m)

대한민국 명목 GDP (조원)

2.8 · 3.4 · 4.3 · 5.5 · 7.9 · 10.5 · 14.5 · 18.6 · 25

1980

과천신도시 입주 시작
1981
(좌) 1984년 촬영된 항공사진
(우) 1982년의 과천신도시 중심상업지구
보고서
(좌) 국토지리정보원
(우) 서울대학교 환경대학원 도서관

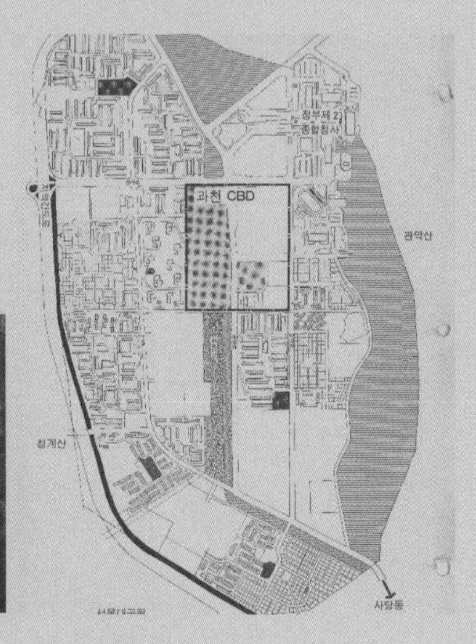

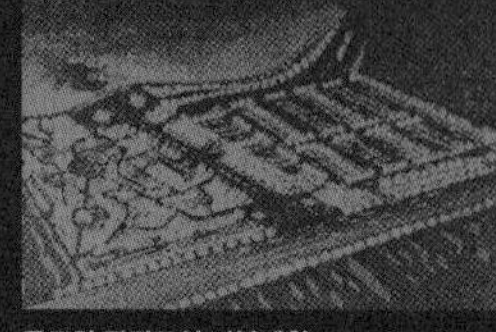

종묘앞 광장조성 기본계획
1983
[건축과 환경] 1986. 11.

84서울국제무역박람회 영동 종합전시장
1984
(좌) 항공사진과 (우) 현황배치도
(좌) 서울역사박물관, [세계는 서울로, 서울은 세계로, 1984-1988], 2019
서울특별시
(우) [한국종합무역센터 도시설계], 19
(좌) 목천문화재단
(우) 서울대학교 환경대학원 도서관

8,114,021
8,364,379
8,676,037
8,916,481
9,204,344
9,501,413
9,639,110

을지로2가(제16및17지구) 재개발사업
1983
(좌) 1983년 김중업건축연구소의
모형사진과 (우) 1988년 실제 준공된 모습
(좌) [꾸밈] 1983. 8.
(우) [건축문화] 1988. 1.

종합청사계획 설계경기
축연구소의 당선안
1978. 11.

한강개발사업시행계획도

한강종합개발사업 시행 계획도
1982
서울역사박물관

서울드림랜드 기본계획
1984
[건축과 환경] 1986. 11.

610,386
6,689,159
6,737,508
6,779,582
6,843,389

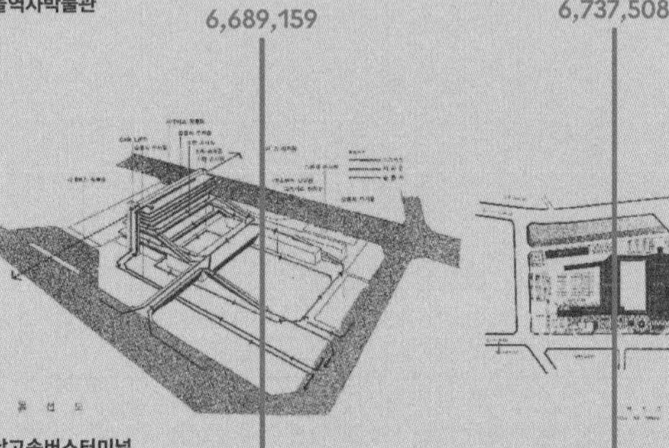

강남고속버스터미널
1982
강남고속버스터미널 계획도, 완종합건축
[건축문화] 1981. 7.

과천 서울대공원 개관
1984
서울역사아카이브

서울시 총 도로 길이 (m)

32.4
39.7
49.7
57.3
68.1
78.6
88.1

서울시 자동차 등록대수 (대)

206,770
222,400
318,546
380,749

10,969,862

올림픽선수기자촌아파트
1986
서울역사아카이브

Complex 조성
1988
터 ㄱ-ㄹ)
83 서울종합운동장주경기장
84년 잠실 종합운동장 일대 공사
'86년 한강모형도
88년 촬영된 항공사진
울역사아카이브
울역사아카이브
울역사아카이브
토지리정보원

63빌딩(대한생명보험초고층사옥)
1985
1979년 박춘명건축설계사무소의
프레젠테이션용 보고서
목천문화재단

목동 신도시 입주 시작
1985
목동신시가지 모형 사진과 1983년
목동개발계획 종합도
서울역사아카이브
오성훈·임동근, [지도로 보는 수도권
신도시 계획 50년(1961-2010)], AURI,
2014

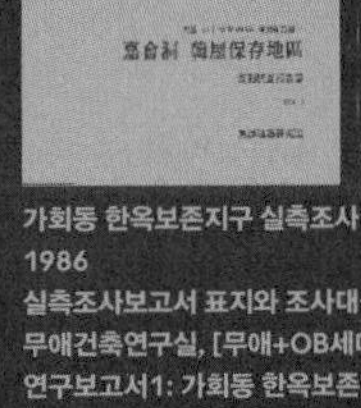

가회동 한옥보존지구 실측조사
1986
실측조사보고서 표지와 조사대상지 배치도
무애건축연구실, [무애+OB세미나
연구보고서1: 가회동 한옥보존지구
실측조사보고서], 1986
서울대학교건축사연구실

대법원 신축계획 설계경기
1989
윤승중의 당선작 조감도
[꾸밈] 1989. 12.

서울대공원 호수 활용 기본계획
1985
[건축과 환경] 1986. 11.

한국은행 본점
1987
간삼종합건축사사무소의 한국은행 본점
입면계획도
[꾸밈] 1987. 2.

하얏트 리젠시 서울
1985
Fujita Corporation + 송민구건축연구소
설계로 준공된 모습
[건축문화] 1985. 11.

센터
무역센터 사무동 도면(기본설계:
i, 실시설계: 원도시건축+정림건축)
이후 모형
건축작품집], 1997
시, [한국종합무역센터도시설계],
축·정림건축, 프레젠테이션 보고서,
교 건축학과 도서실
교 환경대학원 도서관
재단

경희궁 근린공원 기본계획
1986
[건축과 환경] 1986. 11.

아시아경기 선수촌
1986
조성룡·문정일·강기효 설계로 준공된 모습
[꾸밈] 1986. 8.

대한민국 명목 GDP (조원)
서울시 자동차 등록대수 (대)

9,798,542 · 10,286,503 · 10,576,794 · 10,612,577 · 10,969,862
7,058,065 · 7,140,859 · 7,250,038 · 7,322,520 · 7,37?,625 · 7,426,8?? · 7,516,038
103 · 121.7 · 148 · 165.8 · 242.5 · 277.5
449,055 · 526,218 · 641,318 · 792,838 · 1,006,746 · 1,207,877 · 1,379,868

990

일산 신도시 입주시작
1992
일산 신도시 항공사진
국토지리정보원

신 국립중앙박물관 국제현상설계
1995
정림건축의 당선안 모형사진
[국립중앙박물관 국제설계경기 작품집],
기문당, 1995

10,925,464 10,798,700 10,595,943 10,469,852 10,389,057 10,321,496

서울시 인구 (명)

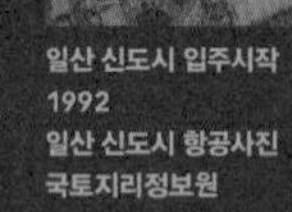

분당 신도시 입주시작
1991
분당신도시모형 현대산업개발(주) 설계실
제작 모형
[꾸밈] 1990. 2.

청와대 춘추관
1994
정림건축 설계로 준공된 모습
© 서현

종로 일대: 제일은행(현 SC), 종로타워,
영풍빌딩
1999
[건축문화] 2000. 3.

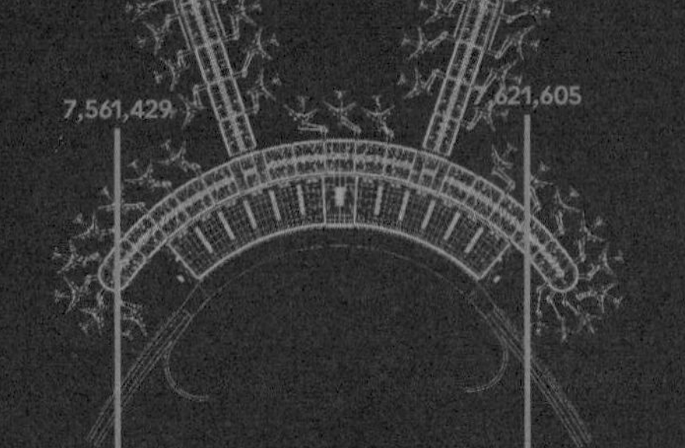

영종도신공항 여객터미널설계
국제지명현상
1990
까치, B.H.J.W, Fentress Bradburn
Architects Ltd. , McClier Aviation
컨소시엄의 당선안
인천국제공항공사, IIA, 2001
서울대학교 중앙도서관

7,561,429 7,621,605 7,737,101

서울시 총 도로 길이 (m)

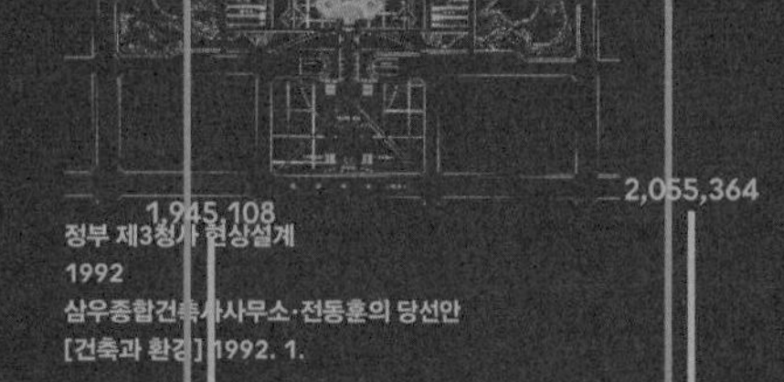

정부 제3청사 현상설계
1992
삼우종합건축사사무소·전동훈의 당선안
[건축과 환경] 1992. 1.

베니스 비엔날레 한국관
1995
1994년 김석철(아키반건축사사무소)
설계, 1995년 준공
[플러스] 1995. 1.

대한민국 명목 GDP (조원)

372.5 490.9 542

1,578,156 1,764,230 1,945,108 2,065,364 2,170,685 2,243,261

서울시 자동차 등록대수 (대)

2000

파주출판문화정보산업단지 건축설계지침
1999
플로리안 베이겔·
민현식·승효상·김종규·김영준,
[파주출판문화정보산업단지
건축설계지침], 1999

상암월드컵경기장
2001
류춘수+정림건축 설계의 배치도
[건축문화] 2001. 12.

서울민자역사
2003
아키플랜의 서울민자역사 배치도
[건축문화] 2004. 1.

고속철도 광명
2004
무영건축 설계
[건축문화] 20

북촌가꾸기 기본계획
2001
(좌) 2000년대 초 북촌 한옥
(우) 북촌가꾸기 기본계획 대상지
(좌) [건축문화] 2003. 1.
(우) 서울특별시, [북촌가꾸기기본계획
보고서], 2001

선유도공원 개장
2002
양화대교 일대 항공사진
국토지리정보원

이화여자대학교 캠퍼스센터
국제지명현상설계
2004
(좌) 도미니크 페로(Dominique
Perrault)의 당선안
(우) 2008년 준공된 모습
(좌) [건축문화] 2004. 3.
(우) © 서현

천년의 문 설계경기
1999
오퍼스건축의 당선안 모형사진과 조감도
OPUS Architects

청계천 복원사업
2003–2005
철거된 청계고가와 복원된 청계천
서울특별시

광화문광
2005–2
2009년
서울시 광

2010

명역사 내부
4.

202 10,421,782 10,456,034 10,464,051 10,575,447 10,528,774 10,442,426

서울시 인구 (명)

동대문운동장 공원화 사업
2007
(좌) 1981년 촬영된 동대문운동장과 주변 항공사진
(우) 국제지명현상설계 당선작 자하 하디드(Zaha Hadid)안으로 공사 중인 2012년 현장
(좌) 국토정보지리원
(우) © 김재경

1,089.7 1,154.2 1,205.3 1,322.6 1,388.9 1,440.1

국립아시아문화전당 현상설계
2005
우규승의 당선안 조감도와 배치도
Kyu Sung Woo Architects Inc.

대한민국 명목 GDP (조원)

송도국제무역도시
2011
2011년 촬영된 송도국제무역도시 항공사진
국토정보지리원

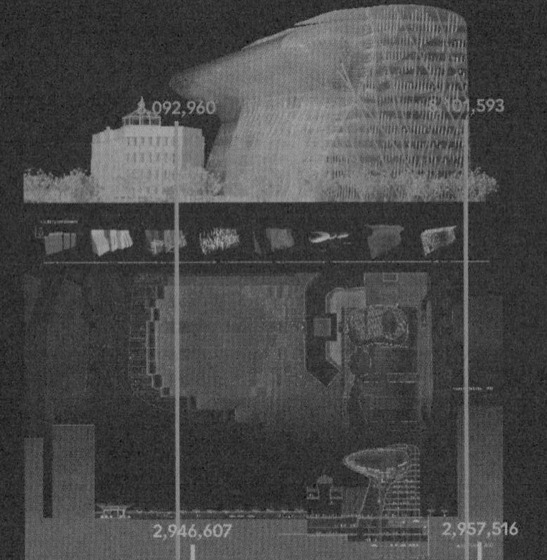

8,092,960 8,101,593 8,142,122 8,173,509

서울시 도로 길이 (m)

479 2,870,397 2,946,607 2,957,516 2,956,297 2,991,173 2,980,456

조성사업

광화문광장 조성사업 조감도
광화문광장추진단

서울시청사 증개축 턴키
2005
유걸의 당선안 모형사진과 배치도
iarc

행정중심복합도시 중심행정타운 조성 국제공모전
2007
해안건축의 당선안 정부세종청사 마스터플랜
Haeahn Architecture

서울시 항공사진
2013

서울시 자동차 등록대수 (대)

202

1,924
1,898.2
1,835.7
1,740.8
1,658
1,562.9
8

서울도시건축전시관 설계공모
2015
(좌) 터미널7아키텍츠의 당선안
(우) 2018년 준공 후 모습
(좌) Terminal 7 Architects
(우) © 이현주

대한민국 명목 GDP (조원)

10,369,593
10,297,138
10,204,057
10,124,579
10,049,607
10,010,983

서울시 인구 (명)

념공간 설계공모

이드 · 레스건축의

후 모습
tects Inc.

용산역 일대 재개발
2018
(위) 2002년 항공사진
(아래) 2018년 항공사진

서울대학교병원 대한외래센터
2019
Heerim Architects & Planners

8,214,475
8,215,127
8,240,574
8,270,665
8,273,356
8,309,733

서울로7017
2017
국제지명현상설계 당선작 MVRDV안으로
준공된 서울로7017
© 김재경

새로운 광화문광장 기본계획안
2021
서울시 광화문광장추진단

서울시 총 도로 길이 (m)

804
2,981,263
3,021,688
3,063,247
3,091,903
3,118,469
3,128,420

공평도시유적전시관 개관
2018
좌) 공평도시유적전시관 내부
우) 2015년 공평 1·2·4지구 제4문화층
발굴 현황
좌) 공평도시유적전시관
우) 한울문화재연구원

서울시 자동차 등록대수 (대)

9,911,088

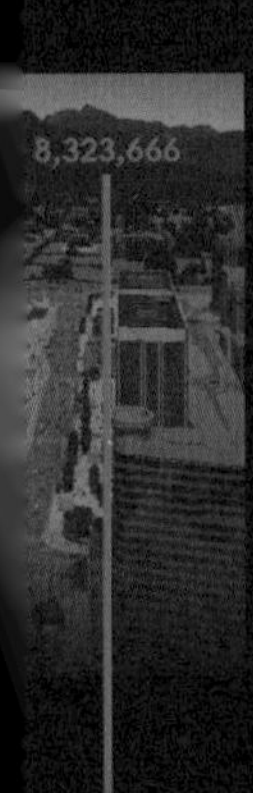

3,127,566

우리가 그려온 미래: 한국 현대 건축 100년

우리가 그려온 미래: 한국현대건축 100년

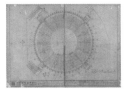

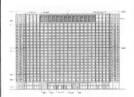

서울대학교박물관은 물적 증거의 수집과 전시, 교육 등의 기본적인 업무 외에, 매년 하나의 특별한 주제를 정하여 기획전시를 운영해오고 있습니다. 재작년에는 교내 각 기관이 소장 관리하고 있는 100만점이 넘는 생물표본 가운데 정수를 골라 전시하는 생물표본전을 하였고, 작년에는 한국 현대 건축전을 하게 되었습니다.

우리가 한국 현대건축전에 '현대건축 100년'을 이름 붙인 것에는 논란이 있을 수 있습니다. 이제까지 한국 건축의 시대 구분은 대개 개항을 전통과 근대의 분기점으로 잡고, 근대와 현대를 구분하는 경우는 해방을 기준으로 삼아왔기 때문입니다.

하지만, 박물관은 1919년 박길룡과 이기인 두 사람의 한국인이 경성공업전문학교를 졸업하면서 건축 전공으로 공학사의 학위를 취득하고, 전문직에 진출한 것을 기점으로 잡았습니다. 이것은 한 마디로 속지주의에 대비하여 속인주의적 구분이라고 할 수 있고, 소비주의에 대하여 생산주의적 관점에 의한 구분이라고 할 수도 있을 것입니다.

한국 문학사나 예술사를 생각해보신다면, 쉽게 그 의미를 이해하실 수 있을 것입니다. 개항이후 외국문학이 소개되고, 외국의 예술이 소개되었다고 그것을 한국의 현대 문학과 예술의 기점으로 삼지는 않습니다. 한국의 현대 문학과 현대 예술은 한국인이 새로운 창작을 하였을 때 비로소 시작하였다고 봅니다.

그러면 왜 건축에서는 그동안 이러한 시도가 없었던 것일까요? 그것은 건축사를 건축물의 역사로 보고, 또, 건축을 창작물보다는 도시 시설의 일부로 보아왔기 때문입니다. 즉, 만드는 측면을 강조하기 보다는 사용하는 측면, 소비하는 측면을 강조해왔기 때문입니다.

실제로 그랬습니다. 1945년 해방이 되고 1948년 정부가 수립되었습니다만, 이후로도 오랫동안 우리는 타자가 만들어놓은 도시와 건축을 이용해 왔습니다. 해방 당시 시내에 가장 높은 건물은 8층의 반도호텔이었습니다. 해방 이후 다시 8층 높이의 건물을 지은 것은 1961년 미국이 지어준 쌍둥이 정부청사입니다. 지금의 주한미국대사관과 대한민국 역사박물관입니다. 우리 손으로 한강에 다리를 놓은 것은 해방하고도 20년이 지난 1965년에 건설한 제2한강교가 처음입니다.

해방과 함께 외국인이 모두 물러가고 나자 한국인 건축 전문가는 불과 50여명이 남았을 뿐이고, 그 절반은 북으로 갔습니다. 그 서른이 안 되는 전문가들이 일부는 대학으로 가고, 일부는 정부 기관으로, 그리고 나머지 일부는 설계와 시공 현장으로 갔습니다. 이들로부터 한국 현대 건축이 시작되었습니다.

그러므로 한국현대건축 100년이라고 하지만, 실제로 우리 손으로 본격적인 건설 활동이 이루어진 것은 이제 막 50년 남짓 되었다고 보는 편이 더 적당할 것입니다. 공업도 결국은 인력의 문제입니다. 건설은 말할 것도 없고, 자동차와 조선, 반도체와 같은 장치 산업도 마찬가지입니다. 산업보다 교육이 빨랐던 것은 한국 현대 산업사의 특이점입니다.

우리나라 최초이자, 최고의 건축교육기관으로서 서울대학교 건축학과는 그간 정부와 대학, 건설회사와 건축설계사무소, 전문 엔지니어링 업체에 이르기까지 각 부문을 선도하는 핵심적인 인재를 배출해왔고, 그들의 손에 의해 한국 현대 건축이 만들어져 왔습니다. '우리가 그려온 미래: 한국 현대건축 100년'은 이들이 그려온 미래, 그리고 지금 그리고 있는 미래에 대한 전시입니다.

건축학과·BK사업단과 박물관 모두 전시준비하느라 수고 많았습니다. 특히 귀중한 자료를 제공해주신 각 기관과 단체, 그리고 참여해주신 건축가분들께 깊은 감사를 드립니다.

2022년 1월 31일
서울대학교 박물관장 전봉희

"작업자는 아카이브의 드문드문함 사이에서
없던 길을 터야 하고, 아카이브의
더듬거리는 답변과 불언으로부터
없던 질문을 만들어내야 한다."
— 아를레트 파르주, 「아카이브 취향」,
문학과지성, 2020, 118쪽

'우리가 그려온 미래: 한국 현대 건축 100년'
(이하'우리가 그려온 미래') 전시는 한 세기 동안의
건축 실험과 그 구축의 성과를 모으려는 시도에서
출발했습니다. 그간 없었던 일이기에,
'전시를 통해 아카이브를 시작하는 것'
그 자체가 기획의 목표라고 봐도 무방합니다.
프랑스 사학자 아를레트 파르주의 제언처럼,
이 아카이브 속 드문드문한 곳과 빈 자리에서
질문을 만들고자 했습니다.

'우리가 그려온 미래'는 사회경제적 상황에
감응하며 성장해온 건축문화의 변화를 따라서
전시의 장절이 나뉩니다.

현대 건축의 어휘조차 없이 학습과 모방을 통해서
서양의 현대 건축을 좇았던 1920–50년대에는,
모든 건축이 실험이었습니다. 1960–70년대
경제개발계획의 추진을 통해 도시의 기간시설이
양적으로 팽창하면서, 건축계는 입체도시의
구축과 건축의 새로운 조형을 모색해야했습니다.
국제사회에 한국이 개방되면서 '국민국가'로서
스스로의 자의식과 정체성을 찾아가던 1980년대
개방과 탐구의 시기 속, 국가 정체성을 표상하는
상징적인 건축물들이 지어졌습니다.

1990년대 건축의 주체는 관이 아닌 민간으로
이양되었으며, 건축가 집단이 건축 환경 개선에
힘쓰고 사회적 발언을 하기 시작했습니다. 내재적
논리와 표현, 감각이 다양해진 건축문화가 피어나는
2000년대로 전시는 2층의 전시는 마무리됩니다.

시대적 배경을 전시물과 한 프레임에서 보기 위해서, 전시는 피겨(figure)와 그라운드(ground)로 나뉘어 조성했습니다. 시대별 벽면에는 GDP, 인구수, 도로 길이, 건물의 높이, 이벤트, 주요 도시인프라스트럭쳐들이 매핑으로 시각화되어 전시되었으며, 가운데 구조물에는 이 그라운드를 토대로 자라난 건축물들[figures]을 전시했습니다.

1층 전시에서는 세계화의 2기인 현재의 질서가 시작되는 2000년대 중반을 기점으로 건축의 제도와 시장 질서가 국제적 기준에 맞추어 개편된 성과를 30여명의 건축가와 건축엔지니어의 작업을 통해 살피려고 했습니다. 특히 건축과 기술, 건축과 예술, 건축과 산업의 통섭을 보여주는 작품을 통해서 재편된 커리큘럼의 성과를 짐작하려 했습니다.

모든 건축은 프로젝트의 성격을 띱니다. 근 미래를 향한 프로젝트 즉 미래의 투영몰로서의 건축의 특성을 '우리가 그려온 미래'라는 이름으로 풀었습니다. 전시의 시각적 컨셉을 '청사진(blue print)'으로 잡은 것도 같은 이유에서입니다.

이 전시가 새로운 아카이브의 시작이길 기대합니다.

2022년 1월 31일
'우리가 그려온 미래' 전시 큐레이터,
서울대 건축학과 강예린

1920 -

-1950

1920 – 1950
학습과 모방

1919년 박길룡과 이기인이 경성공업전문학교 (이후 경성고등공업학교) 건축과를 1회로 졸업한 후, 1920년대부터 조선인 건축가가 설계한 건축물이 실현되기 시작했다. 경성고등공업학교를 졸업한 소수의 조선인 중 성적이 우수한 이들은 총독부와 각 도청, 철도국 등 관청에서 건축을 이어갔고, 조선인 졸업생들이 일본인들이 주도하는 민간 시장에서 두각을 나타내기란 어려운 상황이었다. 1930년대에 진입해서야 경성고공 1회 졸업생 박길룡이 조선총독부를 나와 독립적인 사무실을 차렸는데, 박흥식과 간송 전형필과 같은 조선인 자본가를 만나 화신백화점, 보화각을 신축 설계하는 등 선구자적 행보를 보였다. 같은 시기 총독부에서 근무하던 박동진도 인촌 김성수를 만나 부업으로 보성전문학교 건물을 설계하였다.

당시 건축인들에게는 설계와 구조를 함께 요구하는 경우가 많았다. 최초의 철근콘크리트 구조계산 전문가인 김세연은 경교장을 비롯해서 다수의 설계에 참여했다. “과거 건축은 조형 미술의 영역에서 취급되었으나, 현대의 건축은 공학적 산물로서 의의가 깊다.”라는 박길룡의 말은 이 시기 현대 건축이 바우하우스와 모더니즘에 있음을 짐작하도록 한다.

해방 후 남은 건축 전문가들은 50명 남짓으로, 한국 건축의 독자성을 갖추어 나가기엔 너무나 소수의 집단이었다. 장기인은 『건축용어집(1958)』을 통해서 한국어로 건축을 소통할 수 있는 토대를 구축했다.

전라남도 도청
회의실 신축설계도

전라남도 도청 회의실 신축설계도(광주광역시 유형문화재 제24호)는 경성고등공업학교 건축과 출신 김순하(1901-1966)가 1930년경에 작도한 것으로 추정되는 도면이다. 제1호 도면에는 건물의 형상 전체를 담은 각 층 평면도와 정면 및 측면도가 있고, 나머지 제3-8호는 주로 외벽에 관한 부분 확대 단면도이다. 철근콘크리트의 사용, 벽돌 마감, 창호 상세, 설비, 실내 입면 등에 관한 정보를 상당히 구체적으로 보여주고 있다. 이 도면으로 시공된 전라도청회의실(광주광역시 유형문화재 제6호)은 현재 광주광역시 국립아시아문화전당 부지 내 전남도청 옆에 남아 있다.

도면작도 1930년(추정)

전남도청 회의실 옛 사진

1932년 이후, 광주역사민속박물관 소장

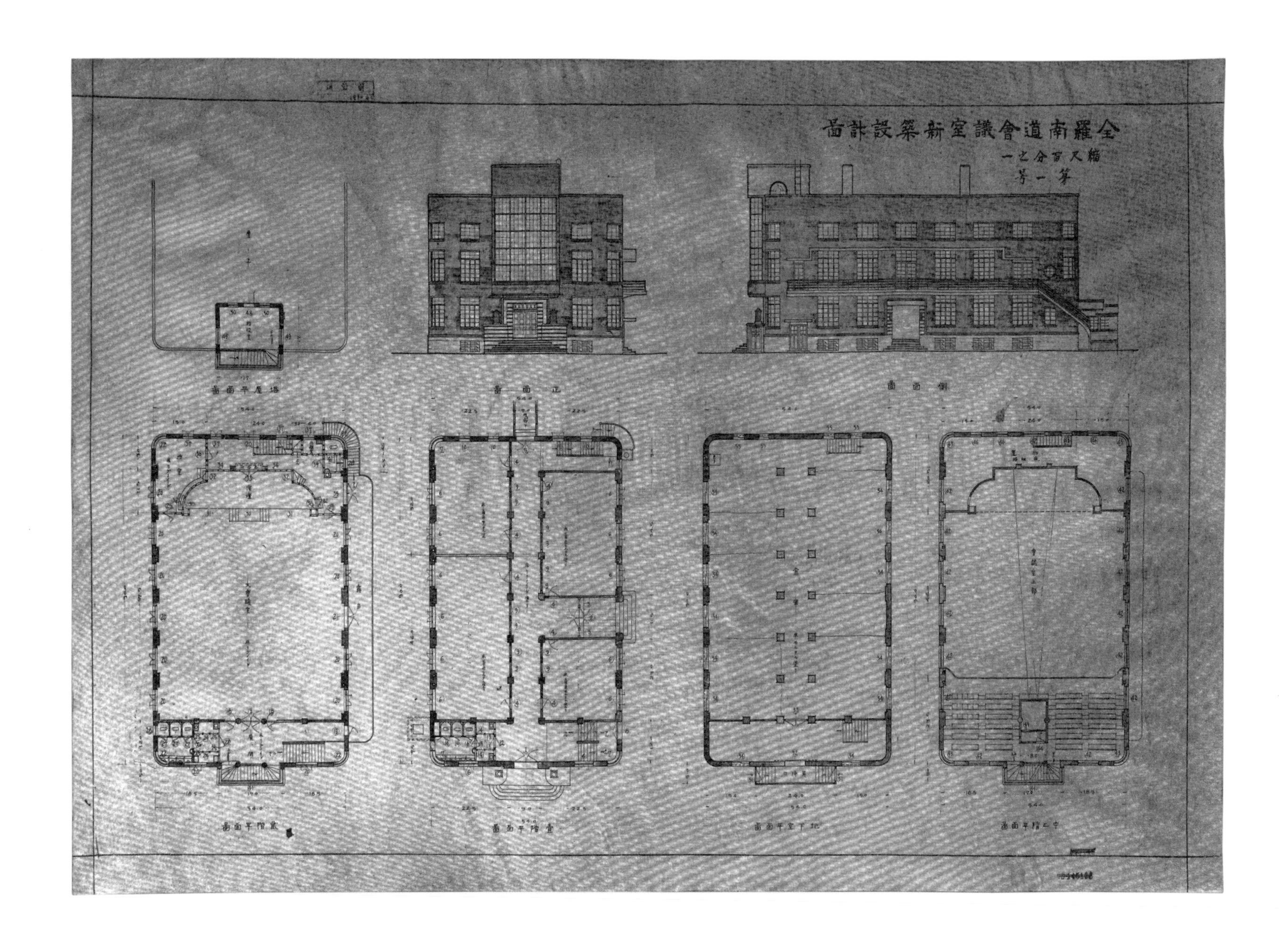

전라남도 회의실 신축설계도 제1호

1930년경, 복제본, 광주역사민속박물관 소장

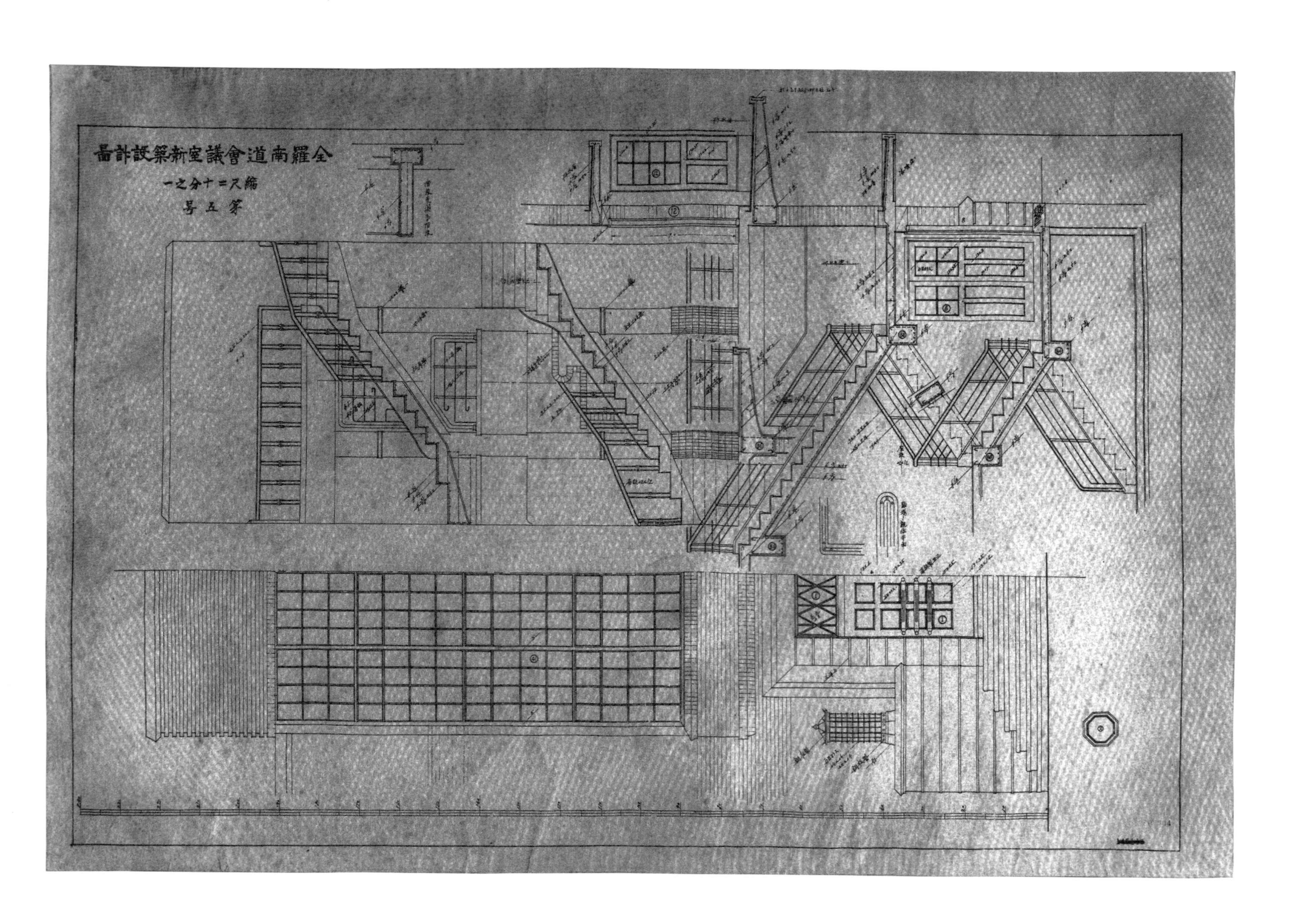
全羅南道會議室新築設計圖
縮尺二十分之一
第五號

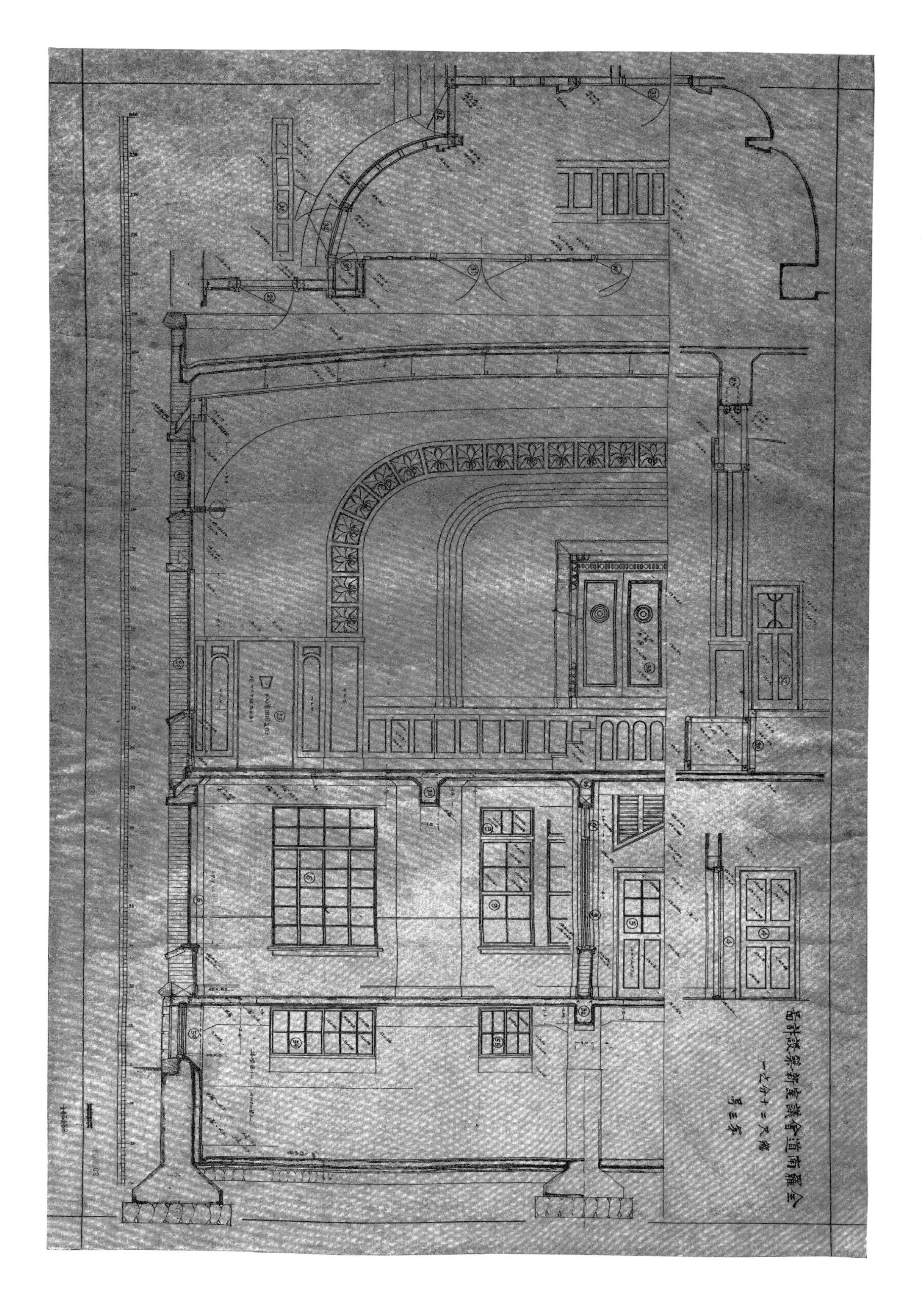

전라남도 회의실
신축설계도 제5호
전라남도 회의실
신축설계도 제3호
1930년경, 복제본,
광주역사민속박물관 소장

이상의 그림과 시

시인 이상(1910-1937, 본명 김해경)의 짧은 인생 속에서 건축은 적지 않은 비중을 차지한다. 경성고등공업학교 건축과 재학시절 3년 내내 성적이 1등이었던 그는 1929년 졸업과 함께 조선총독부 영선계에 취직하여 1933년까지 근무하였다. 그의 그림과 시가 처음으로 세상에 선보이게 된 것도 조선건축회 기관지 『朝鮮と建築(조선과 건축)』을 통해서였다. 1929년 12월 표지디자인 공모에 당선된 그의 도안은 1930년 1월부터 12월까지의 발간호에 적용되었고, 1931년에는 일본어로 된 시 20여 편이 본지에 실렸다.

1930, 1931년

『조선과 건축』 9집 3호, 5호, 6호, 8호, 11호, 9호, 12호 표지
1930, 서울대학교 중앙도서관 소장

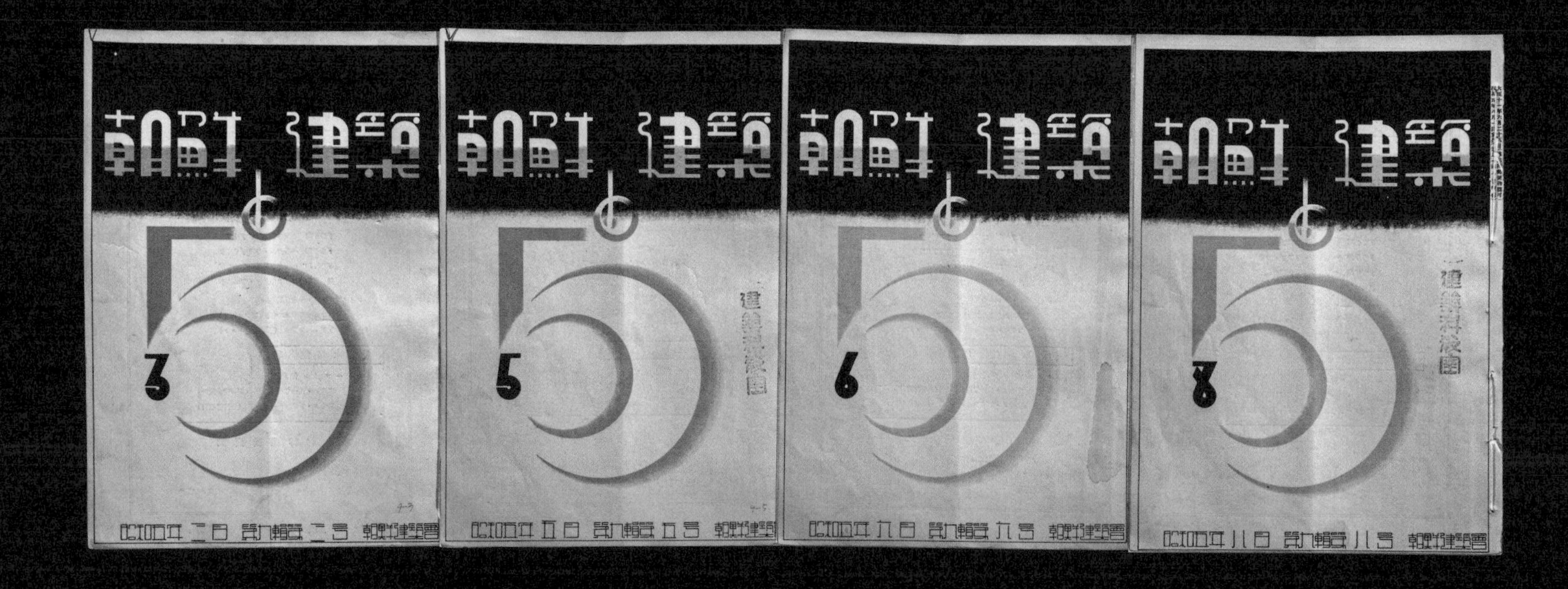

보성전문학교 본관

보성전문학교 본관은 지금의 고려대학교 본관으로 박동진(1899-1981)의 설계로 1934년 준공되었다. 박동진이 경성고등공업학교 졸업 후 조선총독부에서 근무하던 때인 1930년대 초, 보성전문학교의 소유자인 인촌 김성수(1891-1955)는 그에게 학교 건물 설계를 의뢰하며 고딕 양식의 석조로 지어줄 것을 요청하였다. 이는 김성수가 1920년대 해외를 시찰하면서 특히 유서 깊은 고딕 건축물이 많이 있었던 영국의 옥스퍼드, 케임브리지 대학교 건축들을 목격한 경험에서 비롯된 것이었다. 고려대학교 캠퍼스에는 이후에도 박동진이 설계한 건물이 계속 지어졌으며, 석조 고딕 양식은 고려대학교의 특징적인 요소로 자리매김하게 되었다.

설계의뢰 1932. 3 (추정)
공사기간 1933. 9-1934. 9

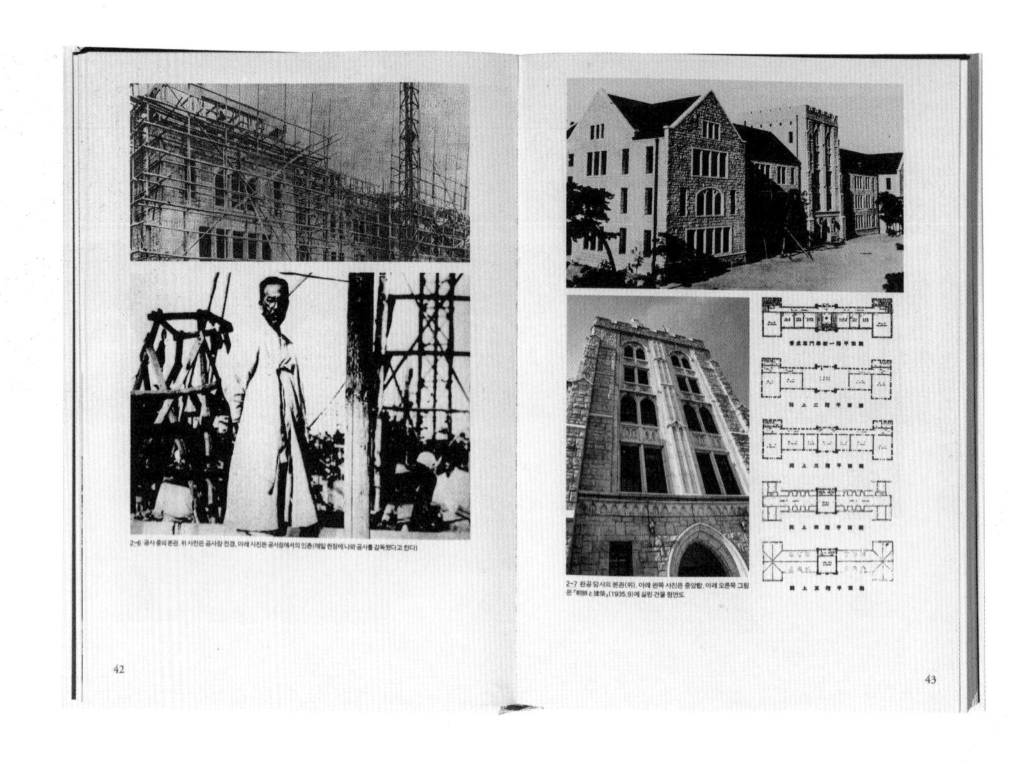

2-6 공사 중의 본관. 위 사진은 공사장 전경, 아래 사진은 공사장에서의 인촌(매일 현장에 나와 공사를 감독했다고 한다)

2-7 완공 당시의 본관(위). 아래 왼쪽 사진은 중앙탑, 아래 오른쪽 그림은 『朝鮮と建築』(1935.9)에 실린 건물 평면도

42

43

김현섭, 『고려대학교의 건축』,
고려대학교 출판문화원, 2016, 42-43쪽

보성전문학교 본관 전경

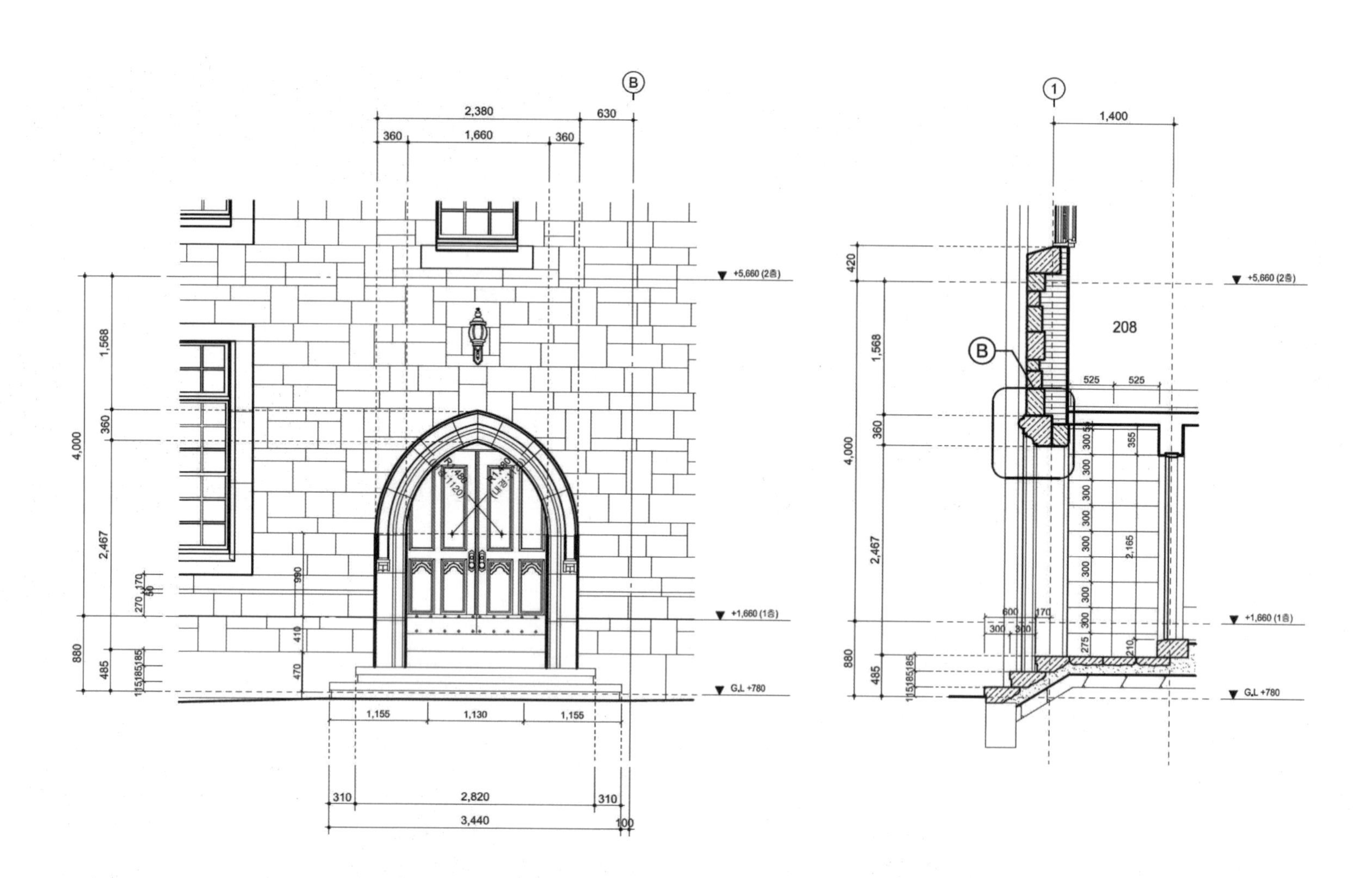

정면 출입구 입면도, 측면 출입구 입단면도

문화재청, 『고려대학교 본관 기록화조사보고서』, 2011

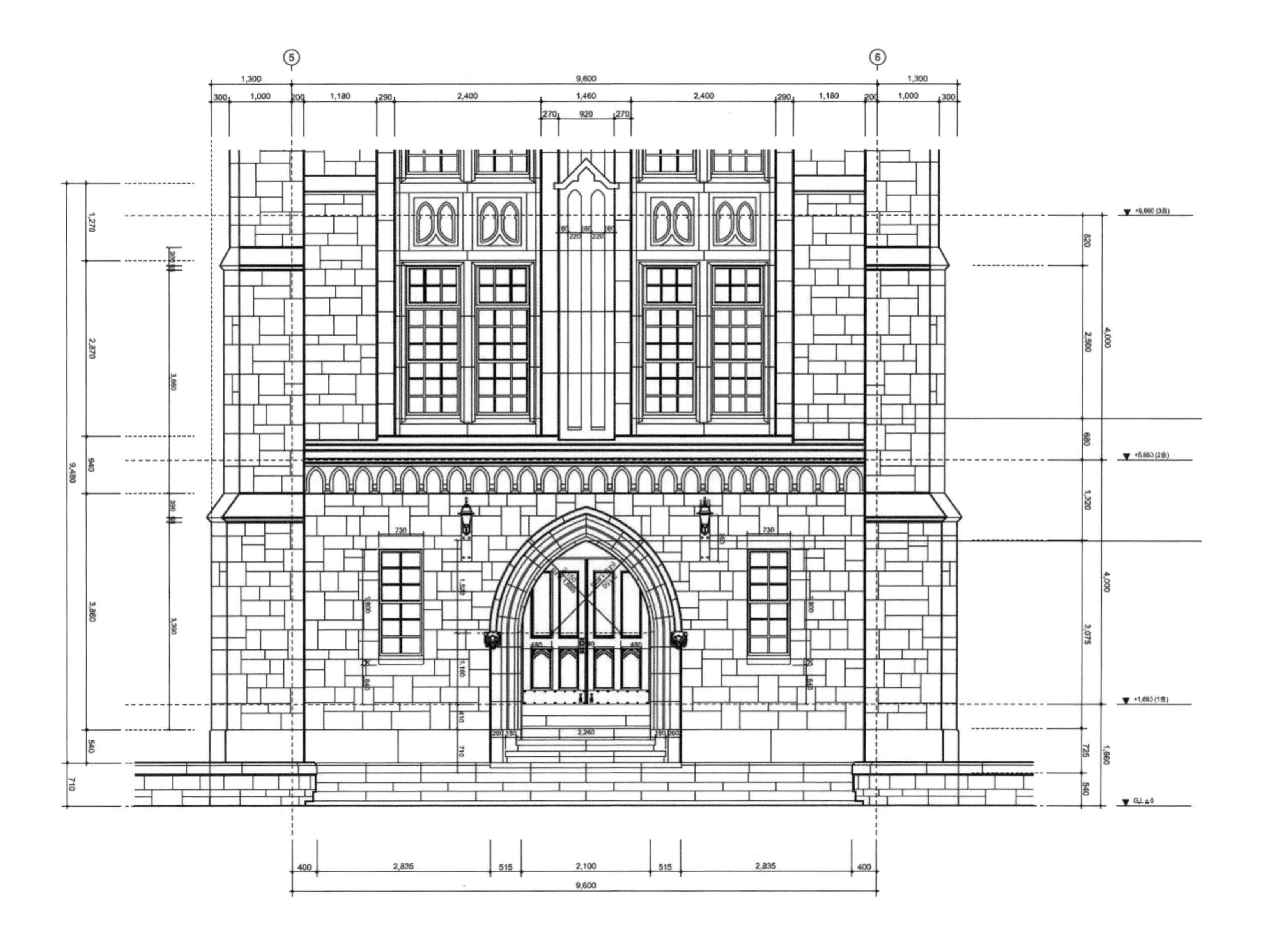

보화각

서울시 성북구 성북동에 위치한 보화각은 1938년 간송 전형필(1906-1962)이 세운 국내 최초의 사립미술관이다. 경성공업전문학교 건축과 1회 졸업생인 박길룡(1898-1943)이 설계하였다. 구조는 철근콘크리트와 벽돌을 사용하였고 장식이 전혀 없는 외벽 마감으로 건물의 온전한 형태가 드러난다. 1932년 조선총독부를 그만두고 사무실을 개소한 박길룡은 한옥, 문화주택, 그리고 화신백화점 등 다양한 구조와 형태의 건물을 상당수 설계하였는데, 보화각에서 그의 또 다른 면모를 살필 수 있다.

설계의뢰 1932 (추정)
공사기간 1936-1938.9

보화각 전경
1938년 촬영, 간송문화재단 소장

신축 공사 중인 보화각
1930년대 중반, 간송문화재단 소장

경교장

서울 강북삼성병원 내 현존하는 경교장은 1938년 조선인 최대 갑부 최창학(1891-1959)의 평동 거처에 지어진 접객용 건물이다. 일제강점기에는 죽첨장이라 불렸고 설계자는 김세연(1897-1975)으로 알려져 있다. 김세연은 경성고등공업학교를 졸업하고 조선총독부에 근무하면서 철근콘크리트 구조계산 전문가로서 활약한 인물이다. 이 건물은 준공 당시 호화로운 집으로 장안의 화제가 되었는데, 최고급 마감재와 고급 세부 장식의 사용은 물론, 주택에는 잘 사용하지 않았던 값비싼 철근콘크리트조가 적극적으로 쓰였다는 점을 특징으로 들 수 있다. 해방 이후 백범 김구(1876-1949)가 이곳에 머물면서 경교장이라 이름 붙여졌다.

공사기간 1936.8-1938.7

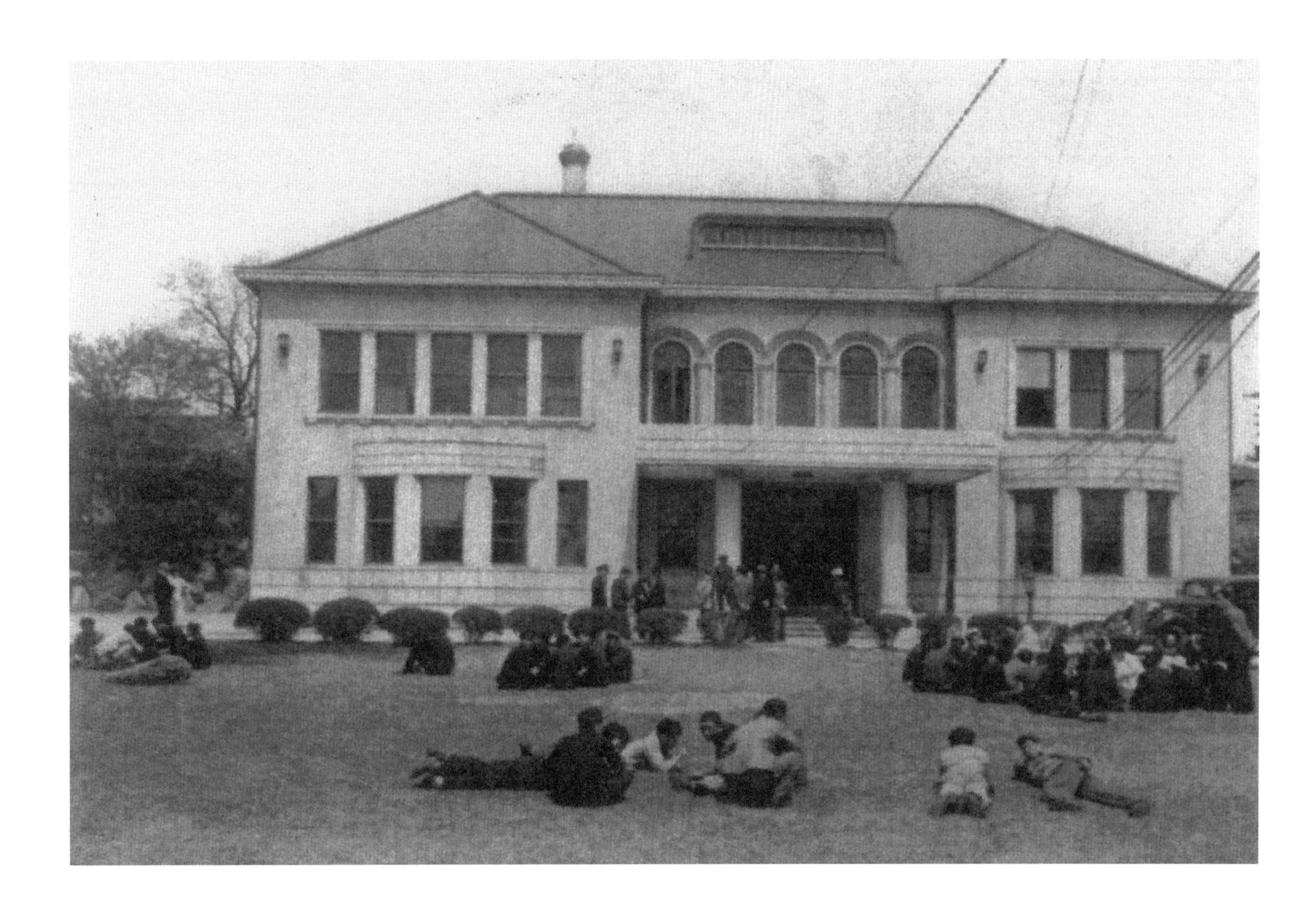

1940년대 후반에 촬영된 경교장

서울특별시,『서울 경교장 수리보고서』, 2012

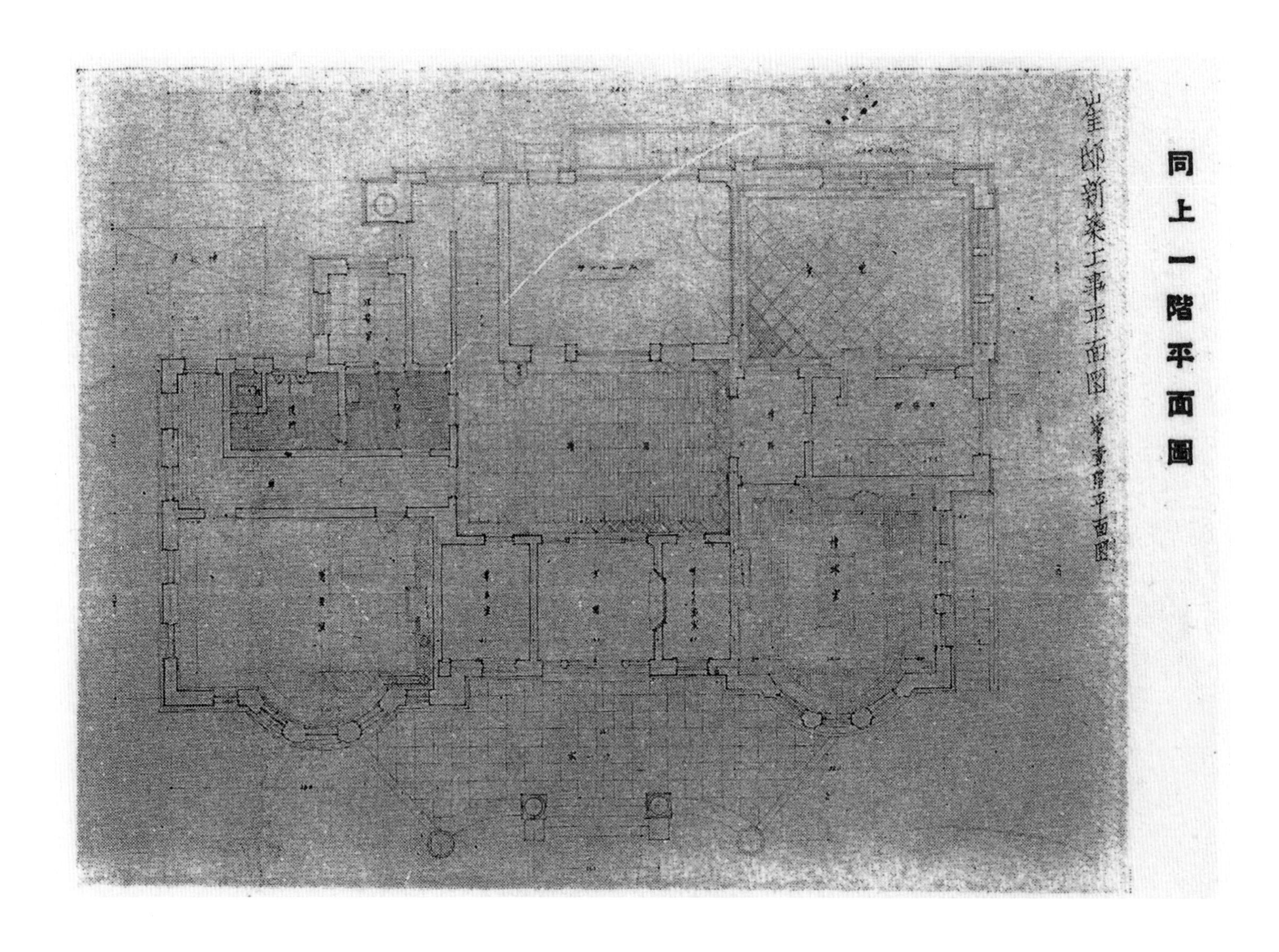

서울특별시, 『서울 경교장 수리보고서』, 2012
경교장 1층 평면도, 경교장 2층 평면도
『조선과 건축』, 17집 8호, 1938

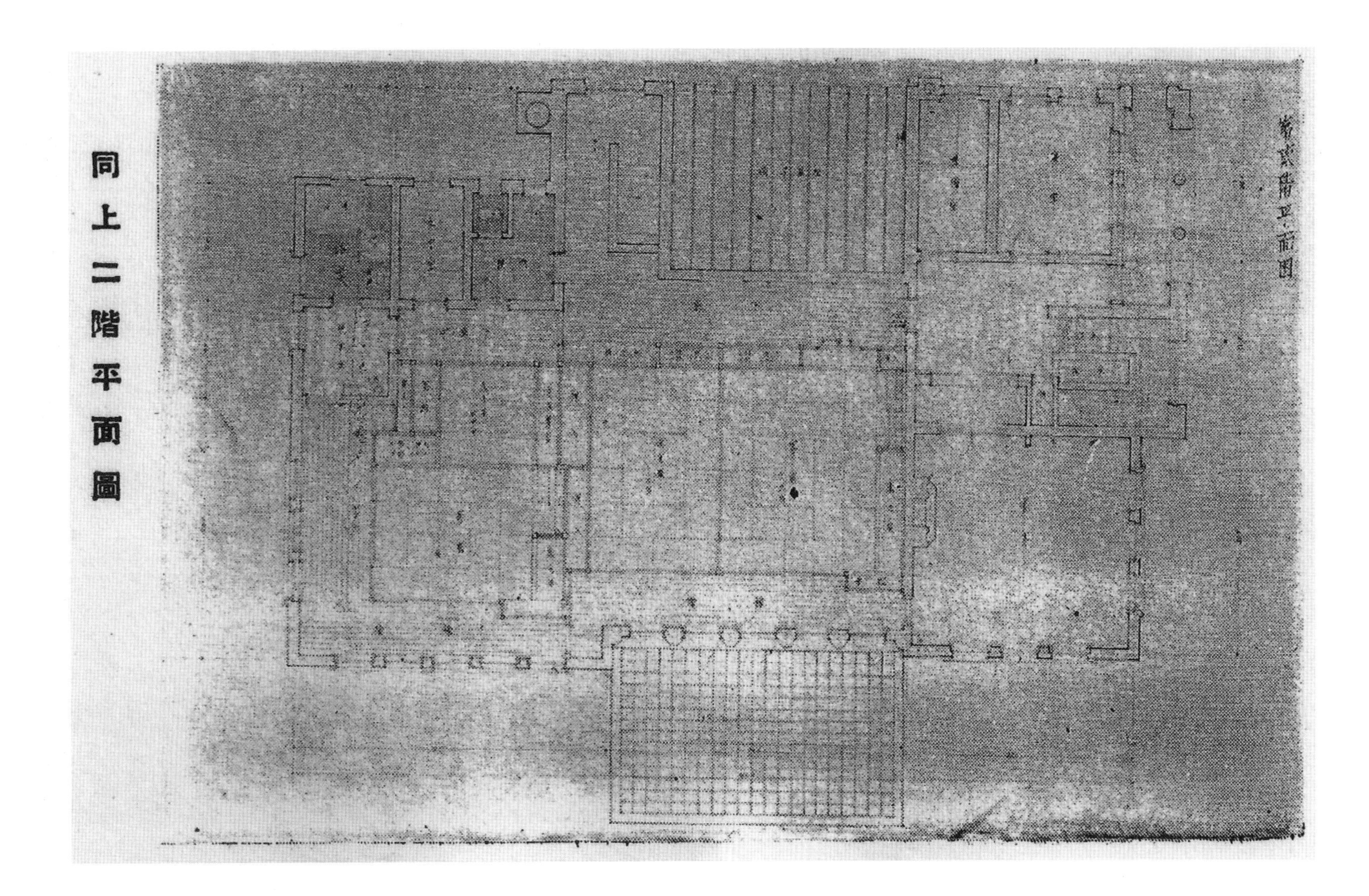

同上二階平面圖

수원 서울대학교
농과대학 교사와 강당

수원 서울대학교 농과대학은 한국전쟁 이후 미국 원조기관인 FOA의 지원으로 복구되었다. 이때 수리되고 새로 건설된 여러 농과대학 건물 중에서 1956년 김희춘 교수(1915-1993)가 설계한 교사와 강당이 주목된다. 이 두 건물은 서로 이어져 있는데, 3층 규모의 교사는 가운데가 비워진 중정형 건물이고, 강당은 경사 지붕을 가졌고 위로 갈수록 넓어지는 독특한 형상이다. 제한된 예산과 물자를 가지고 많은 건물을 빠르게 지어야 했던 시대적 상황 속에서도 다양한 형태를 시도한 설계자의 의지가 엿보인다.

설계 1956
준공 1957

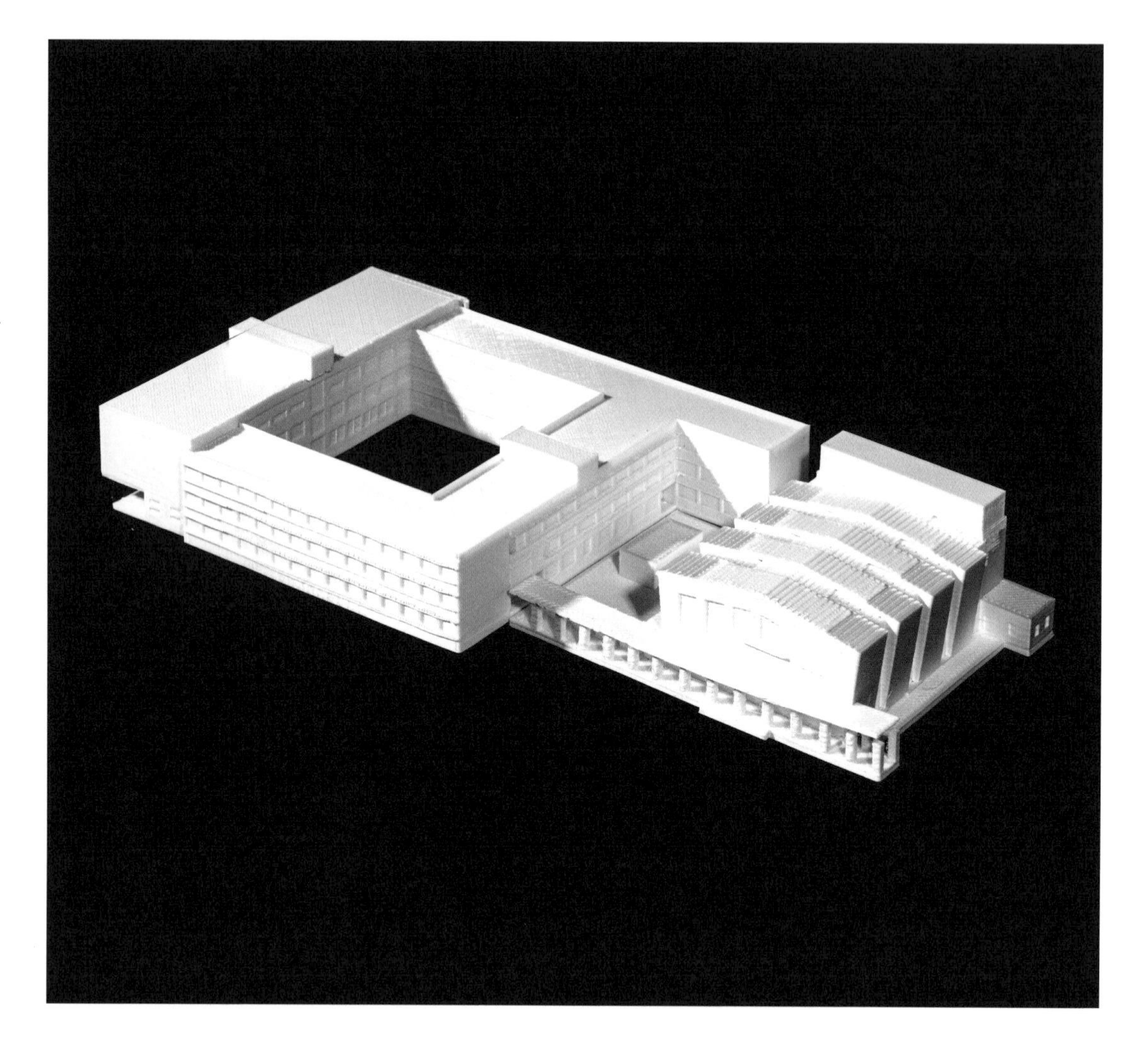

수원 서울대학교 농과대학 교사와 강당 모형
서울대학교 건축학과 제작, 2021

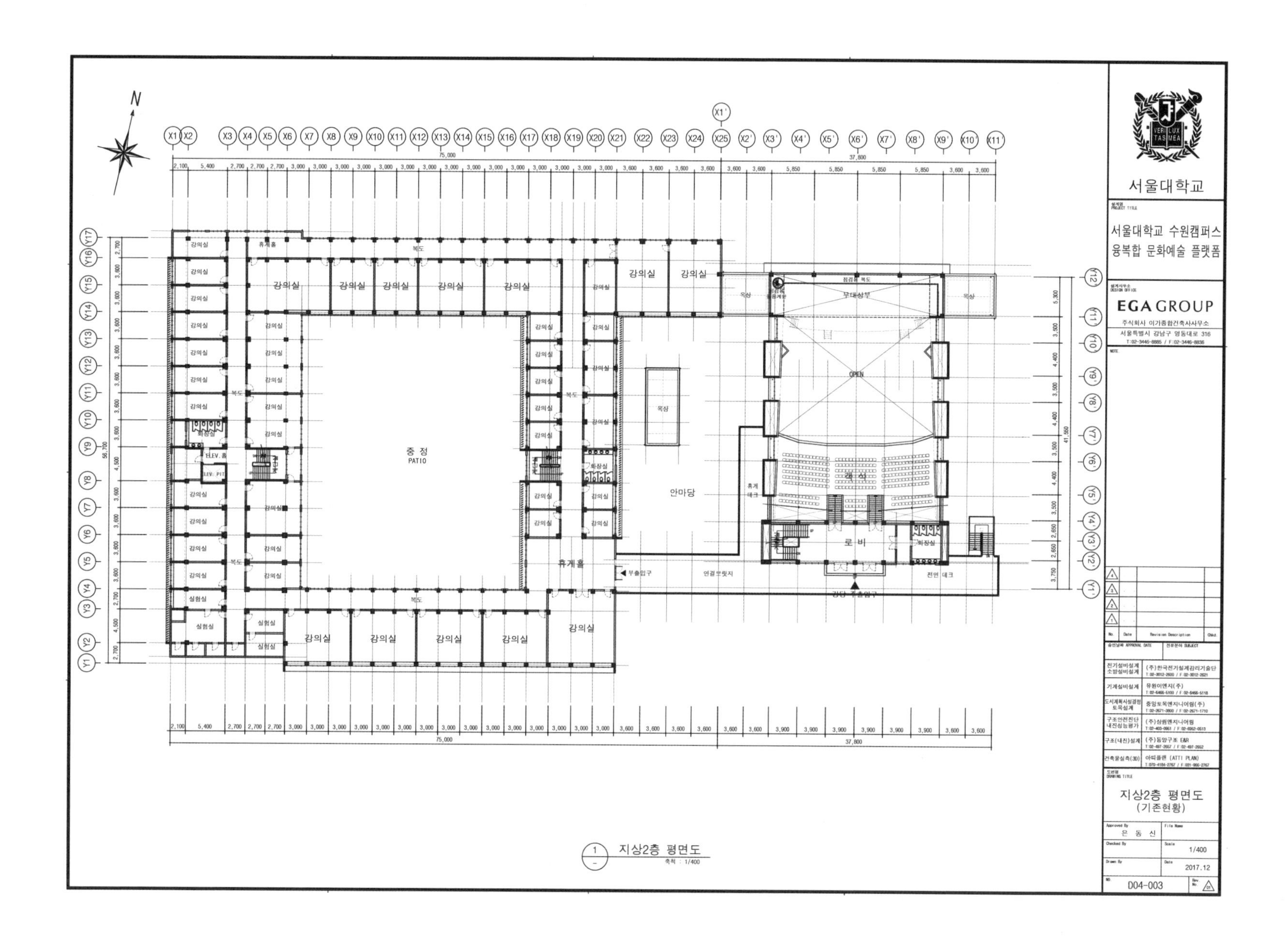

수원 서울대학교 농과대학 교사와 강당 2층 실측평면도

2017, 서울대학교 시설지원과 제공

75,000

2,100 5,400 2,700 2,700 2,700 3,000 3,000 3,000 3,000 3,000 3,000 3,000 3,000 3,000 3,000 3,000 3,000 3,000 3,000 3,000 3,600 3,600 3,600 3,600 3,60

상부 외벽선

부출입구 UP

복도

강의실 강의실 강의실 강의실 강의실 강의실 강의실 강의실 강의실

준비

준비

부출입구

연결통로 (필로티)

복도

종합전기실

화장실

ELEV.홀

부출입구

ELEV. PIT

계단실

상부외벽선

중 정
PATIO

DA

화장실

안마당

부출

부출

연결통로 (필로티)

부출입구

로 비

종합관 주출입구
연결통로(필로티)

복도

입구

로 비

강의실 강의실 강의실 강의실 강의실

종합관 주출입구

56,700

2,700 3,600 3,600 3,600 3,600 3,600 3,600 3,600 4,500 3,600 3,600 3,600 3,600 2,700 4,500 2,700

2,100 5,400 2,700 2,700 2,700 3,000 3,000 3,000 3,000 3,000 3,000 3,000 3,000 3,000 3,000 3,000 3,000 3,000 3,000 3,000 3,600 3,600 3,600 3,600 3,600

75,000

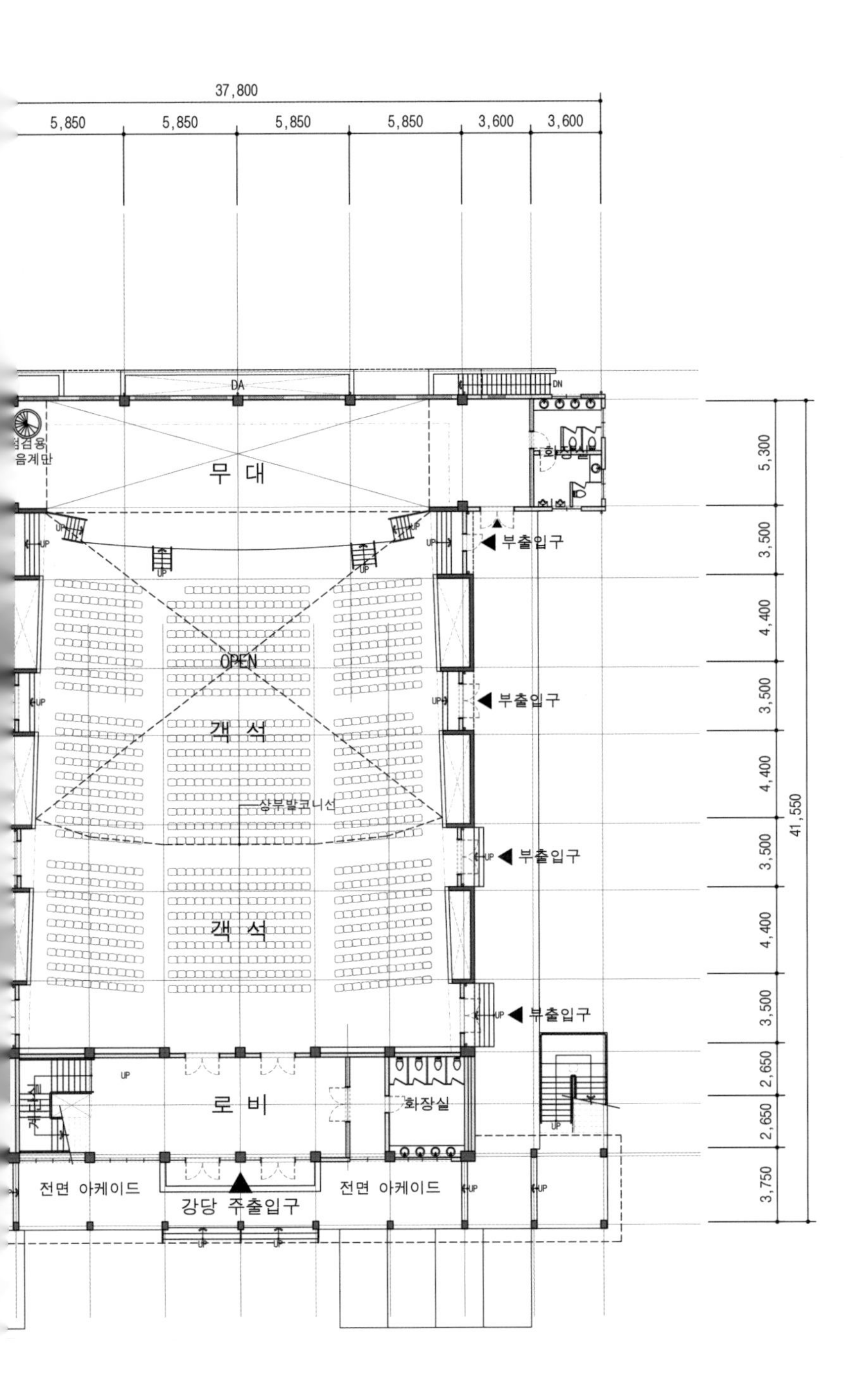

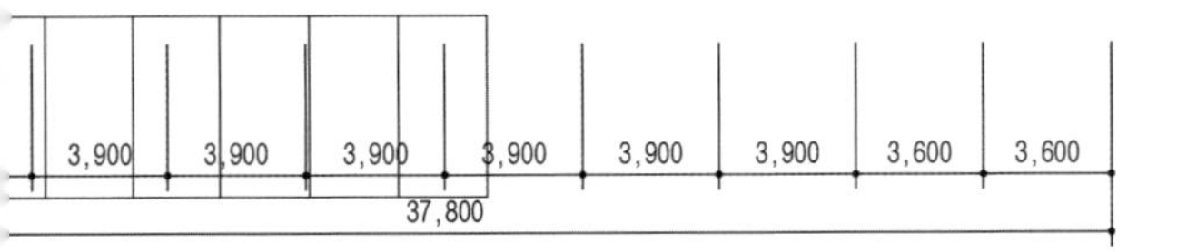

1 지상1층 평면도

축척 : 1/200

수원 서울대학교 농과대학 교사와 강당 1층 실측평면도

2017, 서울대학교 시설지원과 제공

건축용어집

초판 1958

경성고등공업학교에서 근대건축교육을 받은
장기인(1916-2006)은 1938년 졸업 이후 가회동
일대의 한옥 현장을 오랫동안 경험하면서 전통 건축에
본격적으로 관심을 갖게 되었다. 해방 이후 건설현장은
일본어로 된 용어가 대부분이었는데, 그는 현장에서 보고
들은 내용을 바탕으로 우리말 건축 용어를 정리하고
발굴하였다. 그 결실이 『건축용어집(1958)』으로 나타났고,
우리말 용어에 대한 작업을 확장하여 1980년대부터
출판되어 현재까지도 스테디셀러인 『한국건축대계 1-8』
시리즈로 이어졌다.

장기인, 『건축용어집』 초판, 대한건축학회, 1958
서울대학교 건축학과도서실 소장

서강대학교 본관

서강대학교 본관은 지하 1층, 지상 4층 규모의 철근콘크리트조 건축물로 김중업(1922-1988)의 초기 작품 중 하나다. 본관 우측 전면에 설치된 외부 차양막은 건물 내부로 파고드는 햇빛을 막아주면서 내부에서는 시간에 따라 달라지는 빛의 흐름을 느낄 수 있도록 설계되었다. 이전까지의 작품과 달리 엄격한 비례, 면 분할, 노고산 능선에 평행하게 지어져 지형과 조화되는 형태의 구성이 뛰어나다는 평가를 받는다. 모듈러 이론 등의 르 코르뷔지에의 영향에서 벗어나 본인만의 건축 언어를 찾고자 하던 시도가 엿보인다.

설계기간 1957-1958
공사기간 1958-1960

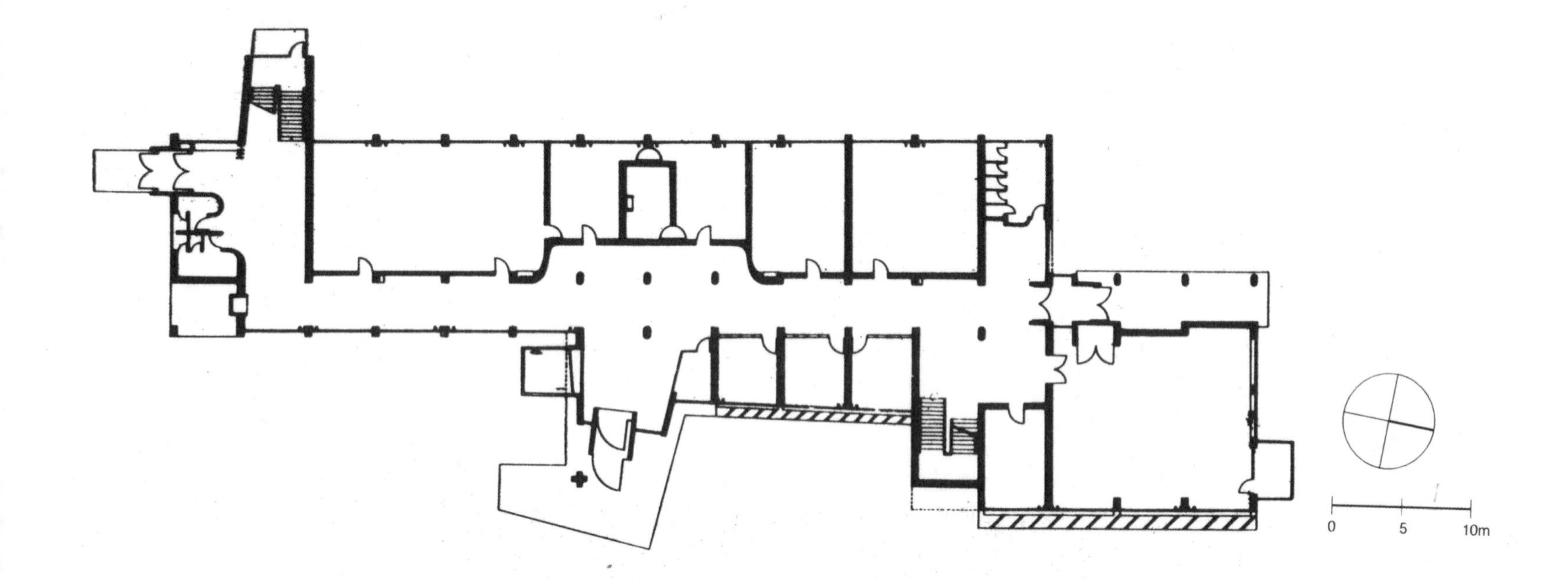

서강대학교 본관 평면도
『PA: 김중업』, 건축세계, 1999

1961년에 촬영된 서강대학교 본관과 그 주변
『사진으로 본 서강 40년: 1960-2000』, 서강대학교 교사편찬위원회 편, 2000

서강대학교 외관 사진들
『김중업 건축가의 빛과 그림자』, 열화당, 1984

우남회관
(서울시민회관)

공사기간 1956.6-1961.9

1956년 현재 세종문화회관 자리를 대상지로 시민을 위한 최초의 문화공간을 표방한 우남회관 공모전이 열렸다. 당선작 없는 가작이 3점 뽑혔고 설계권은 이천승(1910-1992, 종합건축)에게 주어지게 되었다. 그는 3,700명을 수용하는 대강당과 350명을 수용하는 소강당이 있는 저층부와, 계단실이 있는 10층 높이의 타워로 구성된 안을 만들었다. 세종로에 면해 있으면서도 정면은 남쪽이었는데, 정면에는 당시에 매우 보기 드문 유리 커튼월이 적극적으로 쓰였다. 4.19혁명으로 이승만 대통령이 하야하면서 우남회관이란 명칭이 적절치 않게 되어 준공 직전 공식명칭이 서울시민회관으로 변경되었다.

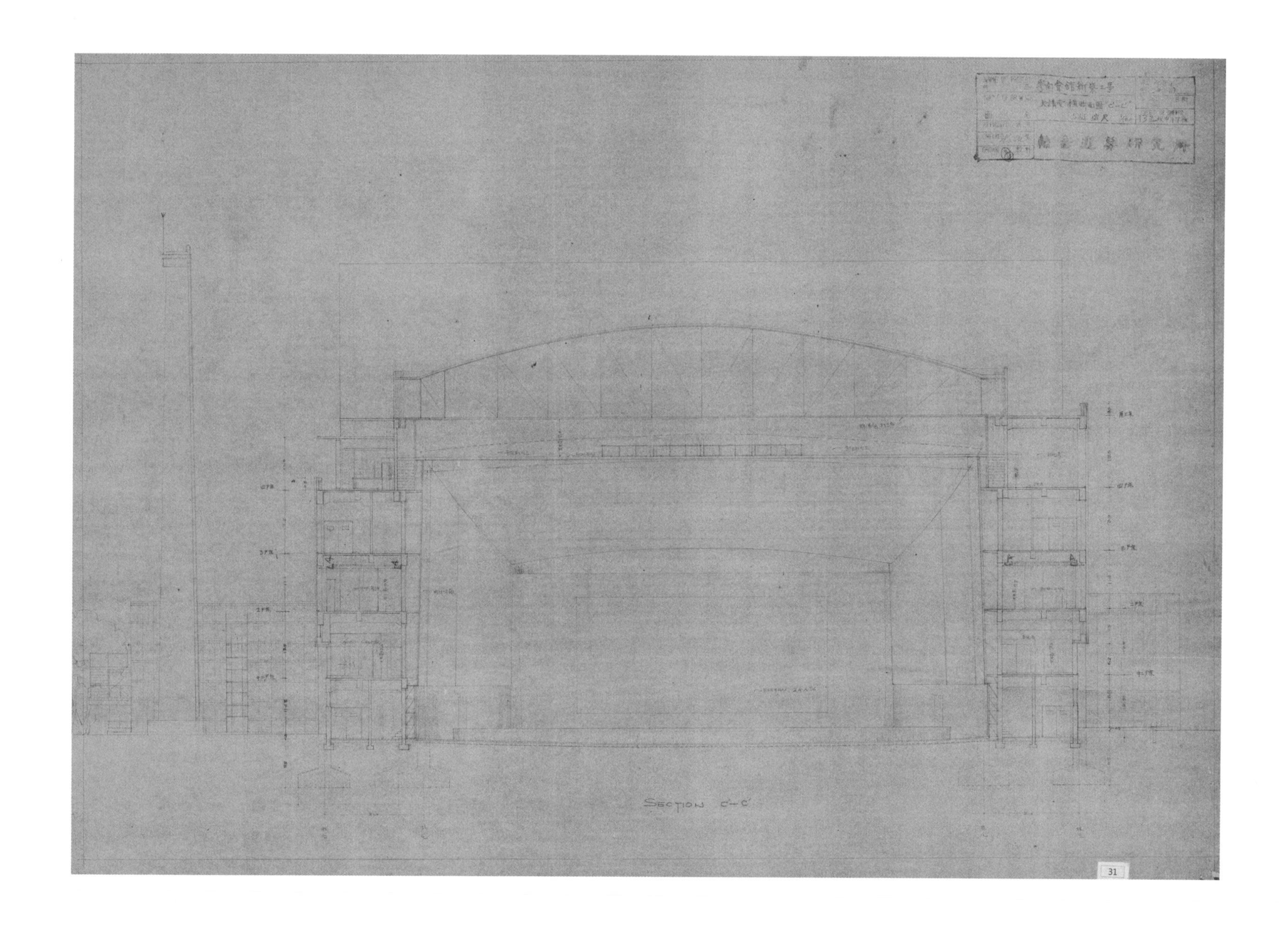

우남회관 신축 공사 대강당 단면도-1
국가기록원

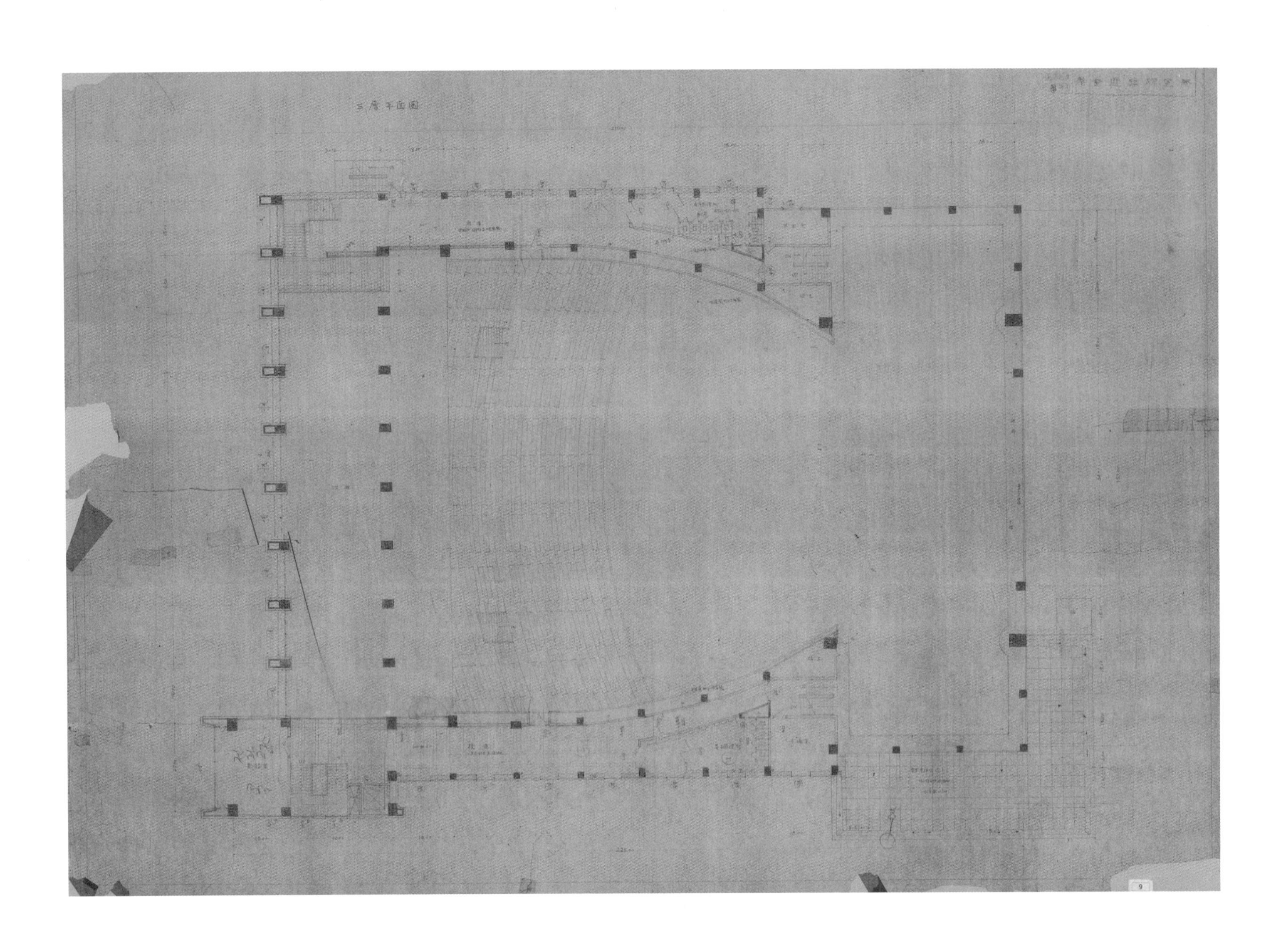

우남회관 신축 공사 3층 평면도
국가기록원

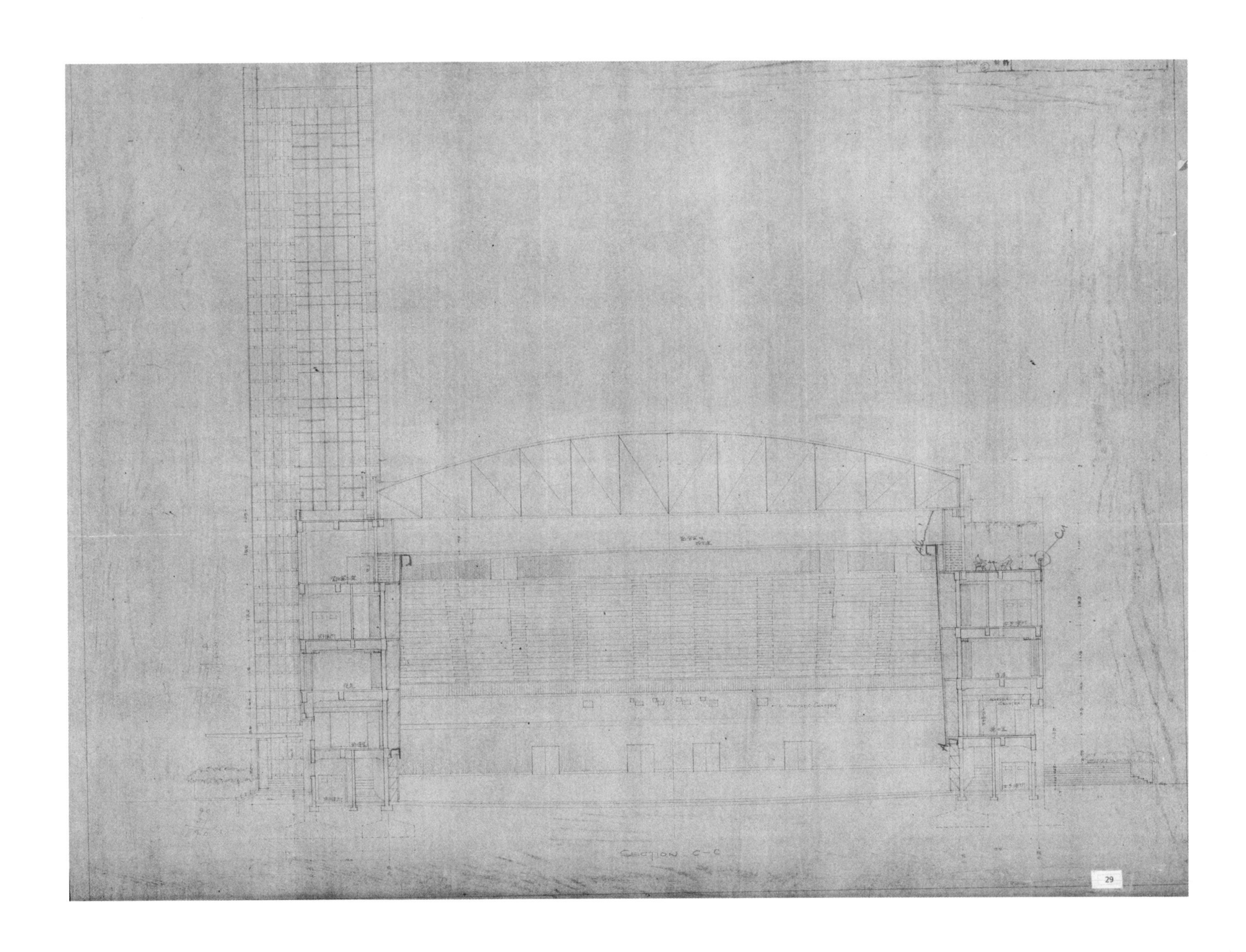

우남회관 신축 공사 대강당 단면도-2

국가기록원

1960-

- 1970

1960 – 1970
팽창과 모색

1960년대 중반부터 1970년대까지의 경제 성장 1기는 도시개발사업으로 도시가 수직, 수평으로 확장되는 시기였고, 이들 사업을 주도한 국가 권력과 가까운 유명 건축가들의 활동이 두드러졌다.

서울이 현재와 같은 경계를 가진 1963년 이후부터 1970년대까지 실행된 개발은 서울을 대한민국의 수도로 새로이 만드는 작업으로 볼 수 있다. 새로운 서울은 성벽이 아니라 그린벨트로 둘러싸여 있으며, 청계천을 중심으로 하는 것이 아니라 한강을 중심으로 하며, 궁궐과 종묘사직이 아니라 고층건물군이 들어선 도심부 중심상업지구를 핵으로 삼았다. 서울타워라는 상징적 건축물이 지어지는 한편, 주한 프랑스대사관에서 볼 수 있듯이 한국의 전통 건축에 대한 현대적인 해석과 모색이 시작되었다.

1960년대 후반부터 1970년대에 이르는 개발의 시기를 입체 도시화의 시기라고 하는 것은 단지 고층 건물의 붐이 일어난 것에 그치지 않고, 도시의 기반 시설이라고 할 수 있는 지하도와 지하철, 터널, 고가도로 등 공중과 지하의 공간을 적극적으로 개발하였기 때문이다. 청계천을 복개하고 그 위에 고가도로를 놓거나, 도로나 하천의 위로 상가아파트를 건설하고, 시내를 둘러싼 주변의 산자락을 개발하여 시민아파트를 만든 것도 도시의 모습을 더욱 입체적으로 만들었다. 세운상가는 서울의 전통적인 가로망이 놓인 방향에 직각으로 큰 구조물을 걸쳐 놓음으로써 기존 도시조직과 시각적 대비가 더욱 컸다. 즉 과거의 서울은 서에서 동으로 흐르는 청계천과 이에 나란한 종로, 그리고 을지로 등이 시내의 도시 구조를 형성하였는데, 세운상가는 남북으로 이 도로를 자르면서 육교로 연결된 새로운 도시 질서를 덧붙임으로써, 전통 도시와 구분되는 근대 도시 건설의 의지를 분명히 하였다.

시내 여러 곳에 흩어져 있던 서울대학교가 관악산 아래로 모이게 된 것도 이 시기의 일이다.

명동 성모병원

명동 성모병원(현 가톨릭회관)은 김정수(1919-1985, 종합건축)의 설계로 지하 1층, 지상 7층 규모로 건립되었다. 전면은 75개의 커튼월 유닛으로 구성되었는데, 현장에서 수작업으로 알루미늄판을 접어 제작한 커튼월이었다. 19세기에 건립된 명동성당과 대조되는 형태는 당시 건축가들 사이에서 논쟁을 불러일으켰으나, 당시 최신 공법이었던 알루미늄 커튼 공법을 국내 최초로 도입하였고, 오늘날 고층 건축물에 일반화된 비계틀 없는 외벽 시공을 하는 등 설계와 시공에서 획기적인 시도를 했다는 점이 주목된다.

준공 1961

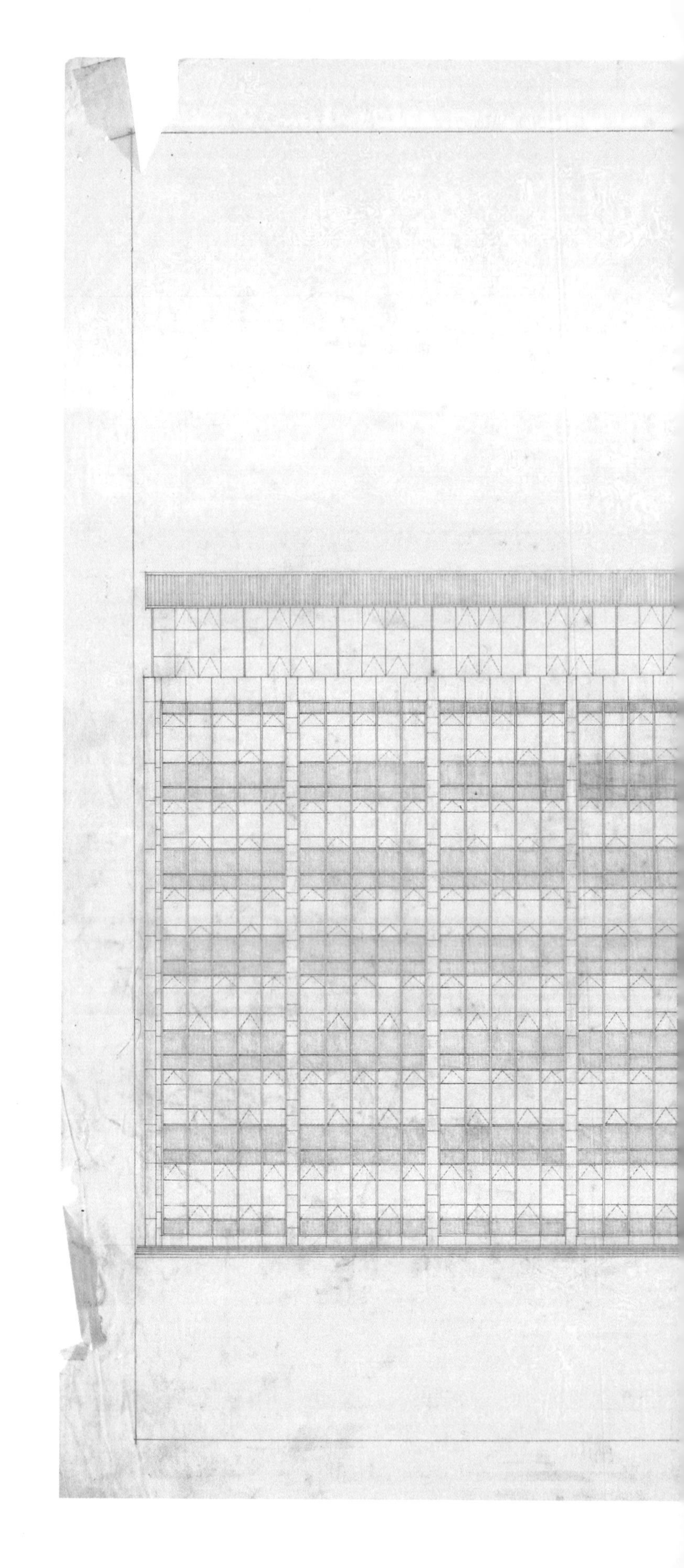

명동 성모병원 서측 입면도
1958, 목천김정식문화재단 소장

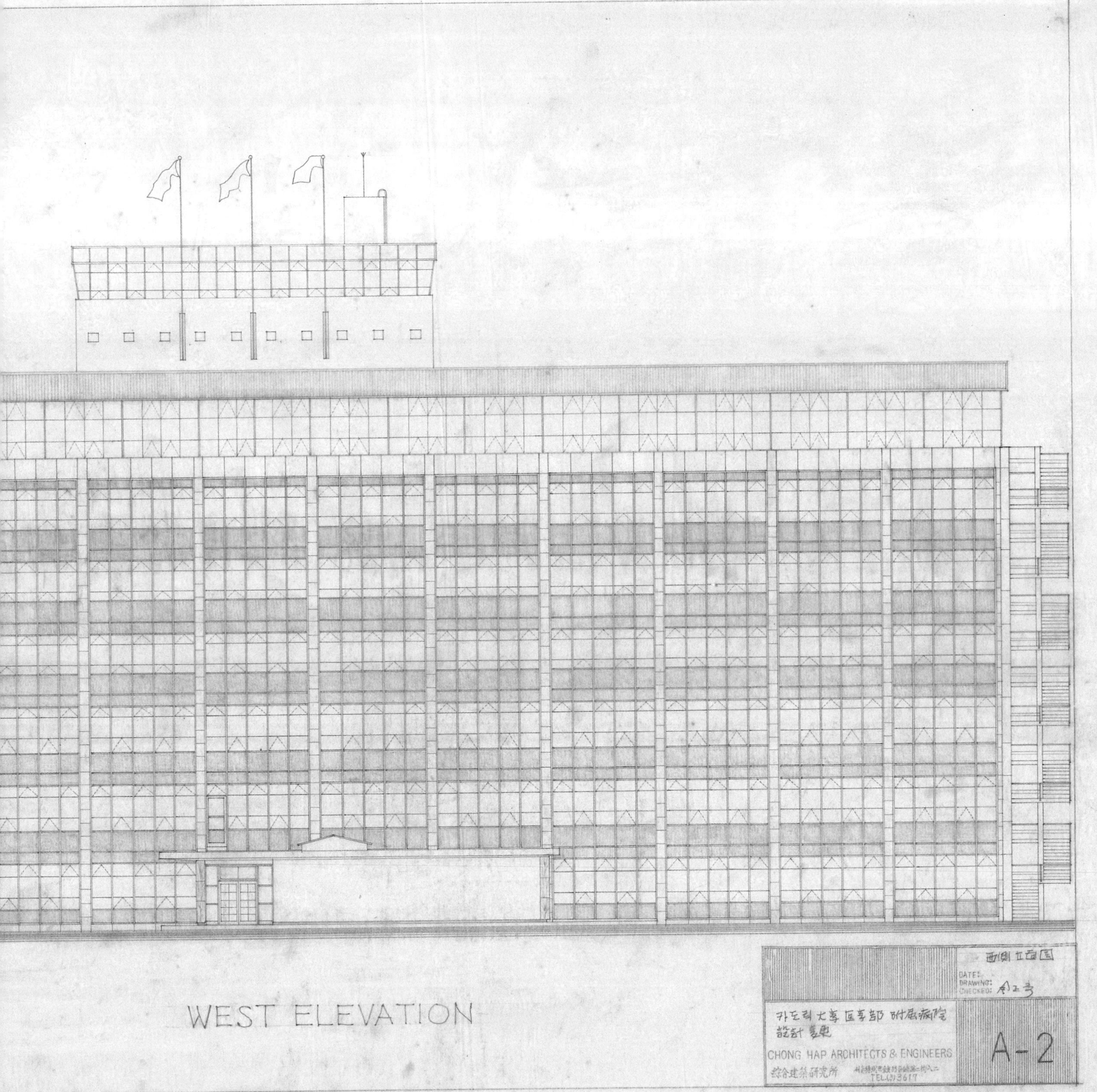
WEST ELEVATION
西側立面圖
DATE:
DRAWING:
CHECKED:
카도릭 大学 医学部 附属病院
設計 變更
CHONG HAP ARCHITECTS & ENGINEERS
綜合建築研究所
TEL.(3)3617
A-2

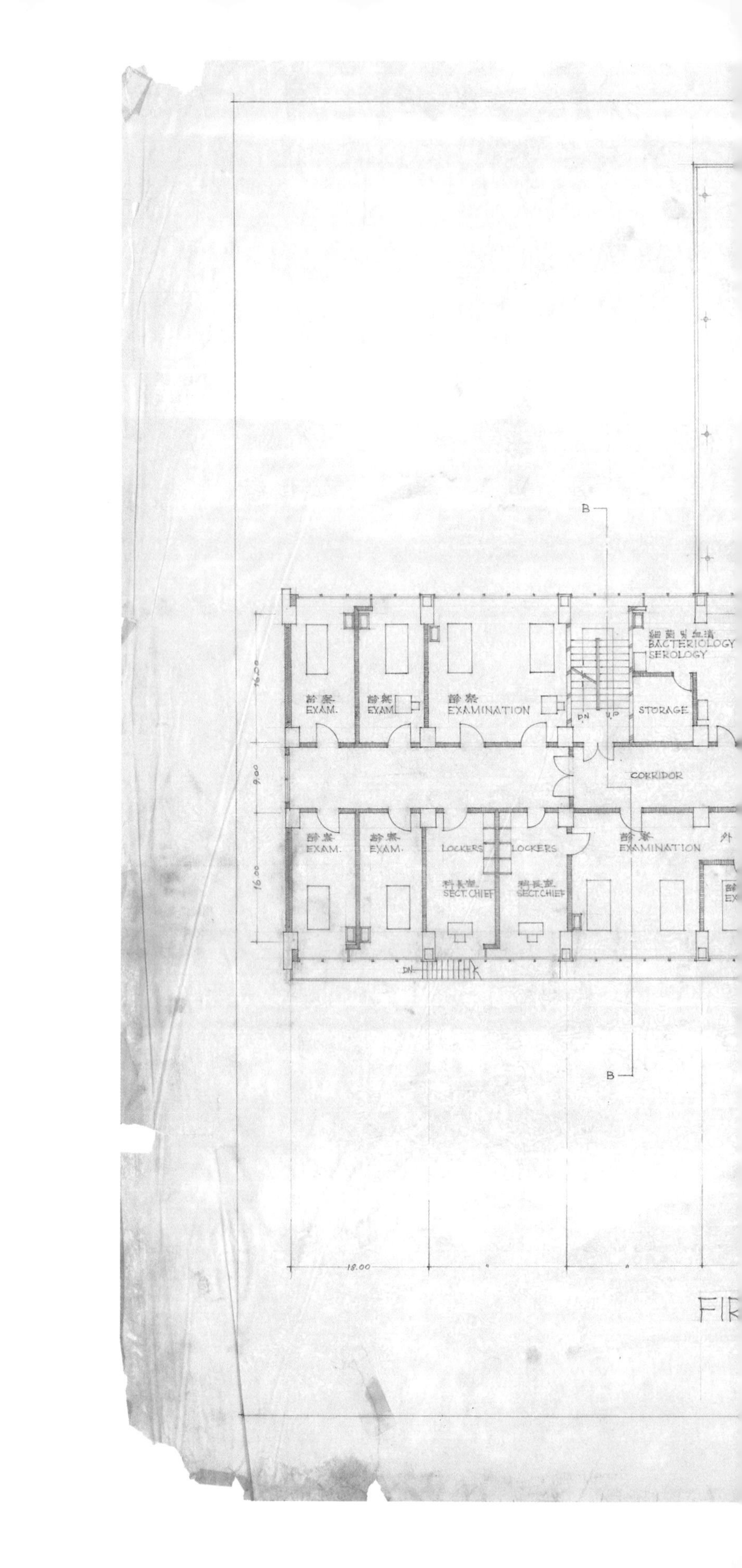

명동 성모병원 1층 평면도

1958, 목천김정식문화재단 소장

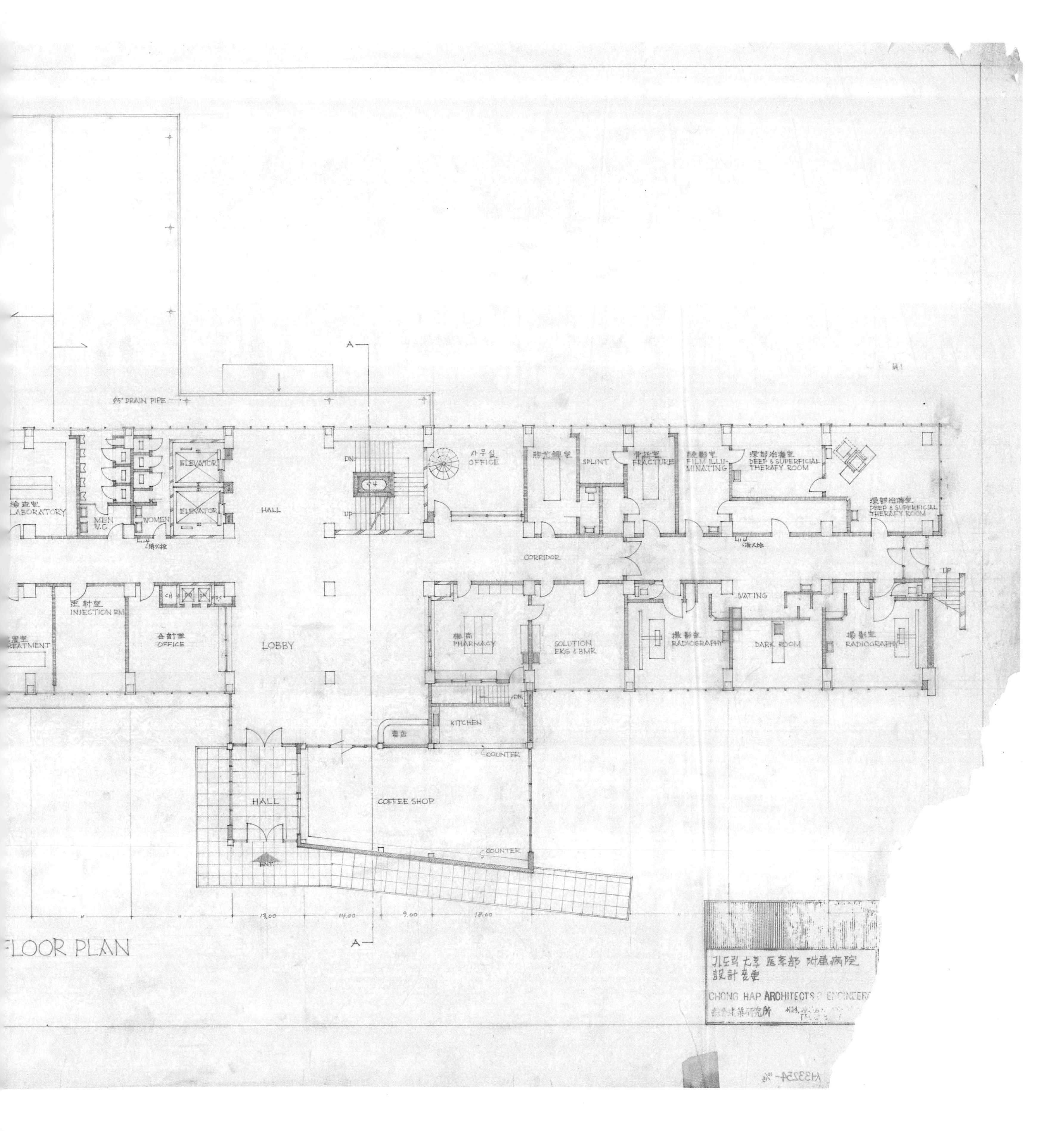

ϕ5" DRAIN PIPE
A
LABORATORY
MEN W.C
WOMEN
ELEVATOR
ELEVATOR
HALL
DN
UP
사무실
OFFICE
SPLINT
FRACTURE
FILM ILLU-MINATING
DEEP & SUPERFICIAL THERAFY ROOM
DEEP & SUPERFICIAL THERAFY ROOM
CORRIDOR
UP
INJECTION RM
REATMENT
OFFICE
LOBBY
PHARMACY
SOLUTION EKG & BMR
RADIOGRAPHY
DARK ROOM
RADIOGRAPHY
WAITING
DN
KITCHEN
COUNTER
HALL
COFFEE SHOP
COUNTER
ENT
13.00
14.00
9.00
18.00
FLOOR PLAN
가톨릭大學 醫學部 附屬病院
設計
CHONG HAP ARCHITECTS & ENGINEERS
綜合建築研究所

주한프랑스대사관

주한프랑스대사관은 한국 전통 건축을 현대적으로 해석한 김중업(1922~1988)의 대표작이다. 경사진 부지 위에 대사관저, 대사 집무동, 직원 업무동 등이 정원을 중심으로 부채꼴로 배치되어 시선에 따른 건축과 자연 경관의 조화를 다양하게 느낄 수 있도록 배치되었다. 구조체는 노출 콘크리트를 사용하여 구축 체계가 명료하게 드러나며, 벽체는 다양한 물성을 지니도록 표현되었다. 특히, 대사 집무동의 지붕 처마선은 곡선 형태의 한옥 지붕을 현대적으로 해석한 것으로 상승하는 형태가 대사관저 지붕의 직선적 형태와 시각적인 균형을 이룬다. 김중업은 이 건축물로 한국 전통건축을 재해석한 독창성을 인정받아 1965년 프랑스 정부로부터 국가공로 훈장을 받았다.

설계기간 1959. 봄-1960. 4
공사기간 1960. 가을-1962. 봄

주한 프랑스대사관 처마 아래 모습들
『PA: 김중업』, 건축세계, 1999

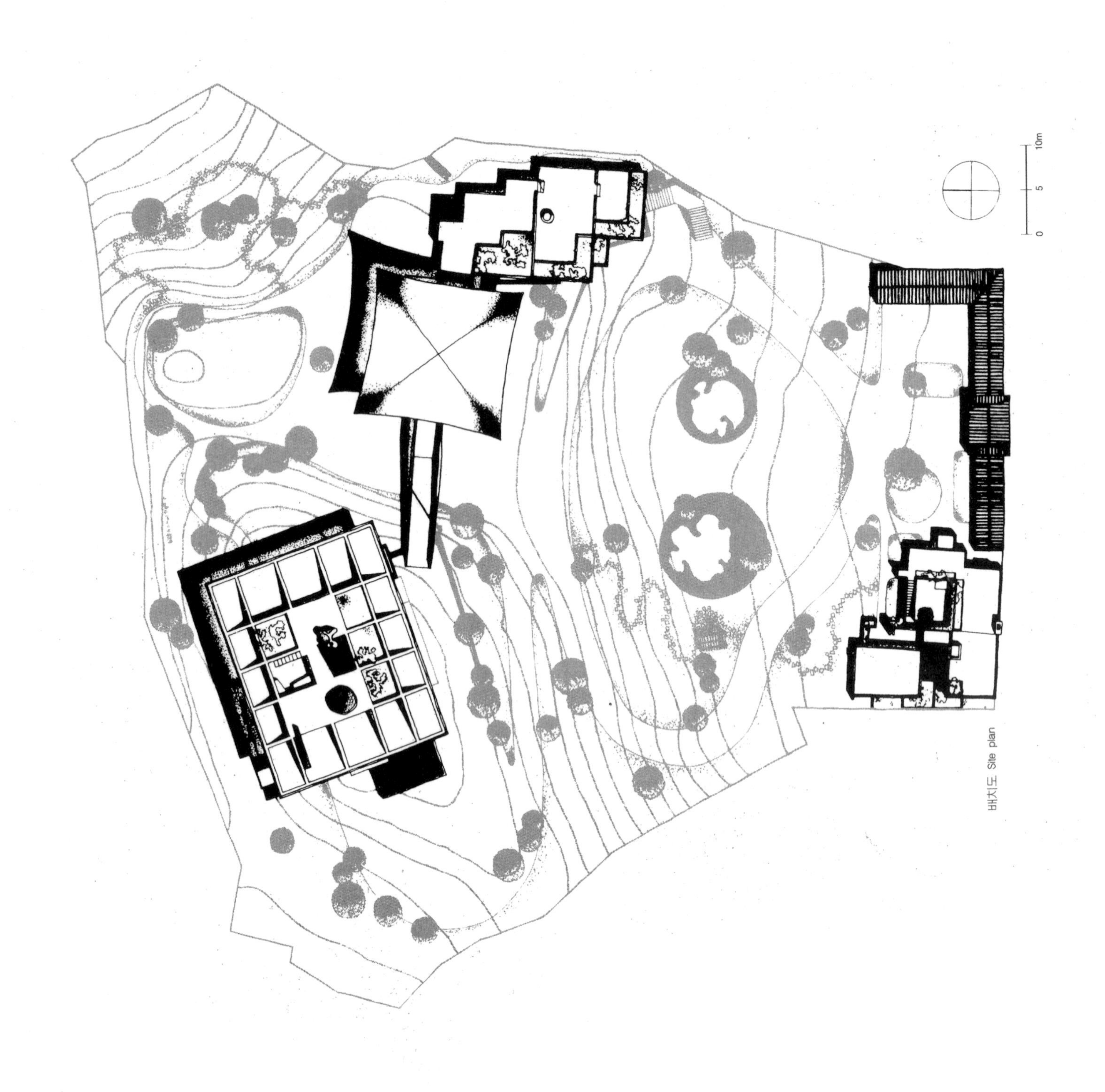

주한 프랑스대사관 배치도
『PA: 김중업』, 건축세계, 1999

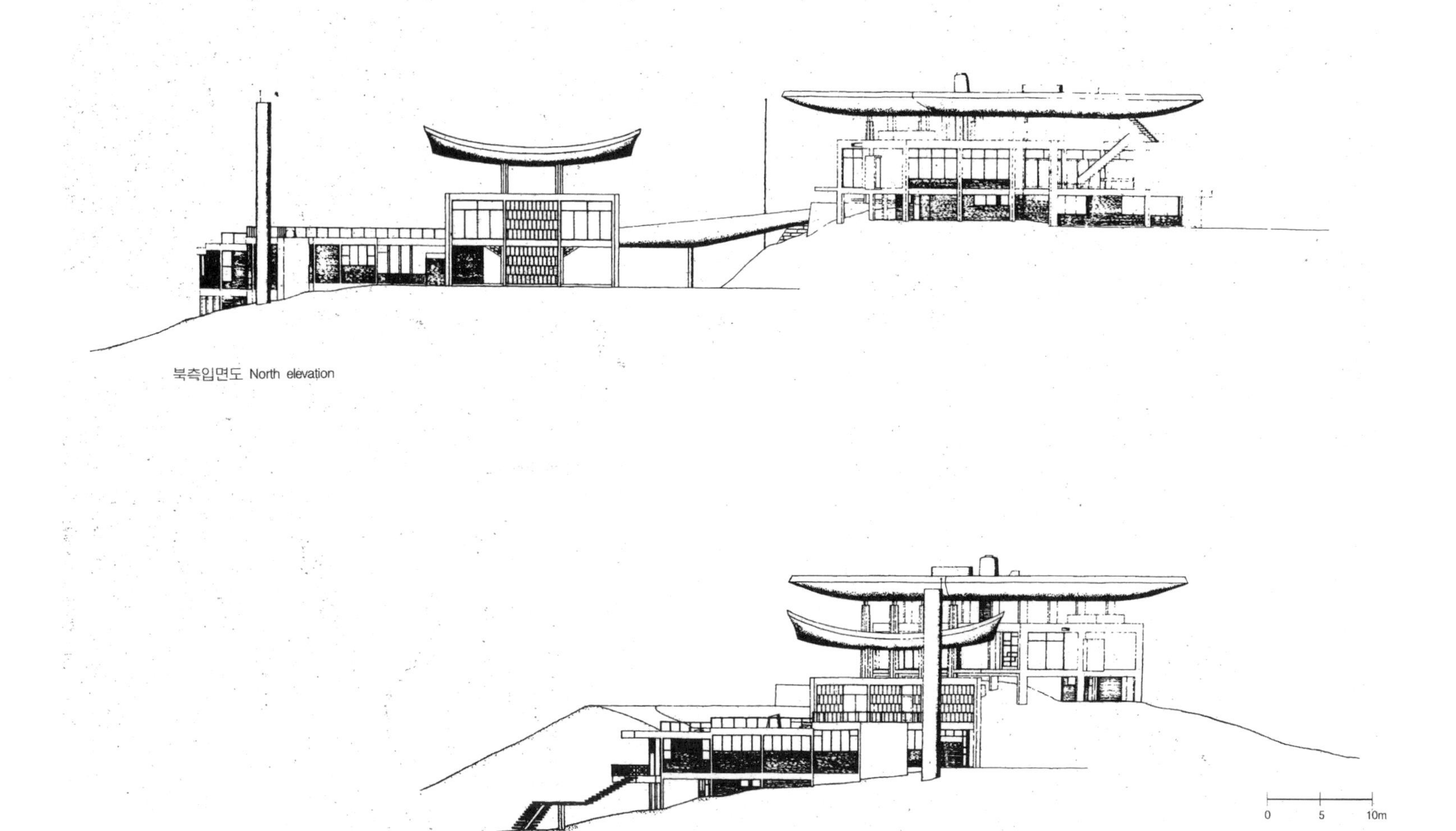

북측 입면도와 동측입면도
『PA: 김중업』, 건축세계, 1999

장충체육관

장충체육관은 건축 설계는 김정수(1919~1985, 종합건축), 구조 설계는 최종완(1927~2001)이 맡았으며, 삼부토건에서 건설한 국내 실내체육관의 효시이다. 지붕 구조는 본래 쉘 구조로 계획하였으나, 기술적인 어려움으로 철골 돔으로 시공되었다. 1963년 당시의 기술로는 어려운 과제였던 직경 80m 장스팬의 대공간의 등장이라는 점에서 의미가 있으며, 단조로울 수 있는 거대 구조물의 외관을 세련되게 처리했다는 점이 높이 평가되는 건축물이다.

준공 1963

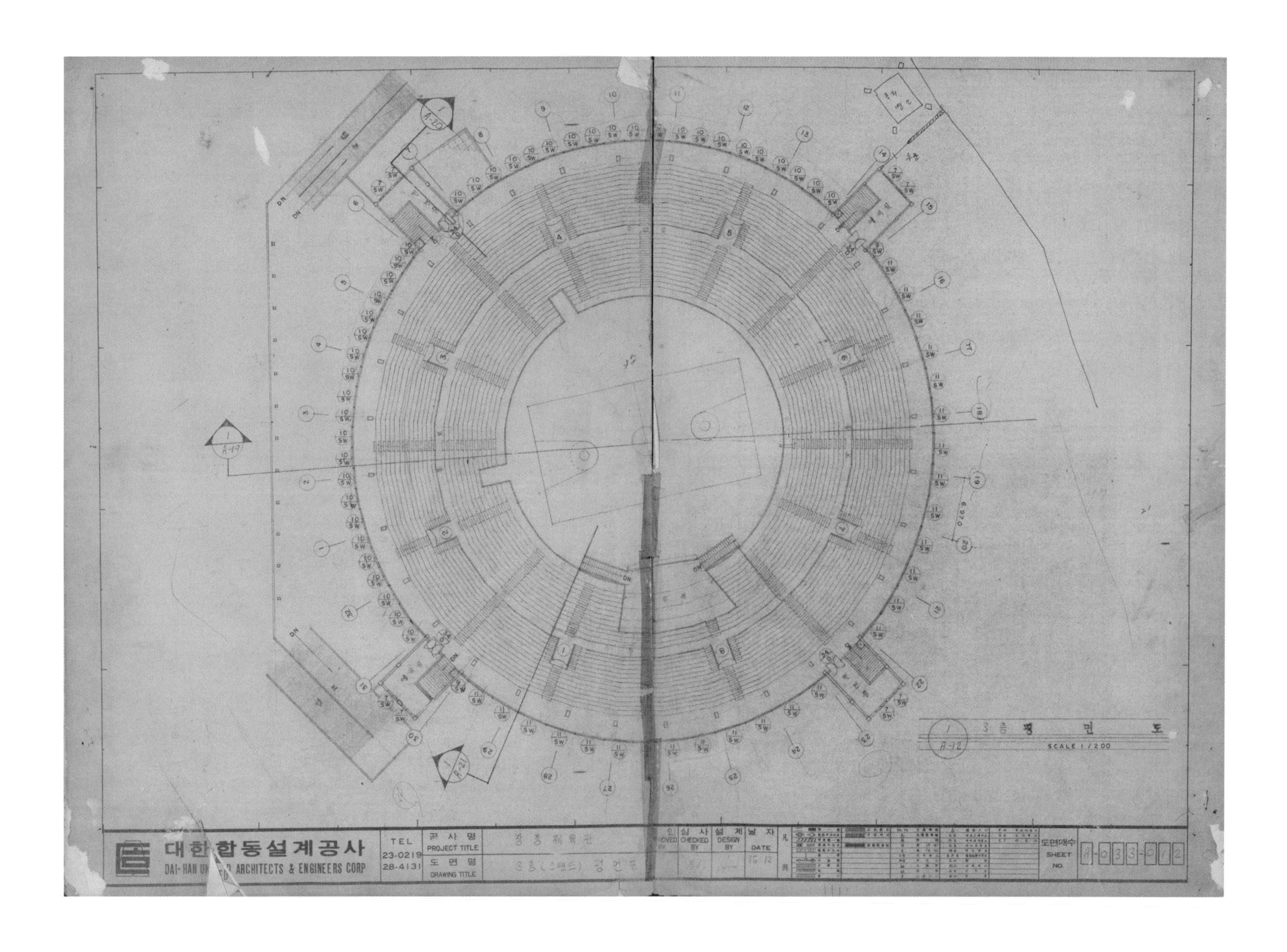

장충체육관 3층 평면도

1975, 목천김정식문화재단 소장

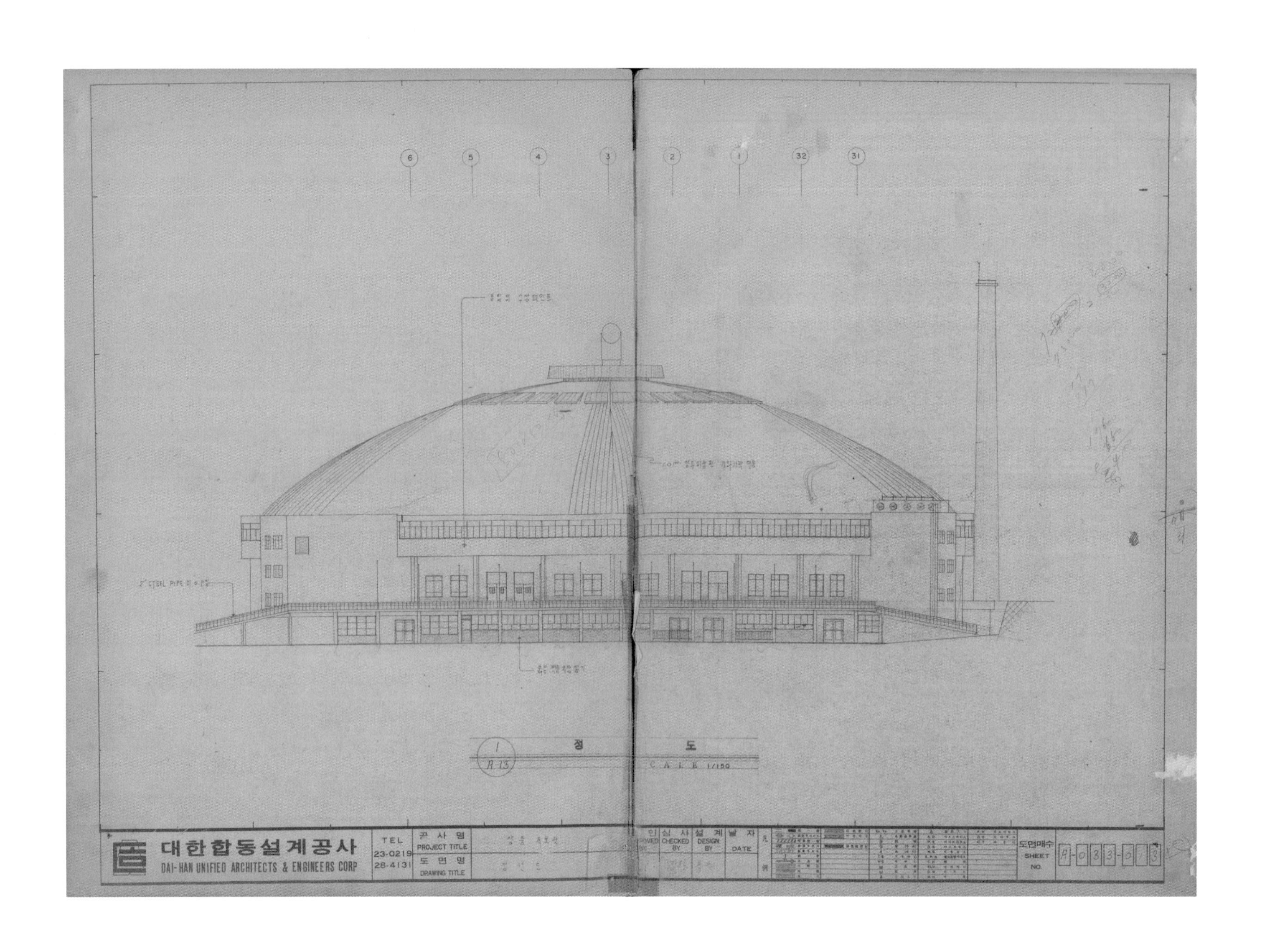

장충체육관 정면도

1975(추정), 목천김정식문화재단 소장

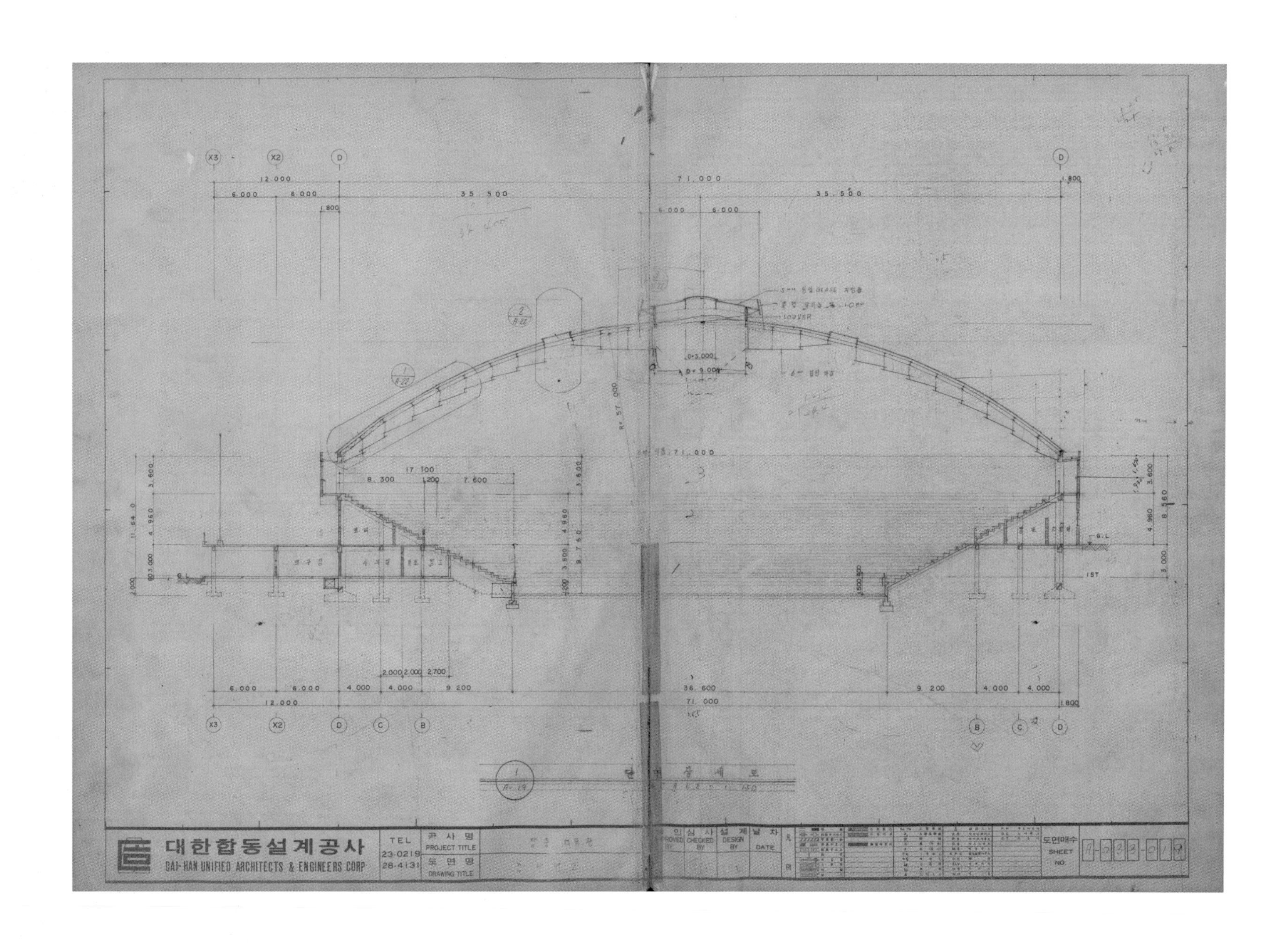

장충체육관 주단면도

1975(추정), 목천김정식문화재단 소장

새로운 주택

안영배가 ICA주택기술실에서 근무하고 서울대학교 공과대학 전임강사인 시절, 김선균과 함께 발간한 『새로운 주택』(1964)에는 그가 설계한 주택을 포함하여 다수의 국내외 사례들이 자세히 수록되어 있다. 이전에는 주택을 다룬 책들이 거의 존재하지 않았는데, 이 책은 국내외의 다양한 주택의 도면과 사진, 종합적인 계획방법, 부엌의 채점법 등을 담아 건축을 공부하는 학생뿐 아니라 주택을 실제로 짓고자 하는 사람들에게도 많은 도움을 주었다. 안영배가 여의도 국회의사당과 같은 주요프로젝트를 거쳐 서울시립대학교로 이직한 이후 출간한 『새로운 주택』 개정판(1978)에서는 초판보다 더욱 새롭고 다양한 사례를 볼 수 있다.

초판 1964
개정판 1978

안영배·김선균, 『새로운 주택』, 초판 복사본, 보진재, 1964
안영배·김선균, 『새로운 주택(개정신판)』, 보진재, 1980
안영배·김선균, 『새로운 주택(개정신판)』, 보진재, 1984

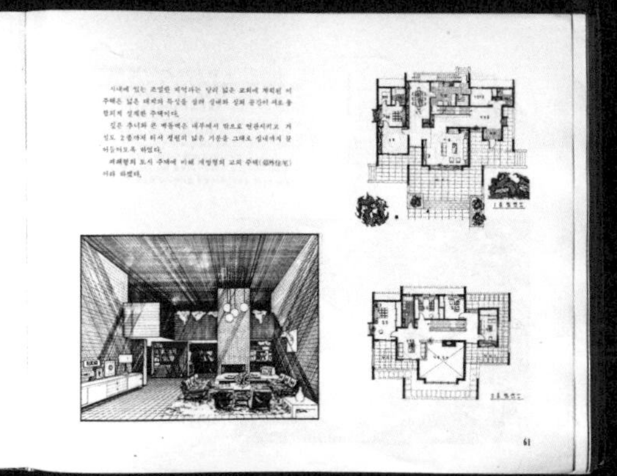

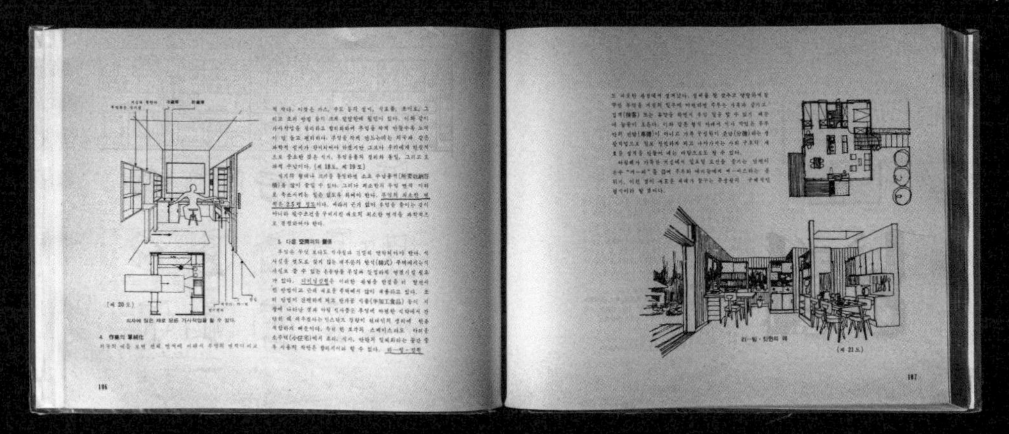

改訂新版 새로운 주택
安瑛培
金善均 編著

조흥은행 본점

서울시 중구 남대문로 1가에 위치한 조흥은행 본점 (현 신한은행 광교빌딩)은 이천승, 정인국, 강명구, 김창집, 유영근 등 중진 건축가 5인의 작품이다. 지하 2층, 지상 15층의 규모로 1966년 완공 당시 서울 시내에서 가장 높은 건물로 주목받았다. 저층부는 은행 영업부가 위치하고, 업무시설이 있는 고층부 사방을 모두 알루미늄 스팬드럴과 유리가 교차하는 커튼월로 마감하였는데 당시로서는 매우 첨단 방식이었다. 1993년 전면 유리 커튼월로 개수되어 오늘에 이르고 있다.

공사기간 1963.12-1966.12

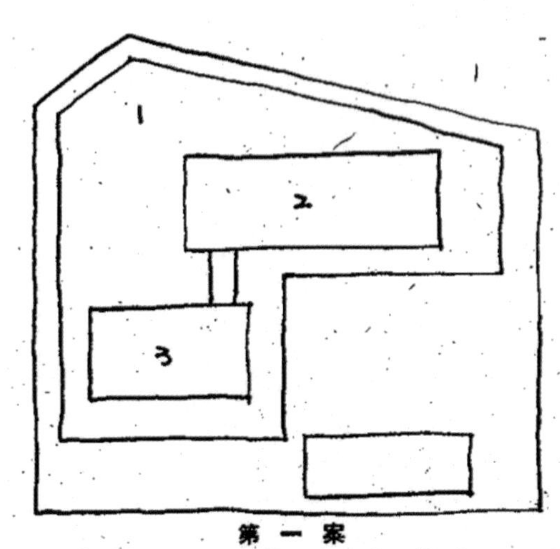

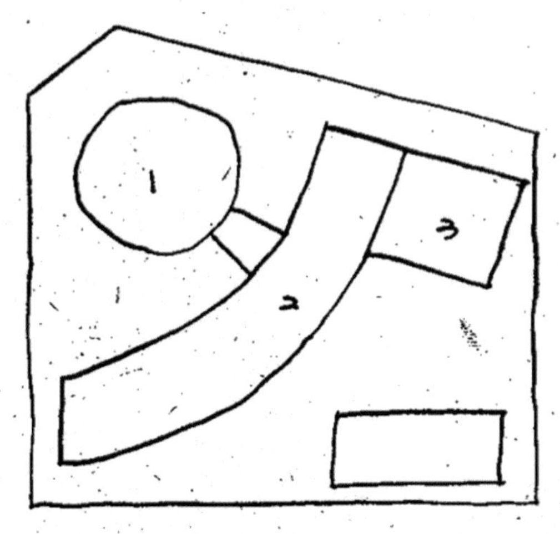

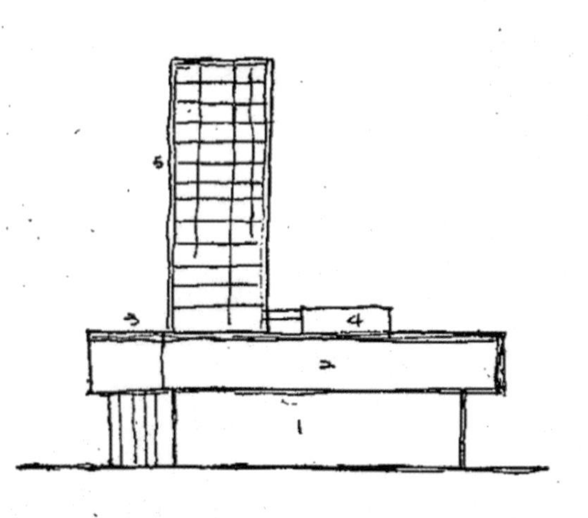

조흥은행 본점 기본설계 계획안 다이어그램

1967, 유영근, 조흥은행기본설계계획에대하여, 건축, 11(24)

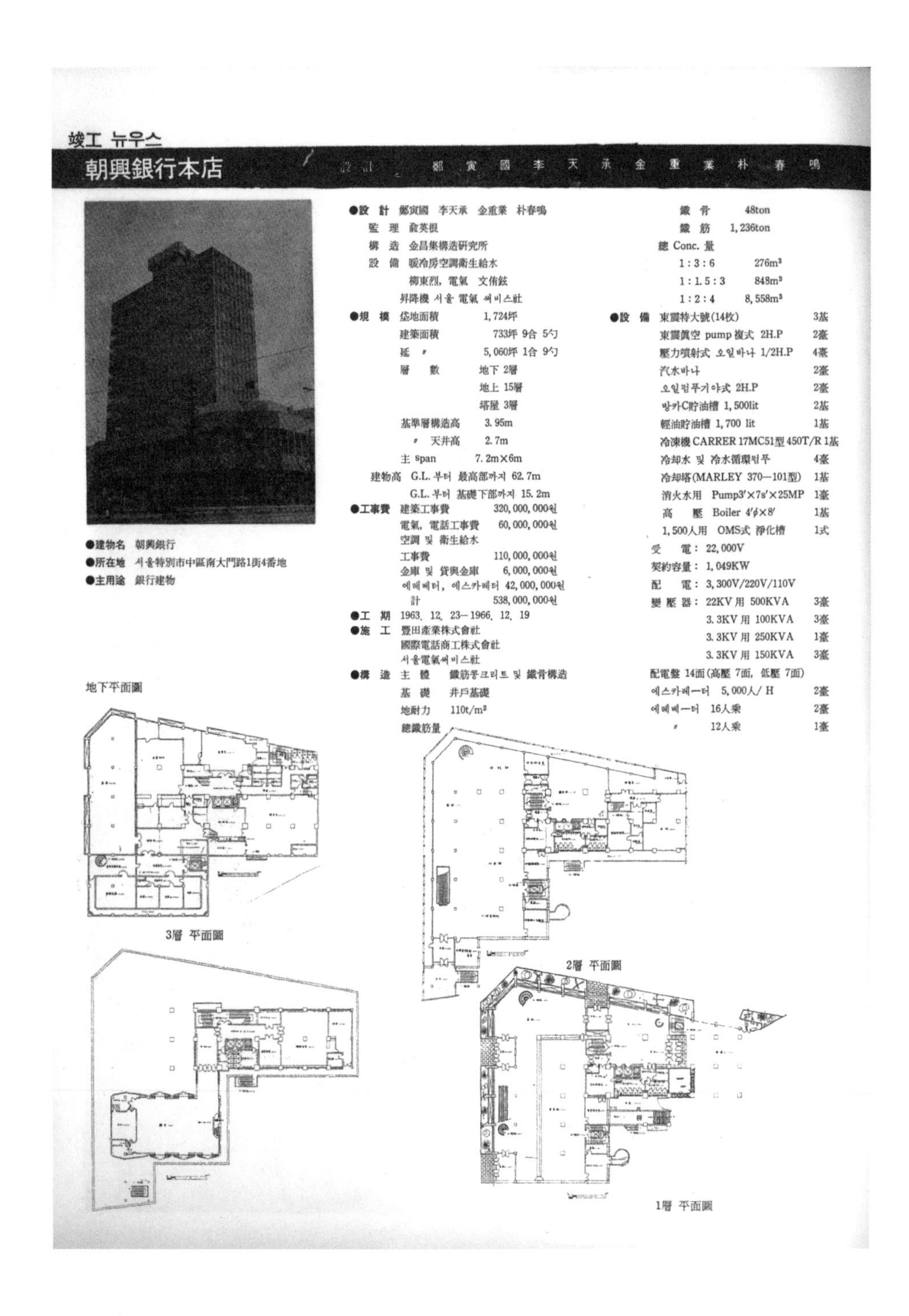

竣工 뉴우스

朝興銀行本店

設計 鄭寅國 李天承 金重業 朴春鳴

●建物名 朝興銀行
●所在地 서울特別市中區南大門路1街4番地
●主用途 銀行建物

●設 計 鄭寅國 李天承 金重業 朴春鳴
監 理 兪英根
構 造 金昌集構造研究所
設 備 暖冷房空調衛生給水
柳東烈, 電氣 文侑鉉
昇降機 서울 電氣 써비스社

●規 模 垈地面積 1,724坪
建築面積 733坪 9合 5勺
延 〃 5,060坪 1合 9勺
層 數 地下 2層
地上 15層
塔屋 3層
基準層構造高 3.95m
〃 天井高 2.7m
主 span 7.2m×6m
建物高 G.L.부터 最高部까지 62.7m
G.L.부터 基礎下部까지 15.2m

●工事費 建築工事費 320,000,000원
電氣, 電話工事費 60,000,000원
空調 및 衛生給水
工事費 110,000,000원
金庫 및 貸與金庫 6,000,000원
에레베터, 에스카레터 42,000,000원
計 538,000,000원

●工 期 1963. 12. 23—1966. 12. 19

●施 工 豐田產業株式會社
國際電話商工株式會社
서울電氣써비스社

●構 造 主 體 鐵筋콩크리트 및 鐵骨構造
基 礎 井戶基礎
地耐力 110t/m²
總鐵筋量
鐵 骨 48ton
鐵 筋 1,236ton
總 Conc. 量
1:3:6 276m³
1:1.5:3 848m³
1:2:4 8,558m³

●設 備 東震特大號(14枚) 3基
東震眞空 pump 複式 2H.P 2臺
壓力噴射式 오일바나 1/2H.P 4臺
汽水바나 2臺
오일펌푸기야式 2H.P 2臺
방카C貯油槽 1,500lit 2基
輕油貯油槽 1,700 lit 1基
冷凍機 CARRER 17MC51型 450T/R 1基
冷却水 및 冷水循環펌푸 4臺
冷却塔(MARLEY 370—101型) 1基
消火水用 Pump3'×7s'×25MP 1臺
高 壓 Boiler 4'φ×8' 1基
1,500人用 OMS式 淨化槽 1式
受 電: 22,000V
契約容量: 1,049KW
配 電: 3,300V/220V/110V
變 壓 器: 22KV用 500KVA 3臺
3.3KV用 100KVA 3臺
3.3KV用 250KVA 1臺
3.3KV用 150KVA 3臺
配電盤 14面(高壓 7面, 低壓 7面)
에스카레—터 5,000人/H 2臺
에레베—터 16人乘 2臺
〃 12人乘 1臺

地下平面圖

3層 平面圖

2層 平面圖

1層 平面圖

『공간』, Vol. 4, 1967. 2. 88쪽
SPACE 편집부 제공

준공 직후로 추정되는 조흥은행 본점
서울역사박물관 소장

조흥은행 본점 전경
1999, ©서현

서울타워

서울타워는 1969년 12월 동양방송, 동아방송, 문화방송 등 3개의 민영 방송국이 합작 투자하여 종합 전파탑과 관광 전망대의 기능을 동시에 하도록 설계되었으며, 설계자는 장종률(1934-1994)이다. 장종률은 탑 하부를 한국적 의장을 갖춘 기단으로 의도하였며 구조는 철근 콘크리트와 철골조를 복합적으로 적용하였다. 구조설계에는 김덕현, 시공은 현대건설이 참여했으며, 초속 56m의 풍하중에 견딜 수 있도록 설계되었다. 마감은 노출 콘크리트와 알루미늄 커튼월이 사용되었다. 1971년 12월 3일에 완공이 이루어졌을 때에는 전망대는 갖춰져 있지 않았으나, 이후 완공되어 1980년 10월 15일부터 일반인들에게 공개되었다.

준공 1971. 12
일반공개 1980. 10

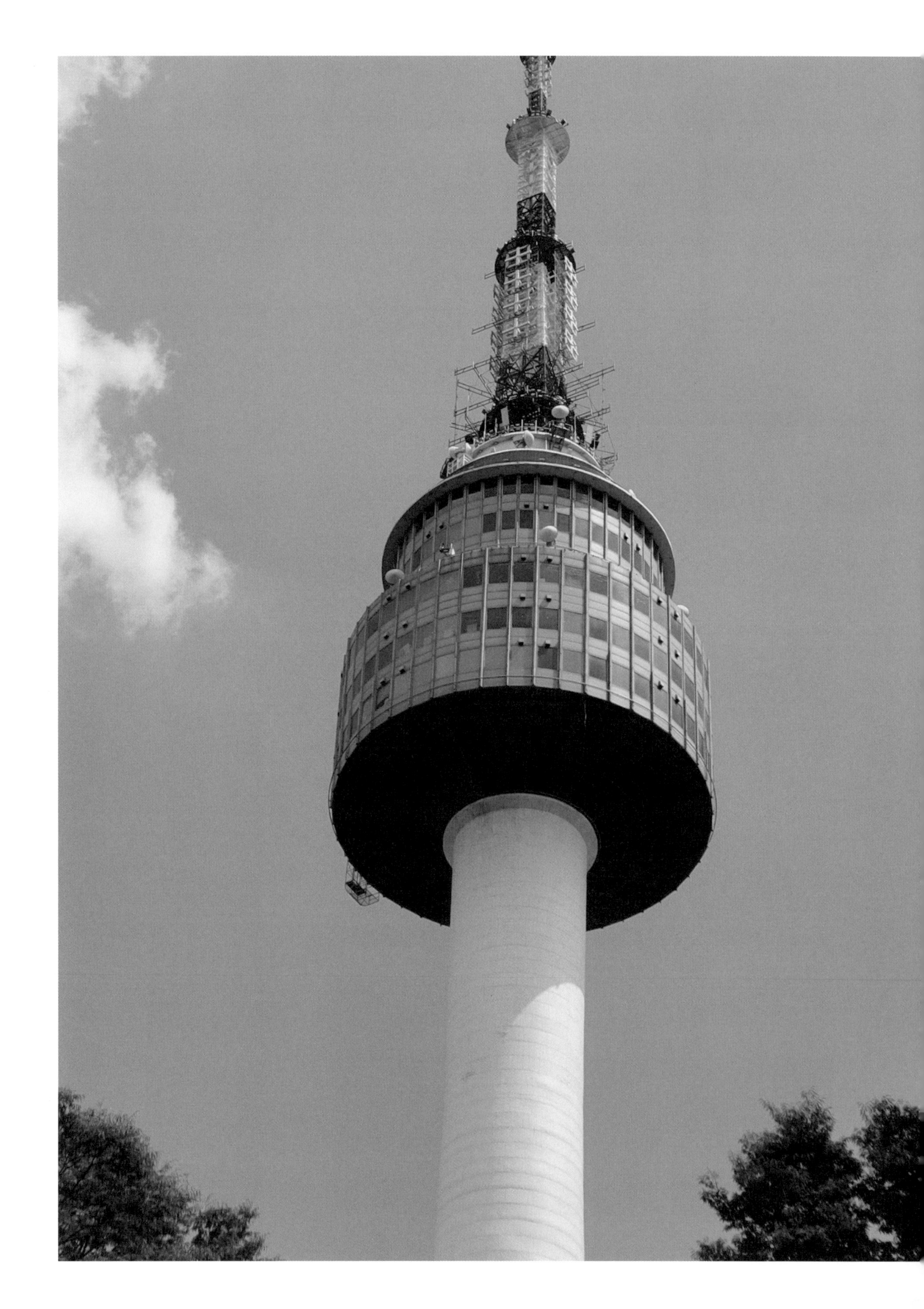

서울타워 근경
전시팀 촬영

서울 TV TOWER 계획

張 宗 律

(建築硏究所 建 友 社 代表)

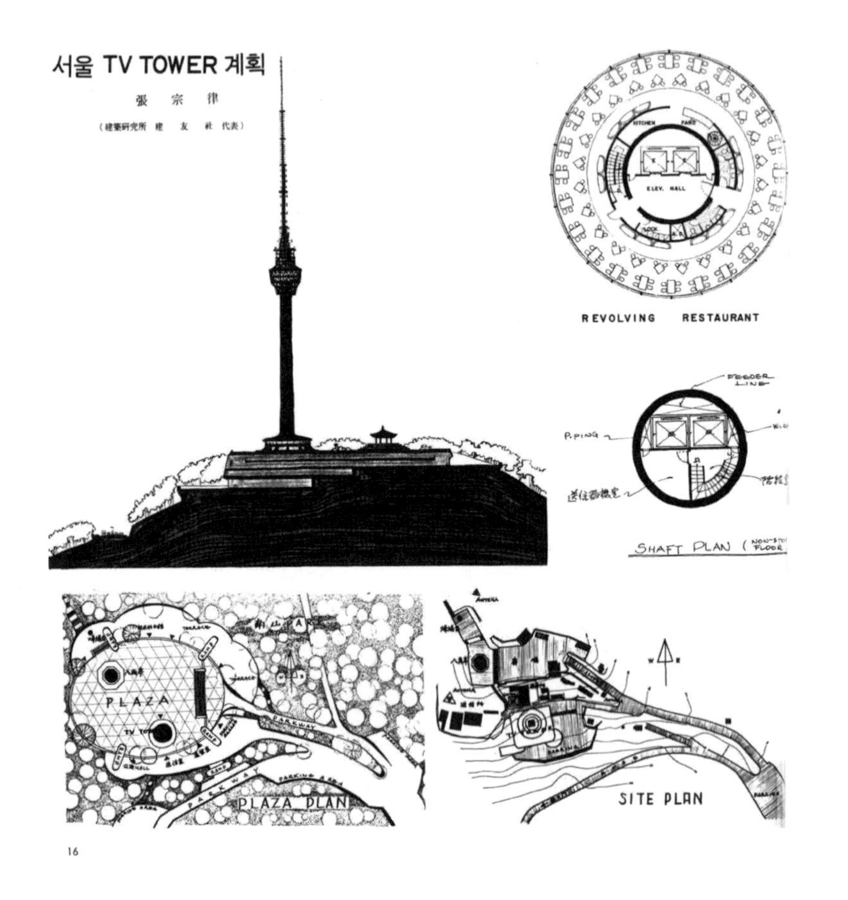

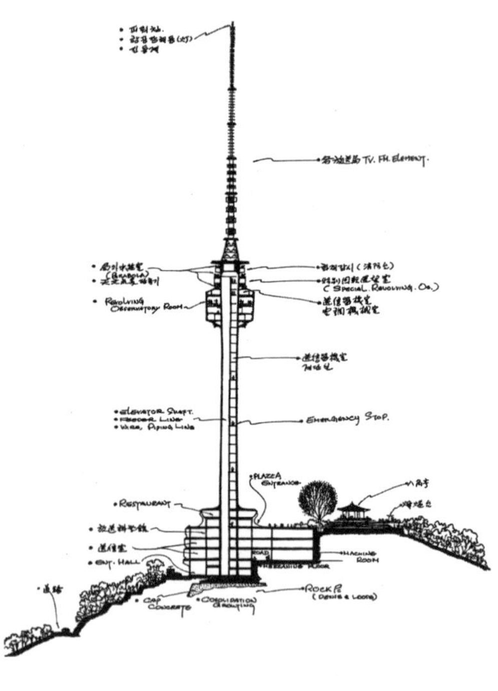

塔을 計劃하고

이 塔은 서울南山을 中心으로 하여 半經 100km의 Service Area를 넓히기 위해 放送綜合送信塔(TV Tower)로 建立되고 있다. 지금 國內에는 여러개의 Tower 計劃이 있으며 가끔 問議에 接할 때가 있어 앞으로 우리나라에 建立될 많은 塔을 爲하여 Seoul TV Tower의 槪要와 이웃 여러나라 Tower를 簡單히 紹介하고저 한다.

塔은 元來 Symbol性이 아주 强하게 나타나는 存在인 것같다. 그 뜻하는 바는 時代와 狀況에 依해 매우 다를 것이다. 塔은 强한 Symbol性과 시각적인 충격력이 크게 잠재해 있고 동경의 대상이기도 하다. 이 塔은 이러한 性格을 積極性 있게 나타내어 하늘로 發散하는 人間의 마음과 壓迫하는 Mass의 힘을 表現하여 하늘과 구름과, 南山과 서울에 調和되어 情緖的인 景觀을 이룰 것이다. 이 塔이 完成되면 現代的인 물결과 속도감과 팽창하는 都市構造의 急激한 Rhythm으로부터 逃避되어 建設을 實現케한 人間의 논리적인 정신력과 그 景觀的인 成功에 사람들을 沈默시키리라 믿는다.

塔이 建立될 때까지

南山은 李朝時代부터 通信網의 中心이었으며 옛날 낮에는 연기, 밤에는 불로 나라의 좋은일, 어려운 일을 알리는 烽燧臺 5基가 있어서 이곳을 中心으로 全國의 623基를 통해 高宗 31年 1894년까지 光波通信을 해 왔다. 그후 電波(電子波) 通信으로 바뀌어 1961年 KBS 南山送信所와 75m의 鐵塔이 建立된 以來 TBC, DBS, MBC 各

1 2 3

4

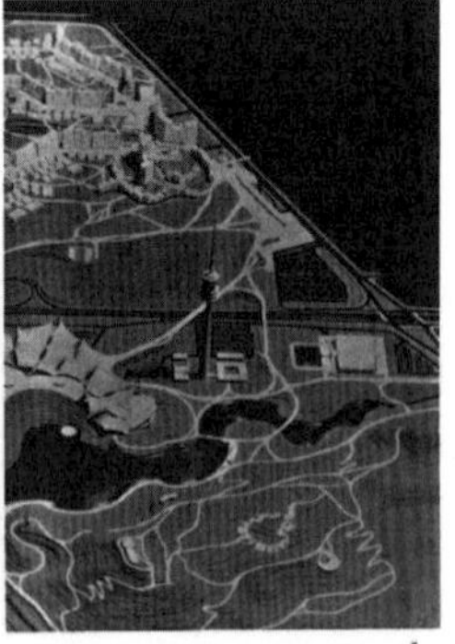

5

6

7

8

9

10

世界의 綜合塔과 展望塔

① Eiffel Tower (Paris France)

82年前 (1889) Paris 萬博記念象徵塔으로 Eiffel이 設計 처음 300m였으나 TV Antena 20m를 더 建立 320m 6900 T鐵骨塔을 繪畵的 情緖的 雰圍氣로 세웠음. 2個層의 展望室도 있음.

② Euromast (Rotterdam Netherlands)

Europe의 門이라 불리우는 Rotterdam에 地盤이 나빠 Pile 위에 129m Concrete Shaft 上部에Resturant, Kitchen을 두고 80人~150人 收容. Jan Van Duin에 依하여 設計된 이塔은 直徑 19m의 基礎 위에 Slip Form 法에 依해 1日 4m씩. 3週間에 頂部까지 완료. 施工中 溫度變化 3°+C~−3°C, Concrete Shaft DIA 9m 厚 30cm 2臺의 Elevator 240T. 重要의 展望臺를 地上組立하여 3臺의 水壓자키 3條의 鋼糸로 달아올려 Shaft의 頂上에 Setting하였음.

③ London Post Office Tower (England)

188m, 6年前建立, 圓筒의 高層塔
120m에 回轉式展望臺

④ Stuttgart TV Tower (West Germany)

210m, 展望室 屋上의 Wire Mesh로 Screen하여 眺望할 수 있게 하였으며 外部 補修時의 Rail 設置, 2個層의 展望室을 가지는 아름다운 塔. Concrete造

⑤ 1972 Munich XXth Olympiad TV Tower (West Germany)

270m, 2個層의 展望室과 送信器機室, 鐵筋 Conc. 造.

⑥ Hamburg TV Tower (West Germany)

271.5m 2個層의 展望室, 鐵筋콩크리―트造

⑦ Deutshe Demokratiche Rupublik TV Tower

365m Resturant까지 207m

⑧ Husky Tower

Canada Alberta州 Caloary 市 184m

⑨ Space Needle (Seattle U.S.A)

184m, Seattle 萬國博覽會象徵塔 2個層의 展望室

⑩ Tower of America (San Antonio Texas U.S.A.)

45 FT 直徑, ShaftConcrete

6TH 높이의 Top House 640$의 重要 Slip Form 工法 3個의 Elevator, 總高 750FT.

南山에 있는 烽燧台

展望台 계획

68년도 계획된 塔

機關, 美軍用 等 80波 以上의 電波를 散在되 있는 雜多한 塔을 利用하여 送受信하고 있는 곳이 되었다. 同一塔에 의한 送信과 많은 塔의 集中으로 極甚한 混信을 가져오며 受信機의 感度도 低下되고 通信範圍도 縮少되었다. 現在 南山은 電波의 收容이 飽和點에 이르고 있어 現在와 같은 狀態에서는 새로운 電波를 送受信하는 것은 技術的으로 不可能하게 되고 날로 增加되는 各機關의 無線施設과 새로운 TV局, FM局의 增設을 可能하게 하기 爲해서는 最短時日內에 새로운 電波塔의 建立이 要求되었으며 周波數割當의 技術的인 見地에서 볼때도 直經 600m以內의 電波塔은 同一한 塔으로 간주되어 送受信 겸용塔을 送信과 受信으로 分離收容하고 送信塔專用의 塔으로 建立되면 最少 160波의 收容能力을 가지며 簡單한 裝置附加로 200波도 收容할 수 있다는 結論을 얻었으며 民間放送協會의 會員局인 MBC, TBC, DBS가 共通投資하여 建立하기로 合議하여 着工하게 되었다.

그 동안 設計過程에서 民放協會 및 MBC-TV & Radio, TBC-TV & Radio, DBS-Radio의 放送技術陣, 諮問해주신 崔鍾晥 博士, Consultant 工學博士 金德鉉 硏究室, 三新設備硏究所, 文俯鉉電氣硏究所의 협조가 있었음을 밝히고저 한다.

이제 이 塔은 着工되어 南山 廣場에서 100m까지 施工中이며 서울의 個性과 魅力, 觀光韓國을 世界에 펼치기 위해 展望施設까지 갖추고 南山의 Sky Line을 修正해 가고 있는 중이다.

塔이 建立되면

TV電波는 빛(光)과 같이 곧장가는 性質을 가지고 있다. 서울의 高層建物, 近郊의 丘陵, 山等에 依한 그늘지는 곳에 畵面이 잘 보이지 않는다. 南山은 서울의 中心이며 全國通路의 消點에 位置하여 이 塔이 完工되면 難視聽地가 完全히 解消되어 Service Area를 넓혀 서울一圓에 良質의 映像을 提共하게 되고 副都心의 發展에도 기여하게될 것이다. 집집마다 높은 안테나, 南山에 亂立된 雜多한 塔도 整理되며, 全國의 TV 放送 45個局과 民營放送및 32개 중계소와 人工衛星地球局을 거쳐 宇宙까지 연결하는 現代的 烽燧臺의 역할을 하며 展望臺는 서울의 高空, Smoke層의 上部에 있었서 新鮮한 空氣層에서 서울과 仁川과 板門店을 한눈에 眺望하게 될 것이다.

設計概要

처음 이 塔을 試圖할 무렵에는 外國에 흔이 있는 鐵塔에 各種의 送信用 Element를 附着시키는 單純한 電波塔으로 構想되었으나 보다 經濟的이고 南山의 景觀에 맞는塔으로 發展시켰다. 塔은 Antena와 支持塔으로 區分하여 支持塔의 경제的 構造를 檢討했다. 亦是 力學的으로 가장 有理한 것은 圓筒이였으며 支持塔과 Antena의 만나는 部分은 5世紀頃 우리 先祖들이 즐겨쓰던 古典的인 Lamp를 現代的인 Lamp로 發展시켜 展望室과 Parabola室로 計劃하였다. Antena의 높이는 計劃初期에 60m였으나 各放送局의 事情에 依하여 103m로 確定되였다. 南山廣場이 當拔 260米여서 支持塔을 廣場面에서 117m 그위에 103米의 Antena를 合치면 海拔高 480m나 된다. 이때 Antena의 길이를 80米程度로 줄일 수도 있으나 送信用 Element의 改造가 必要하며 現在 使用되는 Element를 代替하는 豫算이 莫大하게 加重되기 때문에 103m는 不可避했다.

Concrete Shaft를 Slip Form으로 作業하면 50日이면 施工完了할 수 있었으나 南山의 景觀을 위하여 現在와 같은 工法이 擇해졌다. 南山의 地質은 花崗片麻岩과 그 腐蝕層으로 되여 있어 地層이 Dense와 Loose한 狀態가 同時에 있어서 Consol dation Grout 工에 依해 6000M³의 地盤이 强化되었다. 이것은 立地條件이 斜面이고 有限性이기 때문에 全體的인 Slip의 防止를 위한 따름이다.

設計條件은 風速 56m/sec(서울最大記錄 25m/sec), 風壓 250kg/m², Concrete σ_{28}=210kg/m², 鋼材質 SS-55, SM-50, SS-41, 鐵筋材 fsw=2,400kg/cm² 許容地耐力 80T/m²로 되었다.

塔의 技能

塔은 放送綜合送信塔(電波塔)으로 計劃되었으며 KBS, MBC, TBC, DBS와 各機關의 VHF Super Turn Style Antena, VHF Directional Array, Parabola, TFD 16M Dipole Antena, DK2 Dipole Antena 八木 Antena等 Radio와 Television用 各種 Element의 設置, 移動無線施設, Call Taxi, 移動無線電話, Patrol Car의 送受信.

各放送局의 送信室, 各機關의 通信施設, 送信機器室 Masscom 綜合科學館

展望室, 消防望樓, 屋外中斷用 Parabola室,

天文, 氣象關係資料 收集機의 設置

上空의 風速, 溫度의 測定, 바른日氣豫報, 放射能, Smoke層의 硏究, 大氣汚染의 觀測裝置, 風壓計, 風向을 찾는 逆轉層測定器 等을 設置하게 된다.

⑪ **Argentine Tower (Buenos Aires, Argentine)**

345m 日建設計工務設計, 觀光과 通信用塔 地下室 TV, RD 送信所

134m와 240m에 觀光用展望室, 레스토랑, 스카이라운지, 鋼材 H型鋼 16本의 壓縮材의 Shaft와 그 外側에 Wire와 引張材로 設計 힘의 均衡으로 볼때 Tension Tower라 불리운다. Elevator로도 부에노스아이레스市와 라쁘라타江의 變化하는 眺望을 즐길 수 있게 되어 있다.

⑫ **Tokyo Tower (Japan)**

333m의 實用構造物 上部 78m의 Antena는 高强度 Pipe 造로 되어 있으며 鐵骨所要量 4,000T 이밖에 같은 市內에 正力 Tower計劃이 進行中인데 日本 TV가 主管하여 150億圓을 投入하여 550m의 世界第一의 塔을 推進中이다. 構造는 鋼板外部에 金屬板貼 200m 400m에 一時에 1,500人 收容의 展望室計劃이 있다. 日本은 大體的으로 風速을 90m/sec로 設計하고 있다. (最大風速 東京 60m/sec)

⑬ **Kyoto Tower (Japan)**

131m 鐵骨造 應用外被構造. 9層 Bldg. 上部에 100m의 塔 建立時 100年 古都의 景觀을 흐리게 한다고 많은 反對에 부딛쳤음. 이밖에 大阪塔(160m) 等많은 塔이 있다.

⑭ **Pusan Tower 計劃**

우리나라 港都 釜山의 特性을 살려 大廳公園 25,000坪으로 垈地 위에 國內最高의 塔 250m로 計劃되었으며 4層의 展望層과 低層構造物 1,500坪. 塔의 中間에 操舵室을 두었다. 塔은 展望以外도 船舶과의 無線通信, 燈臺의 역할도 겸하며 3臺의 Elevator는 釜山港口와 近郊의 變化 많은 眺望을 즐기며 昇降할 수 있게 計劃되었다. 建築硏究所 建友社에서 計劃하였음.

이밖에도 世界各國에는 많은塔이 있는데 支線式鐵塔으로 美國 North Dagoda State에 있는 KTHI TV局의 送信塔이 628m로 世界에서 가장 높은 塔이며 8年前에 建立. 11人의 作業員이 30日間에 完成하여 有名함.

世界第一의 建物 102層 建物 엠파이어스테트빌딩 屋上의 TV Antena의 높이는 448m高 其他國에 單一塔으로 現存하는 塔中 가장 높은 537m 3個의 Expansion Joint가 있는 콩크리—트 세狀構造도 있으며 많은 TV塔과 一般展望塔이 있다. 나이아가라 폭포의 카나다 側에 50m 高의 展望臺가 있는데 自然과 잘 調和되어 있다. TV Tower와 같은 性格이 아닌 一般展望用 Tower는 都市의 構造와 환경을 살려서 잘 매워되게 계획하여야 하며 높이를 자랑하지 않고 아름다운 塔이 都市마다 세워져야 겠다

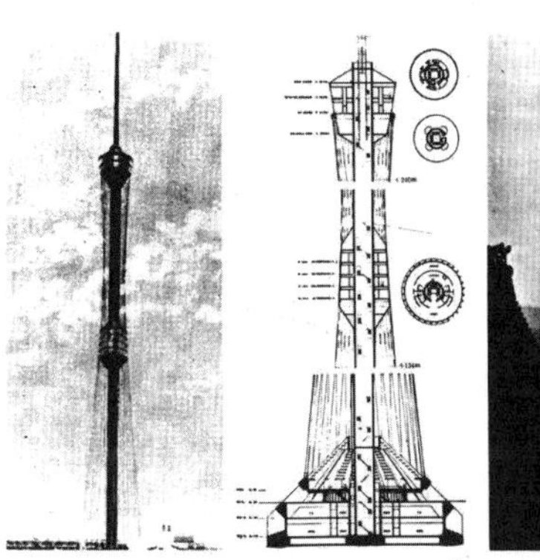

10

11

13

12

14

『공간』, Vol. 55, 1971. 6. 16-21쪽
SPACE 편집부 제공

서울대학교
중앙도서관과 행정관

준공 1974. 12 (60동, 행정관),
1975. 6 (62동, 중앙도서관)

서울대학교 중앙도서관과 본관은 1972년 완료된 관악 종합캠퍼스 계획안에 따라 캠퍼스의 중심 지구에 배치되었고, 중앙도서관의 실시설계는 이승우·윤석우 (종합건축), 행정관은 김정철(1932-2010, 정림건축)이 설계하였다.

중앙도서관은 대지의 특수한 상황을 고려하여 배치되어 도서관 3층에 캠퍼스 양쪽에 위치한 인문, 사회 분야와 이공계 분야 각각에서의 접근을 용이하게 하는 건물 중앙부를 관통하는 통로를 계획하였다. 특히, 도서관 정면은 루버의 반복적인 배치를 통해 강한 시각적 처리를 의도하였다는 점은 새로운 조형에 대한 모색으로 볼 수 있다.

본관은 전면의 광장과 후면의 중앙도서관을 연결하는 축선 상에 위치하도록 배치되었다. 본관 역시 수평의 강조와 수직 루버로 생기는 음영 효과로 부드러운 시각적 느낌을 주도록 설계되어 독특한 느낌을 주는 외관을 의도하고자 하였다.

완공된 첫 해(1975)의 관악 캠퍼스
『서울대 사람들: 1946-2016』, 서울대학교, 2017

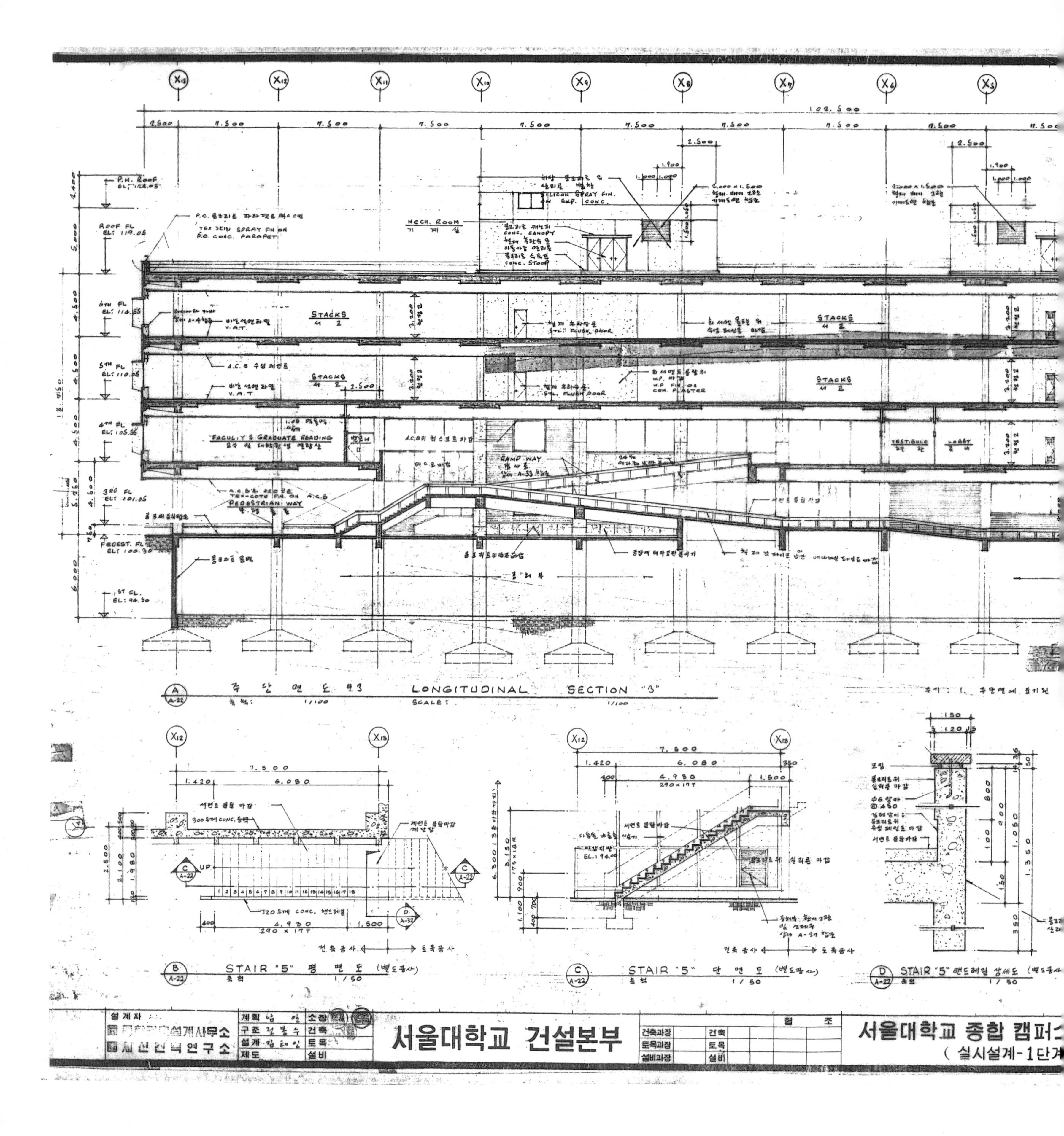

종 단 면 도 #3 LONGITUDINAL SECTION "3"
축 척 1/100 SCALE: 1/100
STAIR "5" 평 면 도 (별도공사)
축척 1/50
STAIR "5" 단 면 도 (별도공사)
축척 1/50
STAIR "5" 핸드레일 상세도 (별도공사)
축척 1/50
P.H. ROOF EL: 124.05
ROOF FL EL: 119.05
6TH FL EL: 114.55
5TH FL EL: 110.05
4TH FL EL: 105.55
3RD FL EL: 101.05
PEDEST. FL EL: 100.30
1ST FL. EL: 94.30
MECH. ROOM 기 계 실
STACKS 서 고
FACULTY & GRADUATE READING
RAMP WAY
PEDESTRIAN WAY
VESTIBULE 전 실
LOBBY 홀
102.500
7.500
2.500
건축공사
토목공사
설계자
계획
구조
설계
제도
소장
건축
토목
설비
서울대학교 건설본부
건축과장
토목과장
설비과장
협 조
서울대학교 종합 캠퍼스
(실시설계-1단계

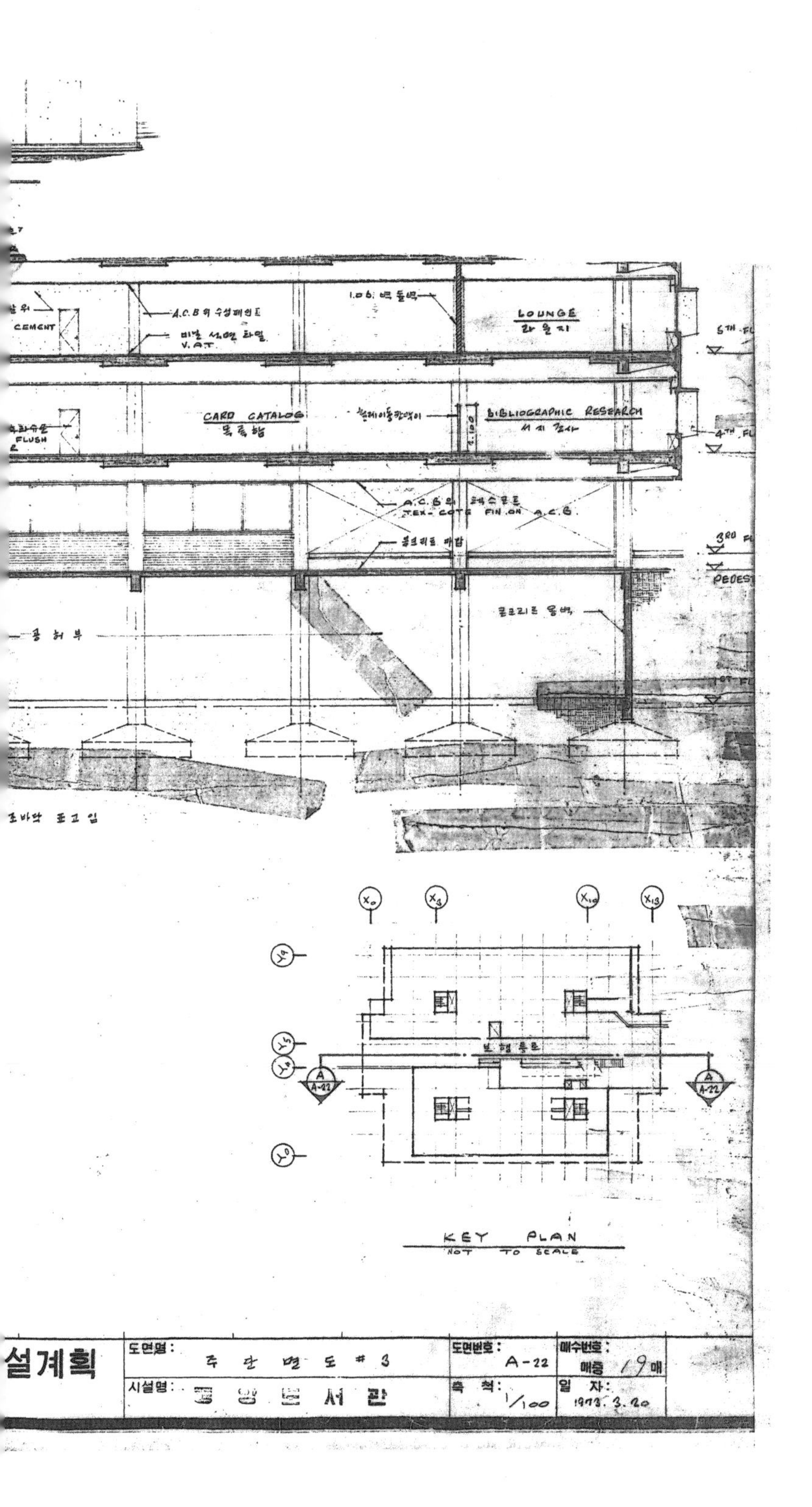

서울대학교 중앙도서관 실시설계 1단계 주단면도
1973, 서울대학교 시설과 제공

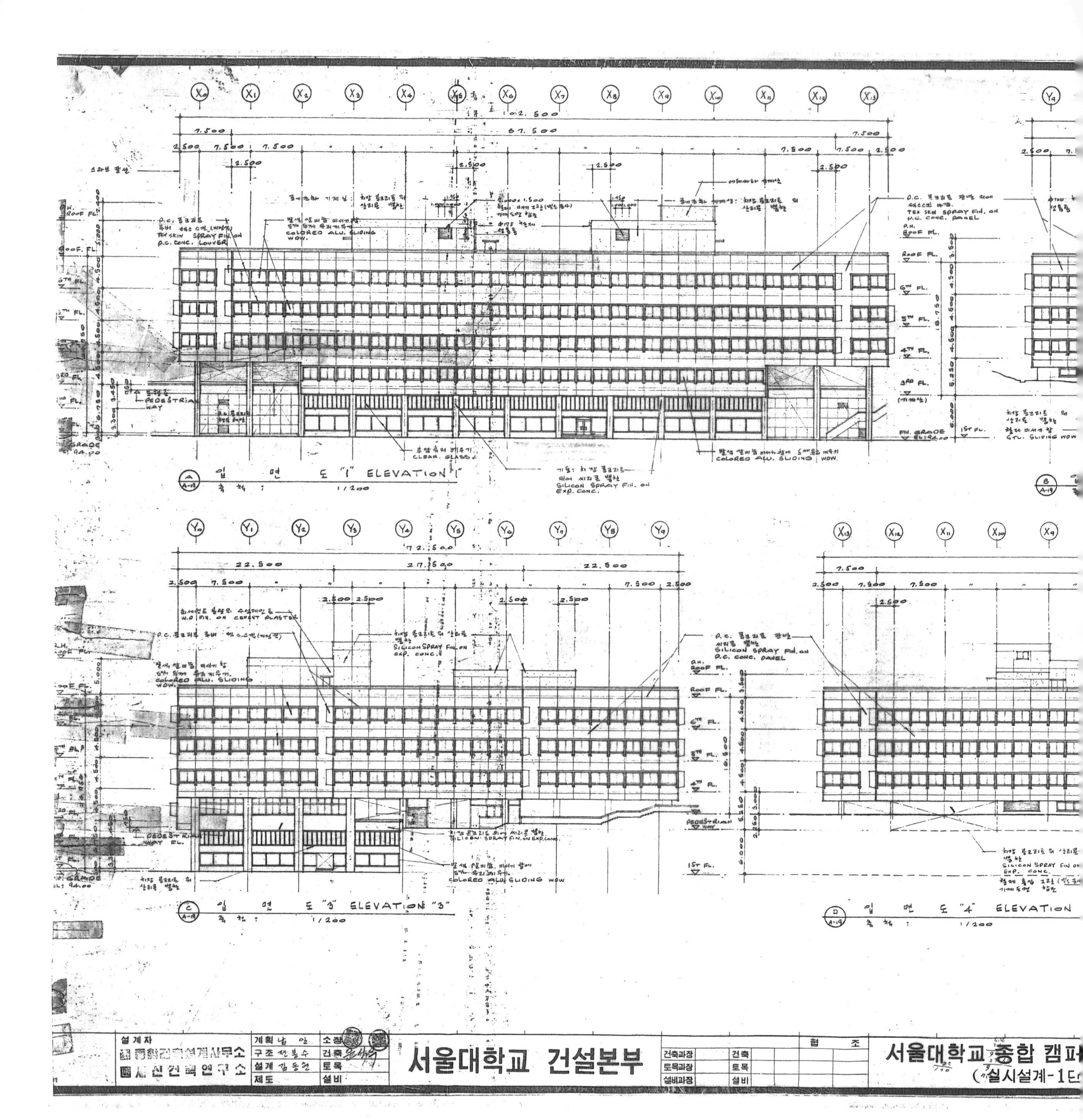
입 면 도 "1" ELEVATION "1"
축 척 : 1/200
입 면 도 "3" ELEVATION "3"
축 척 : 1/200
입 면 도 "4" ELEVATION
축 척 : 1/200
COLORED ALU. SLIDING WDW.
CLEAR GLASS
SILICON SPRAY FIN. ON EXP. CONC.
SILICON SPRAY FIN. ON P.C. CONC. PANEL
W.P. FIN. ON CEMENT PLASTER
PEDESTRIAN WAY
ROOF FL.
6TH FL.
5TH FL.
4TH FL.
3RD FL.
1ST FL.
FIN. GRADE
설계자
계획 남 일
구조 전봉수
설계 김동현
제도
소장
건축
토목
설비
서울대학교 건설본부
건축과장
토목과장
설비과장
협 조
서울대학교 종합 캠퍼
(실시설계-1단

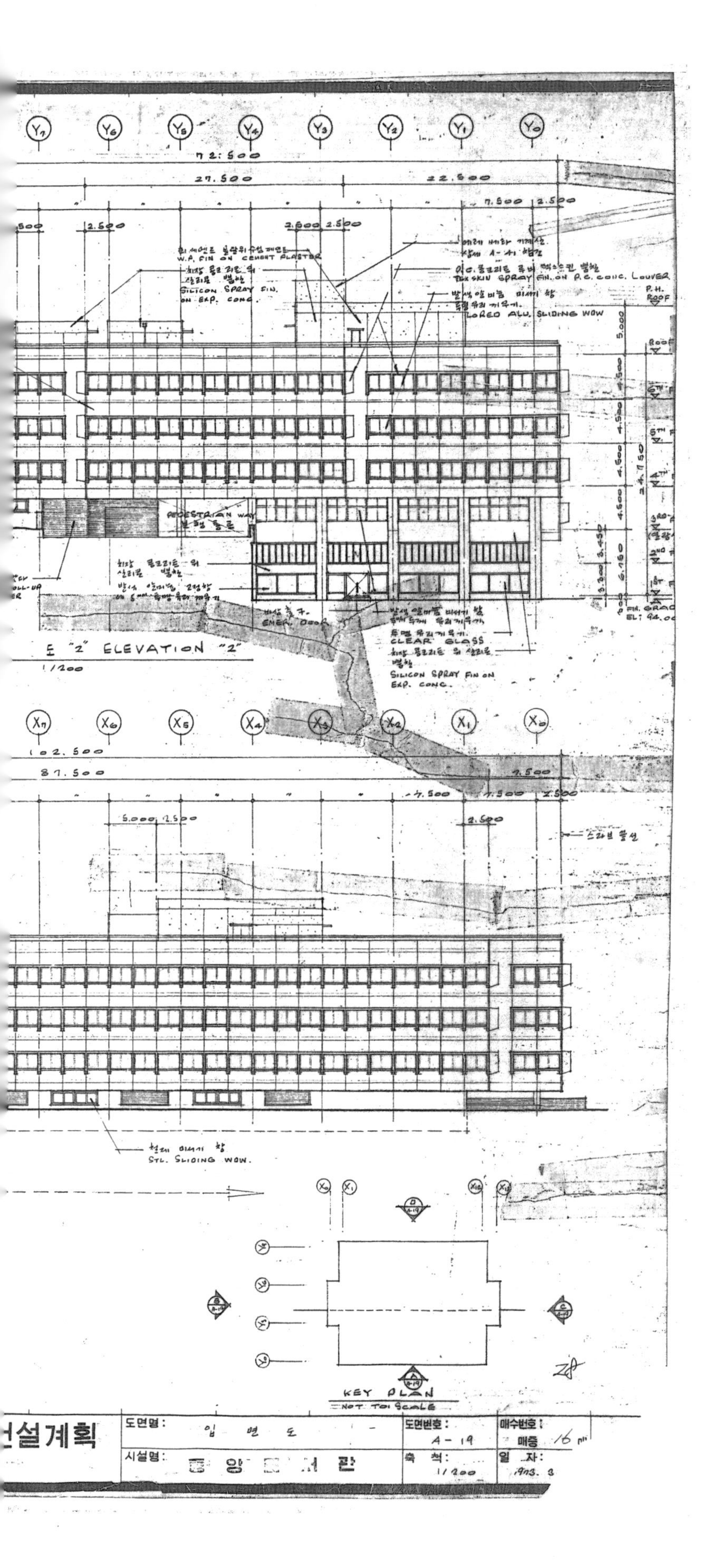

서울대학교 중앙도서관 실시설계 1단계 입면도
1973, 서울대학교 시설과 제공

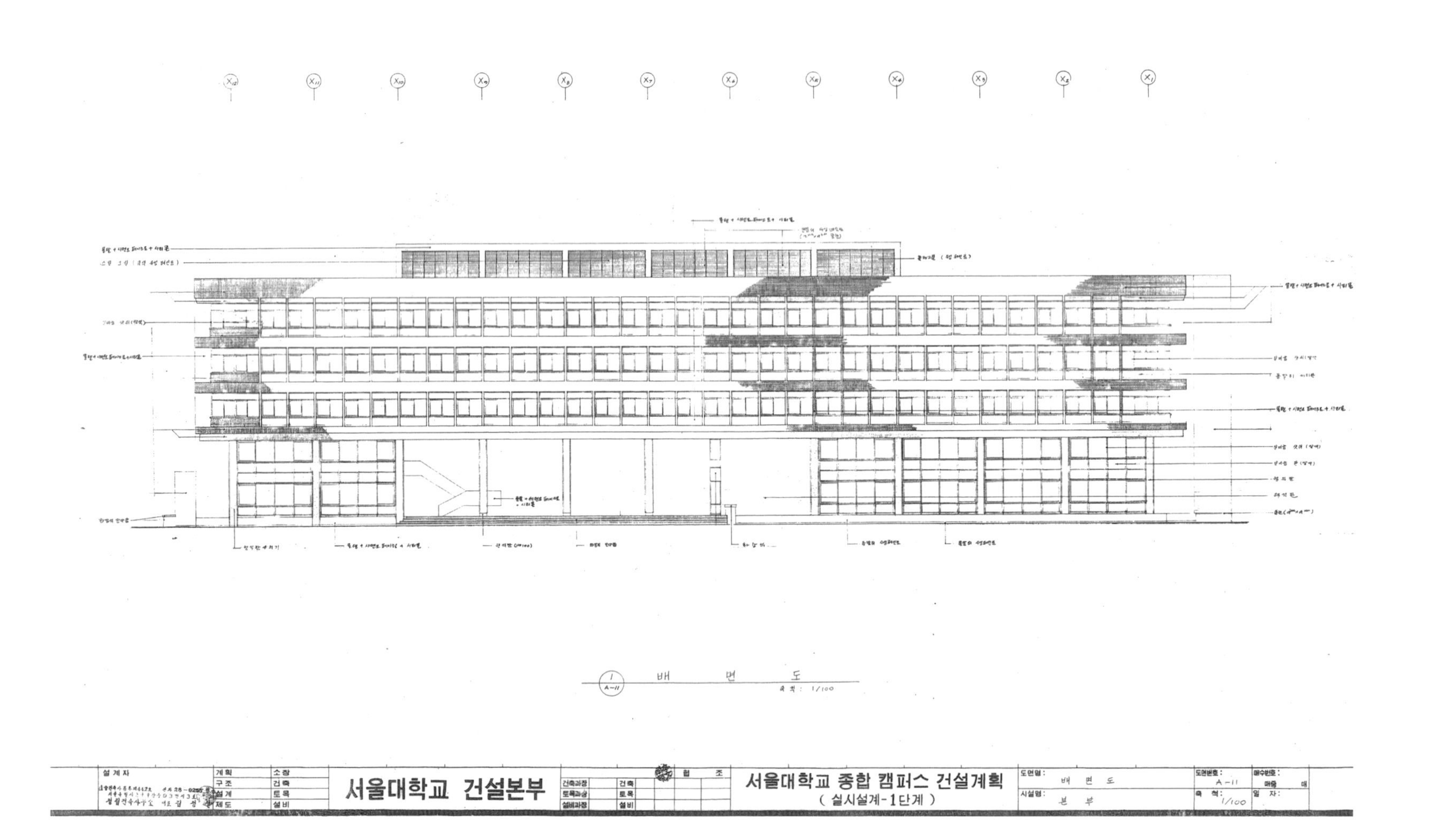

서울대학교 행정관 실시설계 1단계 배면도

1973, 서울대학교 시설과 제공

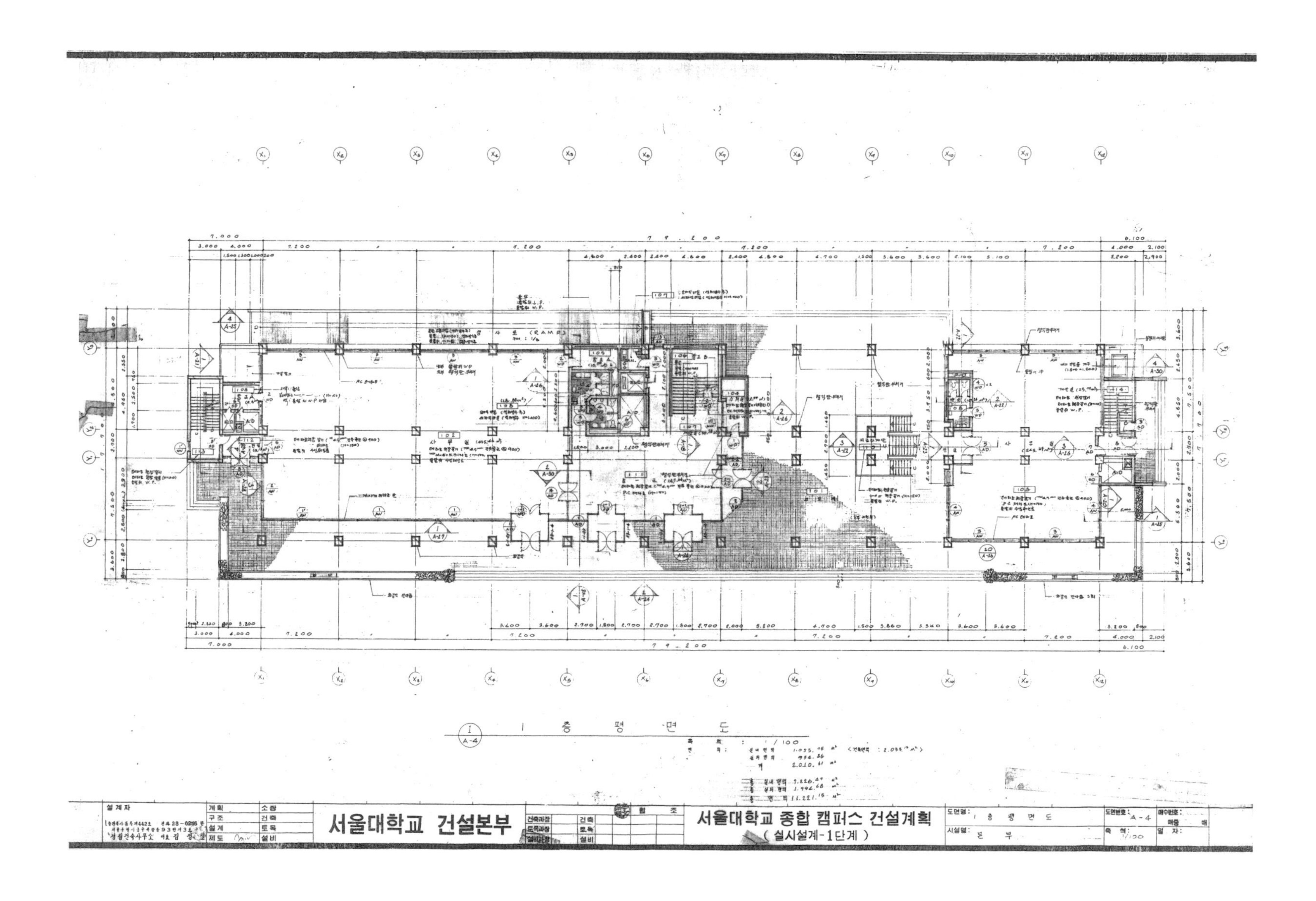

서울대학교 행정관 1층 평면도

1973(추정), 서울대학교 시설과 제공

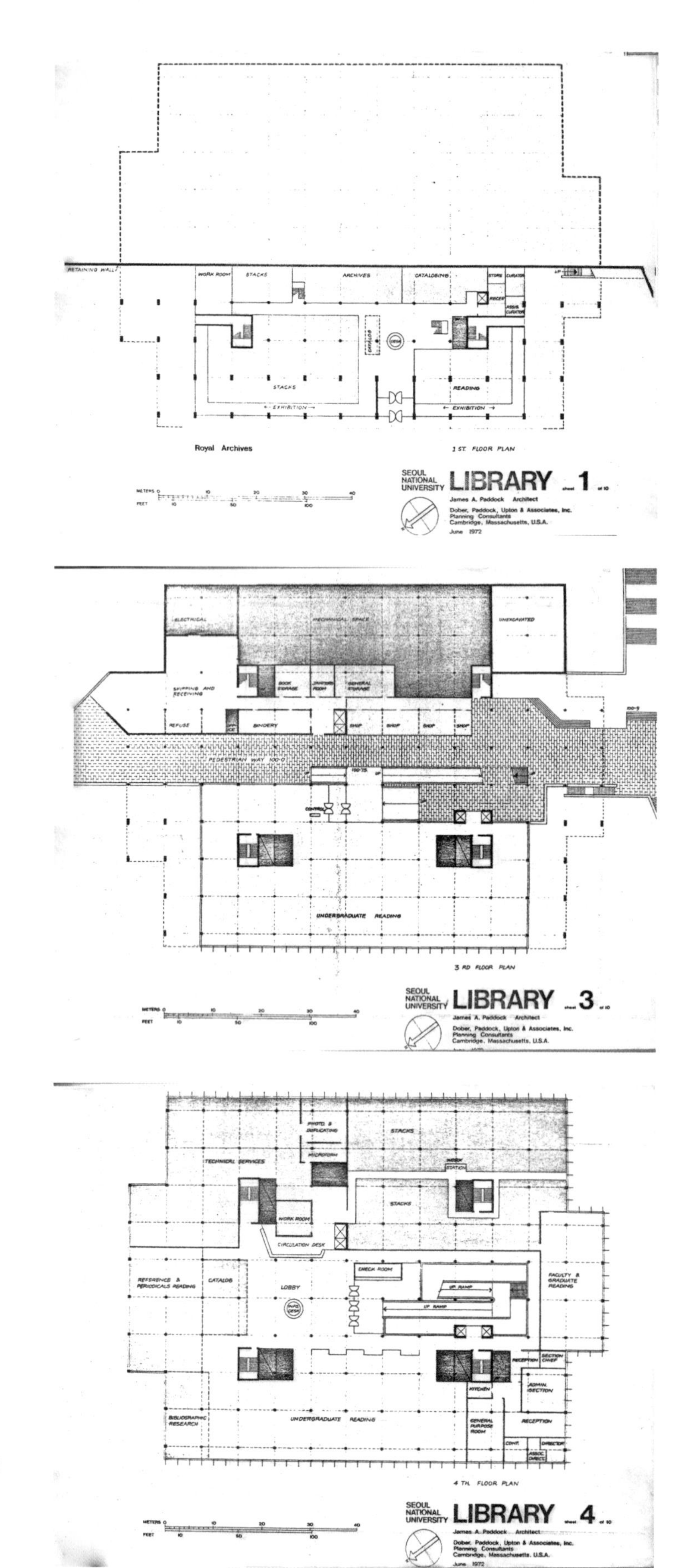

서울대학교 중앙도서관 1, 3, 4층 평면도
James A. Paddock, 『Library: program and design, Seoul National University』, Dober, Paddock, Uptan and Associates, 1972, 서울대학교 건축학과 도서실 제공

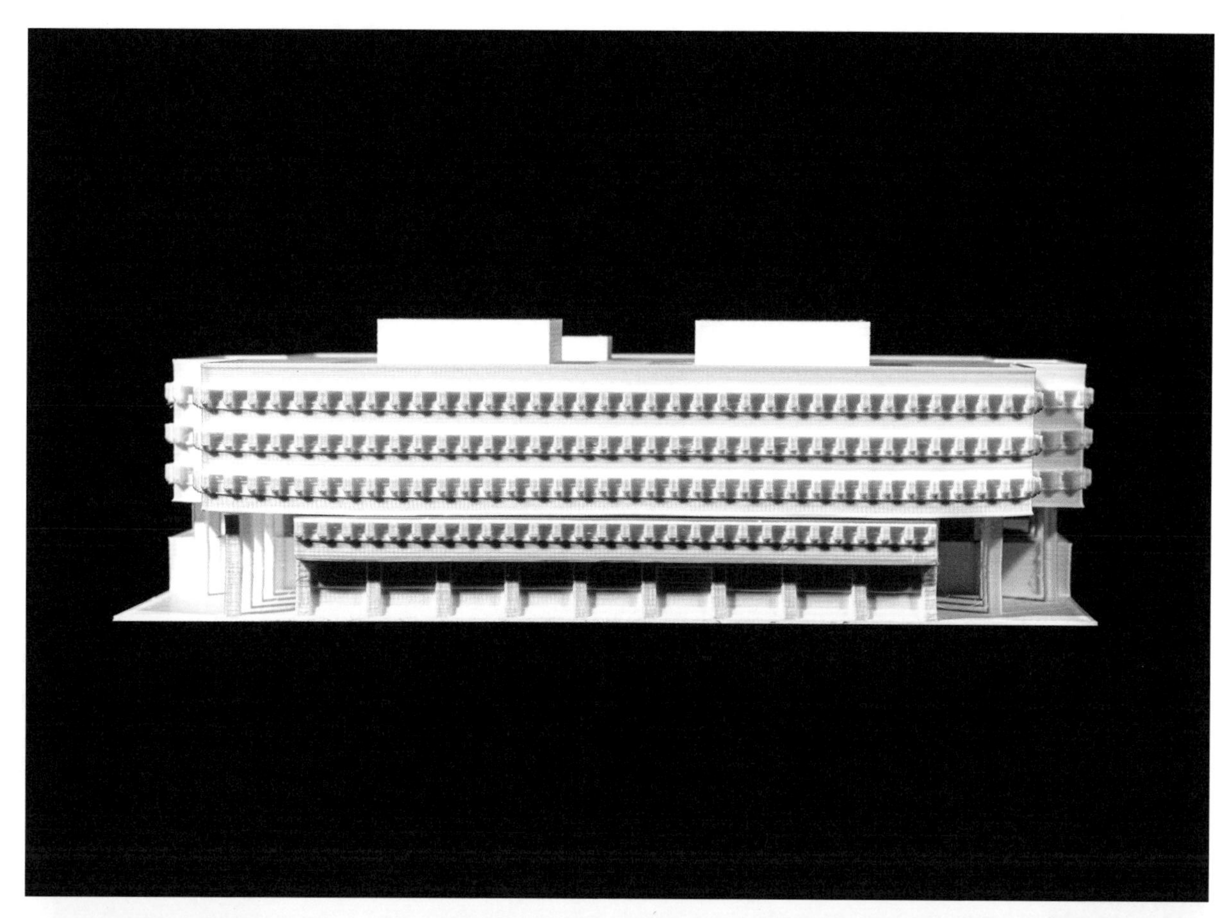

서울대학교 중앙도서관 모형
서울대학교 건축학과 제작, 2021

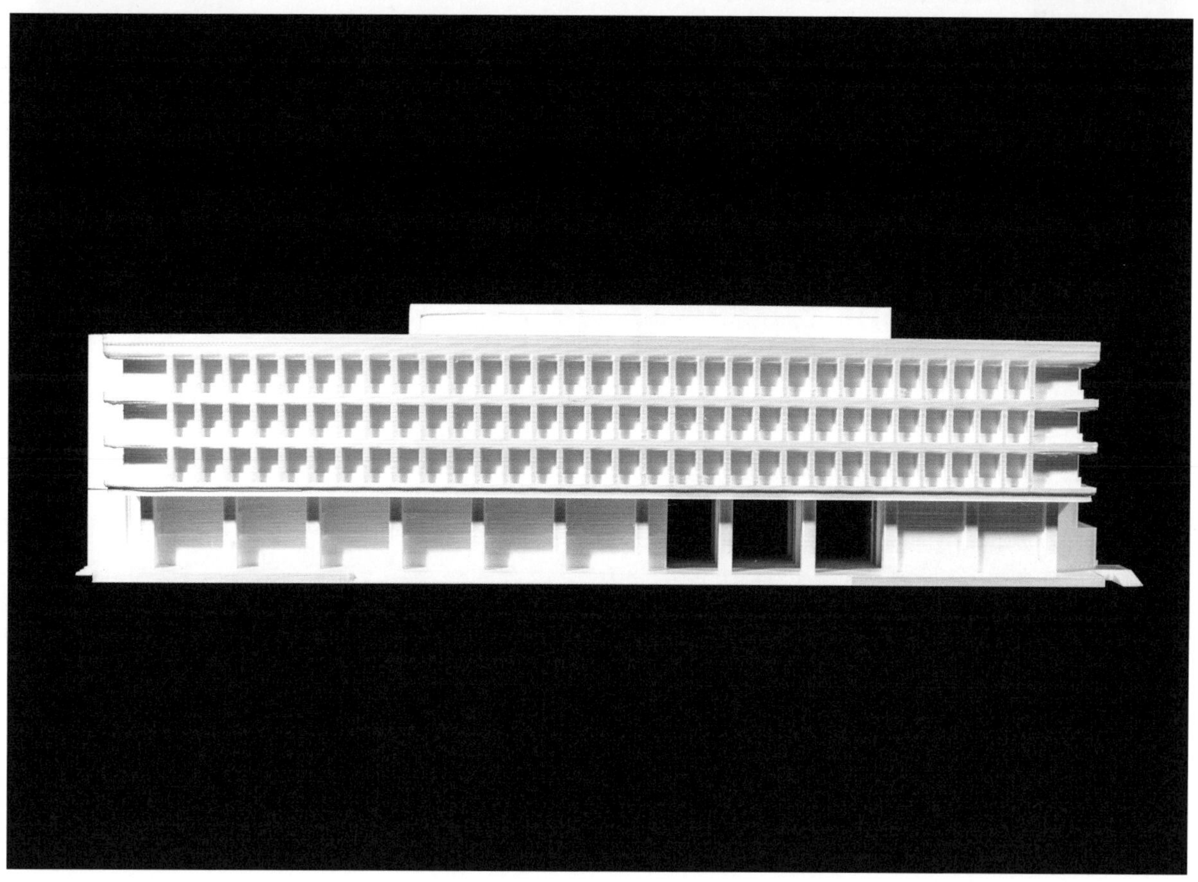

서울대학교 행정관 모형
서울대학교 건축학과 제작, 2021

공릉 서울대학교 공과대학 과학관

준공 1966

서울대학교 공릉캠퍼스 과학관(현 서울과학기술대학교 청운관)은 이광노 교수(1928-2018)의 설계로 지상 3층 규모 노출 콘크리트의 건축물로 세워졌다. 노출 콘크리트 외관은 당시에도 흔치 않은 것이었으며, 1, 2층 기둥을 돌출하여 3층 지붕을 받치도록 설계되어 환경과 조화를 이루도록 설계되었다. 정면 캐노피는 건축물에 음영 효과를 더함으로써 새로운 건축 표현에 대한 다양한 시도를 보인다. 이처럼 효율적이면서도 주변과 어우러지는 건축 설계는 이광노가 설계한 공릉 캠퍼스의 건축물들에 다양하게 적용되었다.

서울대학교 공과대학 과학관(현 서울산업대학)
Science Center of Engineering College, Seoul National University, Seoul
(Currently, Seoul National Polytechnic University)

46

1964~1966
서울 노원구 공릉동
지상3층 · 지하1층
철근콘크리트조
노출 콘크리트
연면적 7,430㎡

공과대학내 응용수학, 응용화학, 응용물리학과가 함께 사용하도록 한 건물이다. 실험실로서의 기능을 만족하고, 외관은 콘크리트 노출표현을 한 흔치 않은 작품이다. 대담한 음영효과를 의도한 정면캐노피 처리가 인상적이다.

47

무애 작품집에 수록된 서울과학기술대학교 청운관의 옛 모습
『무애 이광노 교수 건축작품집』, 무애 회갑기념작품집 편찬위원회, 1988 서울대학교 건축학과 도서실 제공

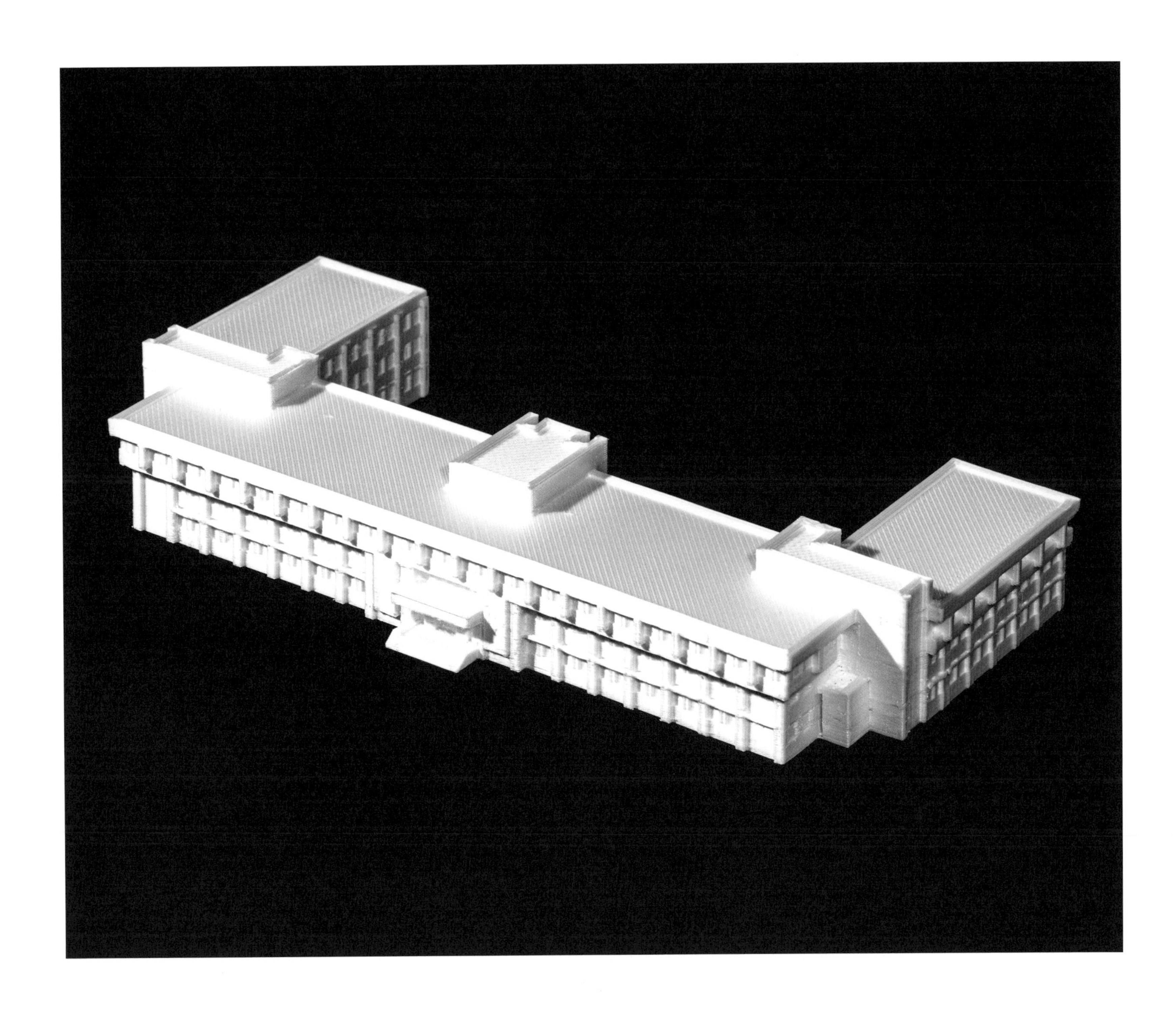

공릉 서울대학교 공과대학 과학관 모형
서울대학교 건축학과 제작, 2021

서울대학교 의과대학 부속병원

서울시 종로구 연건동에 위치한 서울대학교 의과대학 부속병원은 이광노 교수(1928-2018)의 설계로 국내 최초, 최대의 현대적인 종합병원으로 건립되었다. 내부 계획은 교육과 진료 기능을 함께 담도록 수립하여 설계되었으며, 평면은 Y자 형태로 구성되어 한 동에 모든 기능을 수용할 수 있도록 계획하였다. 병원 신축 계획 당시 부지 중심부에 있는 대한의원 본관 건물은 보존하고, 신축 병원에는 이 건물과 조화되도록 오지벽돌과 콘크리트 제물로 마감하였다. 또, 당시로는 흔치 않았던 프리캐스트 콘크리트 커튼월 방식을 택하였다. 저층부에는 진단 및 보조 시설, 고층부에는 병동을 배치하였는데, 수직적 동선 체계를 갖춘 병원의 구성은 이후 종합 병원 설계에 영향을 미치는 새로운 건축적 시도였다.

준공 1981

서울대학교 연건캠퍼스 약도
1981, 『서울대학교 요람』, 서울대학교 출판부
서울대학교 건축학과 도서실 제공

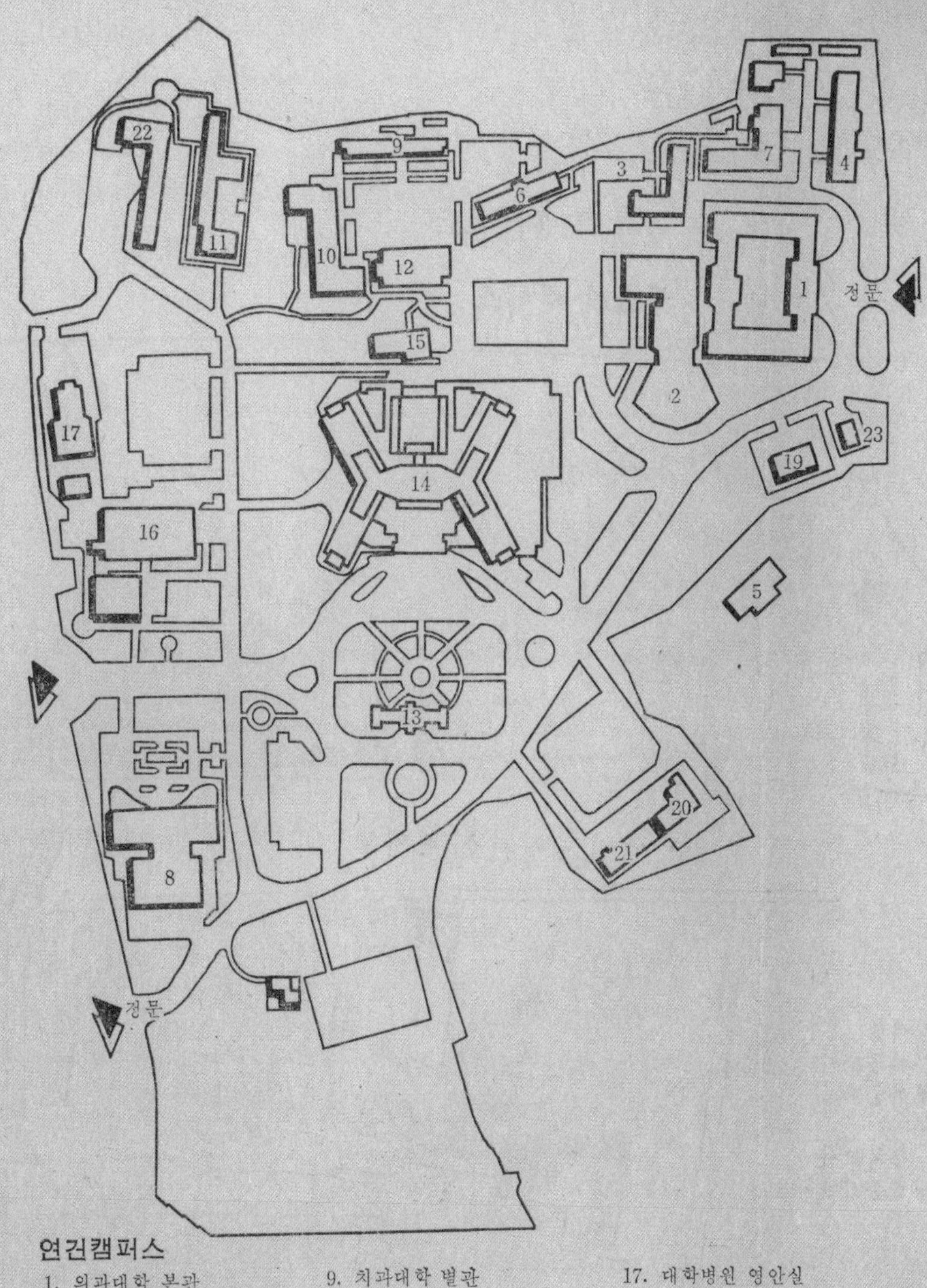

연건캠퍼스

1. 의과대학 본관
2. 의학도서관 및 종합실습실
3. 의과대학 해부학교실
4. 의과대학 생리학교실
5. 병원관리 사무실
6. 의과대학 인구의학 연구소
7. 보건대학원
8. 치과대학
9. 치과대학 별관
10. 의대 간호학과 및 생약연구소
11. 의대 간호학과 기숙사
12. 체육관
13. 구 대학병원 본관
14. 서울대학교 병원
15. 대학병원 부속건물
16. 대학병원 써비스빌딩
17. 대학병원 영안실
19. 변전소
20. 정영사
21. 왕용사
22. 간호학과 별관
23. 학생회관

서울대학교 의과대학 부속병원 외관 사진
『무애 이광노교수 건축작품집』, 무애 회갑기념작품집
편찬위원회, 1988, 서울대학교 건축학과 도서실 제공

외환은행 본점

1973년 서울시 중구 을지로2가 동양척식회사 자리에 외환은행 본점 현상설계가 개최되었다. 이 공모에서 김정철(1932-2010, 정림건축)이 당선되었다. 원래는 27층 규모의 금속 커튼월으로 구성되었으나, 최종적으로는 24층으로 축소되고 석재 커튼월로 변경되어 현재의 모습을 이루게 되었다. 외관의 브라질산 화강석과 진달래 색상의 타일 마감은 온화한 인상을 만들어주고 있다. 또한 당시 보기 드물게 선큰 가든(sunken garden)을 만들어 지하 공간을 활성화하고, 길에 접한 외부 공간도 개방하여 도시와의 연결성을 도모하였다.

설계기간 1977. 2-1977. 12
공사기간 1976. 8-1980

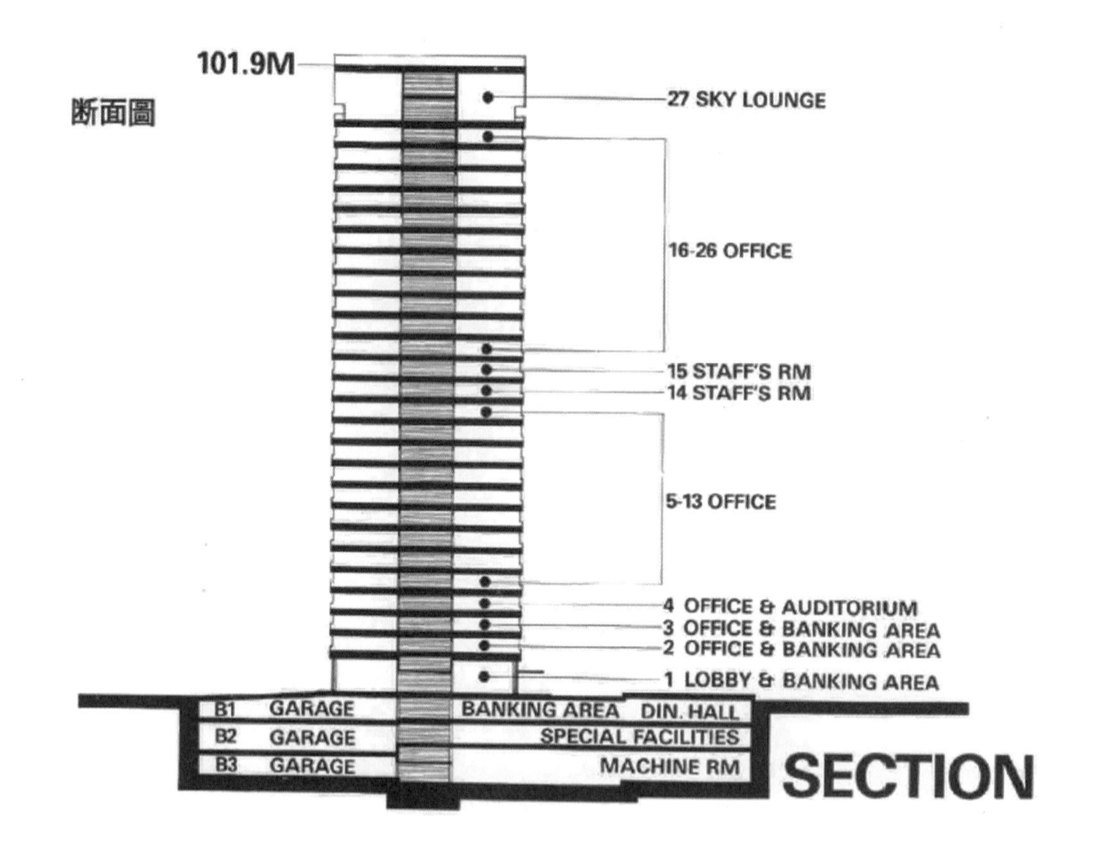

외환은행 본점 주단면도
『건축문화』, 1981. 6. 112쪽
서울대학교 건축학과 도서실 제공

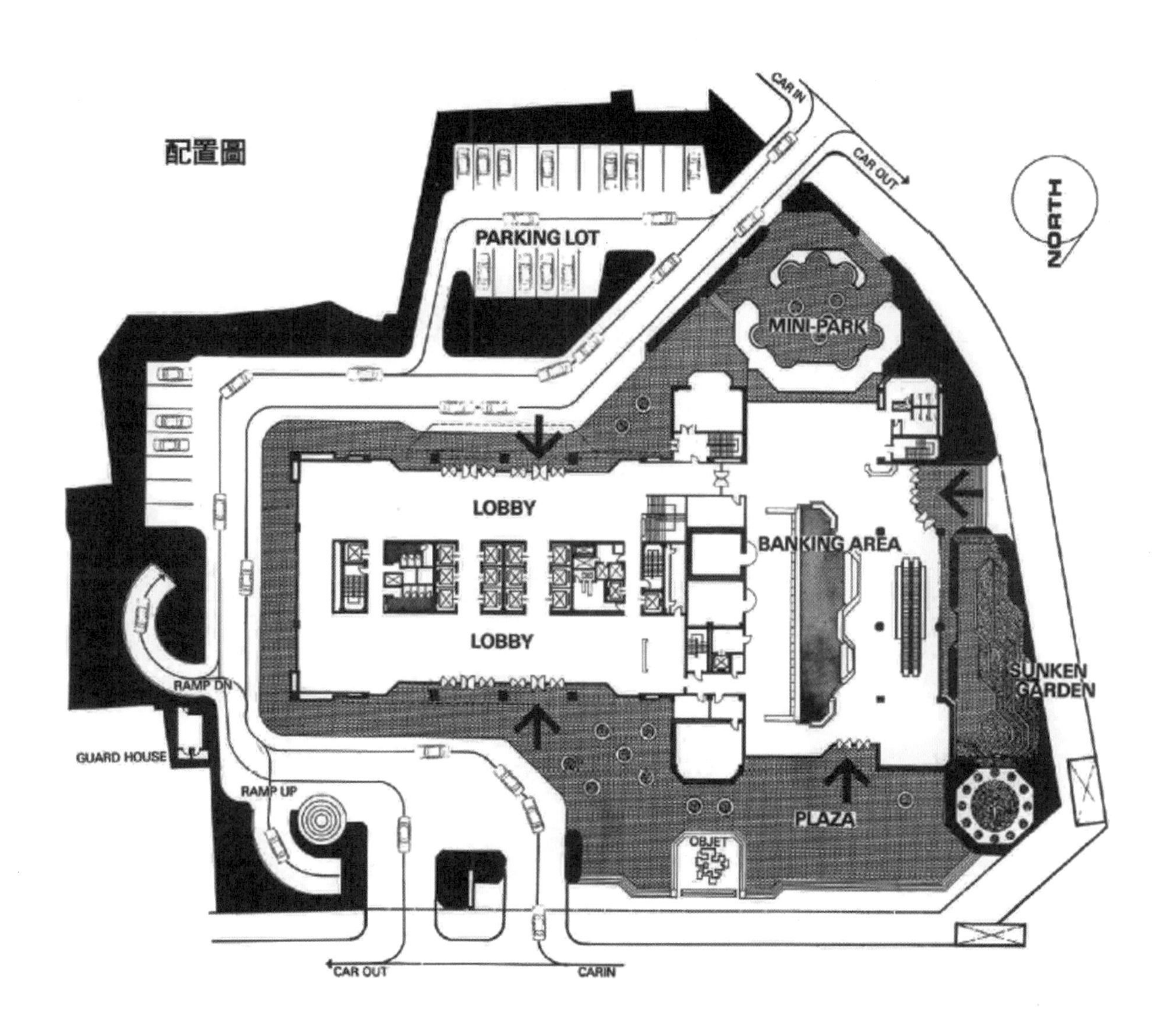

외환은행 본점 배치도
『건축문화』, 1981. 6. 112쪽
서울대학교 건축학과 도서실 제공

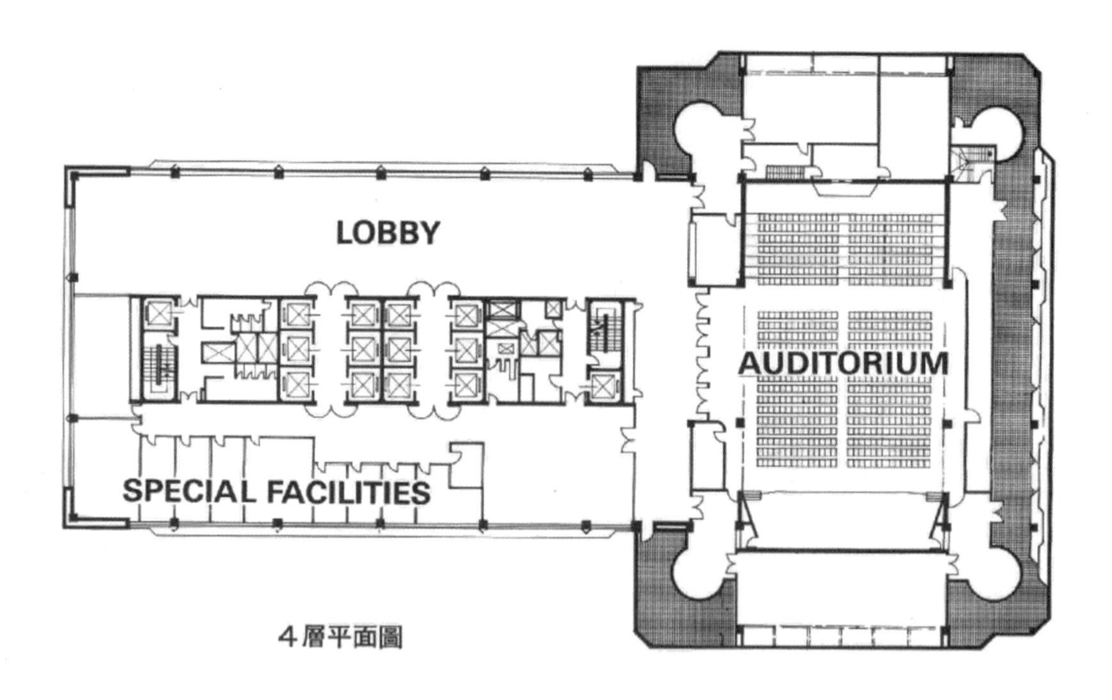

4層平面圖

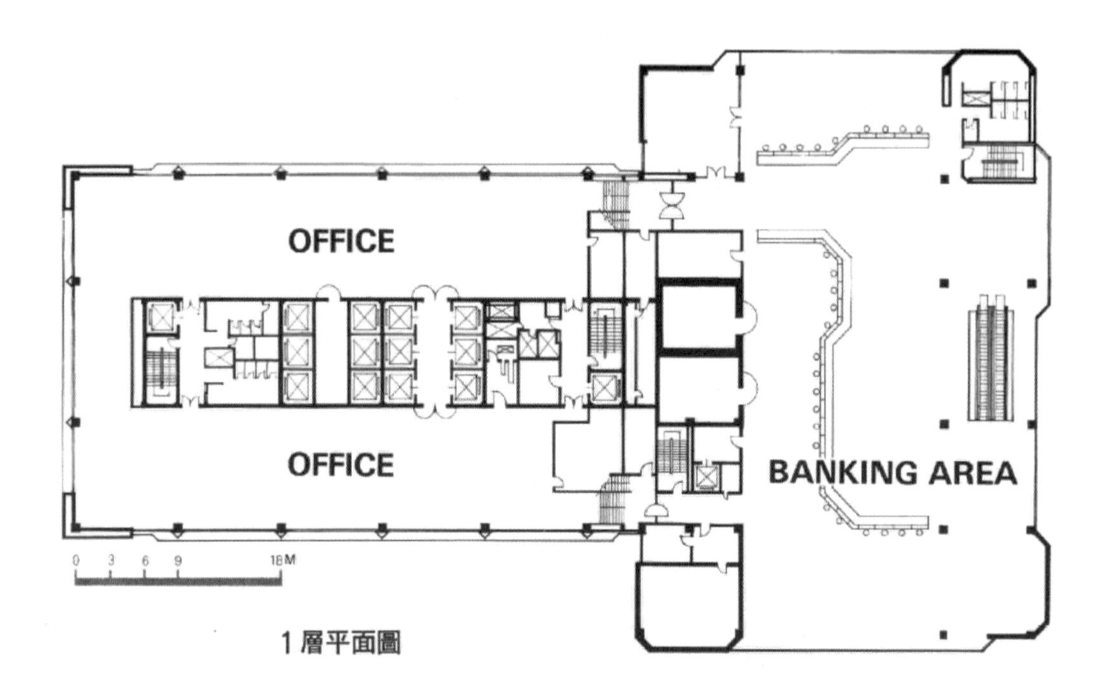

1層平面圖

외환은행 본점 4층 평면도
외환은행 본점 1층 평면도
『건축문화』, 1981. 6. 113쪽

박정현, 『건축은 무엇을 했는가: 발전국가 시기 한국 현대 건축』,
워크룸 프레스, 2020, 156-157, 158-159, 162-163, 164-165쪽

1980

1980년대
개방과 탐구

대외의 문호를 열었던 1980년대와 1990년대 전반은 대한민국 성장의 2기라고 할 만하다.

1980년대 한국이 보여주고 싶어 했던 것은 활력 있게 성장하는 근대 국민국가의 모습이었고, 전략적으로 한강의 기적이 국가 이미지가 되었다. 일제강점기 이래 서울의 상징 경관이었던 남산에 올라 강북의 도심부를 부감하는 장면은 한강 변에서 63빌딩과 여의도를 바라보는 장면으로 바뀌게 되었다. 한강의 수변을 정리하고 강변을 따라 도시고속도로인 올림픽대로를 놓고 그 옆으로 고층의 아파트 단지를 조성하였다.

국민의 문화와 여가를 선도하기 위해 국가 주도로 독립기념관, 예술의 전당, 국립 국악당, 국립현대미술관 과천관과 같은 대규모 문화시설 등이 건설되었다. 외환은행 본점, 한일은행본점, 포스코 센터, 신도리코 사옥 등과 같은 대기업의 사옥 등 민간 부문에서의 건설물량도 늘어나면서, 설계사무소들이 대형화되고 외국 건축가들과의 협업도 시작되었다. 한편 아파트가 보편적 주거 형식으로 발전한 것도 이 시기의 일이다. 아파트가 주요 주거 형식이 됨으로써, 대개 주변 사람의 주택설계로 자신의 커리어를 시작하게 마련인 젊은 건축가의 시장 진입을 어렵게 만들었다.

서울대학교 역시 서울대박물관을 건축함으로써, 대학의 역사를 기록하고 문화적 역량을 높이려고 했다.

홍대 앞
우리마당 연작

1977-1981

서울시 마포구 서교동 홍대 앞 우리마당 연작은
홍익대학교 정문에서 극동방송국 방향으로 내려가는
길에 위치한 세 채의 붉은 벽돌 건축물로 모두
김기석(1944-2017, 아람광장건축)이 설계하여
순차적으로 지어졌다. 이 건물군은 당시 홍대 앞 거리를
벽돌 거리로 각인시키는 계기가 되었으며, 김기석 건축의
핵심인 '마당의 사상'이 붉은 벽돌집 세 채가 마당과
이어지는 풍경 속에 담겨있다. 현재는 홍대 거리 일대가
상업화를 거듭하면서 철거되어 다른 건물로 대체되거나
점차 증축되면서 입면이 유리, 노출 콘크리트, 패널 등의
다양한 재료들로 변화하였기 때문에 예전의 모습을
좀처럼 찾아볼 수 없다.

1980년대
홍대 앞 우리마당
©박길룡

시네텔·서울
CINETEL · SEOU

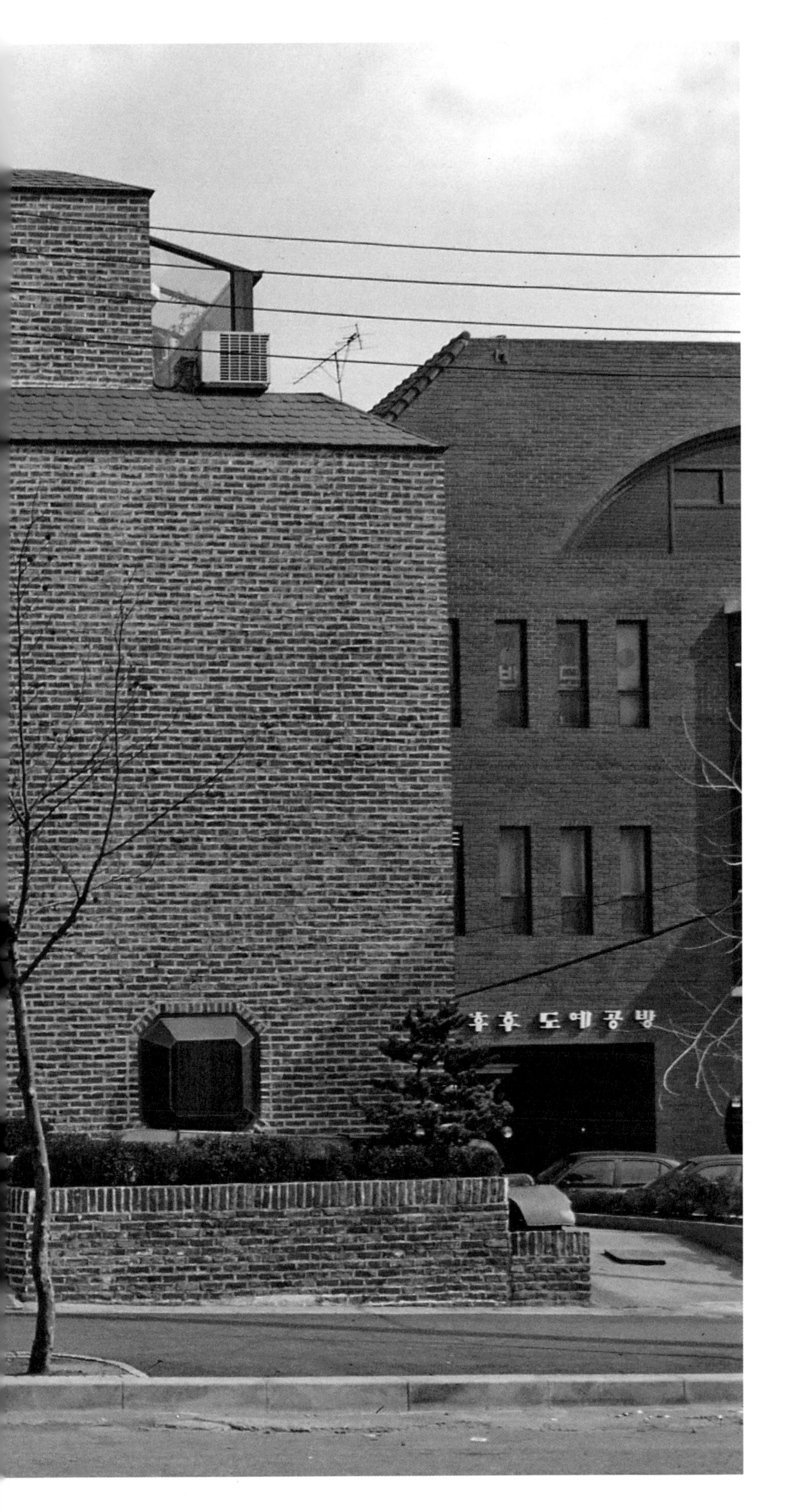

1980년대
홍대 앞 우리마당
©박길룡

우리마당이 있는 거리의 連作

A Series of Works in University Town

□설계소묘

「우리마당이 있는 거리의 연작」은 1977년 가을, 평범한 2층 슬라브집의 증개축(Renovation) 작업으로 비롯되었다. 비교적 깨끗하게 보존된 대학가(홍대앞)의 20m도로변에 위치하고 있어서 멋쟁이 학생들이 드나드는 카페와 주택의 복합건물을 만드는 것이 목적이었다. 리노베이션이 되다보니 기존의 구조체를 최대한·살리면서 사람이 살만한 주택을 상부에 꾸미고 하부에는 카페를 꾸미게 되었는데, 건물 앞의 작은 앞뜰을 통한 옥외계단으로 주택의 진입이 해결되었고, 그렇게 형성된 나름대로의 볼륨을 이용하여 도로면의 파사드가 구성되었다. 그렇게 해서 건물의 형태는 리노베이션의 한계에 의해 많은 영향을 받게 되었는데, 주재료로는 다루기 쉬운(까다롭게 다루지 않아도 되는) 파벽돌이 선택되었고, 톡톡 빚어내는 듯한 디자인수법이 사용되었으며, 이것은 도면보다는 유동적 상황에 연속적으로 대응하여야 하는 리노베이션 작업에 많은 도움을 주었다. 이러한 과정을 지켜본 인접 건축주의 의뢰에 의하여 제2의 건물(「누나네」가 있는 건물) 신축공사가 시작되었는데 (1980년 봄) 설계자는 제1의 건물에 사용된 기법을 발전시켜서 두개의 건물이 일체화 되어 보이게 하자는 의식을 갖게 된 것이다. 건물의 용도와 성격은 건축주의 의사보다는 설계자의 의도에 의하여 주관되었다. 그 때 이미 두개의 건물은 세개 혹은 그 이상으로 확산되어 이어나가질 가능성이 논의되었고, 건물과 도로변과의 사이에는 자그마한 휴식공간을 위한 오픈스페이스가 고려되었으며 건축주는 이것을 이해해 주었다.

「우리마당」전경
대지면적 : 227㎡
건축면적 : 136㎡
연 면 적 : 352㎡

제3의 건물(1980년 가을)은 순전히 건축가의 기획에 의해서 대지구입, 용도, 배치, 형태가 결정되었다. 캠퍼스 거리의 연작의 가능성은 확실시되었고, 그 거리의 핵심적 장(場)을 형성할 소극장, 전시장, 스넥바, 책방등이 계획되었다.

그러나 이러한 호의적인 협조 관계에 의한 이상적인 꿈은, 극히 상태가 불량한 지질상태와, 소극장을 위한 무리한 지하굴토, 그에 의한 인접건물의 붕괴등으로 극심한 타격을 받았다.

그것을 수습하는데 많은 시일이 소모 되었으며 건축가의 입장은 약화되었고 연작의 맥락은 정지되었다. 그 건물은 지금 비데오 촬영소가 되어 있다.

원래의 의도대로 본다면 이 거리의 연작은 실패한 셈이다. 그러나 실패한 이 연작은 나름대로 살아있다. 마당의 분수대에는 물이 나오지 않고 있지만, 그 대신 그치지않는 많은 얘기들이 솟아나오고 있기 때문이다. 이런 시도가 성공하였으면 좋았을 뻔하였다는 그런 얘기들 말이다.

대담 : 김기석(아람건축연구소)
송효상(공간 편집위원)
장소 : 카페 '우리마당'
일시 : 1984년 7월 10일 오전10시

(위) 「누나네」 전경
대지면적 : 298㎡
건축면적 : 138㎡
연 면 적 : 334㎡

(아래) 「학생회관」 전경
대지면적 : 399㎡
건축면적 : 195㎡
연 면 적 : 798㎡

『공간』, Vol. 206, 1984. 8. 128-129, 130-131쪽,
SPACE 편집부 제공

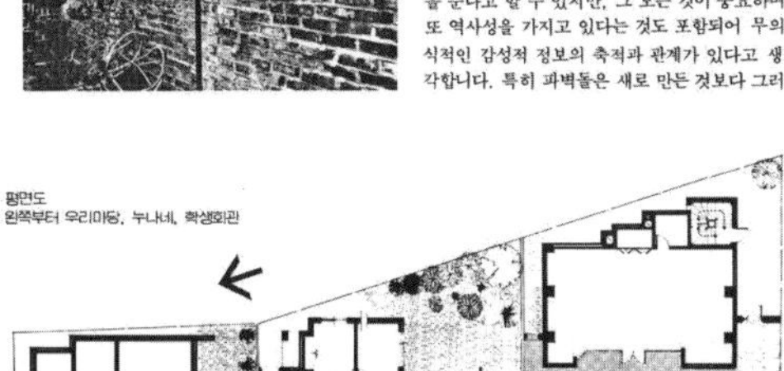

1. 「누나네」의 주택마당
2. 「학생회관」의 중정부분
3. 「학생회관」 출입구부분
4. 부벽처럼 생긴 진입로

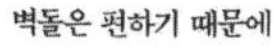

벽돌은 편하기 때문에

승 : 이 건물은 우선 재료에서 나타나는 분위기가 전체를 지배하는 것으로 보입니다. 건물재료를 파벽돌로 사용하신 구체적인 이유부터 말씀해 주시지요.
김 : 파벽돌을 쓴 이유는 우선 편한 느낌을 준다는데 있습니다. 저는 사실 한국적인 요소에서「편하다」라는 생각을 중요한 것으로 받아들이고 있는데 재료자체가 너무 긴장을 주거나 불편함을 주는 것은 한국인에게 어울리지 않는 것으로 보입니다. 그래서 파벽돌과 하얀줄눈을 많이 사용하고 있죠. 또 하나는 오래된 건물과 古都가 주는 특별한 느낌이 중요한 건축적 요소가 될 수 있다고 생각합니다. 현대건축에서는 재료나 형태의 요소가 인간의 친화력과 멀어지는 일이 발생했기 때문에, 그것을 건축에서 회복시켜야 한다고 생각하는 것이죠.
승 : 그러한 것이 벽돌의 재료적인 속성을 말하는 것인지, 아니면 벽돌의 스케일에 대해서인지 혹은 벽돌을 하나하나 쌓아가는 시공과정에서 드러난 것인지 조금 구체적으로 말씀해 주시지요.
김 : 벽돌은 그 모든 요소가 친화력을 형성한다고 볼 수 있습니다. 그리고 인간이 접촉할 수 있는 재료 중에서 가장 광범위하고 유별나지 않는 것이며, 가장 보편적인 것이라고 볼 수도 있습니다. 이것은 스케일이나 다른 요소에서 친화력을 준다고 할 수 있지만, 그 모든 것이 중요하며 또 역사성을 가지고 있다는 것도 포함되어 무의식적인 감성적 정보의 축적과 관계가 있다고 생각합니다. 특히 파벽돌은 새로 만든 것보다 그러

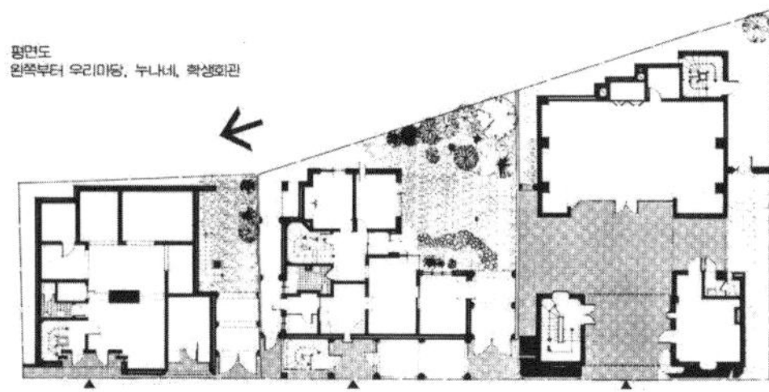

평면도
왼쪽부터 우리마당, 누나네, 학생회관

한 요소가 강해 마치 레노베이션하듯 설계를 해 나갈 때에는 상당히 편리합니다.
승 : 벽돌의 속성은 그 사이즈가 아주 리지드(rigid) 한 상태대로 사용하면 아주 긴장감이 있는데, 파벽은 조금 회화적인 요소가 있고 여기에 하얀줄눈을 사용하여 더욱 회화적인 성격을 부여하신 것 같습니다.
김 : 저는 리지드한 벽돌을 아주 싫어 합니다. 그것을 쓴 경우는 건축주의 변경에 의해서 쓰여진 경우 뿐이고, 변색이나 파벽돌, 전벽돌을 많이 쓰고 있습니다. 매끈한 벽돌을 쓰면 제가 의도한 것이 잘 안되더군요.

강한 파사드를

승 : 최근에 세워지는 소규모 건물에서는 특히 인테리어에서 쓰는 디자인기법이 사용되고 있는 것이 많이 눈에 띕니다. 선생님의 건물은 특히 입면구성에서 그런 요소가 없는지요?
김 : 저도 파사드(facade)가 인테리어적인 것이 되는 경우를 몇번 보았는데, 건축가가 설계하는 것과 인테리어 디자이너가 하는 것과는 전혀 다릅니다. 인테리어 디자인은 중량감에 대한 개념이 전혀 없고, 건축적 스케일이 반영되어 있지 않으며, 그래픽 디자인을 하듯이 입면을 세우기 때문에 도안과 같은 느낌이 들 때가 있습니다. 저는 디자인 상의 중량감의 자연스러운 표현을 상당히 중요하게 여기는데, 제가 디자인 한 것이 인테리어적으로 보이는 이유는 파사드에 대한 의식이 강하기 때문인 것 같습니다. 도심지의 소규모건물의 경우, 특히 도로에 면해 있으면 강한 파사드의 의미를 가져야 한다고 봅니다. 건축 충분조건이 꼭 거리에 면한 창문은 아닙니다. 소음이나 먼지등의 문제점 때문에 거리쪽에서의 창문이라는 일반개념을 의식적으로 배제해버리는 것이 오히려 낫다고 생각하는 것이죠.

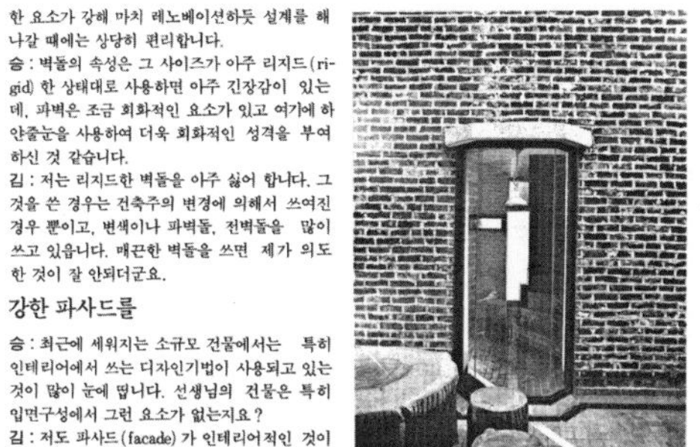

승 : 제 생각으로는 건물구성에서 입면이 먼저냐 평면이 먼저냐하는 문제점보다는 우선 외관이 가져야 하는 하나의 의무를 먼저 생각해야 한다고 봅니다. 즉 내부에서 일어나는 행위에 대한 암시를 주어야 하는데, 이 건물을 디자인할 때 비중이 있었다면 어떤 관점에서 보셨는지요?
김 : 이 건물들은 전체를 한덩어리로 그려나가는 방식이 있고, 실상은 자연발생적으로 형태가 나왔습니다. 다만 도로에서의 파사드를 정리할 때에는 그런 암시성을 고려하다보니 입면이 매우 자유스러워지는 경우도 생기고, 인테리어적 기분도 생기는 거죠. 이런 요소를 해결하기 위해 형태학에서 얘기하는 큐(cue)라는 건축적 요소를 생각했습니다. 이것은 중심성, 즉 입면의 축을 강하게 의식화하는 것이며, 부벽(flying buttress)을 사용하여 진입로를 의식적으로 유도하는 등의 디자인 수법을 의미합니다.

의식적인 분석

승 : 그러한 여러가지 요소를 기획할 때 어떤 분석을 통해 개념을 얻는지 아니면 직감적으로, 또는 항상 사용하는 것을 재사용하는 것인지를 알고 싶습니다.
김 : 어프로치처럼 중요한 것은 의식적으로 분석대상에 포함시키죠. 다만 어떤 건물의 입면이건 평면이건 중심이 잡혀있는 것을 좋아합니다. 그리고 베이윈도우(bay window)를 가끔 쓰는데 함부로 쓰는 것은 아니고 강력한 엔트란스의 암시로 사용합니다. 또 사람이 들어갈 때 대웅부에 천창(sky light)을 사용하여 강렬한 광선을 도입하는 것등이 접근성을 의식화하는 디자인 어휘이며, 이런 방법은 제가 즐겨쓰는 것들이지요.
승 : 77년도에 시작한 이 건물이 7년이 지났지만 이러한 요소들을 아직 많이 가지고 계신데, 한 건축가 개인의 보캐뷸러리(vocabulary)라고 얘기할 수 도 있고, 어떤 디자인팩터(design factor)라고 할 수도 있는데, 이런 것은 철학이 있다고 볼 수 있으나 나쁘게 보면 매너리즘에 빠져 있다고도 생각이 드는데…
김 : 지금은 형태를 가지고 고민하는 편은 아닙니다. 저는 그냥 정리한다는 의미로 작업을 임하기 때문에 비슷한 요소가 많이 들어갈 수도 있겠죠. 하지만 저는 새로운 형태를 늘상 만들어내는 것에 커다란 의미를 부여하고 싶지는 않습니다.

자연적인 형태로

승 : 김선생님의 건물은 인테리어적이라기 보다는 내부를 암시할 수 있다는 것이 상당히 좋은

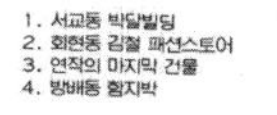

1. 서교동 박달빌딩
2. 회현동 김철 패션스토어
3. 연작의 마지막 건물
4. 방배동 함지박

것 같습니다. 그런데 이 건물들의 감각을 결정짓는 중요한 요소중의 하나는 斜線에 대한 것인데 제 생각으로는 벽돌이라는 것의 속성이 직각에 의한 전개이고, 이것을 45°로 쓰는 것은 어떤 의도가 있는 것인지,아니면 감성적인 에스프리(esprit) 같은 느낌도 듭니다.
김 : 일단은 감성적인 것이라고 볼 수 있읍니다. 저는 뾰족한 것은 아주 싫어 합니다. 내부공간도 예각이 생기는 것은 싫어하고…언젠가 한국의 옛날 재떨이를 보았는데 제사상에 올리는 밤을 톡톡 쳐내어서 둥그스럼한 형태를 만들었더군요. 우리 선조들이 원을 못 만들어서 그런 것이 아니고 원의 개념을 원 대신에 팔각으로 표현하는 경향과 같다고 생각합니다. 결론은 저는 45° 와 친합니다. 스스로가 한국인의 체질과 관계가 있다고 생각도 하고요.
승 : 다른 경우에는 편안한 요소를 사용했음에도 불구하고, 전체적으로 파사드의 처리에서 어떤 경우 창문과 엔트란스가 45°의 기하학적 요소를 그래픽 레이아웃(graphic layout)처럼 처리하여 상당한 긴장감을 자아내는 경우도 보입니다.
김 : 축을 선정할 때는 긴장으로 끌고 나가고,대신에 다른 요소에서 자연적인 것으로 이완시켜 나가야지요.

반만 에워싼 공간

승 : 내부로 들어와서 보통 스페이스(space)에 대해서는 어떻게 생각하시는지요? 건축가가 디자인하여야 할 것은 어떤 한정짓는 요소보다는 내부에 담겨있는 공간이 매우 중요한 임무라고

생각하는데 이것을 다루는 기법이 있으면 말씀해 주시지요.
김 : 저는 어떤 면에서 상당히 단순합니다. 스페이스를 구성할 때 마당을 중심으로 에워싸는 형식으로 끌고가는 거죠.
승 : 조금 구체적으로 이집에서 사용하였던 디멘죤(dimension)이라든가 스페이스를 한정짓는 것에 대해서는…
김 : 일단 공간을 풀어주는 것보다 에워싸여 있되, 완전히 네모꼴로 된 것보다는 반은 폐쇄되고, 반은 개방된 그런 공간을 의식적으로 추구합니다. 그래서 항상 공간을 ㄴ자, ㄷ자로 구성하며, 「함지박」같은 경우에는 일부러 ㄱ자형으로 마당을 통해 진입을 시키기도 했읍니다.

논리는 부수적

승 : 선생님은 시를 쓰셔서 그런지 대개의 건물이 논리적이라기보다는 직관에 의한 것처럼 보입니다. 그리고 같은 출신학교(서울공대) 건축가들에게서 공통적으로 발견되는 기하학적 요소의 논리성 혹은 매너리즘을 발견하기가 어려운 점이 있읍니다. 이것은 졸업후 독자적으로 건축수업을 한 영향도 있을테지만요.
김 : 저는 논리를 이렇게 생각합니다. 논리란 지식을 엮어내는 한 계통이고 여러사람을 엮어 내기 위해 필요한 것이죠. 그러나 논리를 너무 우선화 하다보면 전체성에 대한 직관을 상실하게 됩니다. 논리라는 것은 어떤 한 관점에 의해서 부분적 패턴을 통일시켜 나가도록 구성되어 있으며, 완전한 논리라는 것은 존재하지 않는다고 봅니다. 저는 논리를 배제하려고 노력하지는 않지만 논리의 용도를 분명 알 필요는 있다고 봅니다. 논리적이기 때문에 방황을 할 수도 있겠지요. 하여간 논리는 필요조건을 제시하고 체크하는데 필요하지만, 그것을 보조수단으로 사용한다는 전제가 필요하다고 생각합니다.
승 : 이 건물의 경우 직관이 많은 영향을 주고 그것을 계속 연결해 나간 것이 논리적이다라고 생각하면 되겠읍니까?
김 : 그런 느낌이 계속 이어진 것이죠. 저는 사실 덩어리를 엮어놓고 형태가 나오는 것을 본 후 나중에 다시 정리를 해요. 미리 타입(type) 을 정해놓고 설계하지 않고 어떤 중요한 요소를 중심으로 잡아 거기에 마지막 의도가 강하게 들어가는 경우가 생기니까 형태부터 그려놓고 설계하지 않나 하는 오해도 받기 쉽죠.

근본적인 문제를

승 : 벽돌이란 재료는 수공업적 요소가 상당히 강하며, 선진외국의 경우 인건비 문제 등으로 현대의 재료보다는 지난시대의 재료를 보는 경향이 많습니다. 우리의 상황도 수공업에서 공업화 시대로 바뀌는 과정이라 생각하는데 건축쪽에서도 이런 상황을 고려해야 하지 않을까요?
김 : 그것은 현대건축이 시작되면서 대개의 건축가들이 모두 관심을 가졌던 것입니다. 그러나 저는 거기에 대해서는 별로 관심을 가지려 하지 않습니다. 앞으로 당분간은 제가 할 일이 따로 있는 것 같고, 여러 건축가가 있는데 모든 사람이 산업화에 대해 연구할 필요는 없는 거죠.
승 : 제가 보기에는 지금이 수공업으로 건축할수 있는 마지막 세대인 것 같은데…
김 : 수공업으로 도저히 만들 수 없는 세대가 오면 우리가 왜 수공업으로「그것」을 만들려고 했는가를 분석하여, 다른 방법으로 만족시키려는 노력이 나타나겠죠. 그러나 아직은 우리가 당장 고민해야 할 문제는 아닌 것 같습니다. 그전에 아직 안풀린 원초적인 문제가 많으니… 이것이 더 건축적이겠죠.

건축적 본질은

승 : 김선생님의 작품경향도 말씀해 주셨고 앞으로 하셔야 할 것도 알 수 있겠는데, 김선생님께서 생각하시는 건축관을 이 건물과 연관시켜 말씀해 주시지요.
김 : 재료나 테크닉에 대한 학술적인 문제보다 더욱 건축적인 것은 사람과 건축과의 관계입니다. 거기서부터 건축이 출발하기 때문이죠. 주택에서도 그렇고 한국적·문화적 체계에서도 마찬가지지만 현대의 도시생활과의 관계에서 건축관의 정립이 중요한 것입니다. 서울시내에 우리가 머물러서 편안한 장소 또는 공간이 극히 적다는 것도 결국은「나」와 건축과의 관계가 충분히 고려되고 이해되지 않았기 때문이죠. 그렇다면 처음부터 건축의 스케일은 다시 생각해 보고, 건축적 요소와 사람과의 사이에서 발생하는 문제를 하나하나 정립해 나가서 그것이 큰집도 되고 공업화도 되야 합니다. 그렇지 않은 상황에서 기술만 발전시킨다고 해서 건축적 본질에 도달할 수는 없겠죠.

문예진흥원
문예회관

서울시 종로구 동숭동에 위치한 문예진흥원 문예회관은 1981년에 김수근(1931-1986)의 설계로 700석의 대극장, 200석의 소극장을 갖춘 다목적 무대 예술 공연장으로 개관하였다. 마로니에 공원을 중심으로 배치된 미술회관(현 아르코 미술관)과 함께 붉은 벽돌을 전면의 재료로 활용하고 있으며, 양감과 다양한 각도의 분절, 조합을 통해 다채로운 모습을 연출하고 있다. 1970년대 세워진 다수의 문화시설들은 거대한 높이와 전면에 기둥이 도열한 권위주의적 형태에서 일반적이었는데, 김수근의 문예회관은 대중적이고 친근한 극장 개념을 도입하였다.

설계 1977
준공 1981

문예진흥원 문예회관 전경, 창과 입면
© 서현

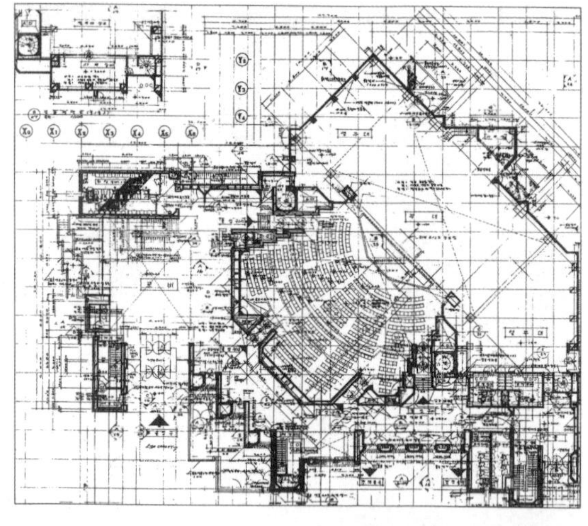

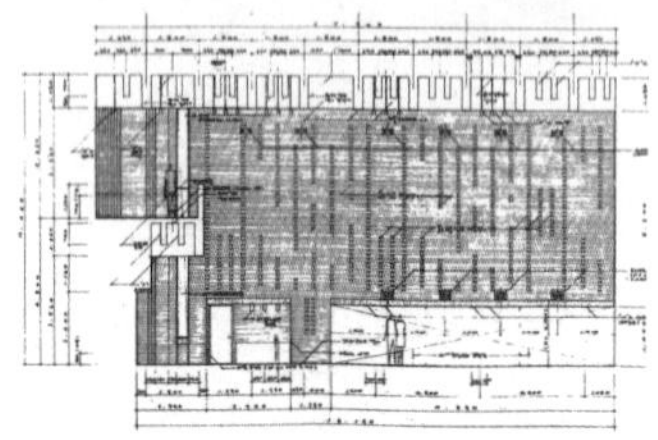

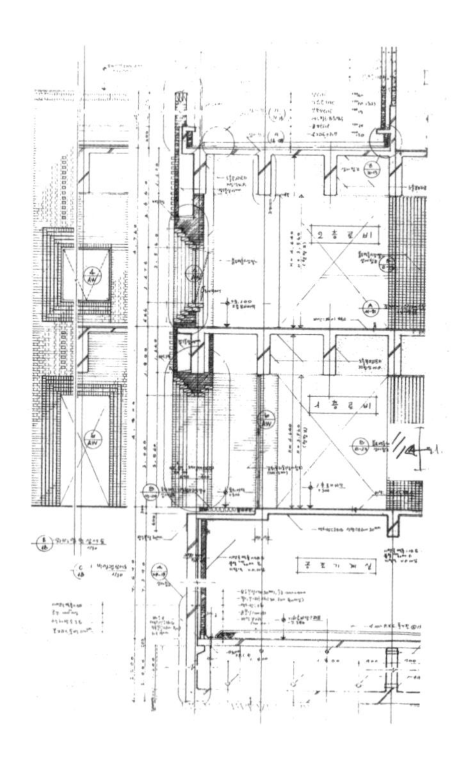

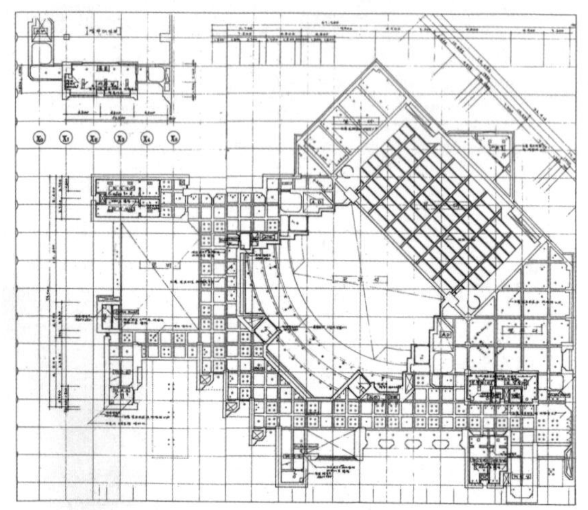

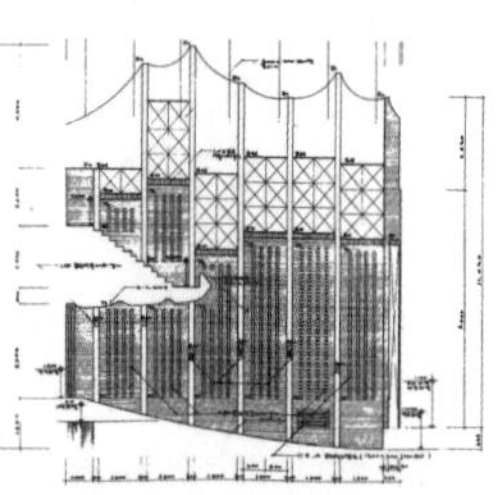

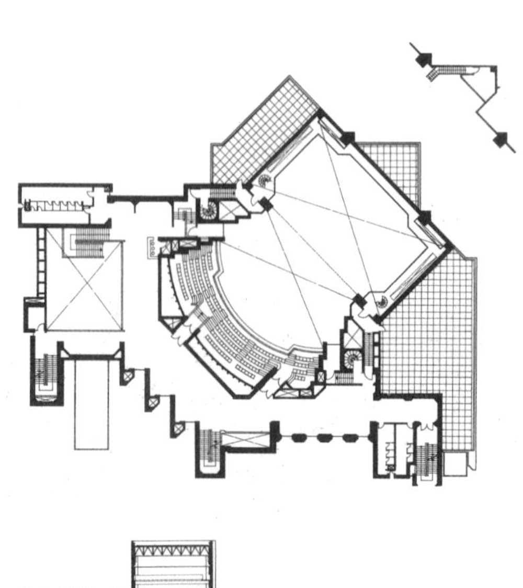

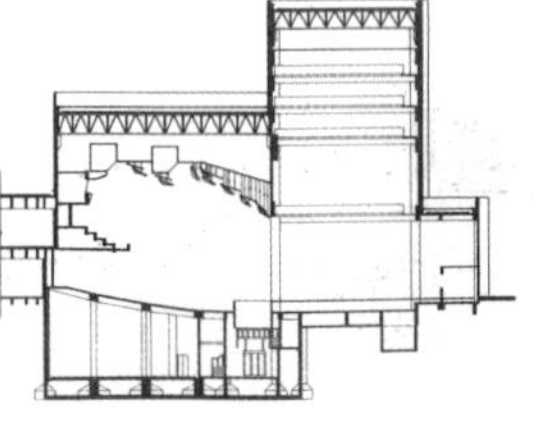

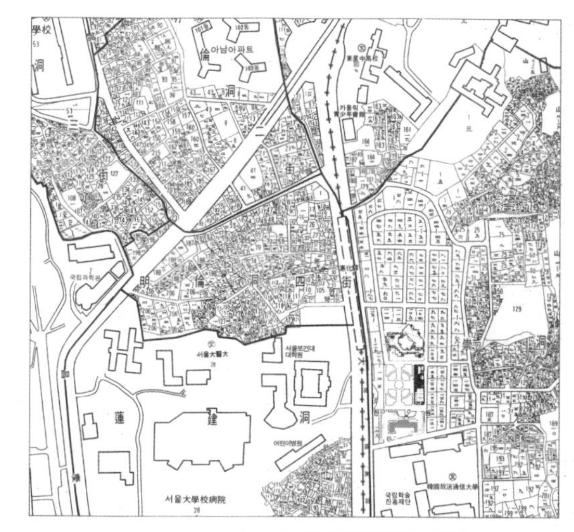

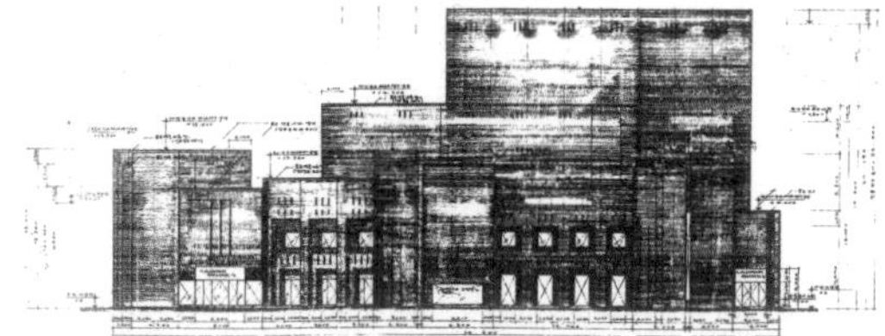

문예진흥원 문예회관 배치도
문예진흥원 각 층 평면도와 외벽 상세도
『김수근 건축작품집』, 공간사, 1996
서울대학교 건축학과 도서실 제공

서울대학교박물관

서울대학교박물관은 김종성(서울건축)이 설계한 지하 1층, 지상 2층의 철근콘크리트조 건축물로, 서울대학교 정문의 운동장에서 미술대학과 음악대학 사이의 구릉지대에 위치하여 캠퍼스의 결절점 역할을 수행한다. 박물관은 정문 출입구를 시각적으로 부각하는 한편, 반원통형 계단실, 스카이라이트 등을 매스로 배치하였다. 건축물 내부 중정은 자연광이 유입되도록 계획되었고, 이를 중심으로 순환하면서 다양한 전시실을 방문할 수 있도록 계획되었다. 전시실에 자연광을 받아들이기 위해 1/4 원형의 천창이 설치되었다.

설계기간 1984.7-1985
공사기간 1985-1994.5

전경
©박호관

전시실 내부
©박호관

중정
©박호관

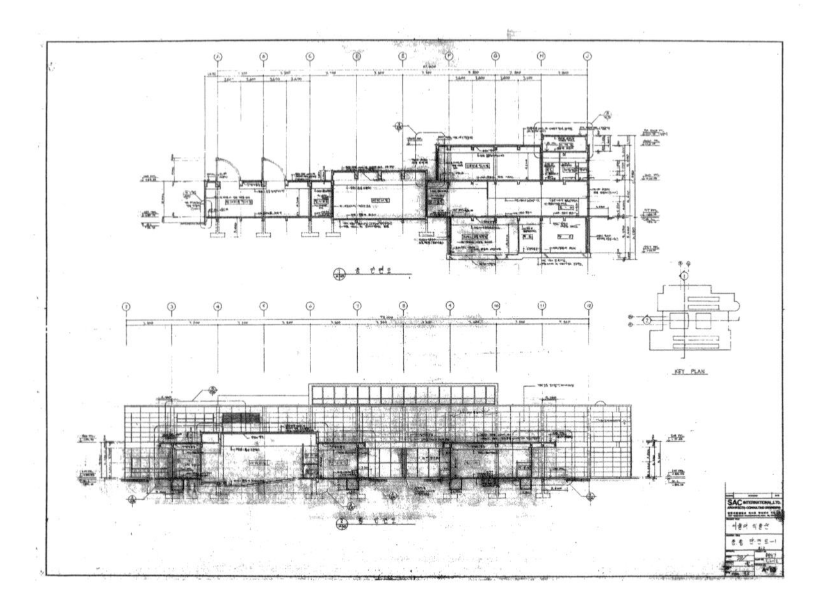

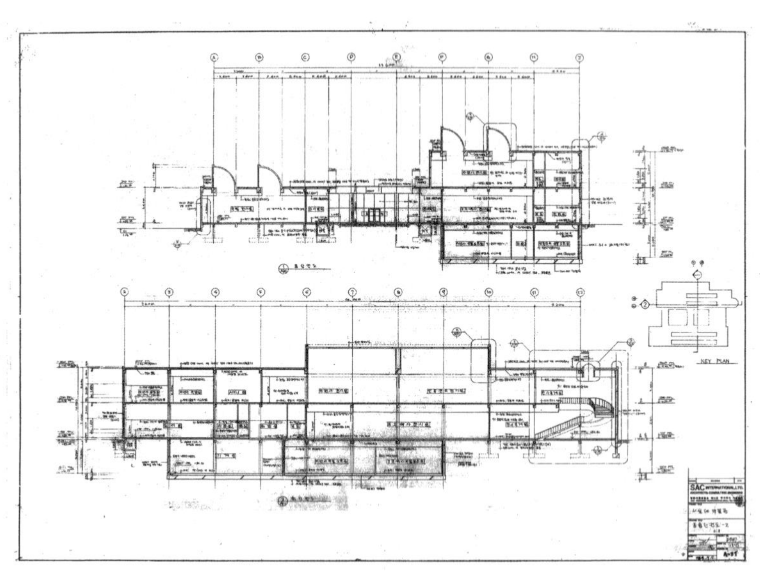

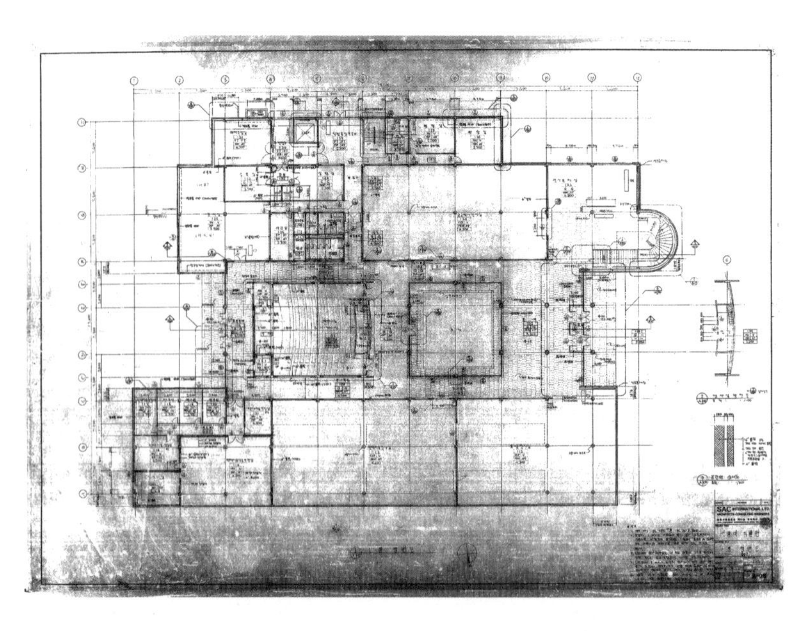

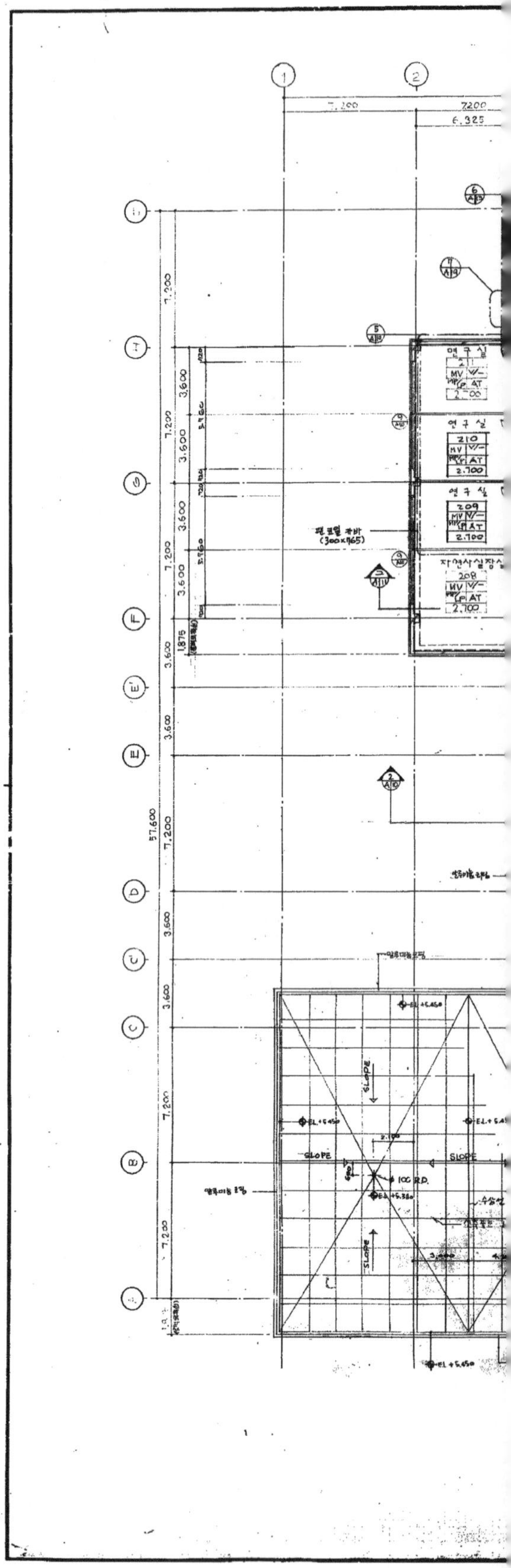

서울대학교박물관 도면
1984, 국립현대미술관 소장

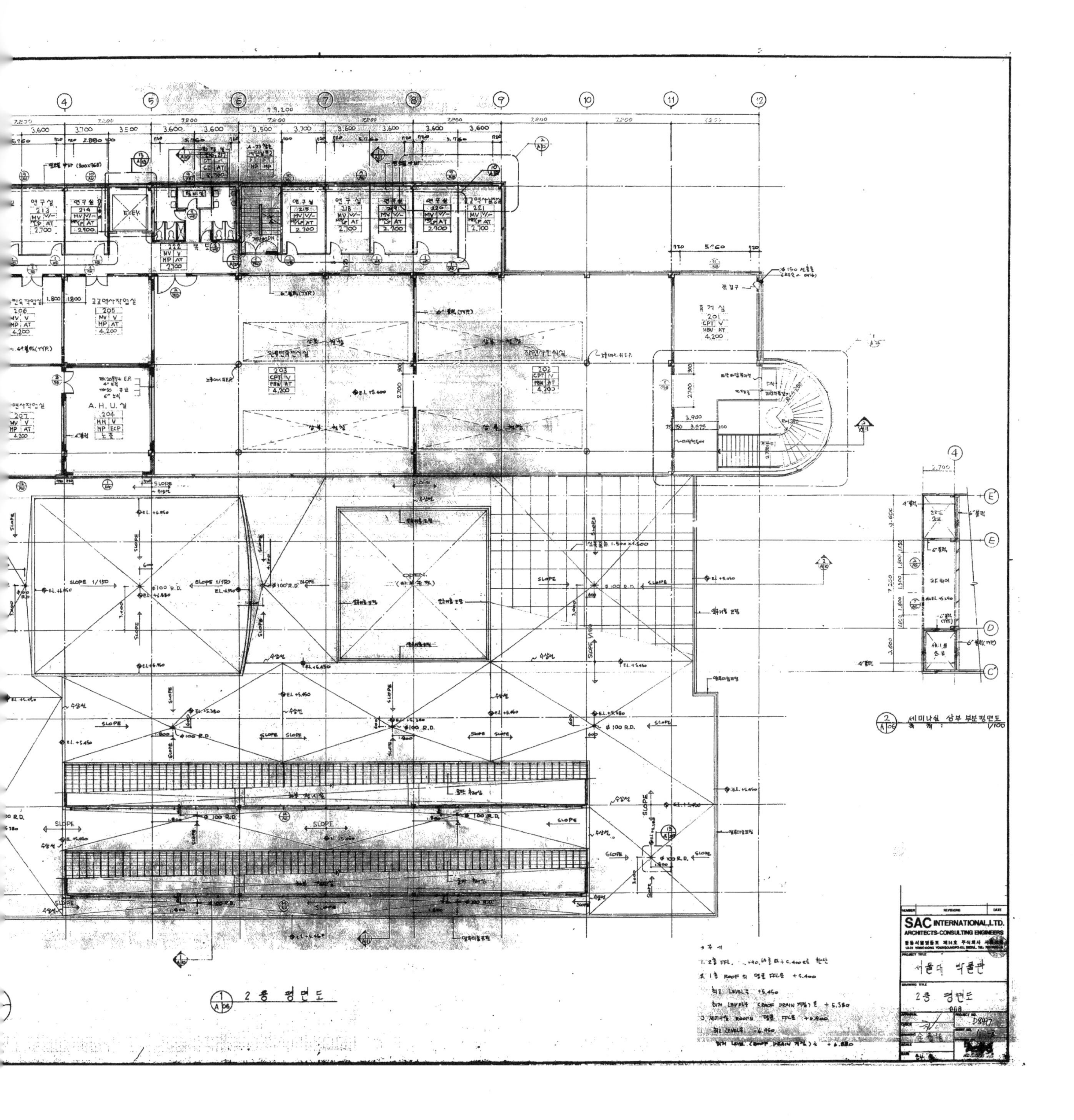

2층 평면도
세미나실 상부 부분평면도
축 척 : 1/100
연구실
ELEV.
휴게실
A.H.U. 실
OPEN.
SLOPE
※ 주 기
1. 2층 FFL. +90.65를 EL+6.400으로 환산
2. 1층 ROOF의 평균 FFL은 +5.400
최고 LEVEL은 +5.450
최저 LEVEL은 (ROOF DRAIN 지점)은 +5.380
3. 세미나실 ROOF의 평균 FFL은 +6.900
최고 LEVEL은 +6.950
최저 LEVEL (ROOF DRAIN 지점)은 +6.880
NUMBER
REVISIONS
DATE
SAC INTERNATIONAL, LTD.
ARCHITECTS-CONSULTING ENGINEERS
PROJECT TITLE
서울대 박물관
DRAWING TITLE
2층 평면도
PROJECT NO.
D847
SHEET NO.
SCALE

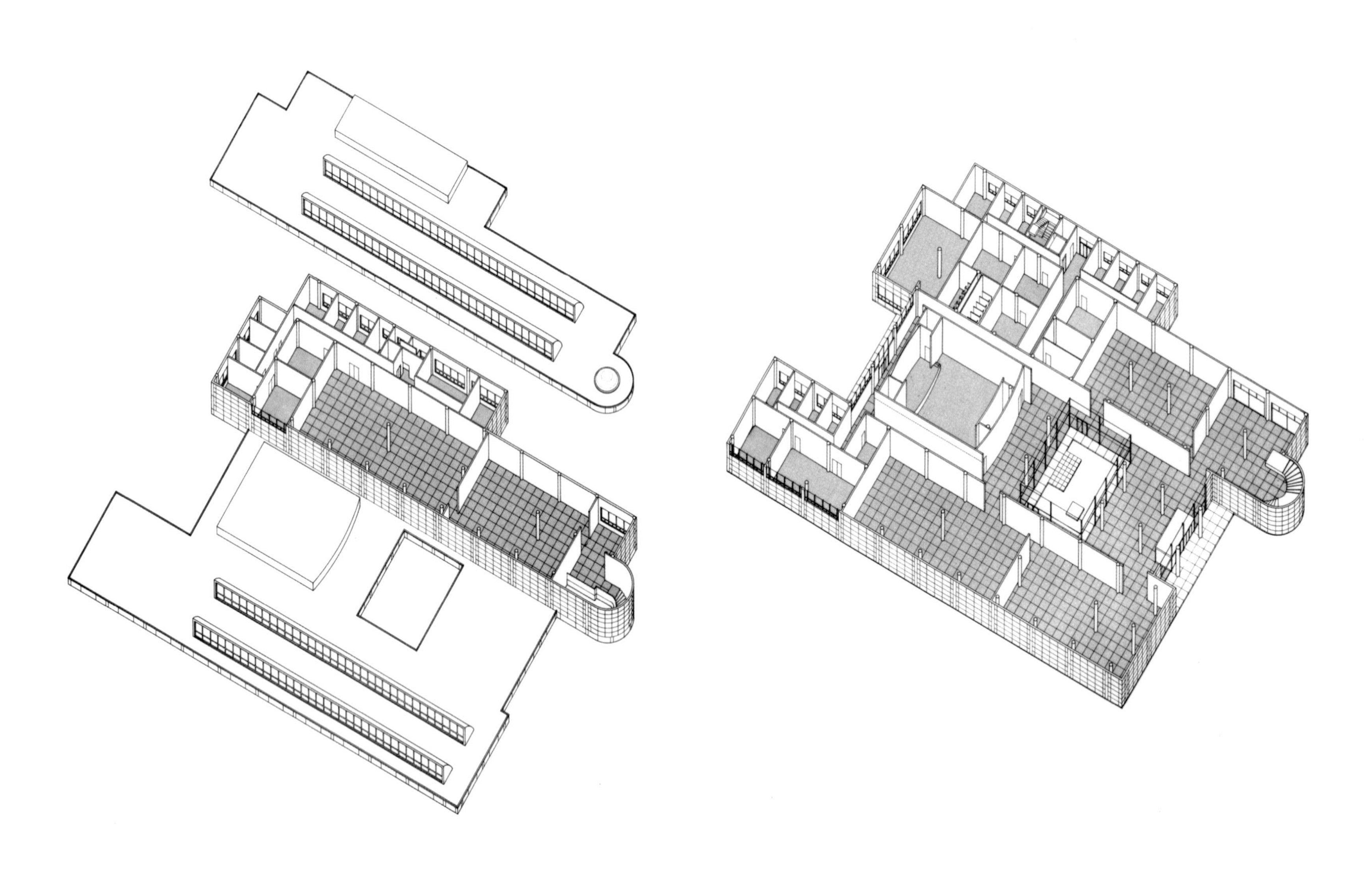

서울대학교박물관 2층 엑소노메트릭
서울대학교박물관 1층 엑소노메트릭
1984, 서울건축 제공

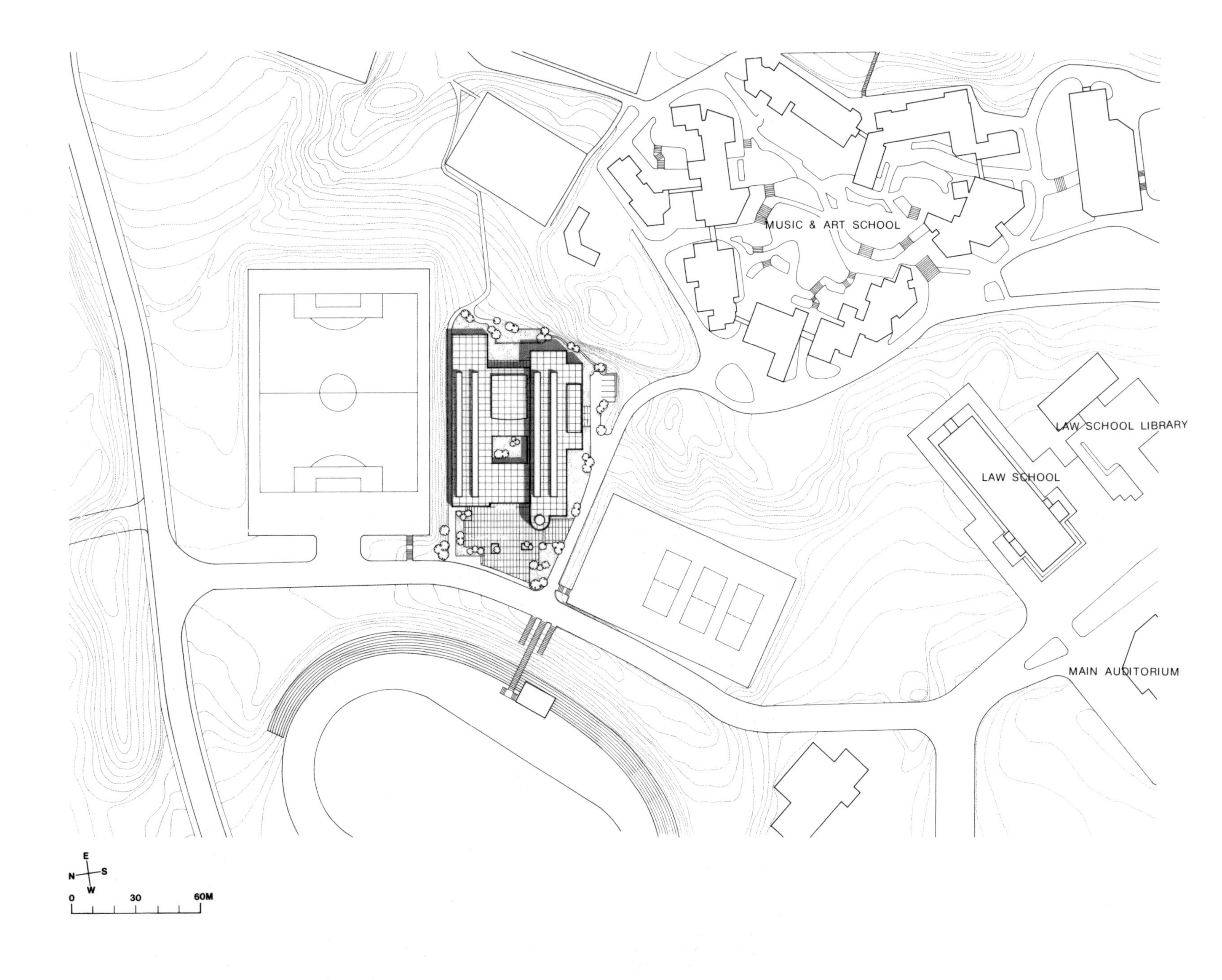

서울대학교박물관 배치도

1984, 서울건축 제공

힐튼호텔

남산에서 서울역으로 내려가는 경사에 자리한 지하 2층, 지상 23층 규모의 힐튼호텔 프로젝트는 1970년대 당시 국내에서 가능한 건축 기술들을 다양하게 구사하였고, 이 때문에 현재까지도 김종성(서울건축)의 대표작으로 평가받고 있다. 그는 힐튼호텔 설계를 계기로 귀국하여 작품활동을 하면서 테크놀로지를 기반으로 한 역사 의식, 미스 반 데어 로에의 후기 건축에서 나타나는 보편적 공간(universal space)에서 출발한 새로운 공간 개념을 그의 작품 세계의 한 축으로 이끌고 가기 시작하였다. 이 호텔의 로비로 들어서면 볼 수 있는 수직 18m 높이 아트리움은 김종성의 다양한 건축에서 시도한 보편적 공간 유형의 하나다.

설계기간 1978. 2-1983. 6
공사기간 1978. 12-1983. 12

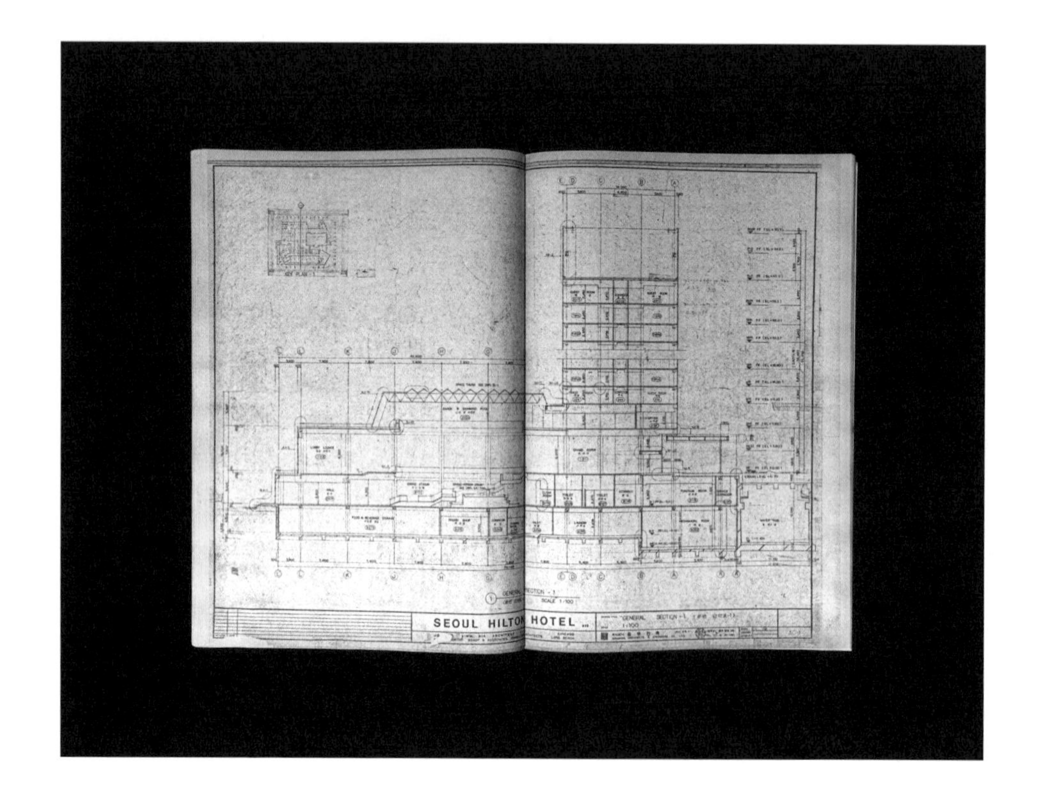

밀레니엄 서울 힐튼호텔 기본설계 도면집
1982, 국립현대미술관 소장

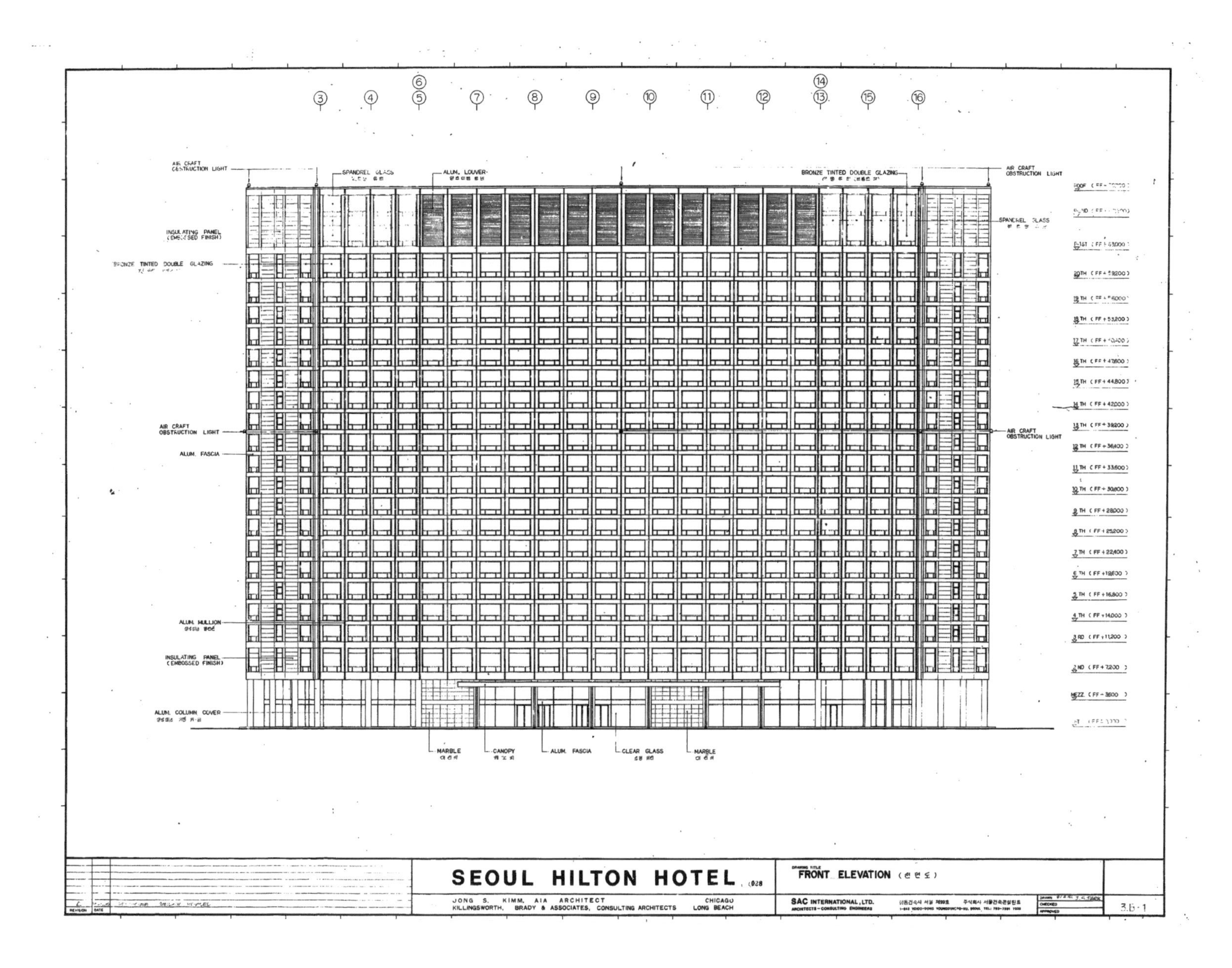

힐튼호텔 입면도

1982, 국립현대미술관 소장

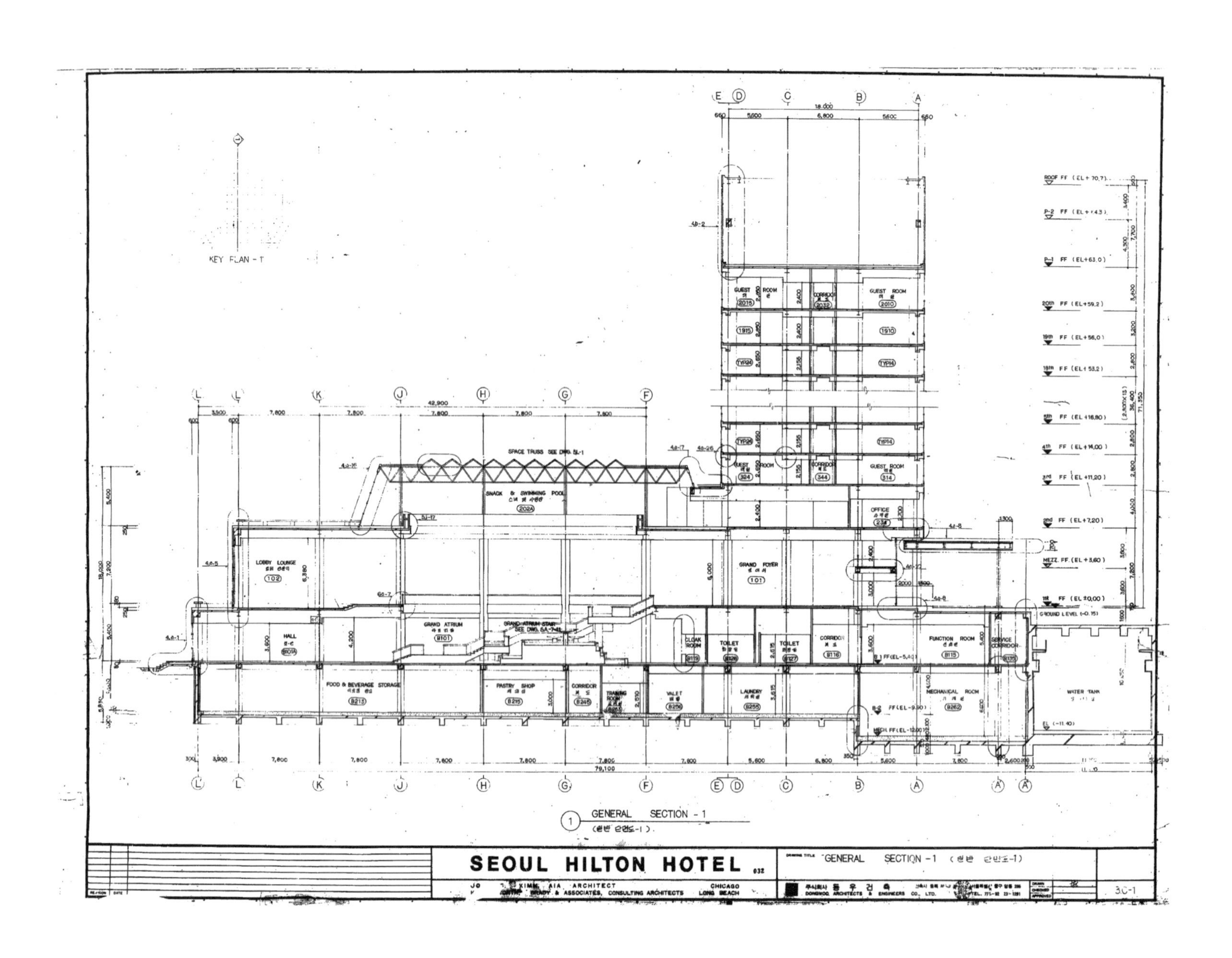

힐튼호텔 단면도

1982, 국립현대미술관 소장

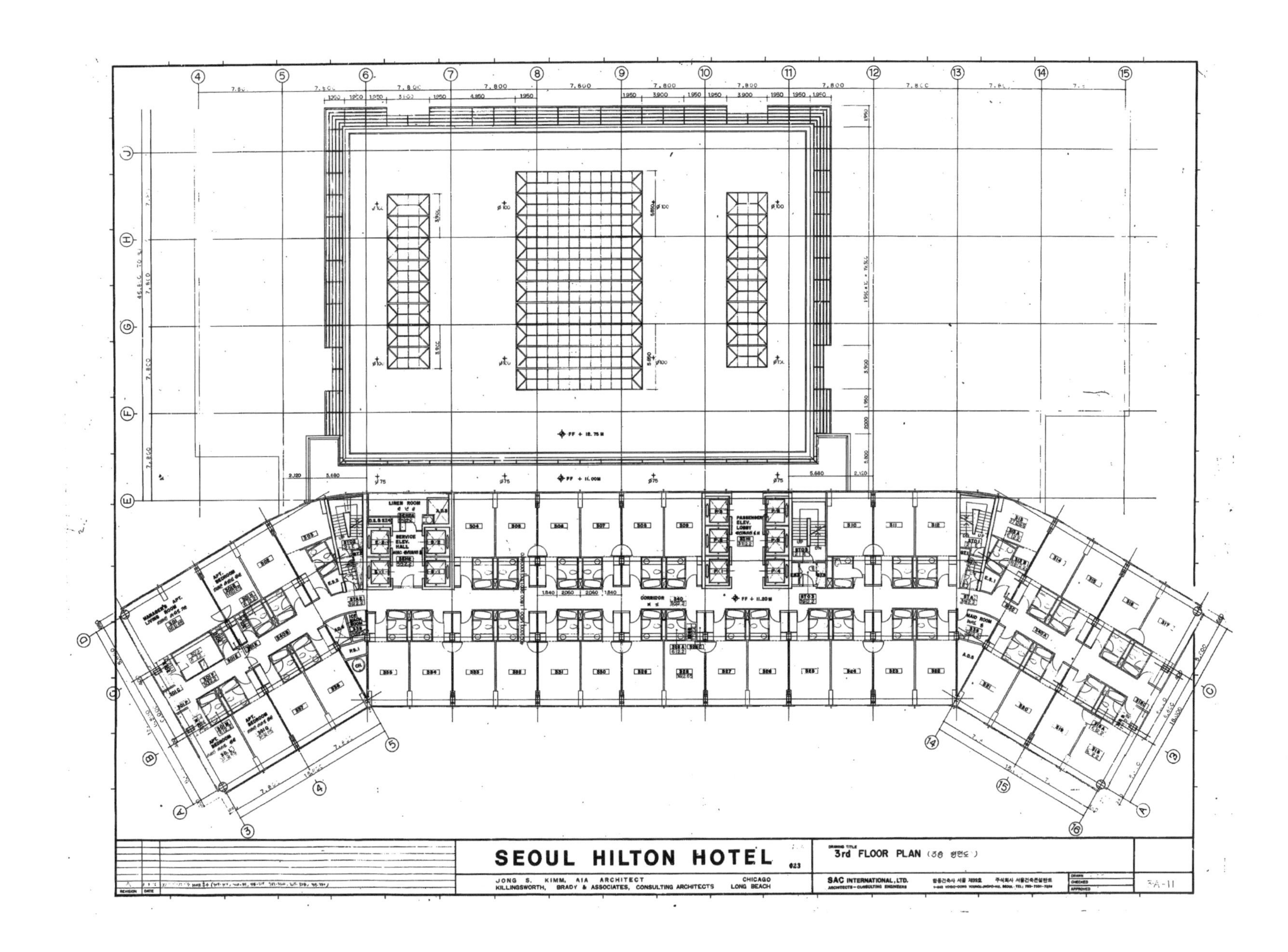

힐튼호텔 3층 평면도

1982, 국립현대미술관 소장

국립현대미술관 과천

국립현대미술관 과천관은 국내 최초의 국립미술관으로, 재미 건축가 김태수(Tai Soo Kim Partners)의 설계로 건립되었다. 1983년에 정부는 1988년 서울올림픽을 대비하여 '문화시설 현상지침'을 마련하고 국립현대미술관 과천관 건립을 추진하였는데, 면적 7만 3360m², 건물 연면적 3만4990m²에 3만3000m²의 야외 조각공원을 포함한 거대한 면적으로 계획되었다. 당대의 박물관 건축은 상징성과 전통성 표현에 집중하여 전통 건축의 요소가 외견상 재현되는데 초점을 맞추었으나, 과천관은 전통에 대한 현대적 해석과 공간, 조형성에 탐구를 동시에 했다는 점에서 의미를 갖는다. 김태수는 수입 재료가 아닌 국내에서 구할 수 있는 흔한 재료인 화강암을 이용하여 한국의 정서와 풍경을 담아낸 새로운 미술관 건축을 탄생시켰다.

설계기간: 1982-1984.
공사기간: 1984.3-1986.8

국립현대미술관 과천관 전경

1990년대 ©서현

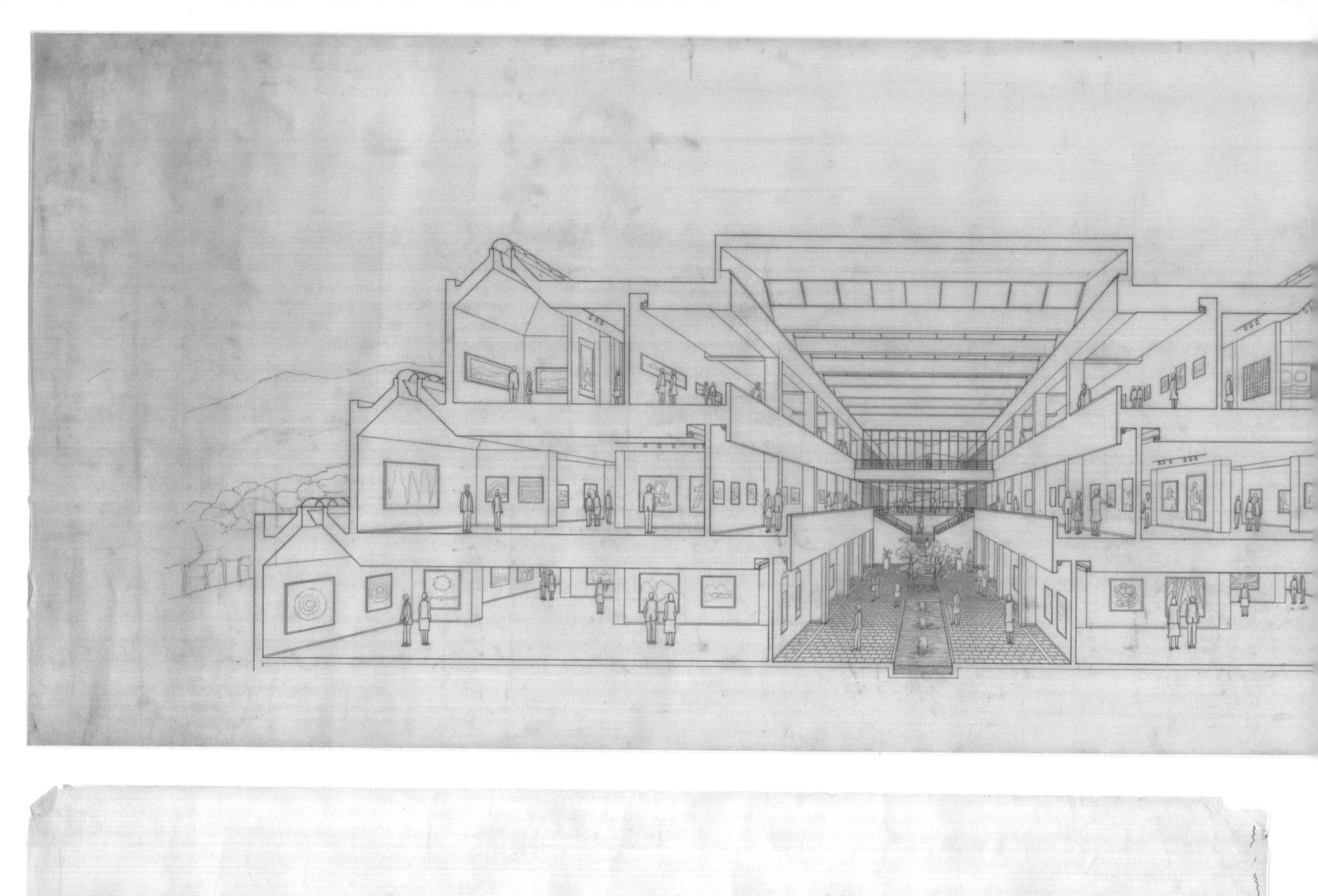

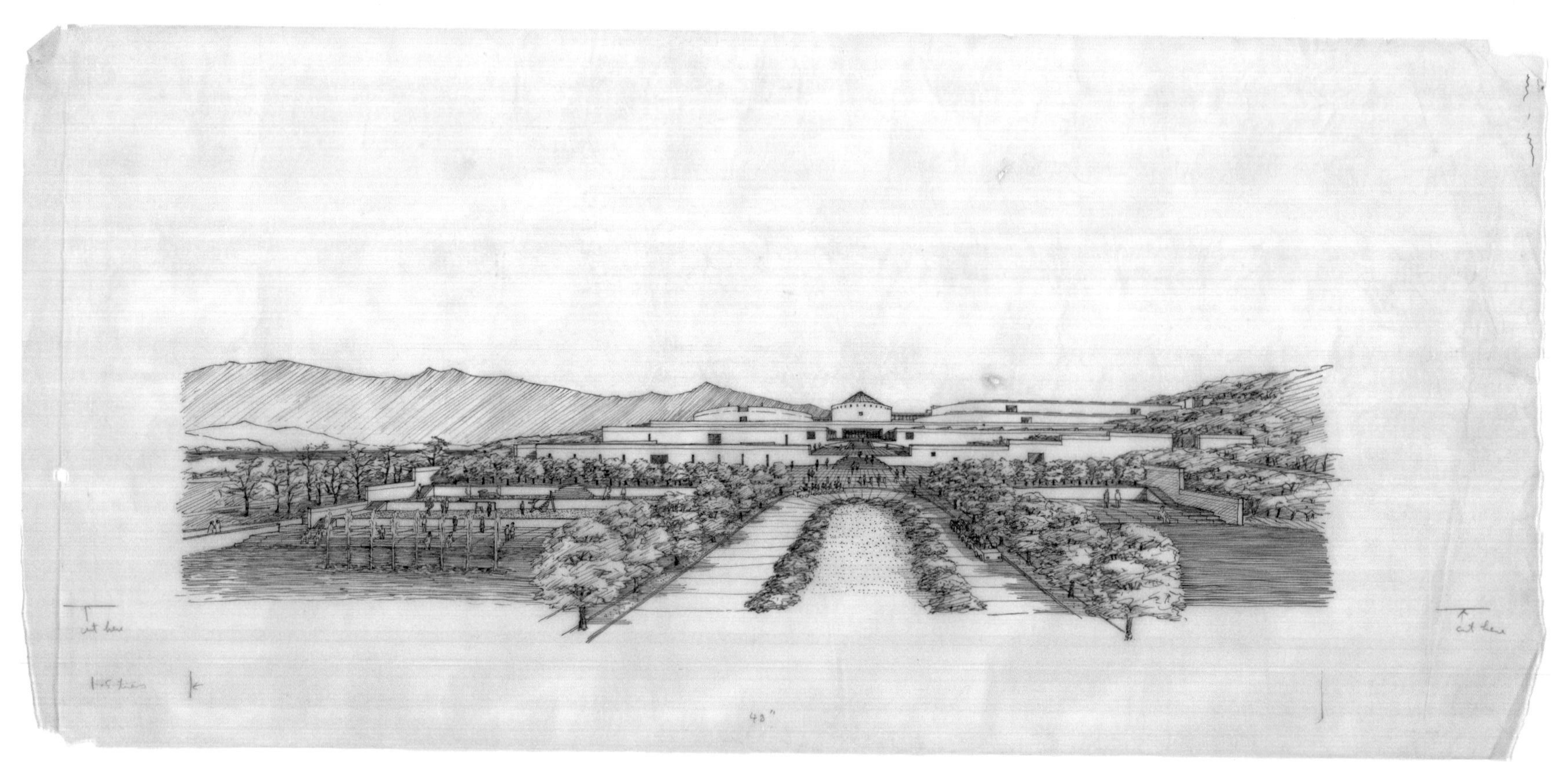

국립현대미술관 과천관 진입로 스케치
실내 단면 투시도
1982, 국립현대미술관 소장

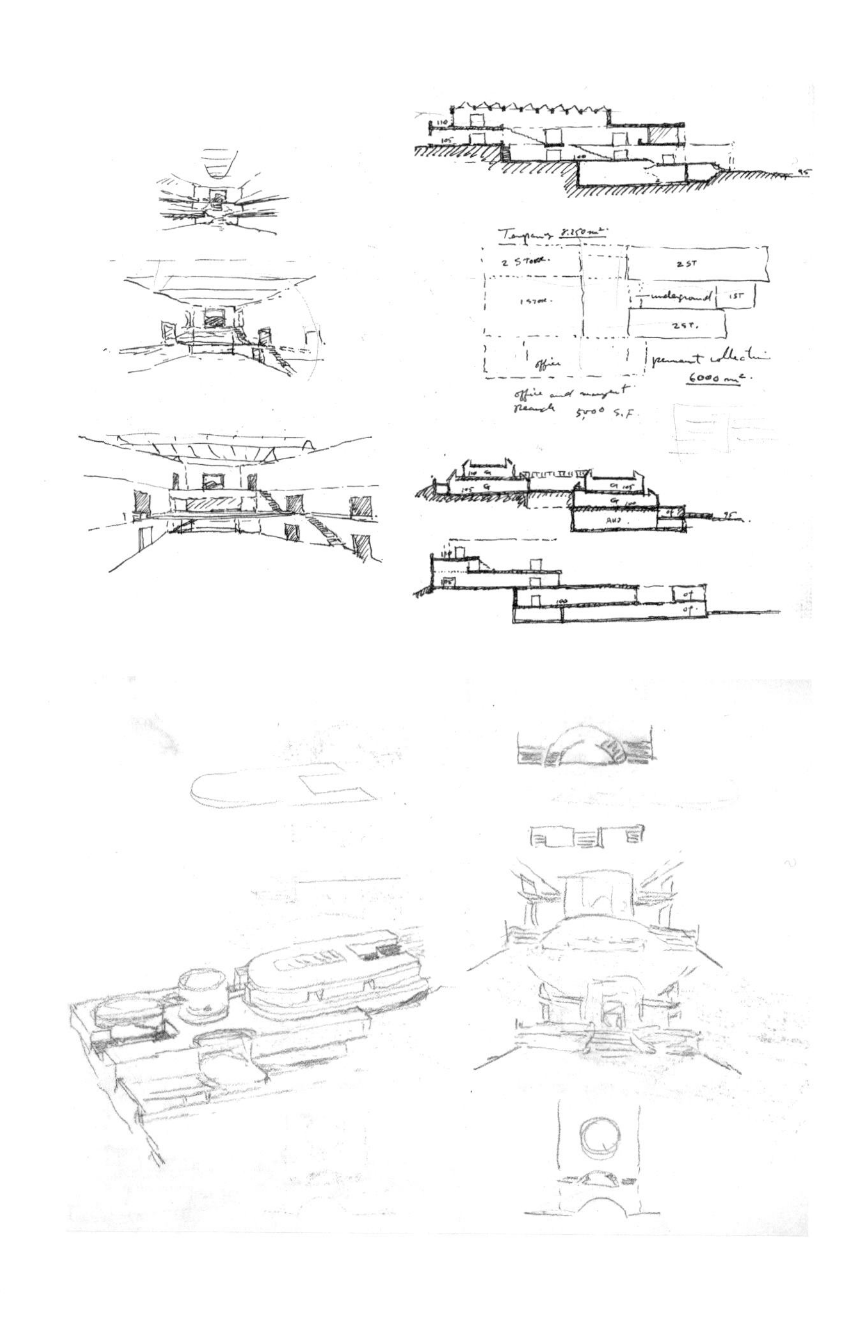

김태수 작가노트
국립현대미술관 소장

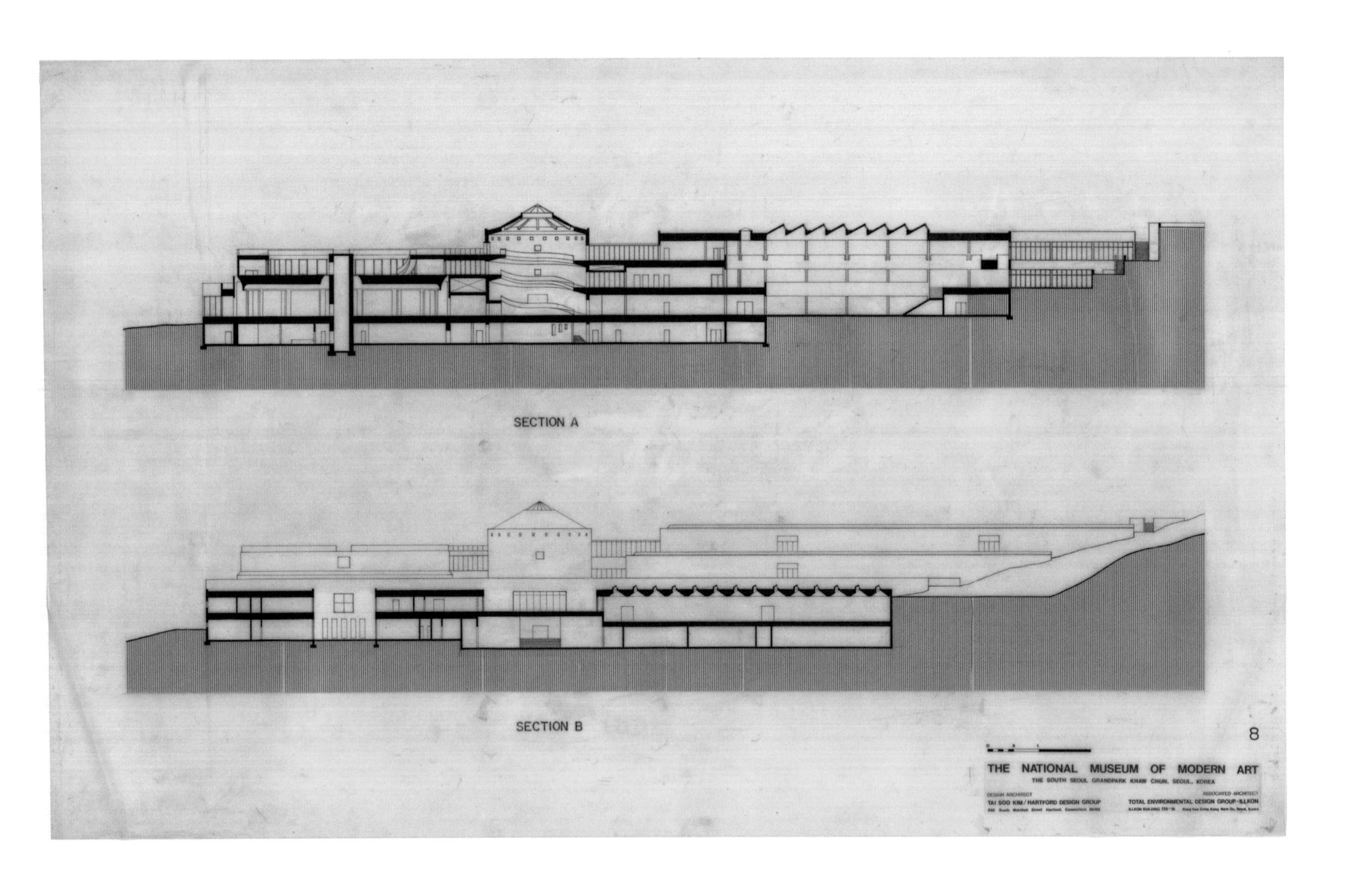

국립현대미술관 과천관 횡단면도

1982, 국립현대미술관 소장

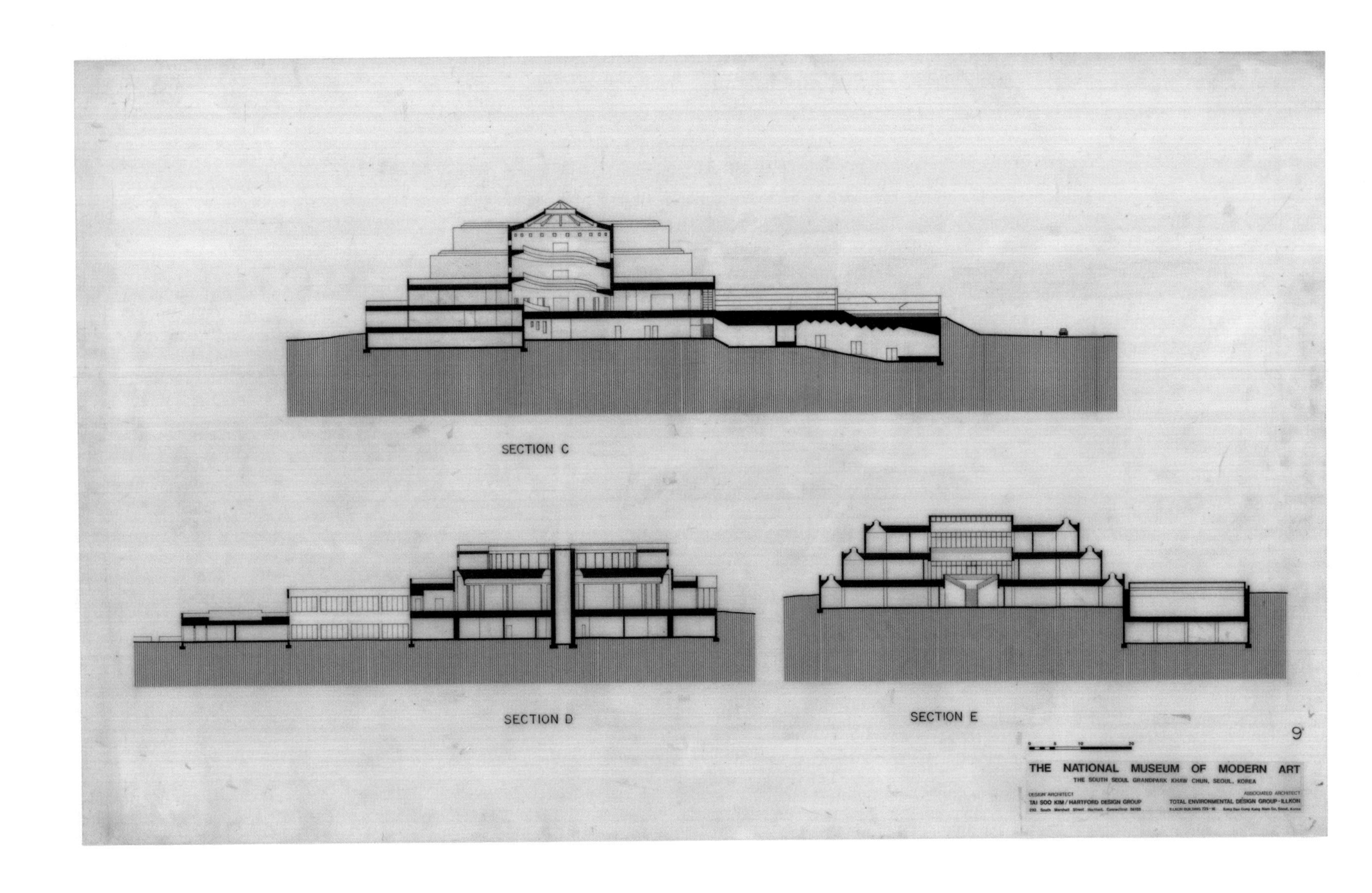

국립현대미술관 과천관 종단면도
1982, 국립현대미술관 소장

독립기념관

1983년 천안 독립기념관 설계 공모에서 김기웅(1943-2012, 삼정건축)의 안이 최종 당선작으로 선정되었다. 그는 한국 전통 요소를 기와지붕에 있다고 보고, 정면의 메모리얼 홀과 후면의 특별계획 전시실에 이를 적용하였으며, 광장과 좌우의 개별 전시관을 기와지붕의 주랑으로 구획하였다. 기념관은 지상 4층, 지하 1층 규모였으며, 철근 콘크리트 및 철골조, 화강석 마감에 동기와를 얹었다. 전시관은 철근콘크리트조, 부대시설은 철근콘크리트조와 조적조를 혼용하였으며 모두 지상 1층, 지하 1층 규모로 건축되었다.
심사 위원장이었던 김희춘 교수는 한국적 분위기를 구체적으로 잘 표현했다고 높이 평했고, 지붕의 형태, 기계전시관의 형태 등은 수정, 보완되어야 할 것으로 보았다. 1987년 광복절에 맞추어 개관하였다.

설계기간 1978.2-1983.6
공사기간 1978.12-1983. 12

독립기념관 전경

1990년대 ©서현

독립 기념관

김기웅
천원군
1987

지리산 서북쪽 산자락에는 우리 친가쪽 사람들이 대대로 살아온 함양군 마천면이 있다. 마천 사람들은 험한 지형을 효과적으로 이용한 계단식 논과밭을 일구어 먹고 산다. 표고버섯, 석이버섯을 따고 고사리, 취나물, 쑥을 캐서 시장에 내다 팔아 고무신도 사고, 명태새끼도 사고, 어쩌다 여유가 조금 있으면 고깃근이나 사들고 돌아오는 때도 있다.

그들이 예전부터 이루어 온 마을엔 평탄한 길이란 없다. 울퉁불퉁한 돌바위길이 산을 따라 휘어지고, 돌고돌아 집과 집을 연결한다. 승용차로 올라가는 것은 어림도 없다. 아마도 산에 오르내리던 길로 오래 사용하면서 넓혀서, 있는 그대로 도로가 된듯하다. 연기에 그을려 시커먼 나무기둥에 옛날에는 초가집이 운치가 있었으나, 지금은 시멘트기와, 스레이트기와를 바뀌었고, 울긋불긋 원색이 유별나다.

6.25사변 때는 한 석달동안인가, 이 들길을 친척 아이들과 뛰어다니면서 솔방울 팔매질로 날을 보냈던 기억도 있다. 집들은 낮고 작다. 산에 나는 육송이 곧지 못하기 때문에 6척이상 되는 재목을 구하기가 힘들어서 큼직큼직한 집칸을 지을 수가 없었다.

도시와 같이 직교식으로 만나는 가로가 뚫리도록 평탄하지도, 넓지도 못한 땅덩어리기 때문에 약간의 평지만 있으면 찾아 집을 지었다, 길을 따라, 산세(山勢)를 따라, 집을 짓고, 자연에 따라서 자연에 순응해서 한평생 살 수 밖에 없었다. 대체로, 우리 조상들이 짓고 살았던 집들은 작고 아담하였다는 것이 정설이다. 생긴대로 구불구불한 길에 따라, 자연스럽게 집들이 배치되었다. 자연속에서 소재를 얻어서 자연에 마을을 이루고 살았던 것이다.

그런 의미에서 겨레의 집은 한국전통건축의 원형은 아니다. 복원은 더구나 아니다. 첫째, 규모의 면에서 우리 전통건축의 특징인 아담하고 소규모적 규모라는 면에서 훨씬 벗어나 있고, 소재도 강철과 콘크리트를 사용하였다는데서, 그래서 세부구조가 전혀 다르게 처리될 수 밖에 없었다는데서, 전통건축과는 확연히 구분되어야 한다고 믿는다. 하기야 국민교육도장으로서, 이렇게 광활한 부지를 정리하는 대토목공사가 벌어지는 독립기념관과 같은 전시기능이 옛날에는 있지도 않았었다.

그런데도, 우리 일반 국민 예들들어 관료들,

△ 기념관 전경

△ 기조광장 및 전시장 전경

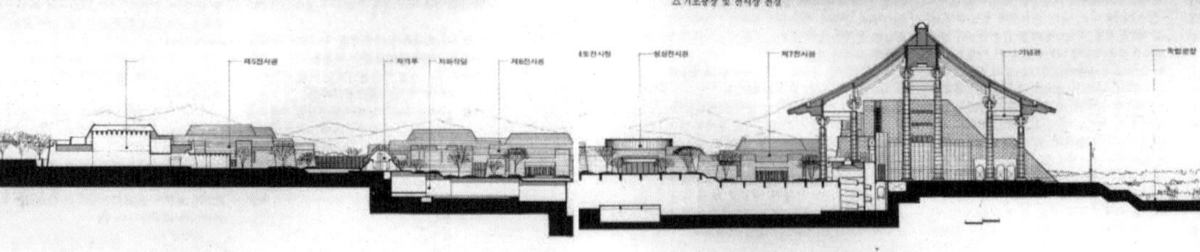

▷ 전체 단면도

『공간』, Vol. 266, 1989. 10. 48-51쪽
SPACE 편집부 제공

△ 기념관 1층 평면도
▽2층평면도

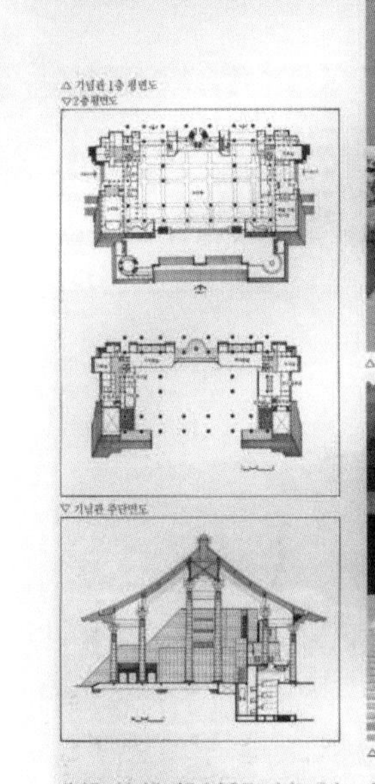

▽ 기념관 주단면도

△ 기념관 배면전경

△ 기념관 정면상세

▽ 기조광장 및 전시관 배치도

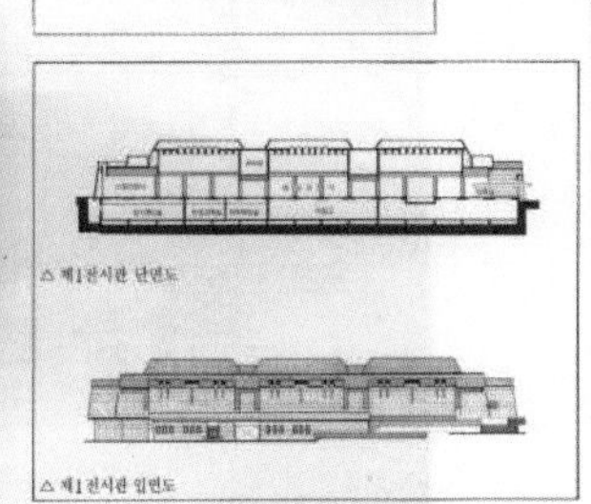

△ 제1전시관 단면도

△ 제1전시관 입면도

학자들, 기술자들, 신문지상에 투고하시는 여러분들, 나이드신 어른들, 언론인들은 한결같이 독립기념관의 모양이 전통한옥이 되어야 한다고 생각했고, 현실적으로 그렇게 표현해 왔던 것이다.

나를 포함한 이시대의 건축가들은 문화재 내지는 관광자원으로서의 용도외에는 과거 건축양식의 복원에 반대하는 입장이 분명했다. 왜냐하면, 기능을 중시하는 국제주의 건축가들이 주장하는 바와 같이 기능에 맞지 않는 껍질만으로서의 과거양식이 비합리적이고 부도덕한 일이라고 믿는 것 외에도, 이 과거양식을 지금 복원하는 것은 대단히 값비싼 짓이기 때문에 비경제적이라는 이유가 있었기 때문이다.

이런저런 이유를 무시하고 무작정 전통건축을 선호하는 식으로 밀어 부치는 것은 국수주의적 사고방식이라고 비판받을 염려가 있다.

20년전에 이런 일이 건축계에 있었다. 5.16 군사혁명 직후 국립박물관을 신축하자는 설계 공모가 신문지상에 나타났었다. 이 사업을 맡은 담사자(당시 대령이던가!)는 우리 전통건축을 숭상한(?) 나머지, 우리의 고적중에서 예를들면, 다보탑, 석가탑, 관상전 등등을 그대로 모방해서 옮겨 놓아도 좋으니, 「우리의 전통건축」을 설계하자고 강력히 요구했었다. 이 요구는 대단히 무리한 것임이 틀림없었다. 박물관이라면 가치있는 역사적 유물을 전시, 보관, 보수하고 일반을 교육한다는 엄연한 기능이 있는데, 다보탑 안에서 무슨 일을 할 수 있단 말인가? 당연히 건축계에서는 소동이 일어나고 반대하고, 토론하는 등 법석이 일어났다. 그러나, 우리가 잘 아는 바와 같이 결국 반대투쟁은 무위로 돌아가고, 강력한 추진력에 의해서 요구조건에 합당한 설계안이 선정되어 신축되고 지금까지 경복궁 구내에 서있다.

20년전의 이 처사는 다른 이유를 제처놓고 두가지 면에서 나쁜 결과가 되었다.

첫째는, 박물관 내부에서 일어난 일이었다. 그 이상한 설계안을 가지고 공사를 하려고 세부설계를 하자고 하니, 석가탑, 다보탑, 등등이 무용지물이 되어서, 오히려 큰 장애가 되어 버렸다는 것이었다. 처음 의도에서 분명히 강조하려고 했던 물건들이 박물관 기능에 맞지 않게 되자, 설계를 대폭 변경하여 이들 물건들을 장식으로만 처리하는 어리석은 짓을 저질렀다.

△ 기념관 내부(측면 출관 및 주두상세)

△ 기념관 측면 전경

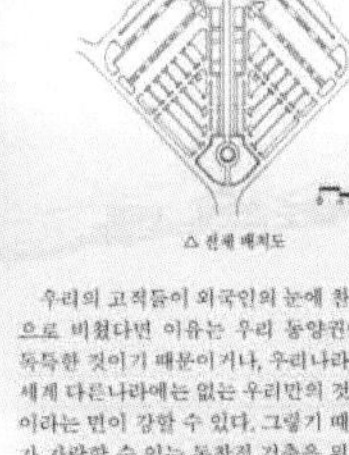

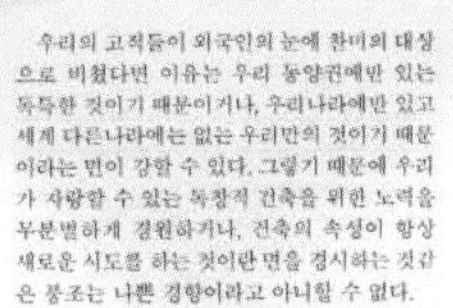

△ 전체 배치도

△ 기념관 측면

△ 기념관 내부

둘째는, 건축계 내부에서의 나쁜 결과이었다. 자라보고 놀란가슴 솥뚜껑보고 놀란다고, 그 처사이후 우리 전통건축을 창의적으로 계승발전시키고자 하는 노력을 젊은건축학도들이 포기하도록 하는 분위기가 생겨났다는 것이다. 아무도 욕 먹을 짓은 않겠다는 것이었다. 또하나 더 나쁜 풍조는 비슷한 상황만 벌어지면 무턱대고 20년전 당시의 방법대로 부조건 베도하는 세력이 큰소리치는 편이 되고 말았다는 것이다.

우리의 건축이 빛이 나려면 이조말기의 전통건축을 복사하는 것만 능사는 물론 아니다. 우리가 전통건축을 중시하고 연구하는 것도 과거를 숭상하는 복고적 의미가 중요하기 때문이 결코 아니다.

우리의 고적들이 외국인의 눈에 찬미의 대상으로 비쳤다면 이유는 우리 동양권에만 있는 독특한 것이기 때문이거나, 우리나라에만 있고 세계 다른나라에는 없는 우리만의 것이기 때문이라는 면이 강할 수 있다. 그렇기 때문에 우리가 사랑할 수 있는 독창적 건축을 위한 노력을 무분별하게 결원하거나, 건축의 속성이 항상 새로운 시도를 하는 것이란 면을 경시하는 것같은 풍조는 나쁜 경향이라고 아니할 수 없다.

나는 우리의 전축모양을 된「독립기념관」을 갖고자하는 많은 분들의 생각과 독립기념관이 수행해야 하는 현대적기능, 역할과 또 광활한 대지와의 사이에서 하나의 선택을 하기로 했다.

우리의 기와지붕을 넓은 대지에 걸맞게 과장하는 것이었다. 우리나라 사람들이 원하는 것이 진실로 전통양식의 복원이라고 믿지 않고, 우리의 이미지가 살아나는 그 무엇이라고 믿었기 때문에 전통양식을 과장하고 변형하고 창조하는 방향을 선택했던 것이다.

오늘의 「겨레의 집」은 독립기념관 전체를 상징하는 영조물로서 전통건축을 상징하되, 그러나 전통건축의 복원이 아닌, 또 이곳을 방문하는 많은 사람에게 자기도 모르는 사이에 전통건축의 감정과 이미지를 전달하는 역할을 게을리하지 않는 그런 모양을 의도했던 것이다. ■

(김기웅記·삼정건축)

조선일보 신사옥

준공 1988

서울시 중구 정동에 위치한 조선일보 신사옥은 지하 5층, 지상 8층 규모의 철근콘크리트조 건축물로 원도시건축의 윤승중과 변용(1942-2016)이 설계하였다. 외관계획은 성공회 성당, 주한 영국대사관 등 역사적인 건축물이 다수 위치한 정동에 자리하고 있다는 특징을 고려함과 동시에 언론 기관 건물이 지녀야 할 강직한 이미지를 드러내기 위해 고전적인 적벽돌과 동판 만사드(mansard) 경사 지붕을 사용한 것이 특징적이다. 내부 평면에서는 신문제작과 사무실, 전시장 기능 등을 명쾌하게 해결한 모습을 볼 수 있다.

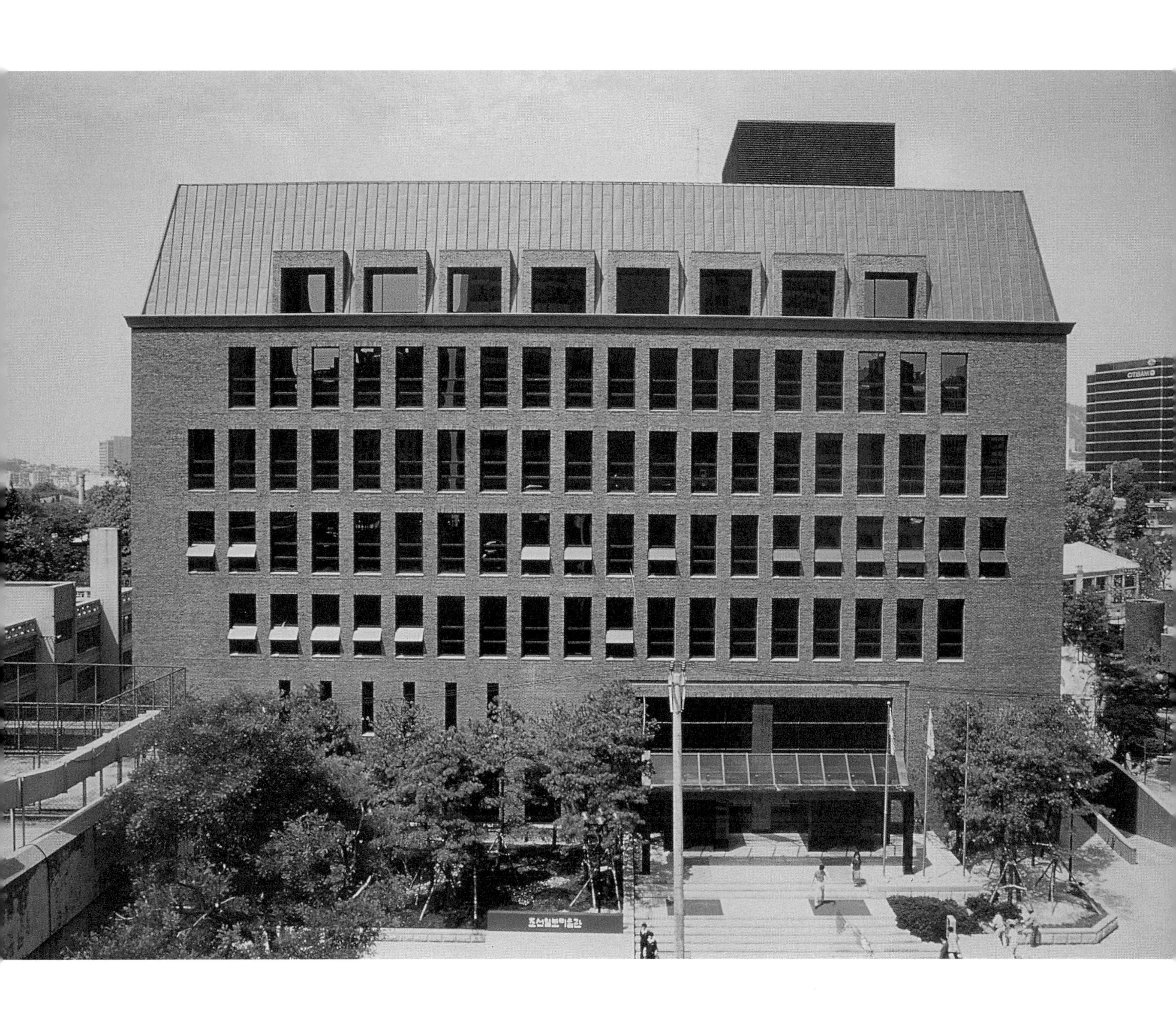

조선일보 신사옥

1988년 이후, 윤승중 제공

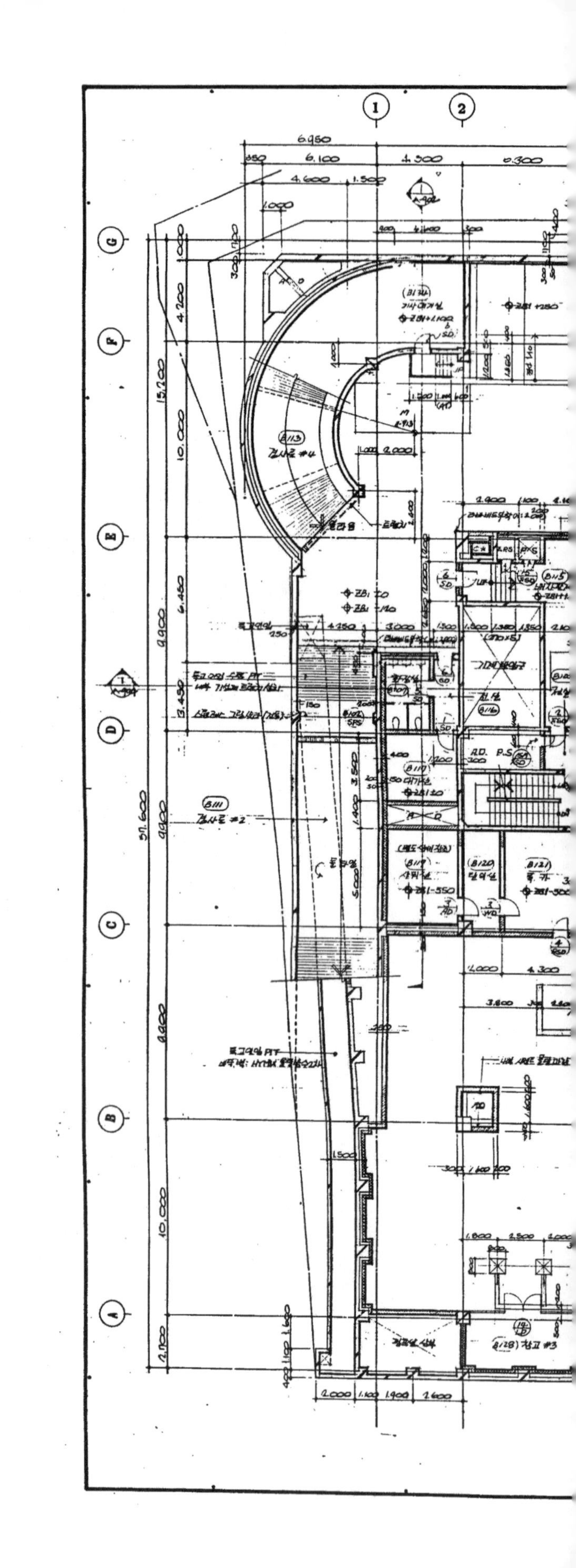

조선일보 신사옥 지하 1층 평면도
윤승중 제공

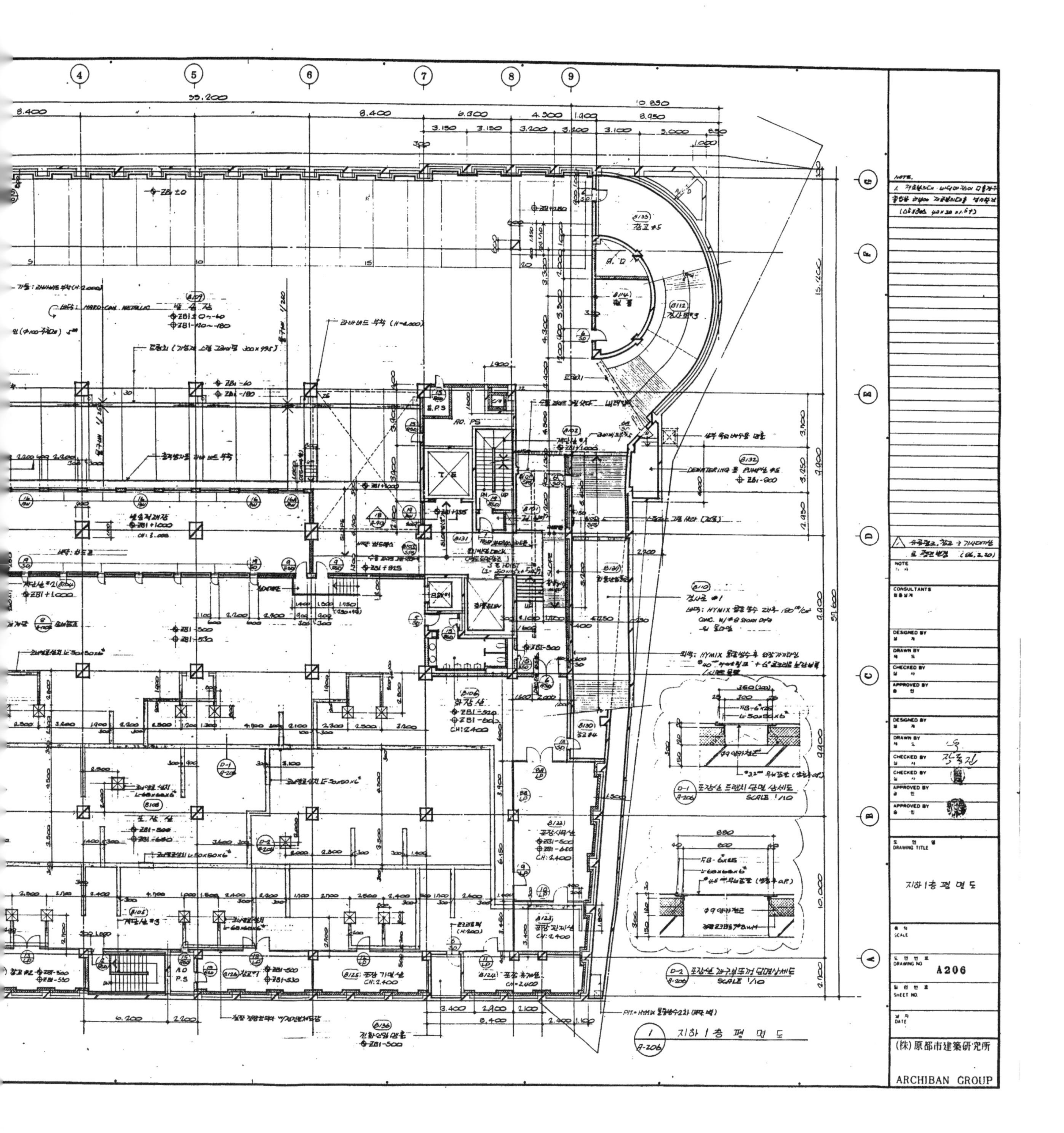

55.200
8.400
6.300
4.300
10.830
8.950
HARD-CAN METALLIC
E.P.S
DEWATERING 용 PUMP실 #5
HYMIX
화장실
CH:2400
지하 1 층 평 면 도
NOTE
CONSULTANTS
DESIGNED BY
DRAWN BY
CHECKED BY
APPROVED BY
DRAWING TITLE
지하1층 평 면 도
SCALE
DRAWING NO
A206
SHEET NO.
DATE
(株)原都市建築研究所
ARCHIBAN GROUP

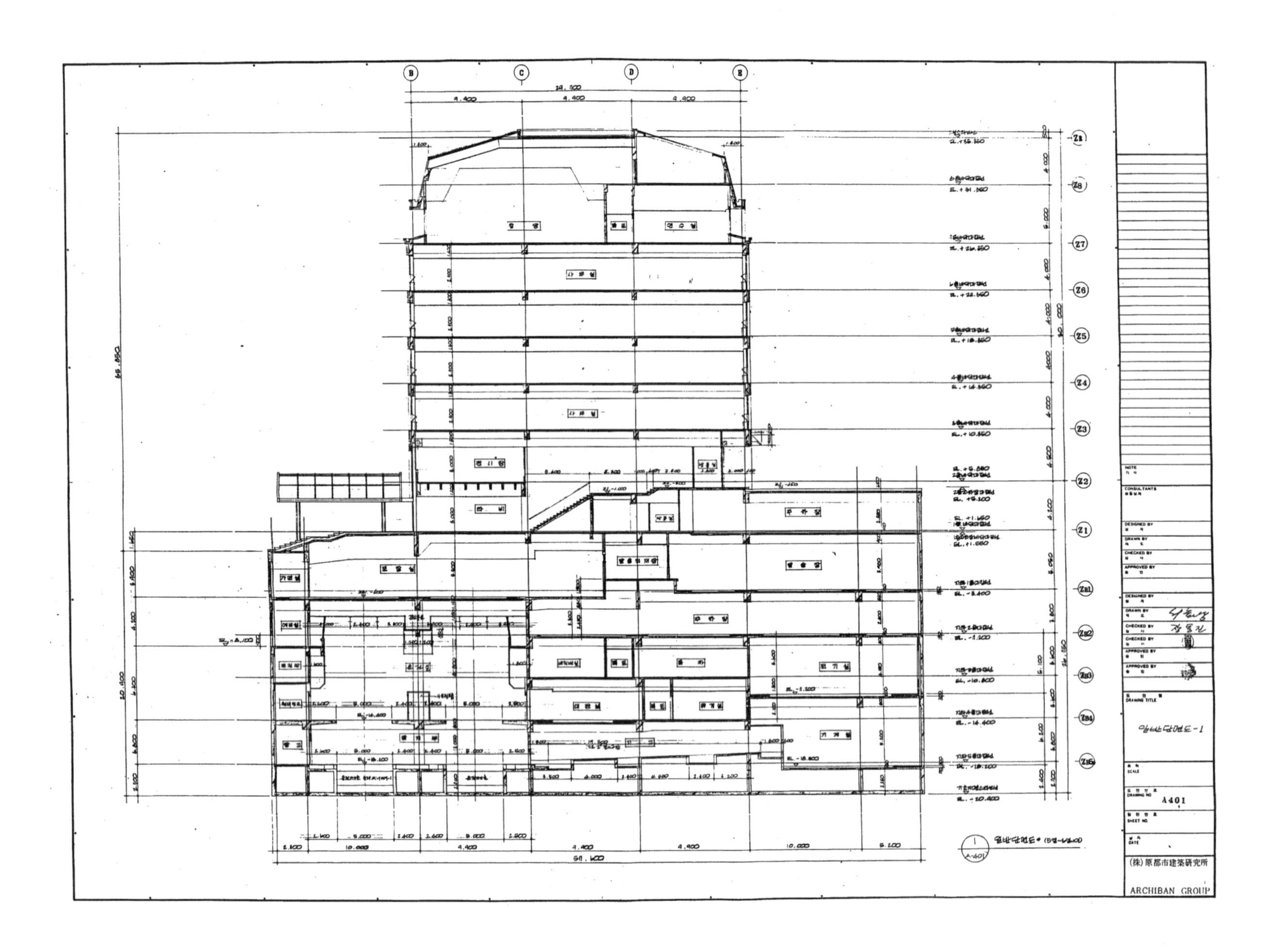

조선일보 신사옥 단면도
윤승중 제공

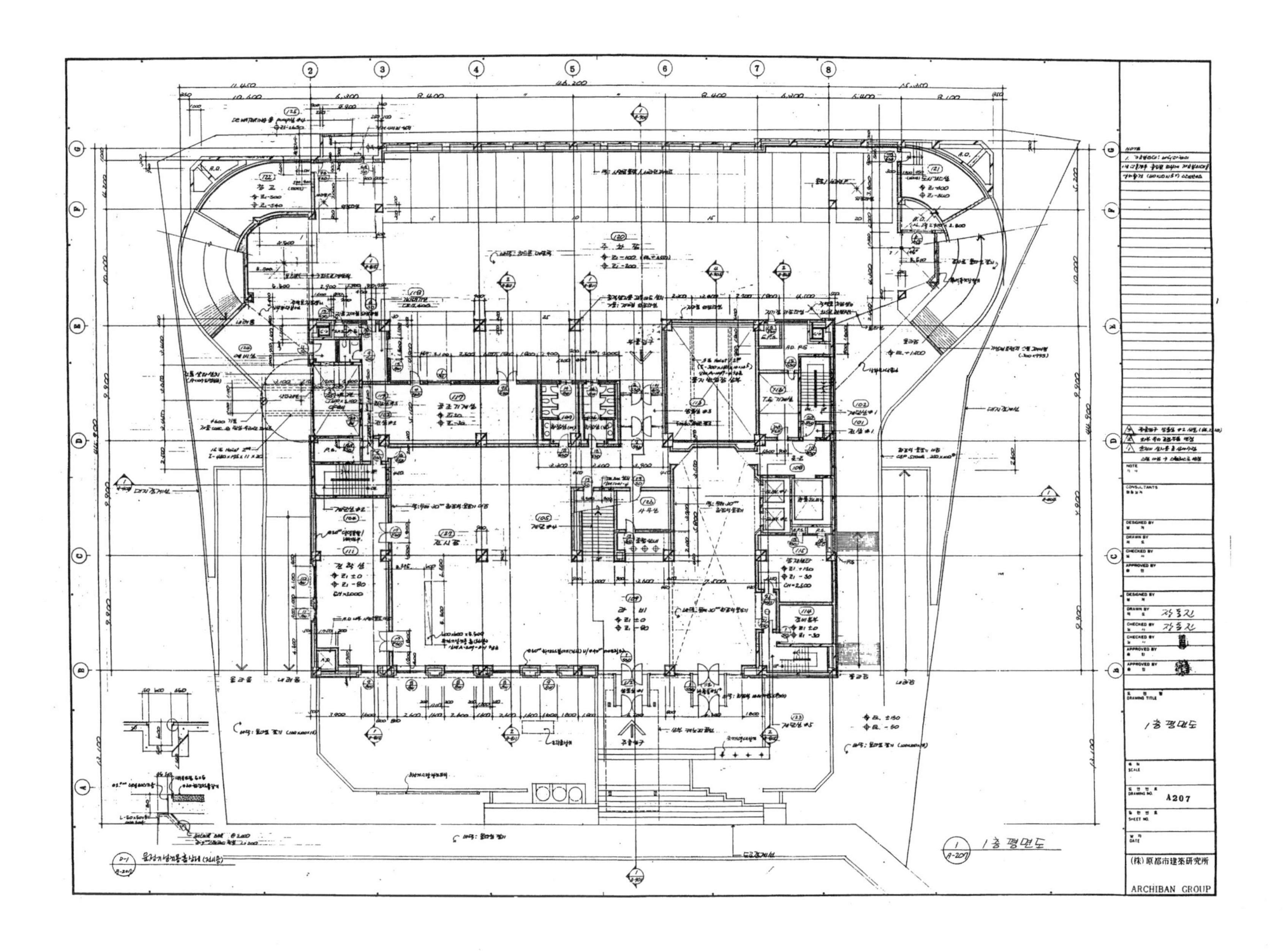

조선일보 신사옥 1층 평면도

윤승중 제공

예술의 전당

서울시 서초구 서초동 우면산자락 아래 위치한 예술의 전당은 1993년 국내 최초의 문화 예술 복합 시설로 개관하였다. 1984년 국제 지명 현상안을 공모하여 치열한 경쟁 끝에 김석철(1943-2016, 아키반건축도시연구원)이 최종적인 설계자로 선정되었다. 그의 당선안은 공연, 전시, 놀이, 교육, 자료, 연구 프로그램이 서로 연결되어 종합되며, 다양한 예술 장르가 각각의 전문 공간에서 표현되도록 공간별 독자성과 연계성을 유지하였다.

개관 1993

예술의 전당과 남부순환도로
1990년대 © 서현

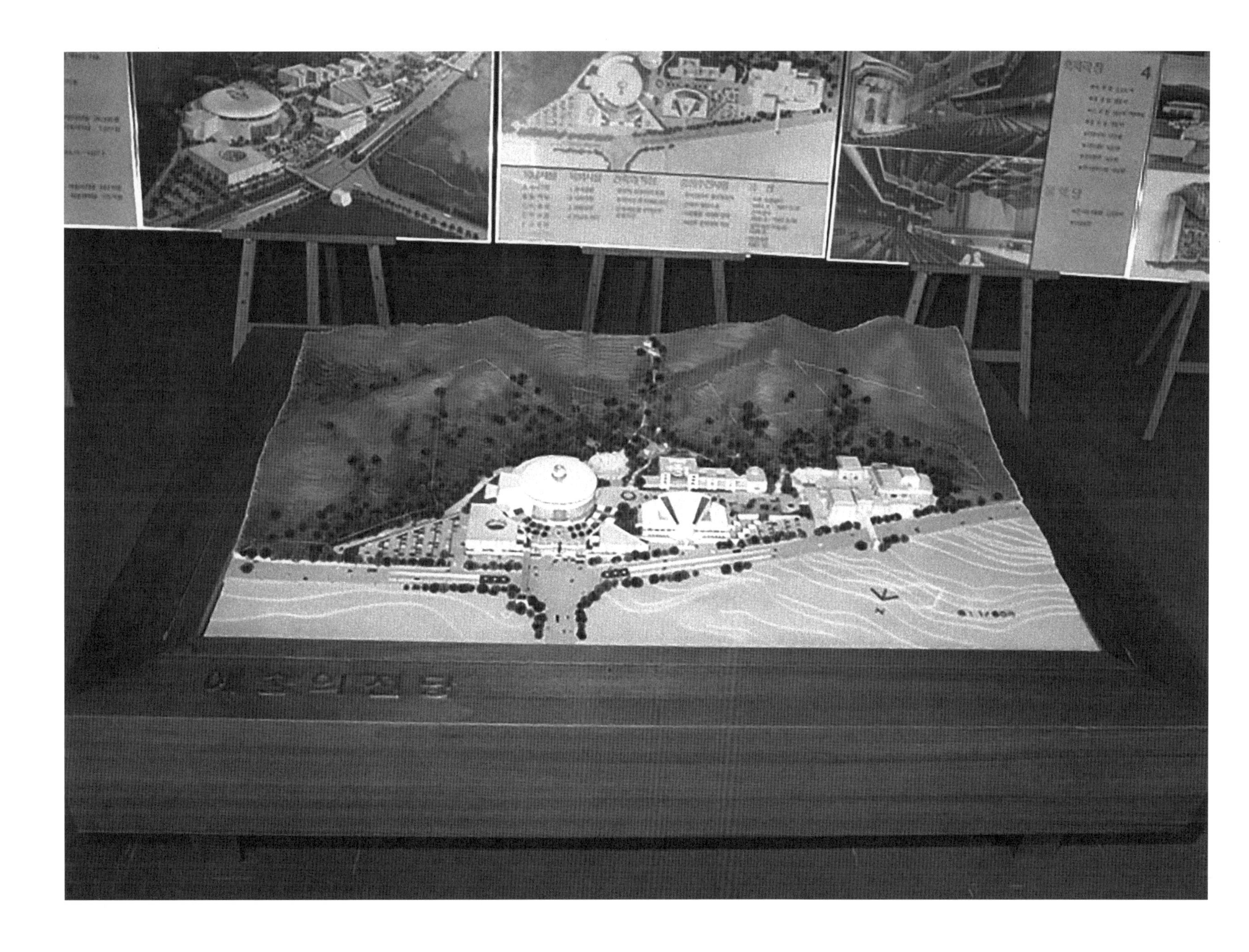

예술의 전당 현상설계에 제출된 김석철 안 모형

1984, 국가기록원

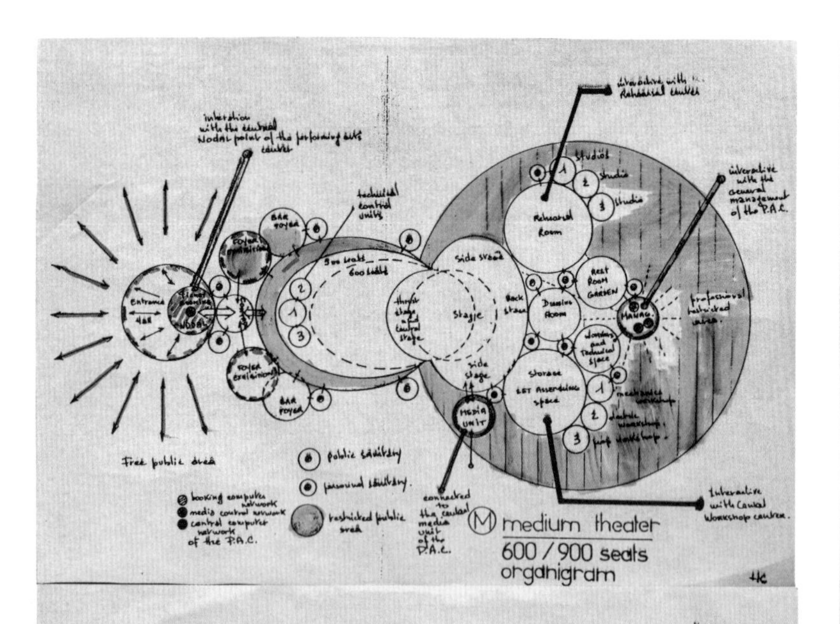

3. 중극장 가능성 : "중규모의 Mobile Articulation"
"Spoken Theater"

- 다기능 프로그래밍 이지만 Spoken Theater 공연에 특정됨.
- 중극장은 "연극의 서울극장 (Seoul Theater of Drama)"을 위한 특정 공연장이 될 수 있다.
- 중극장은 다양한 문화의 전설적 또는 전통적 Spoken Theater 뿐아니라 고전적 서양극 (섹스피어극-프랑스 고전극-이태리 희극등)을 공연한다.
- 음악적 가능성 : 세계적 실내오페라 (20인까지)과 실험오페라. 개인리사이틀 ....
- 무용가능성 : 세계의 무용 - 생음악 또는 음반 음악과 함께 소. 중규모의 무용단체 (20-25인 까지)
- 전달가능성 : 전달 네트워크는 공연에의 상설접근로 이어야 한다.
- 중극장은 서울에는 아직 알려지지 않았으나 "세계적 평판"을 갖는 초청연주가의 최적 공연장이어야 한다.
- 어느정도 "성공적" 단체와 실험적 또는 장기간의 문화정책의 균형에 의해서, 중극장은 완전한 센터로서의 생명력에 중요한. 완전한 재정균형은 아니라도 적어도 조화를 이룬 관객의 성공에 이를수 있다.
- "6시" 공연과 저녁공연을 구분하는 것이 모든 시간의 운영적 활동을 가능케한다.

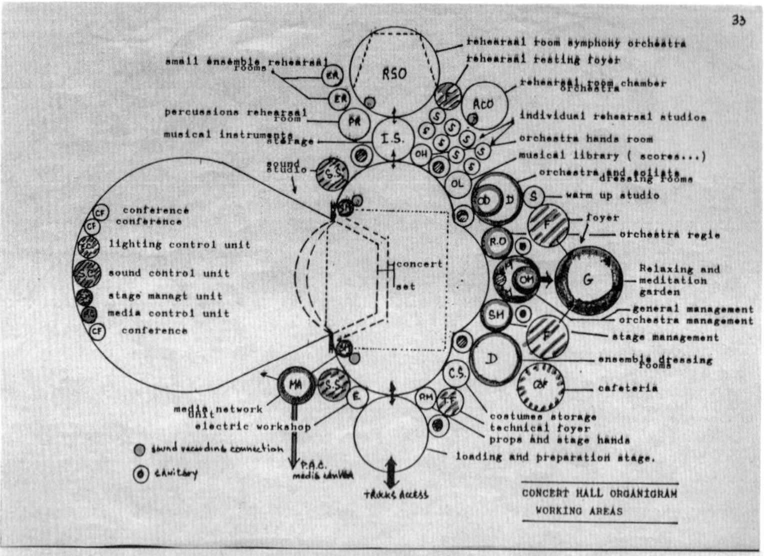

5. 음악당 가능성 : "고전 음악의 전당"

- 음악당은 "서울심포니"에 필요한 연습장및 시설을 제공하도록 특별히 계획된다.
- 또한 순회중인 세계적 유명한 오케스트라의 초빙 공연을 위한 특정 장소일 수 있다.
- 그럼에도 불구하고 음악당은 대무용 또는 오페라 공연같은 다른 공연도 가능하도록 계획된다. 수용력은 주로 센터에 재정적 균형의 가능성을 부여하도록 프로그램된다.
2.400석의 규모는 큰예산의 특별 작품도 용이하게 한다.
- 음악당은 또한 집회나 회의를 위한 장소이다. 이는 낮시간에 진행될 수 있고 따라서 상설공연에 지장없이 센터내에 보조적 수입원이 될 수 있다.
- 음악당은 운영면에서 전당내의 가장 독자적 기능이며, 이 프로그램은 다른 극장내에서 공연되는 다른 음악공연에 반영과 효과를 갖는다.
- 이 음악적 장비는 가장 정교하다. (음악회 피아노, 연습피아노 - harpsichords, 등)
- 연습공간은 심포니 음악에 포함되는 다양한 모든 악기 (현악-목관-타악-관악-하프등)에 적합
- 음악당의 운영은 순회 공연자에게 쉬운 접근을 가능케 하는 국제적 음악 네트워크와 밀접한 관계에 있어야 한다.

중극장 기능 조직도
음악당 기능 조직도
『SEOUL ARTS CENTER in Kang-Nam Cultural Theme Park』, Seoul Arts Center Construction Authority
전시팀 제공

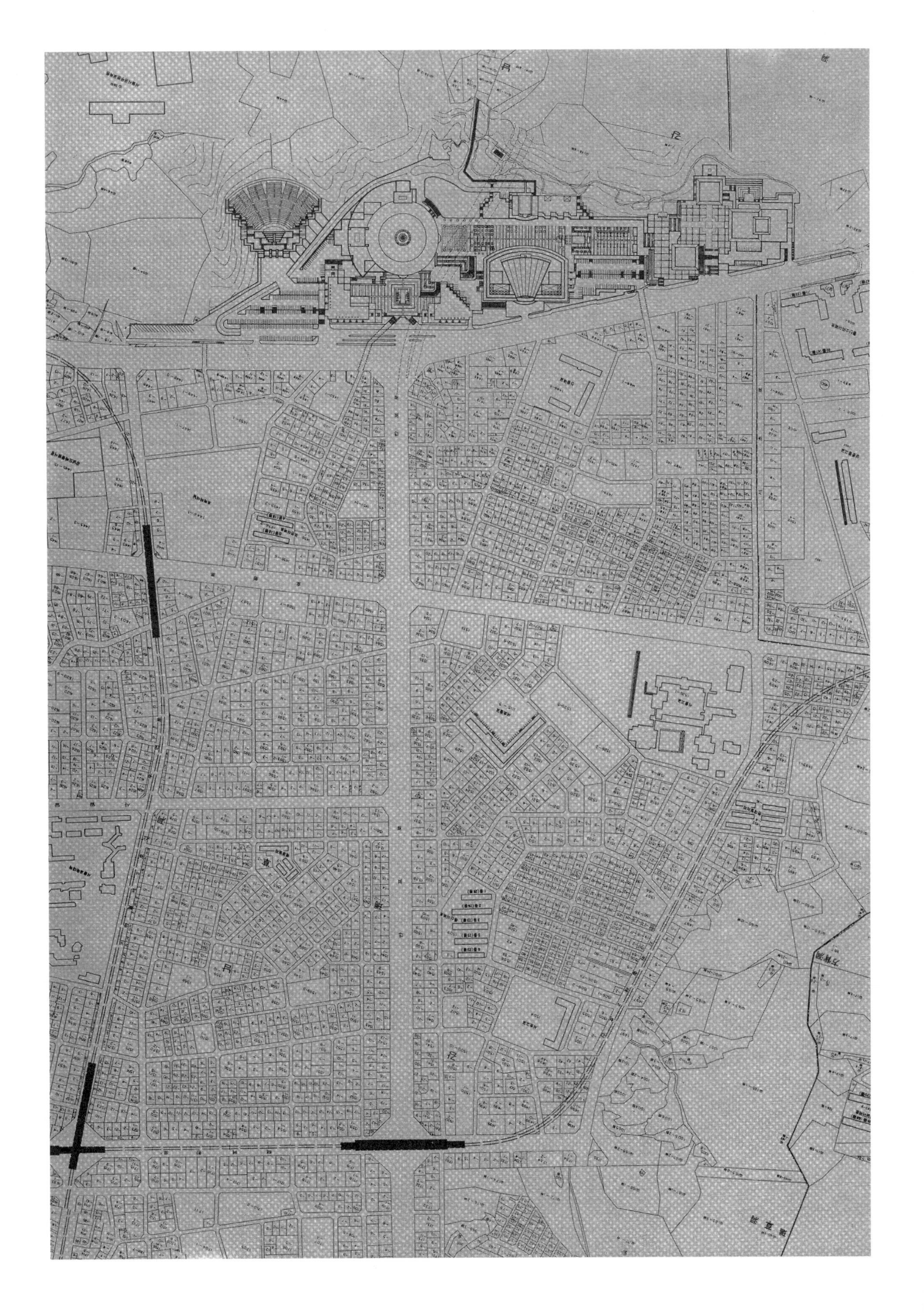

예술의 전당 위치도
『예술의전당』, 건축문화 별책 01, 1987, 김진균 제공

지하광장에서 본 전경 스케치
음악당 단면 스케치
『예술의전당』, 건축문화 별책 01, 1987, 김진균 제공

국립국악원

서울시 서초구 서초동에 위치한 국립국악원은 예술의 전당과 같은 부지에 김원(건축환경연구소 광장)의 설계로 지하 1층, 지상 4층 규모로 세워졌다. 4개의 건물이 마당을 둘러싸고 대극장과 지하 1층, 지상 3층 규모의 소극장으로 구성되어 있으며, 철골 철근콘크리트조에 철골트러스로 조성한 지붕에 전통적 조형이 표현되어 있다. 국악에서 요구되는 참여형 공연과 길놀이, 뒷풀이 등을 담기 위해 무대와 객석에 변화를 주고, 음향 반사도 가변적이 되도록 하는 실험적 극장을 설계하였다. 한국 현대건축에 전통성을 가미하면서도 표피적인 전통 승계에서 벗어나 내면에 들어 있는 형식적 요소, 공간적 특징 등이 추출되어 반영되었다.

설계기간: 1984. 7-1986. 4
공사기간: 1985. 7-1996. 10.

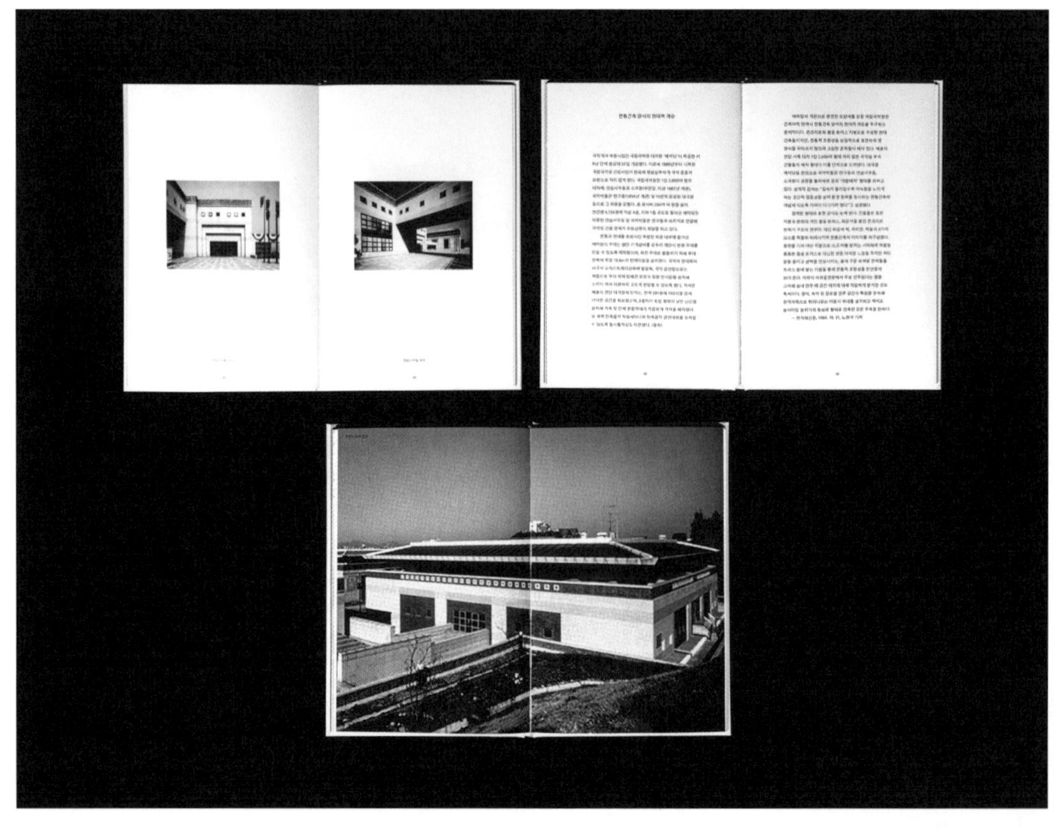

김원, 『국립국악원』, 도서출판 광장, 2021
김원 제공

국립국악원 대극장과 박물관 사이에 자리한 야외공연장,

© Timothy Hursley

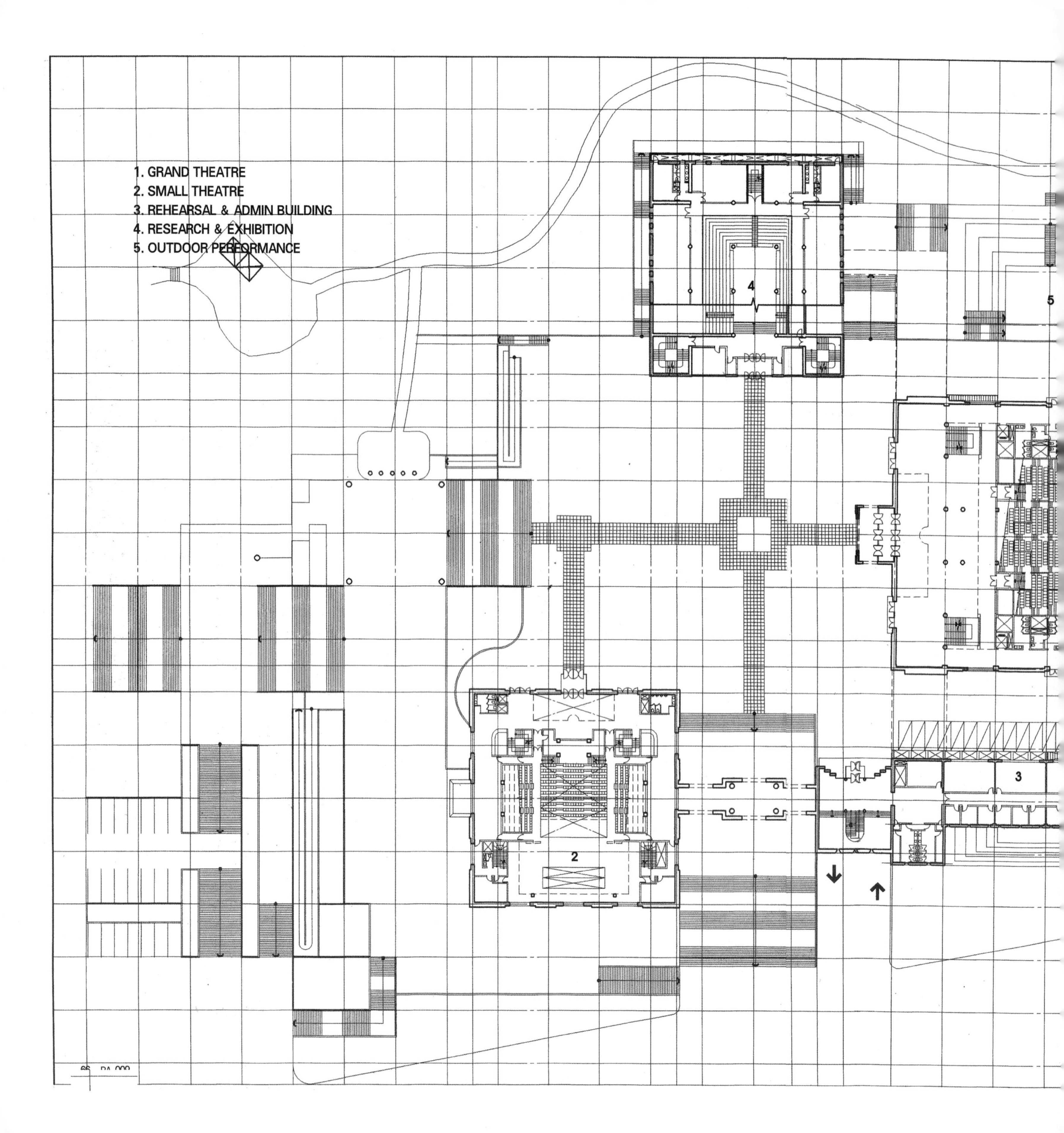
1. GRAND THEATRE
2. SMALL THEATRE
3. REHEARSAL & ADMIN BUILDING
4. RESEARCH & EXHIBITION
5. OUTDOOR PERFORMANCE
4
5
2
3

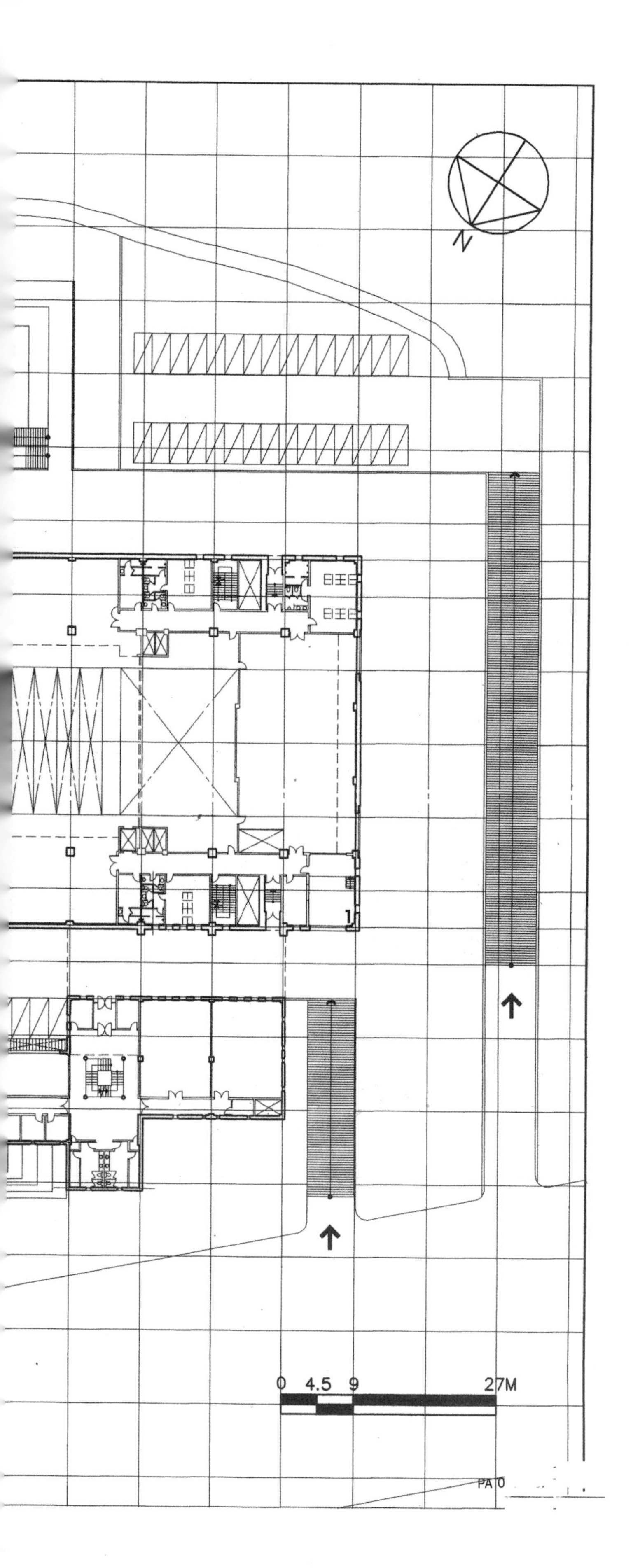

국립국악원 전체 평면도
『PA: 김원』, 건축세계, 1999
서울대학교 건축학과 도서실 제공

올림픽선수기자촌아파트

서울시 송파구 방이동에 위치한 올림픽선수기자촌 아파트는 명칭에서 알 수 있듯이 88서울올림픽에 참가하는 선수와 기자의 거주를 위해 세워진 아파트 단지다. 1985년 국제 현상설계 공모전에서 우규승 (Kyu Sung Woo Architects)과 황일인(일건건축)의 공동안이 당선되었고 실시설계를 거쳐 1988년 6월에 완공되었다. 아파트는 크게 3개 단지로 구성되는데, 대로에 면한 주동과 1단지는 격자형, 나머지 2, 3단지와 주동은 올림픽 당시 프레스센터로 사용된 중심상가건물을 기준으로 부채처럼 펼쳐진 형태로 배치된 것이 큰 특징이다. 남향을 강하게 선호하는 한국의 아파트 문화와 비교했을 때 상당히 특별하게 보이는 부분이다. 여기에 국내 최초로 복층 주거 유닛을 적용하여 새로운 공간 유형을 제시하면서 큰 창을 설치하여 방사형 배치에서 불리한 일조 문제를 해결하고자 하였다.

설계기간 1984. 12-1986. 6.
공사기간 1986. 11-1988. 6.

준공 당시 항공사진
Kyu Sung Woo Architects 제공

전체 모형사진
Kyu Sung Woo Architects 제공

복층 유닛 내부사진
Kyu Sung Woo Architects 제공

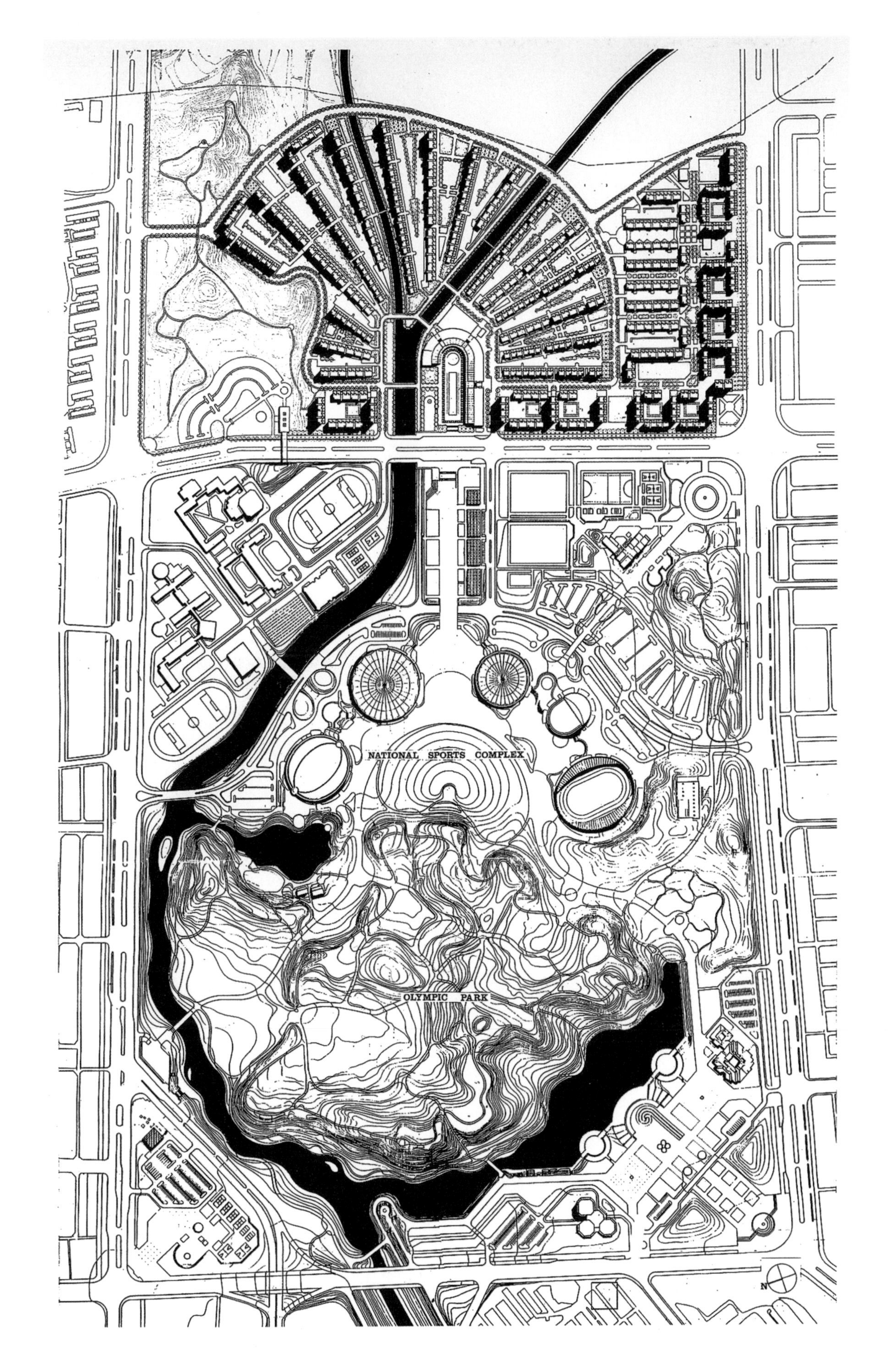

올림픽선수기자촌 아파트 위치도

Kyu Sung Woo Architects 제공

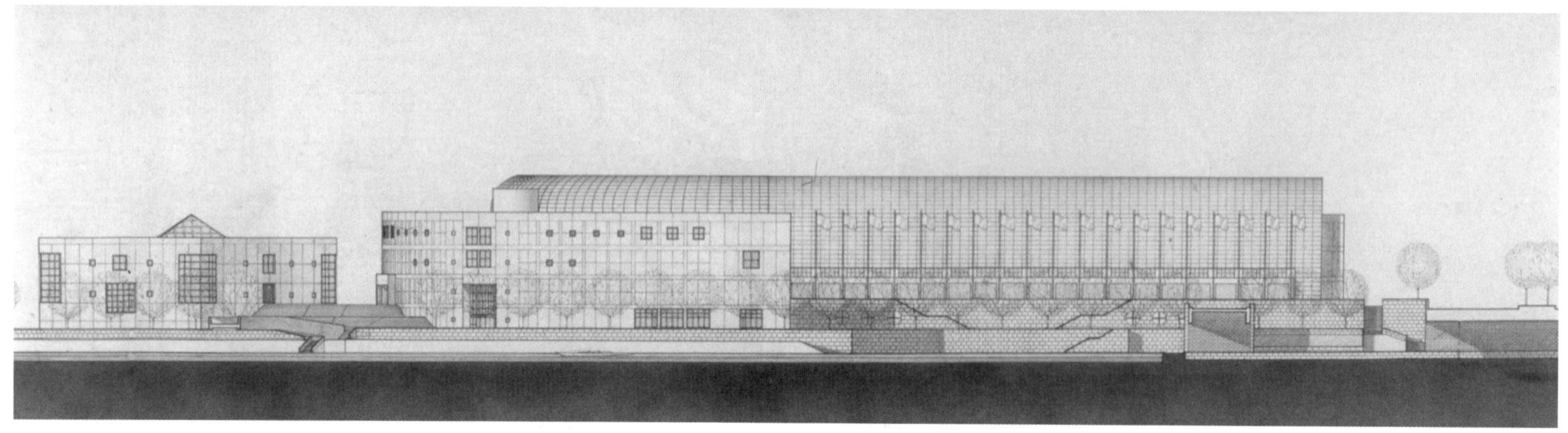

올림픽선수기자촌 아파트와 아케이드 입면도 4점
Kyu Sung Woo Architects 제공

ATHLETES' VILLAGE
OLYMPIC PLAZA
ATHLETES' VILLAGE
REPORTERS' VILLAGE

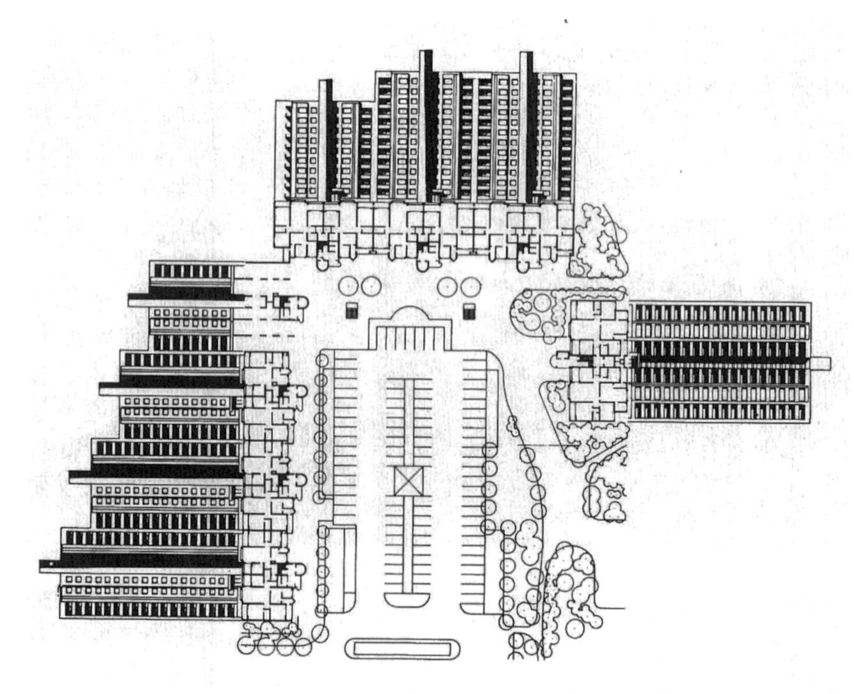

아케이드 내부 투시도

Kyu Sung Woo Architects 제공

펼침 도면 방식으로 작성된 동배치도

Kyu Sung Woo Architects 제공

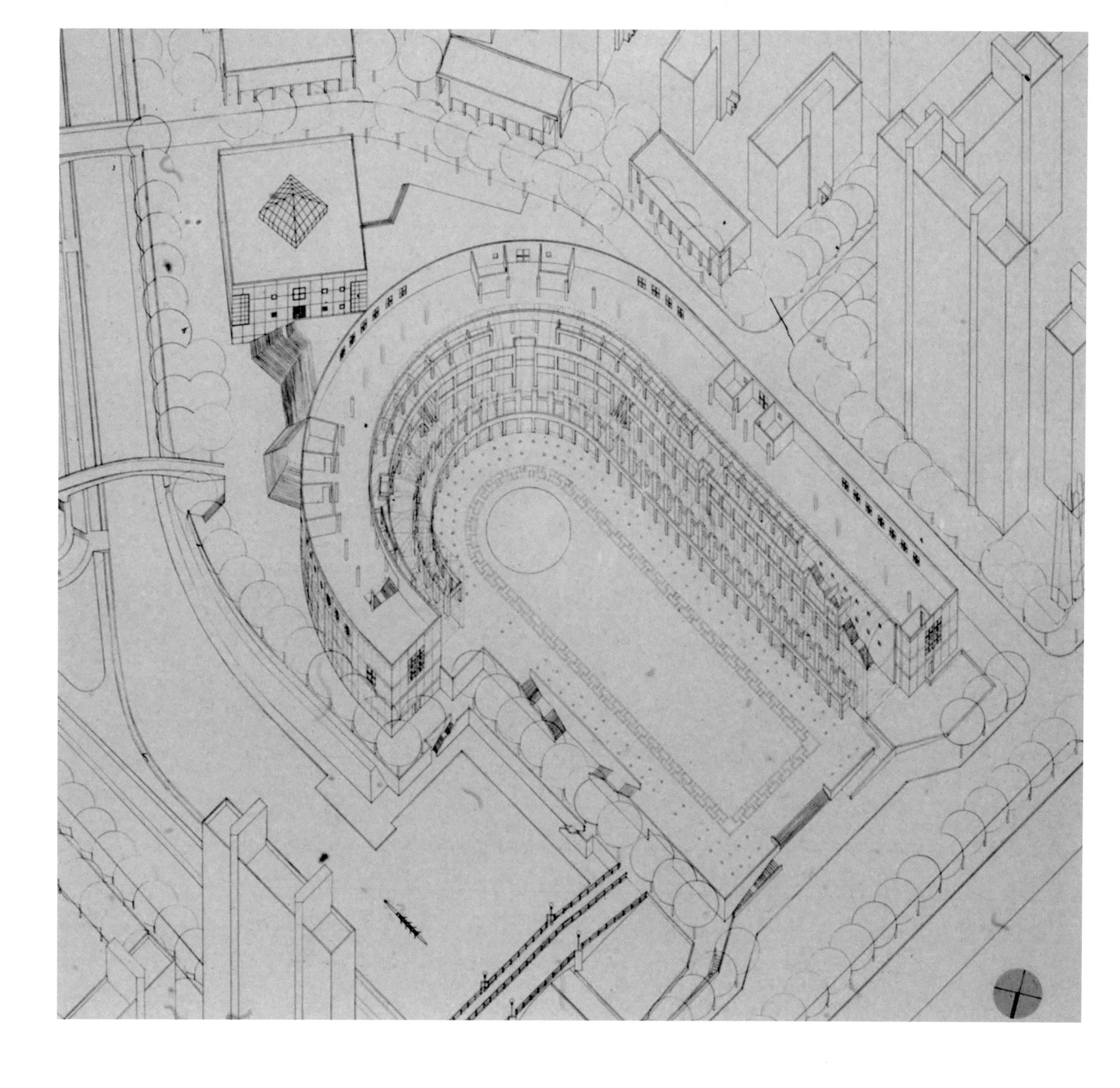

아케이드 엑소노메트릭

Kyu Sung Woo Architects 제공

1990

1990년대
건축가와 사회

1990년대의 중반은 경제성장기와 세계화시기를 가르는 기점이다. 세계적으로는 1991년 소련의 해체와 러시아공화국의 설립으로 냉전질서가 와해 되고, 지역적으로는 중국의 부상과 일본의 퇴조한 시기다. 한국은 여전히 분단 상태이지만, 중국과 러시아를 통해 다시 대륙과 연결되었다.

무제한적인 시장 개방과 국제적인 인적 교류가 시작되었다는 것은 건축도 예외가 아니다. 렘 쿨하스와 알바로 시자, 장 누벨, 마리오 보타, 노만 포스터, 안도 타다오, 자하 하디드 등 세계적으로 이름난 건축가들의 작품이 서울과 지방에 들어서기 시작하였다.

내부적으로도 앞선 성장의 시기를 이끌던 1세대와 2세대 건축가들이 서서히 퇴장하면서 해방 이후 세대들이 주도권을 쥐게 되었다. 4.3 그룹으로 대표되는 선도 그룹은 사회 문제에 대한 전문가적 의견을 피력함과 동시에 건축계 내부의 각종 제도 개선을 도모하였다. 대통령 직속의 국가건축정책위원회를 만들었으며, 서울 등 지방자치단체에 책임건축가제도를 도입하여 도시경관 전체에 대한 통일성 있는 관리를 가능하게 하였다. 건축 사회의 체질 개선을 위한 목소리가 높아졌다.

서울대학교 관악캠퍼스는 정원이 증가하면서 공간이 심각하게 부족해졌고 각 대학은 신축공사를 이어갔다. 그 중에서 신공학관 건립은 캠퍼스 전체의 경관에 큰 변화를 가져 왔다.

샘터화랑

서울시 강남구 청담동에 위치한 샘터화랑은 당시 미국에서 활동하던 건축가 최두남(DuNam Choi Architects)이 설계하였다. 외부공간을 건축 내부에 포용하는 방식으로 설계되었으며, 이는 내부 공간의 다채로움으로 드러나고 있다. 공간은 베이스패널이 열리고 닫힘을 반복함에 따라 공간을 안으로도 위로도 적층하고 있다. 대지는 청담동 대로에서 주택가로 들어온 곳에 위치하며 갤러리와 주거 공간을 한 건물 안에 담기 위해 내부 공간과 외부 공간을 긴밀한 관계로 연결하고자 하였으며, 비워진 부분과 채워진 부분 간에 의미를 부여하고 있다.

설계기간 1994. 7-1995. 5
공사기간 1996. 4-1997. 8

샘터화랑 출입구
©김용관

GALLERY SAMTUH

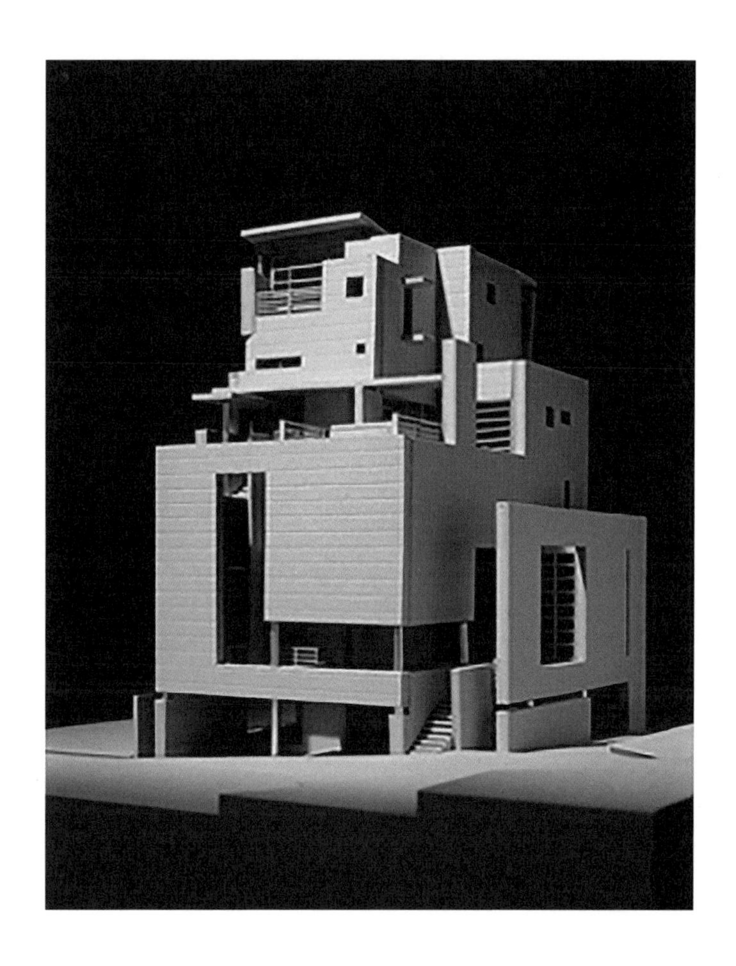

샘터화랑 내부 중정
©김용관

샘터화랑 모형
최두남 제공

1. Exhibition
2. Office
3. Mechanical
4. Collection
5. Vestibule
6. Deck
7. Bridge(movable)
8. Parking
9. Skylight
10. Guest room

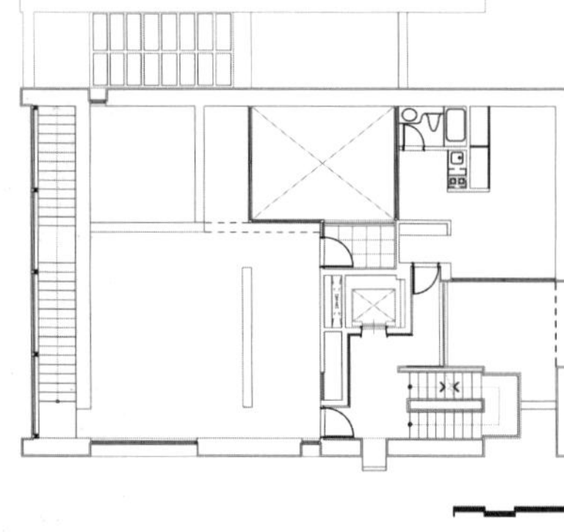

Fourth Floor

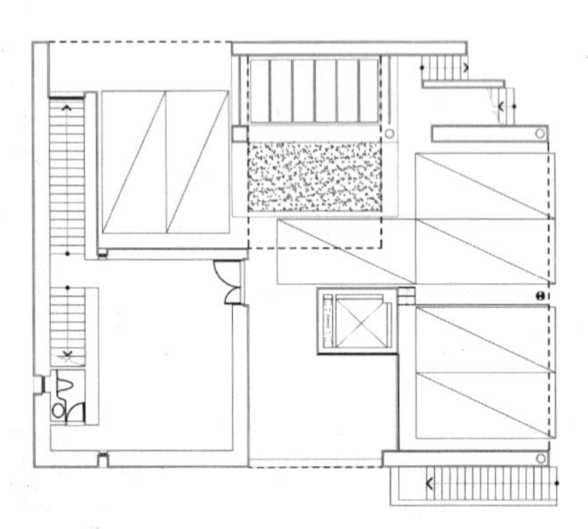

First Floor

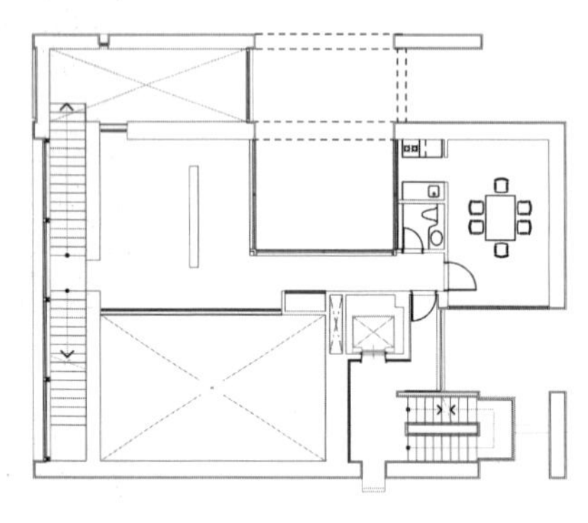

Third Floor

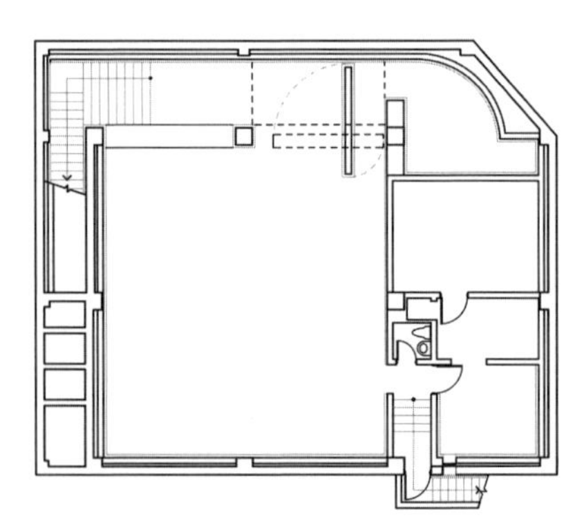

First Floor Below Ground

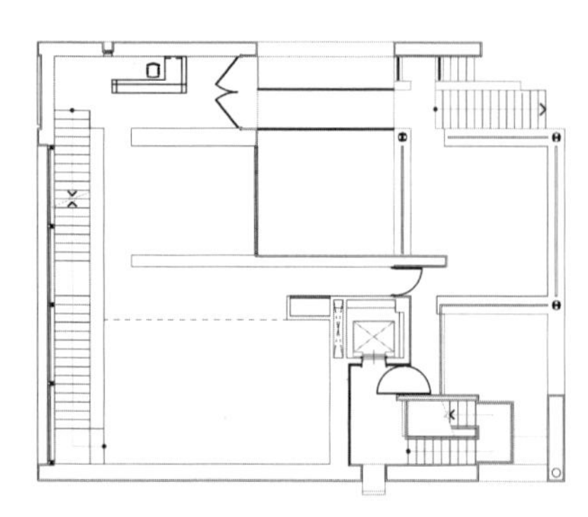

Second Floor

샘터화랑 평면도
최두남 제공

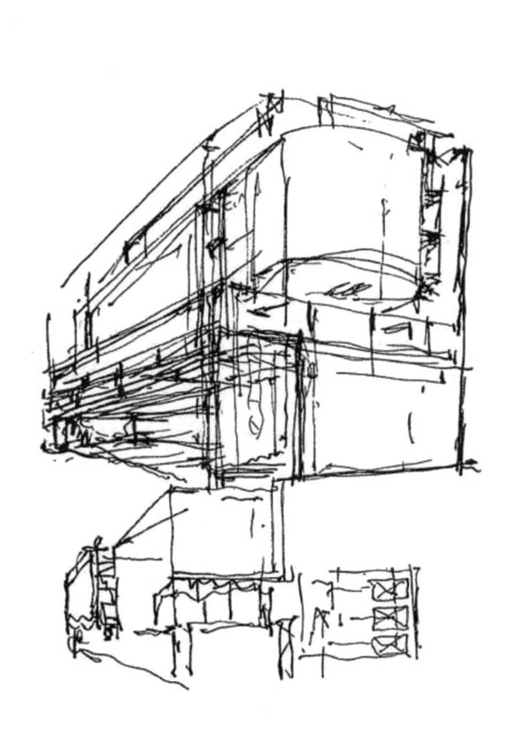

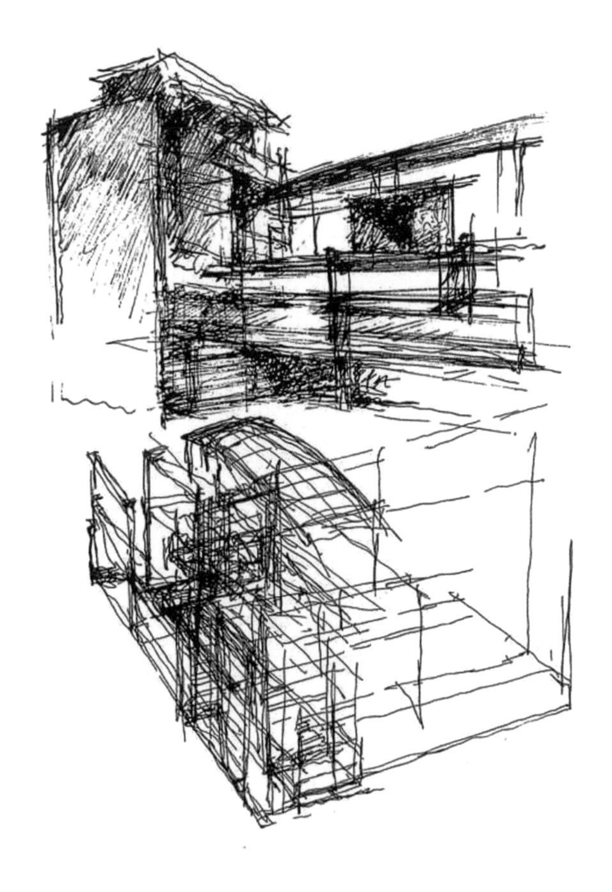

샘터화랑 스케치

최두남 제공

한겨레신문사

서울시 마포구 공덕동에 위치한 한겨레신문사는 조건영(기산건축)이 설계한 지하 3층, 지상 4층 규모의 철근콘크리트조 건축물로, 1980년대까지 진행되었던 국가 규모의 건축 프로젝트 흐름에서 벗어나 건축가의 자율성을 회복하고자 하는 1990년대의 열망이 반영된 대표적인 건축물이다. 가장 일상적인 공법인 시멘트 뿜칠과 페인트칠한 슬레이트 지붕 등이 적용되었다. 건물의 중심부는 곡선의 조형으로 구성되었으나, 건물 앞쪽과 오른편에는 직선의 뼈대가 배치되어, 곡선과 직선이 함께 병렬적으로 조화를 이루고 있다.

준공 1991

『공간』, Vol. 292, 1992. 1
140-141쪽
SPACE 편집부 제공

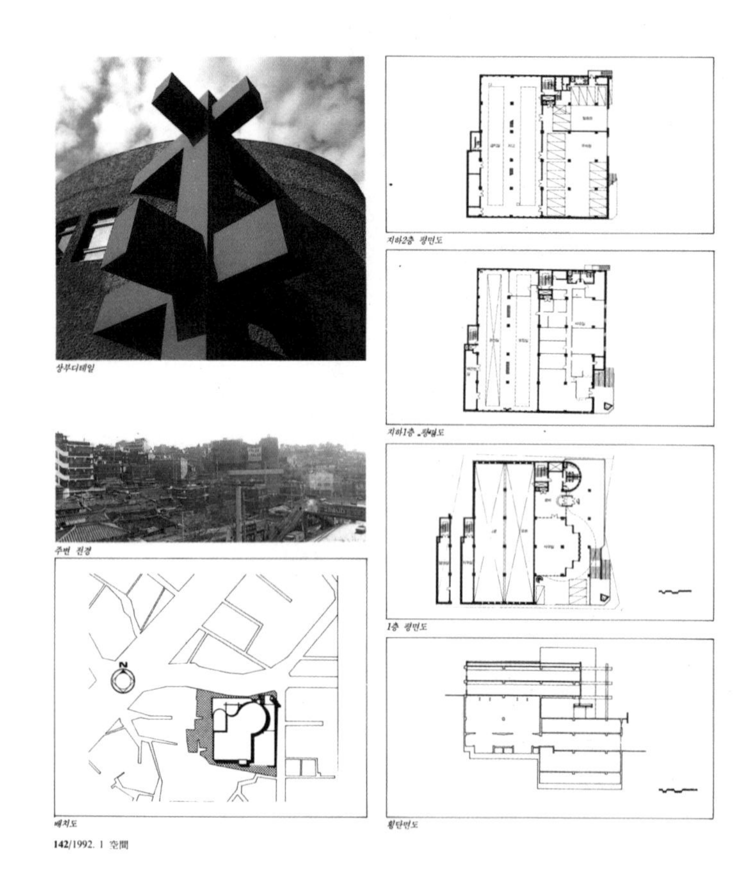

상부디테일

주변 전경

배치도

지하2층 평면도

지하1층 평면도

1층 평면도

횡단면도

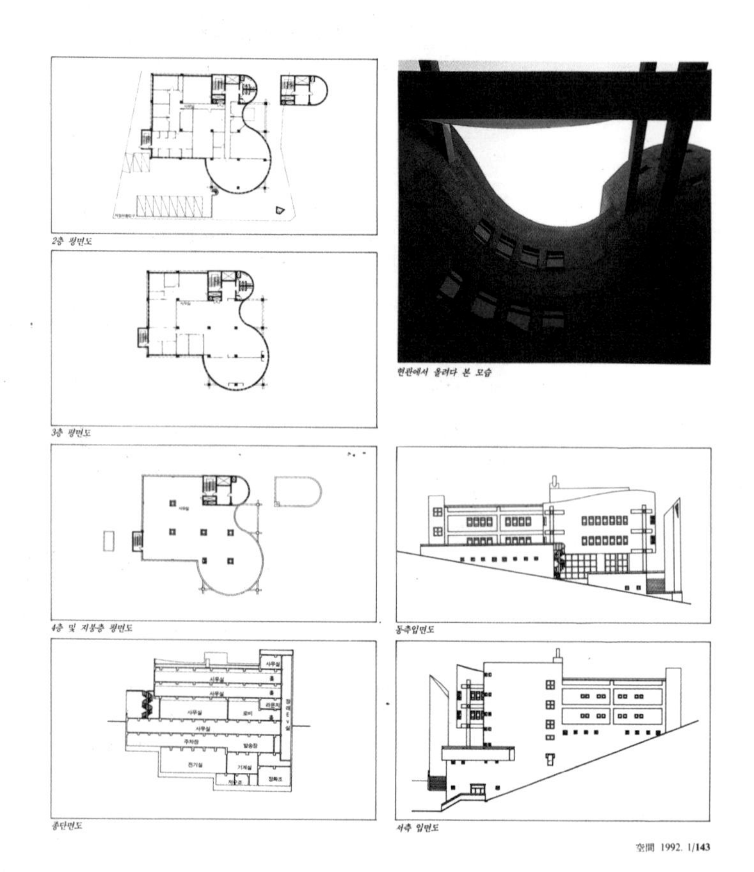

2층 평면도

3층 평면도

4층 및 지붕층 평면도

종단면도

현관에서 올려다 본 모습

동측입면도

서측 입면도

『공간』, Vol. 292, 1992. 1

142-143쪽

SPACE 편집부 제공

주출입구 및
횟보

옥상부분

동측 전경

전시관 앞
휴식공간

배기탑
부분

주출입구

주차장

『공간』, Vol. 292, 1992. 1
144-145쪽
SPACE 편집부 제공

성락침례교회

준공 1992

서울시 영등포구 신길동에 위치한 성락침례교회는
지하 4층, 지상 4층 규모의 철근콘크리트 구조로
함인선(인우건축)의 설계로 건립되었다. 교회를 설계함에
있어서 가장 중요시되었던 지점은 개신교 교회의
프로그램은 따르되, 기능을 시각적으로 노골적으로
표현하지 않을 것과 구별된 공간으로의 이미지를
줄 수 있어야 한다는 점이었다. 성락침례교회는 현대교회
건축의 새로운 방향을 제시할 수 있도록 미래지향적
건축개념을 드러내는 것을 목표로 삼았는데, 최대 내부
용적을 만들기 위한 기능적 요구에도 동시에 부합하기
위하여 구조설비를 외부로 노출 시키는 방식으로
이를 구현하였다.

성락침례교회 근경
2021, 전시팀 촬영

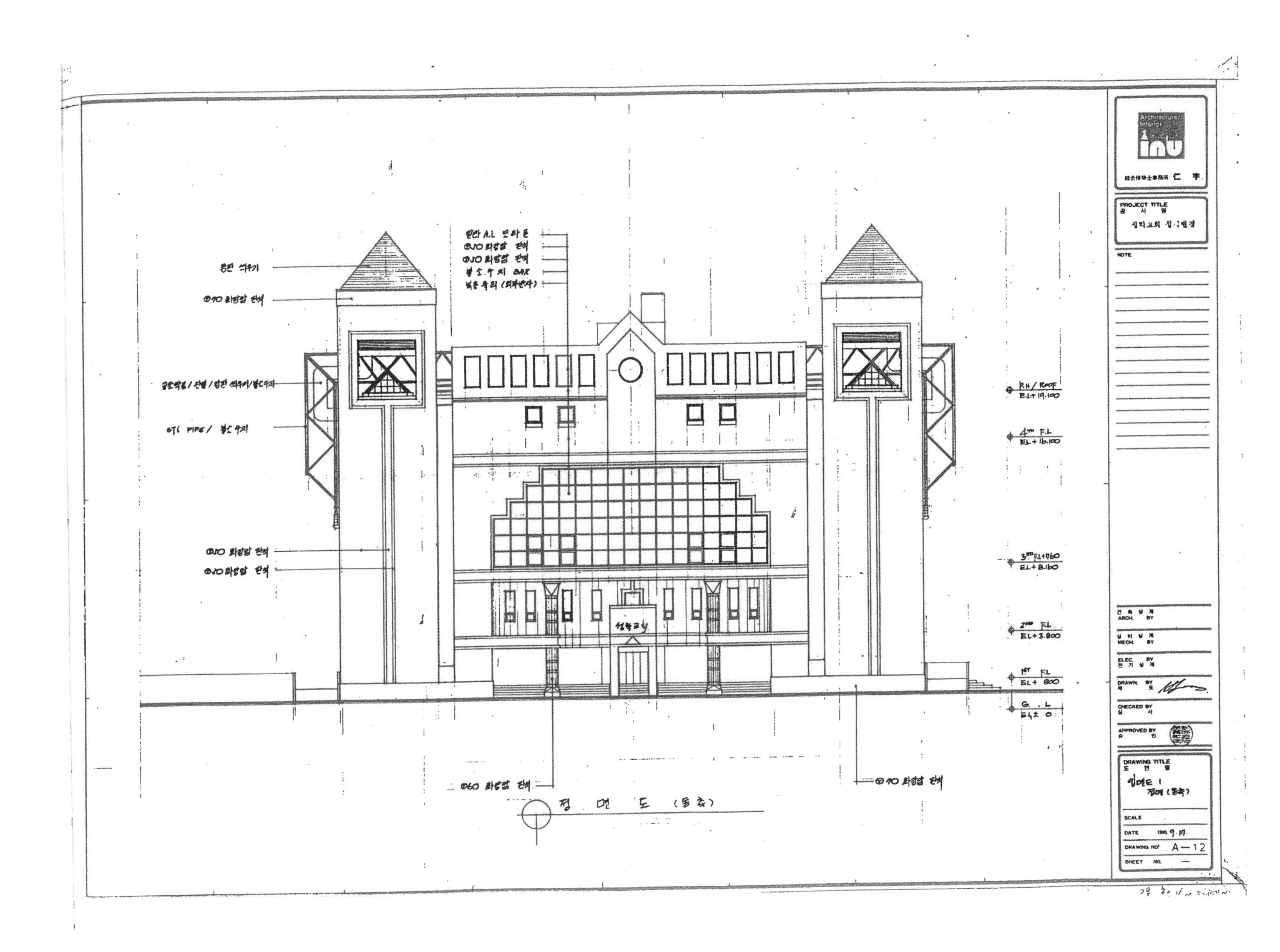

성락침례교회 정면도

1990, 성락교회 제공

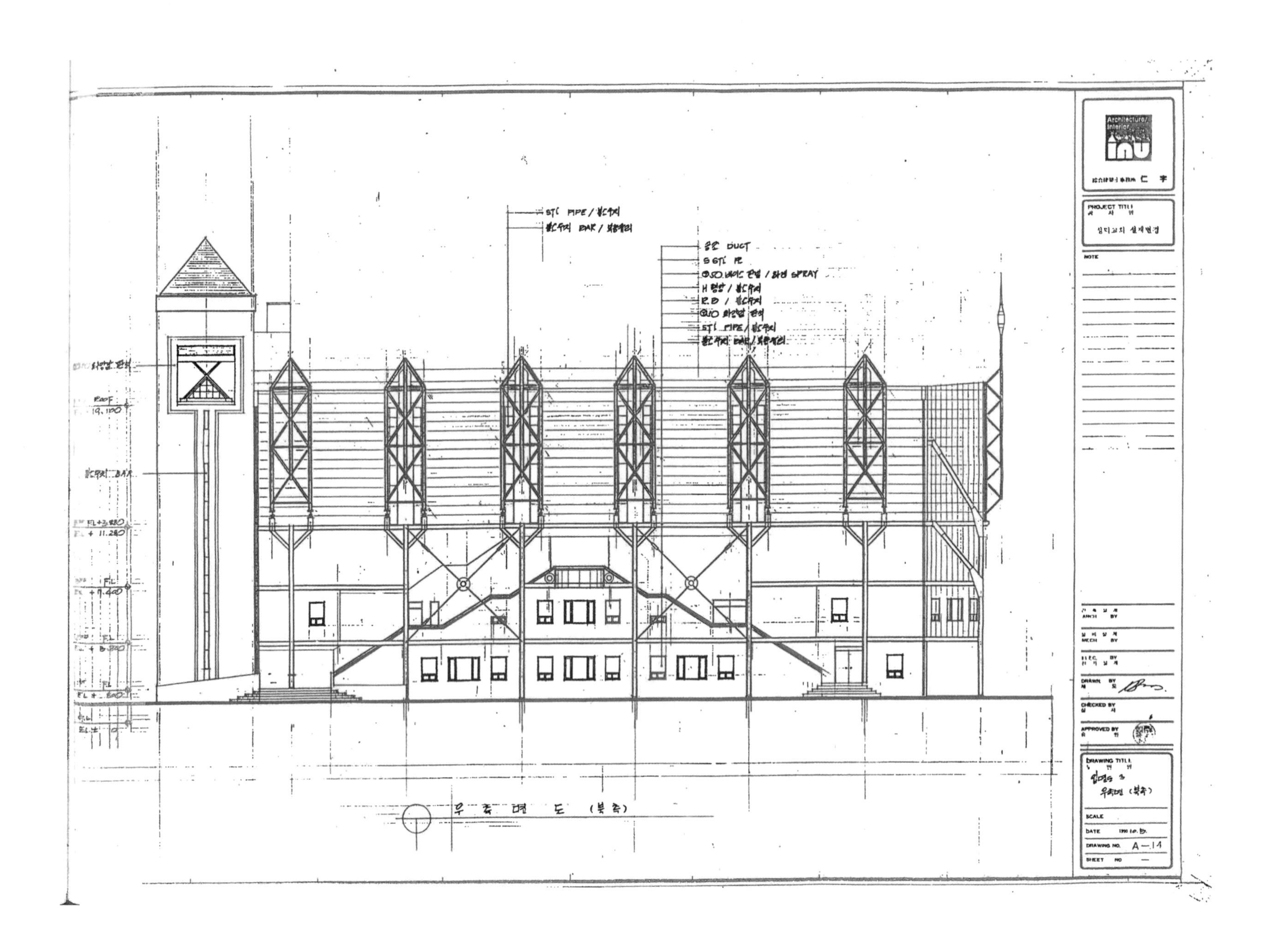

성락침례교회 우측면도(북측)

1990, 성락교회 제공

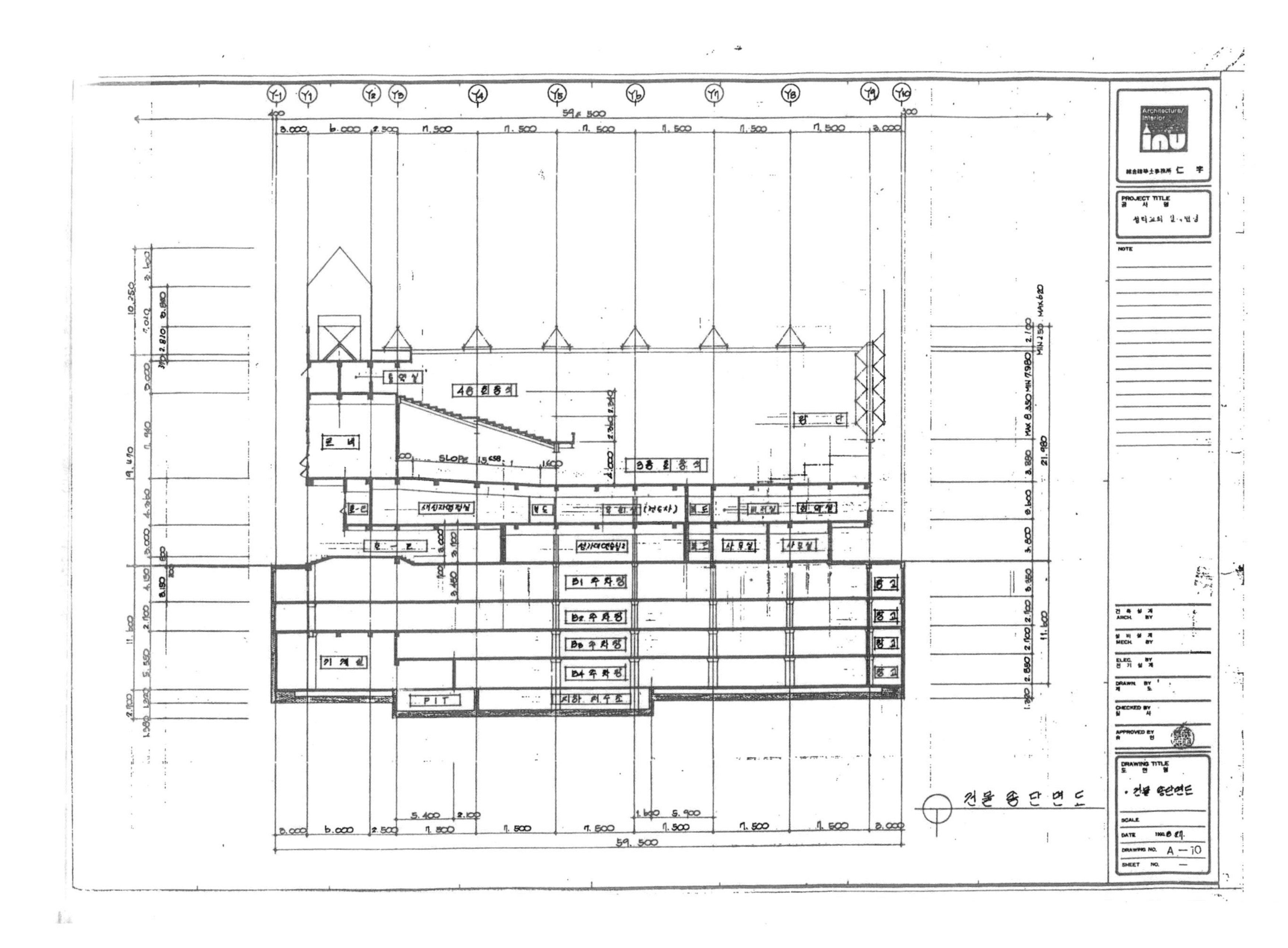

성락침례교회 종단면도
1990, 성락교회 제공

수졸당

서울시 강남구 논현동에 위치한 수졸당은 나의 문화유산 답사기로 잘 알려진 유홍준의 집으로, 승효상(TSC건축)의 건축 철학인 빈자의 미학을 드러낸 첫 번째 건축물이다. 수졸당(守拙堂)은 '보잘 것 없는 집'이라는 뜻으로, 마당은 단순한 관상의 대상이 아니라 사고의 중심이고 우리의 공동체를 발견하게 하는 공간으로 해석하였다. 이 주택의 평면은 ㄷ자형으로 외부공간과 내부공간의 연결을 중시하여 설계되었다. 특히, 좁은 대지 내에 만들어낸 마당 공간과 이로 인한 공간 켜의 중첩은 전체적으로 깊이 있는 공간들을 만들어내고 있다.

설계기간 1992. 5-1992. 8
공사기간 1992. 9-1993. 5

수졸당 모형
1992, 이로재 제공

수졸당 내부에서 마당을 내다본 풍경
© 오사무 무라이 (Osamu Murai)

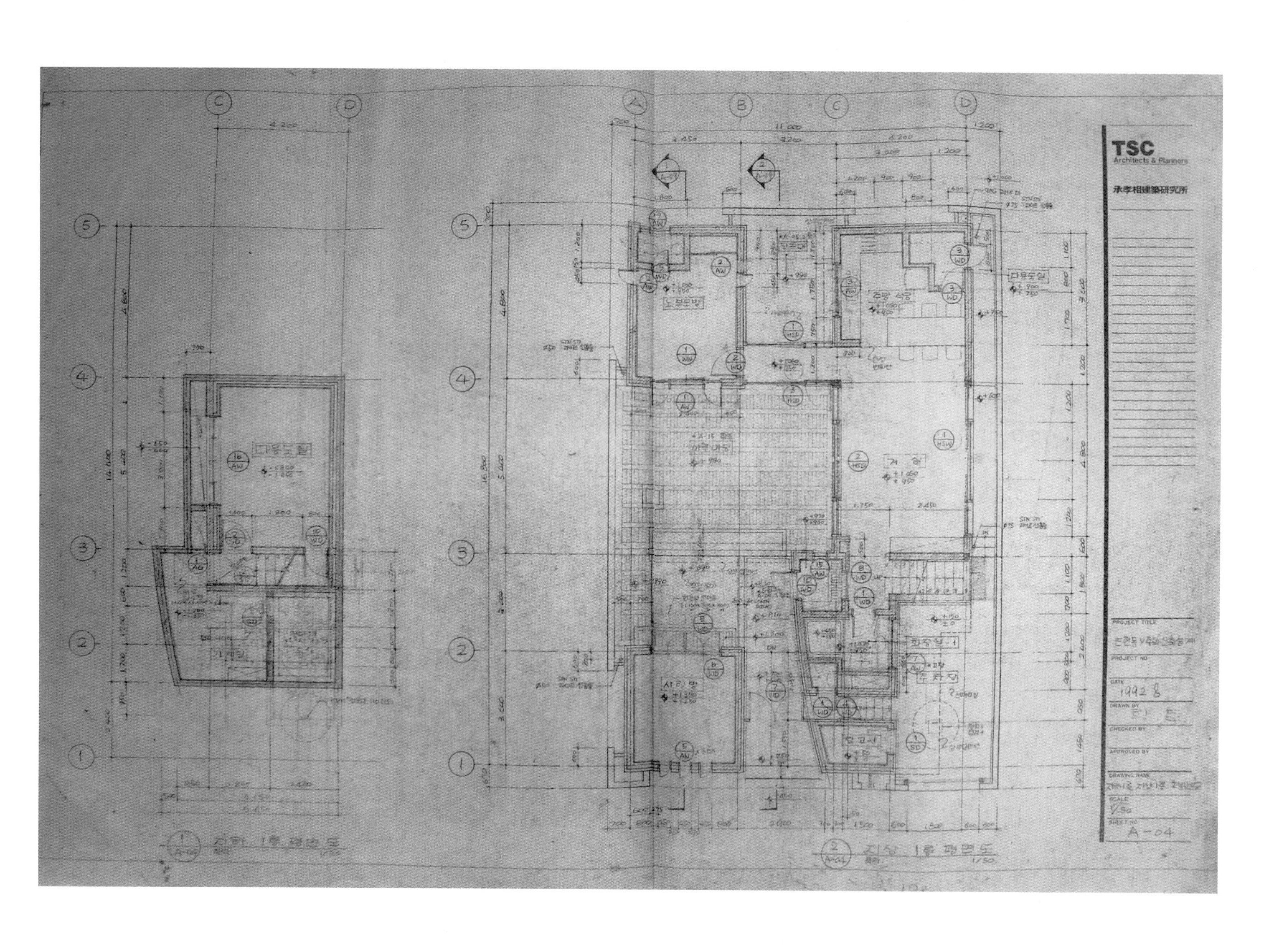

수졸당 지하 1층 및 지상 1층 평면도
1992, 이로재 제공

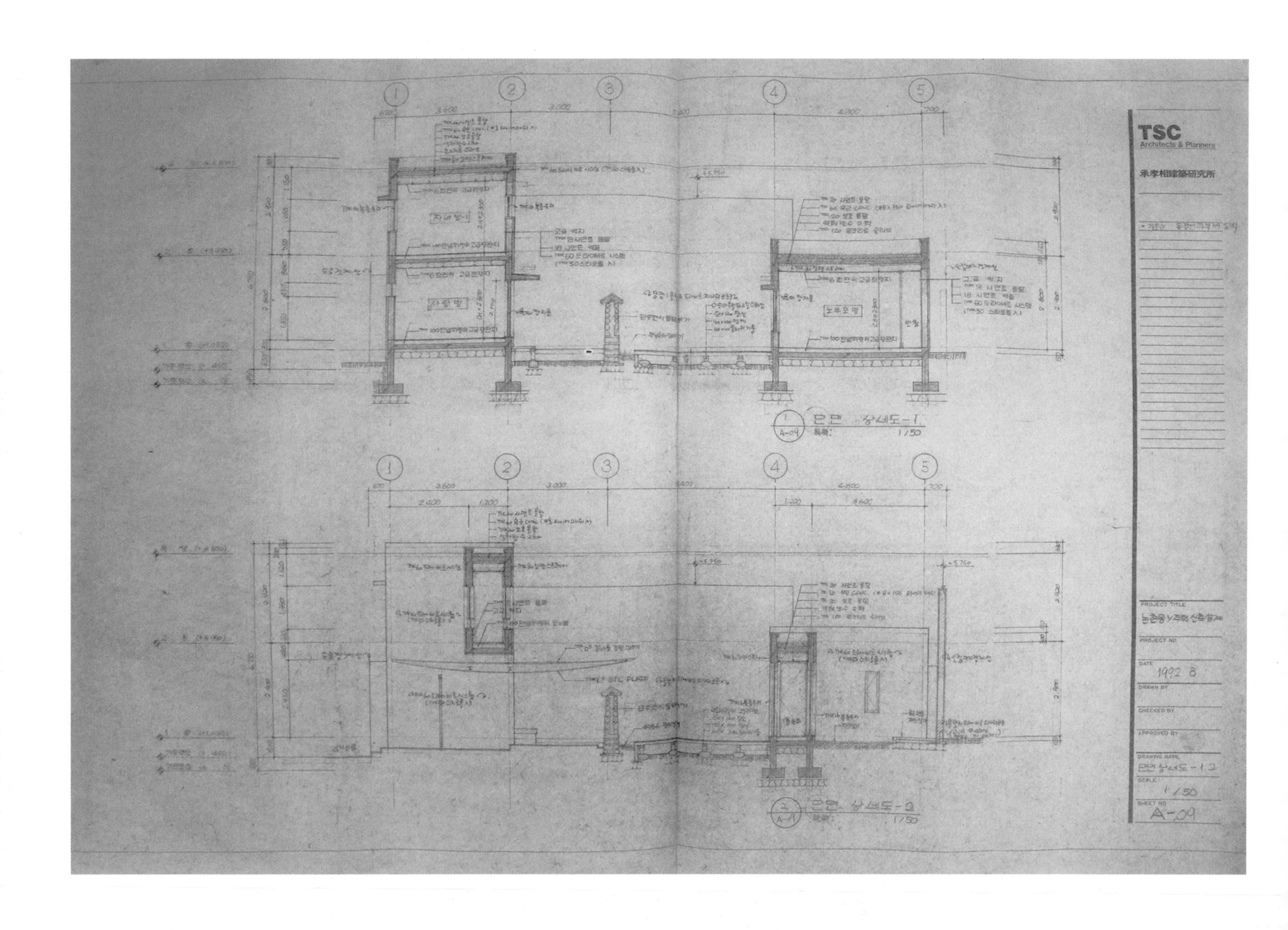

수졸당 단면도

1992, 이로재 제공

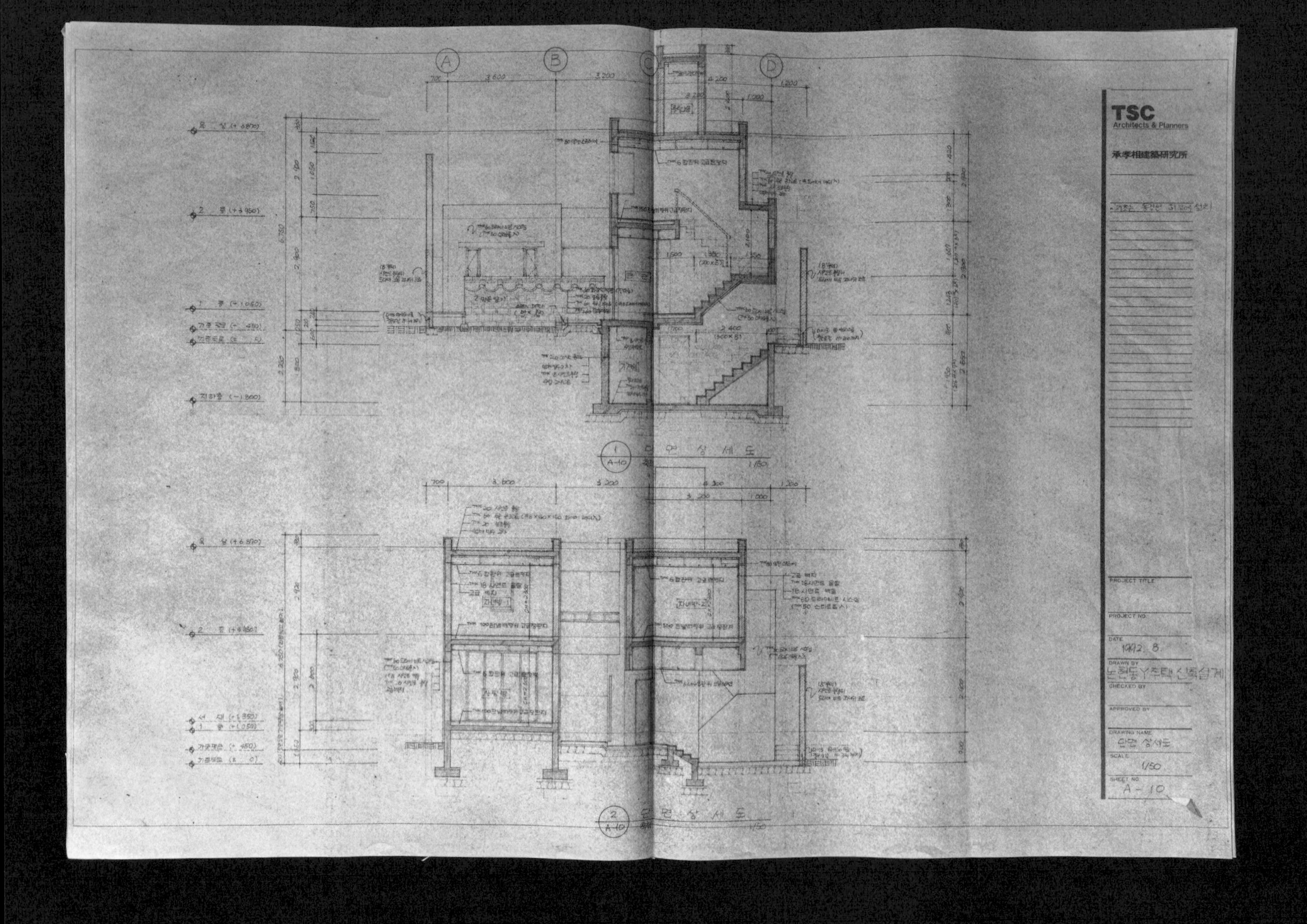

수졸당 신축공사 설계도집
1992, 이로재 제공

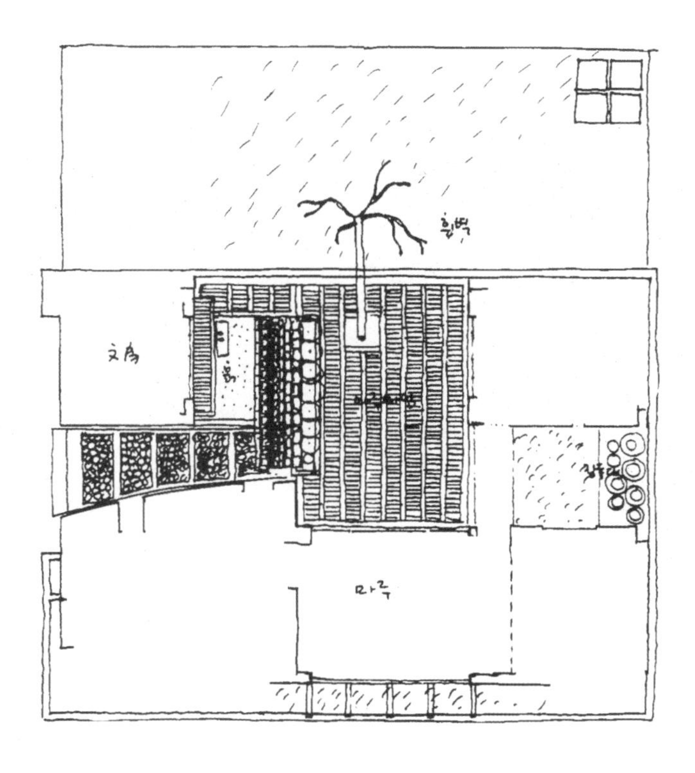

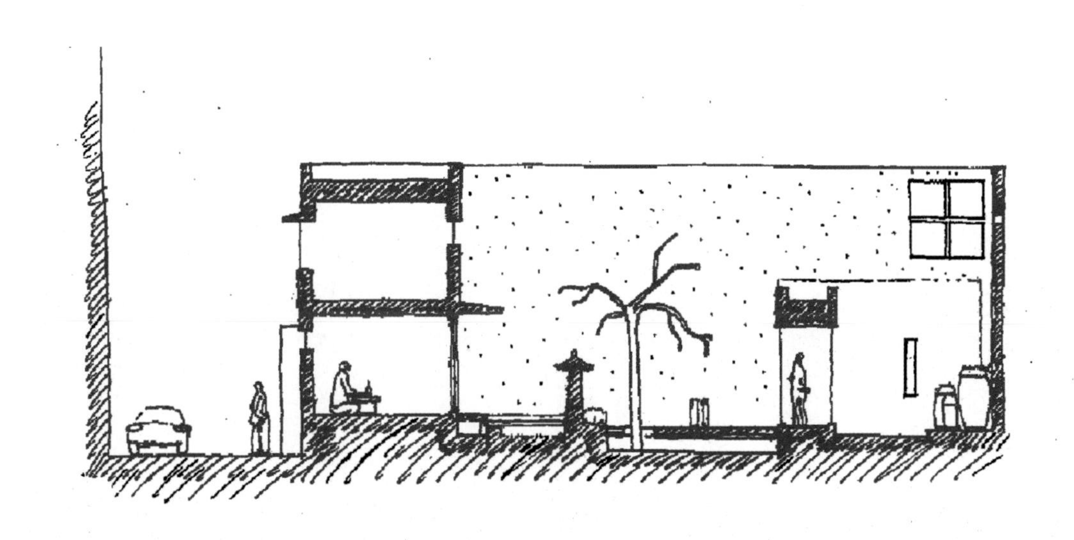

수졸당 평면 및 단면 스케치

1992, 이로재 제공

분당 신도시
주택 설계 전시회

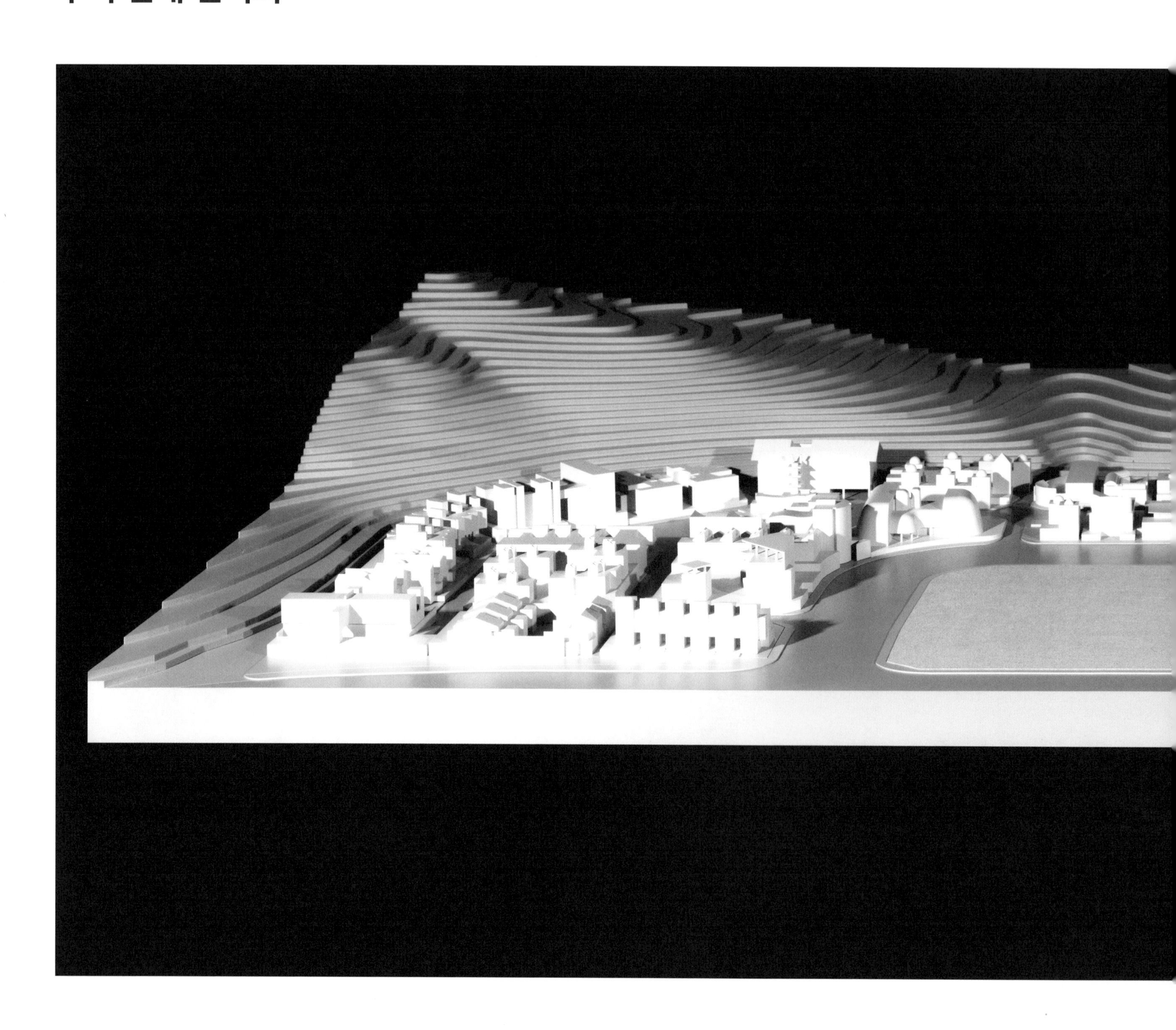

분당 신도시 주택 설계 재현 모형
2017, 목천김정식문화재단 소장

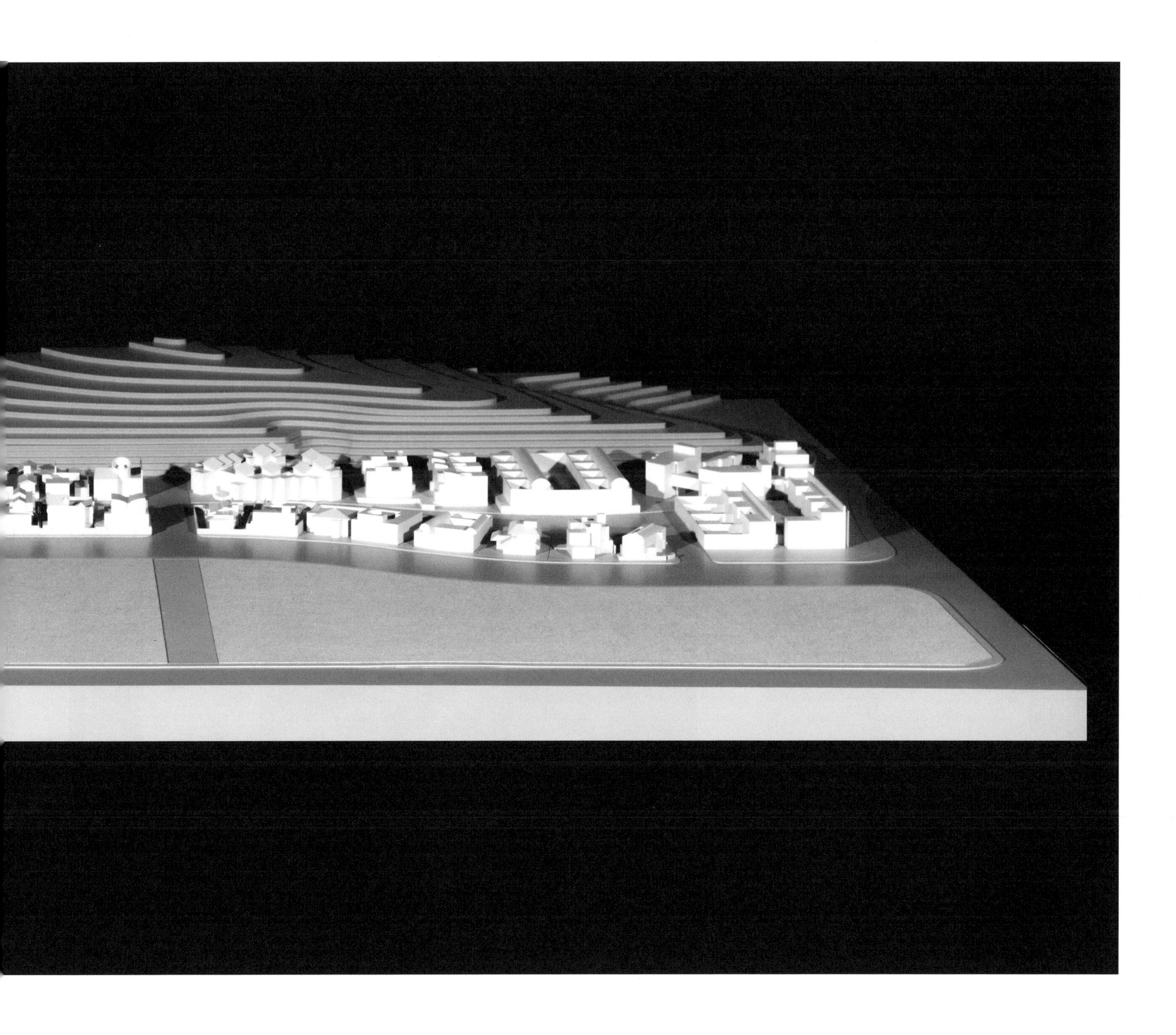

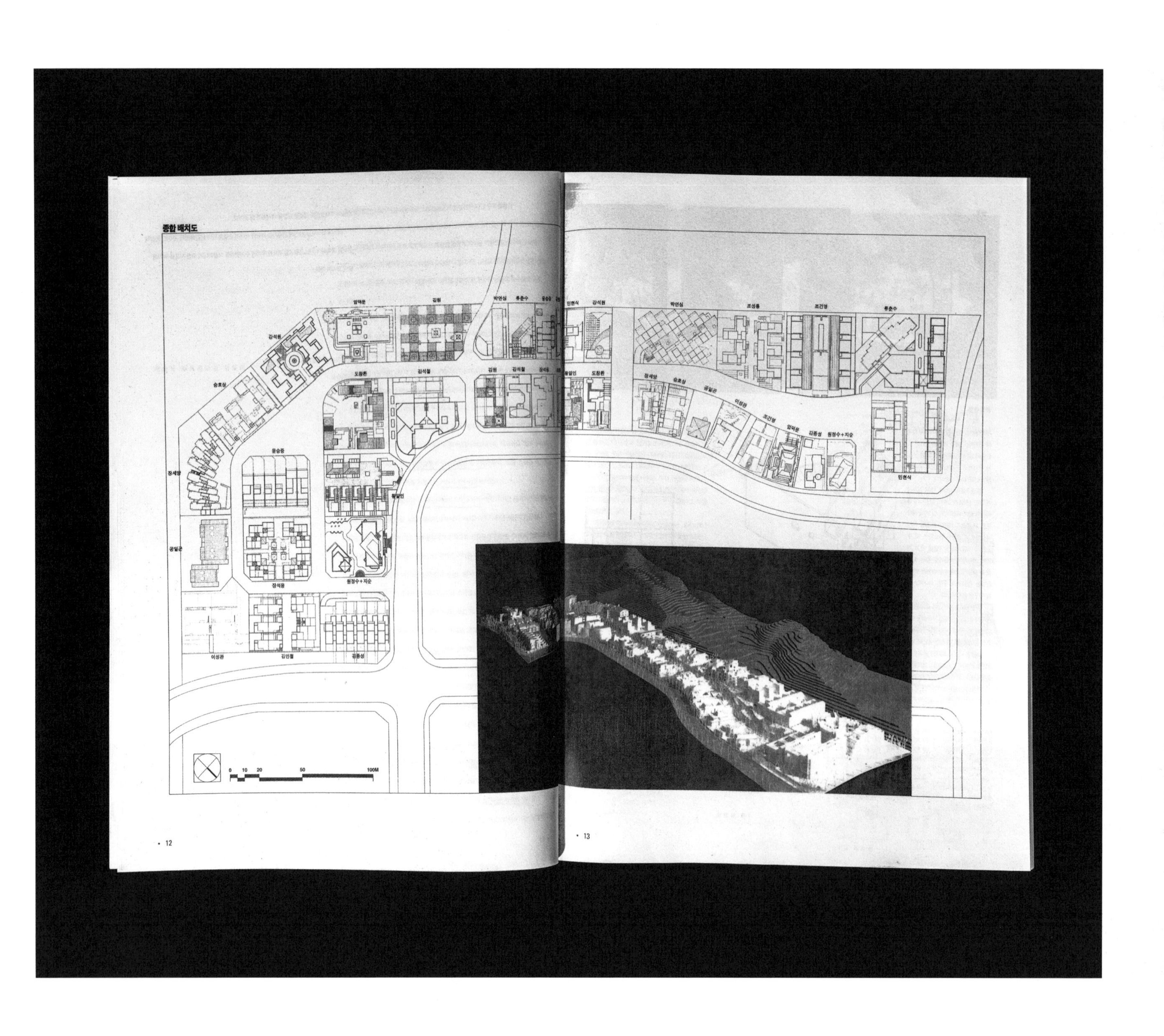

「1994 한국의 주거 문화: 분당 신도시 주택 설계 전시회」
한국토지개발공사, 1994, 12-13쪽

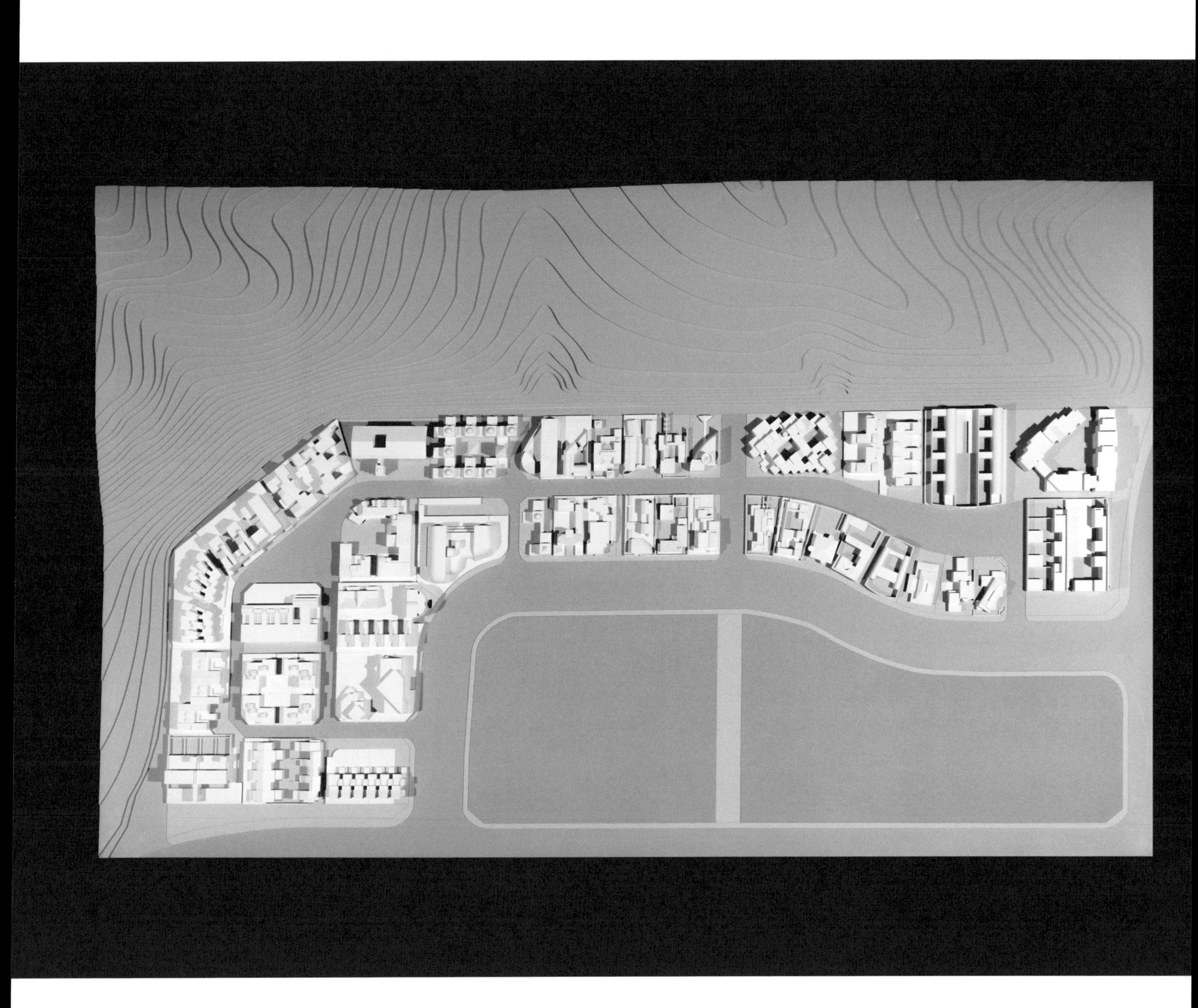

분당 신도시 주택 설계 재현 모형
2017, 목천김정식문화재단 소장

포스코센터

서울시 강남구 대치동에 위치한 포스코센터는 간삼건축의 원정수(1934-2021)와 지순(1935-2021)이 설계하였고, 정보통신 기능과 사무실을 쾌적하게 만드는 자동제어 시스템인 '인텔리전트 빌딩 시스템(Intelligent Building System)'의 개념이 국내 최초로 도입된 건축물이다. 최초의 설계 기획안에서는 88층 규모의 초고층 사옥이 검토되었으나, 쾌적한 사무공간 확보와 부지의 경제성 등을 고려한 결과, 지상 45층 규모의 건축물이 적정한 것으로 판단되었다. 인텔리전트 빌딩 시스템은 국내에서 사례를 찾기 어려웠기 때문에, 설계 컨소시엄은 일본 니켄세케이와 이루어졌다. 포스코센터는 올 글래스 커튼월 파사드를 국내 최초로 적용하였을 뿐 아니라, 2개 동 사이에 아트리움을 구성하여 빌딩과 테헤란로 사이 공공 광장의 역할을 할 수 있는 공간을 연출하기 위한 다양한 연구가 이루어졌다.

준공 1995

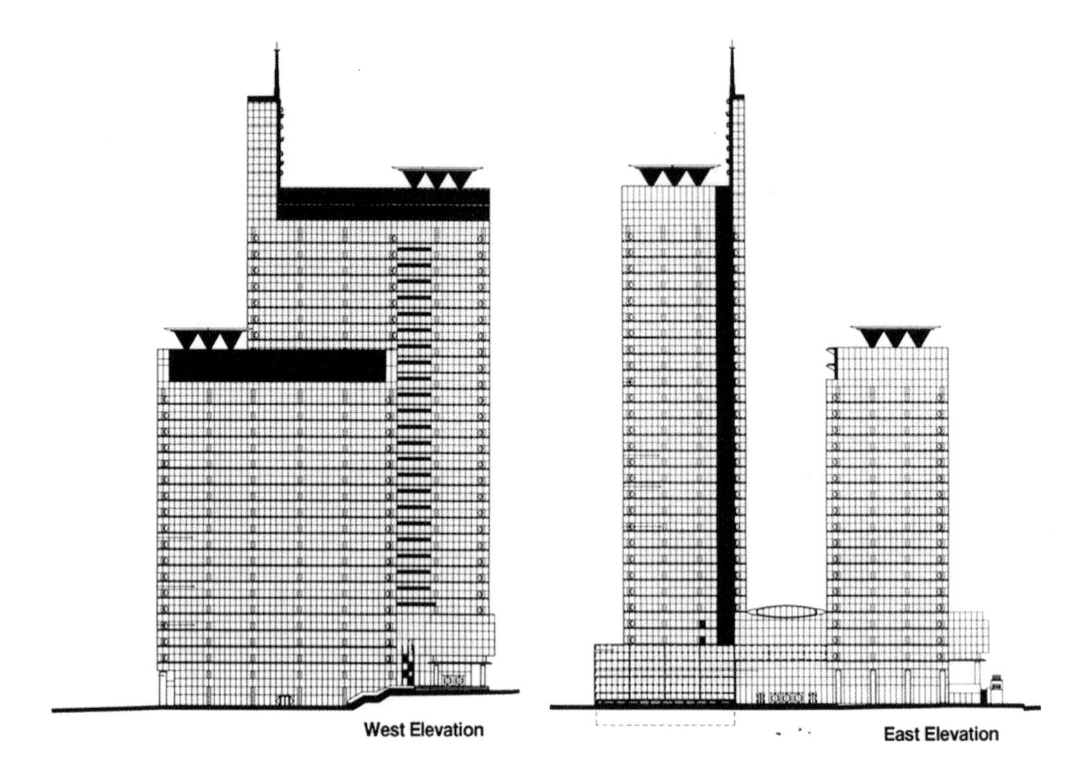

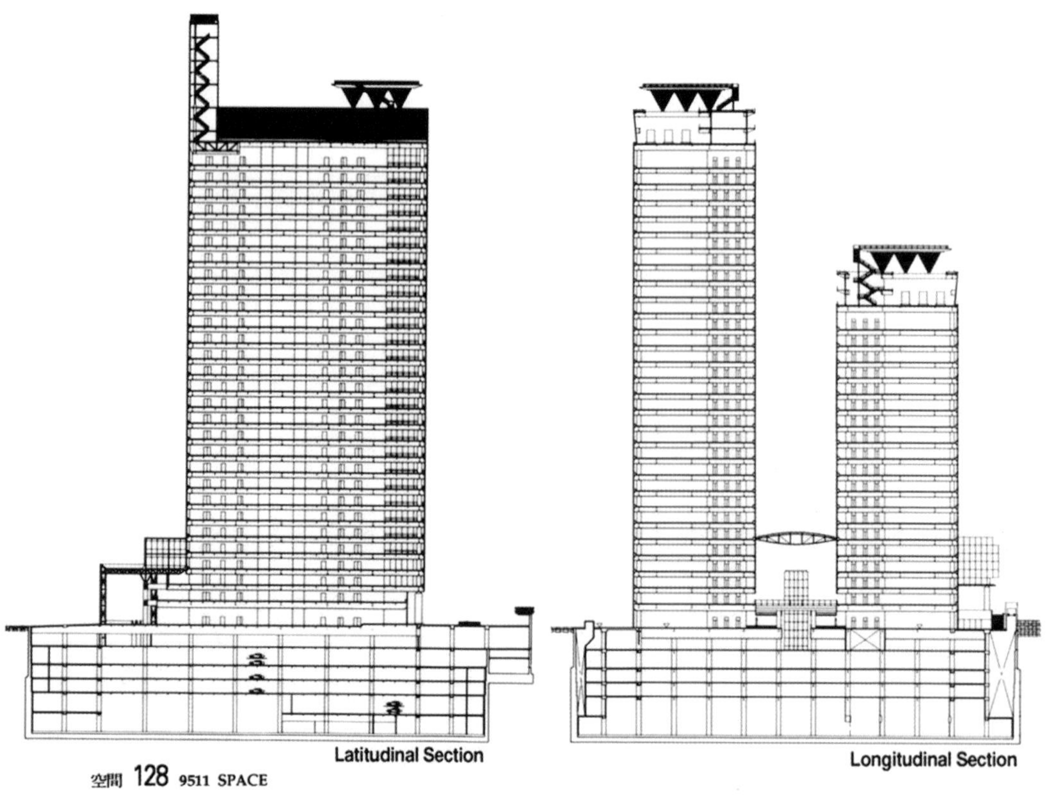

『공간』, Vol. 337, 1995. 11
128-129쪽
SPACE 편집부 제공

한 라
상업은행
암소회관 생고기 전문점

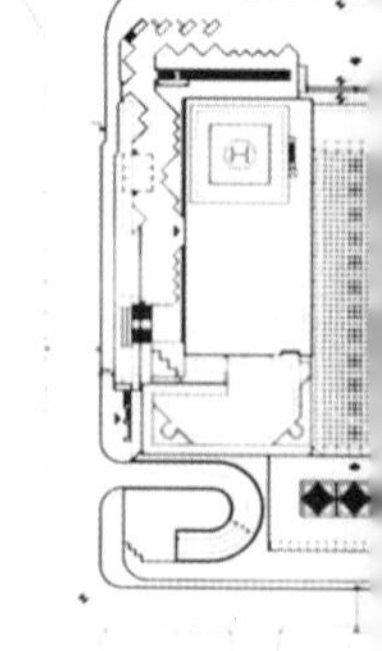

『공간』, Vol. 337, 1995. 11
130-131쪽
SPACE 편집부 제공

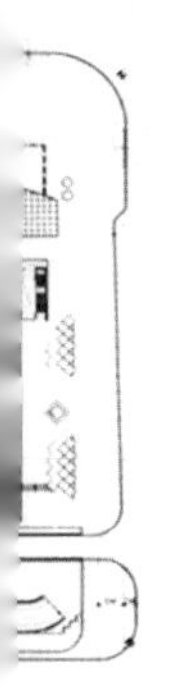

SITE PLAN

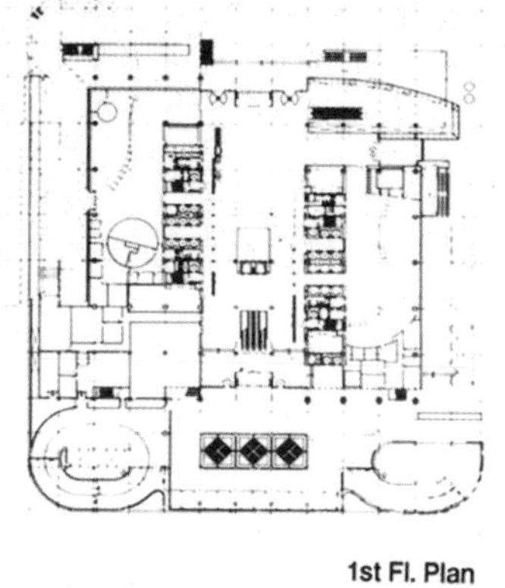

1st Fl. Plan

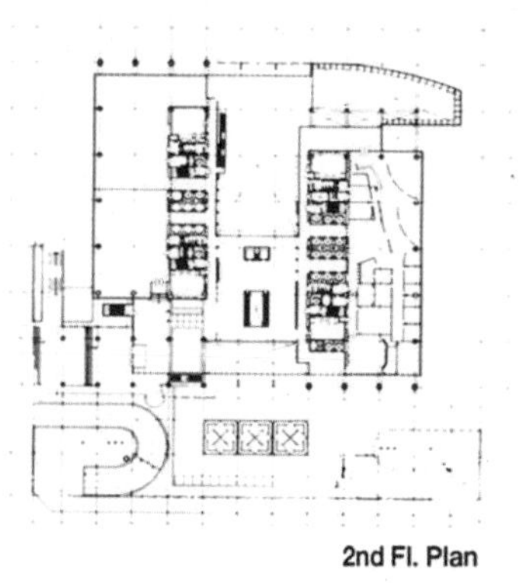

2nd Fl. Plan

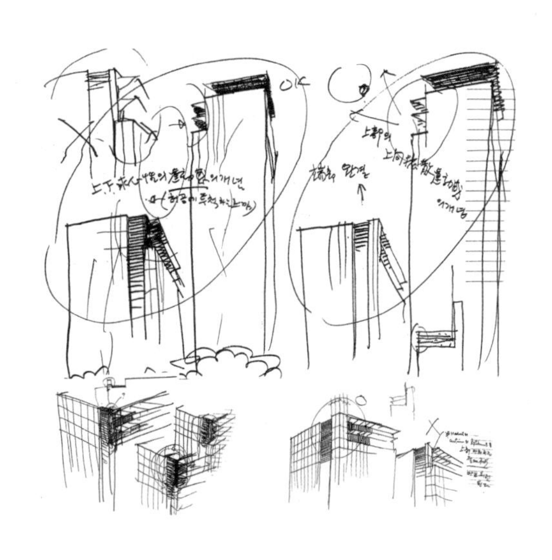

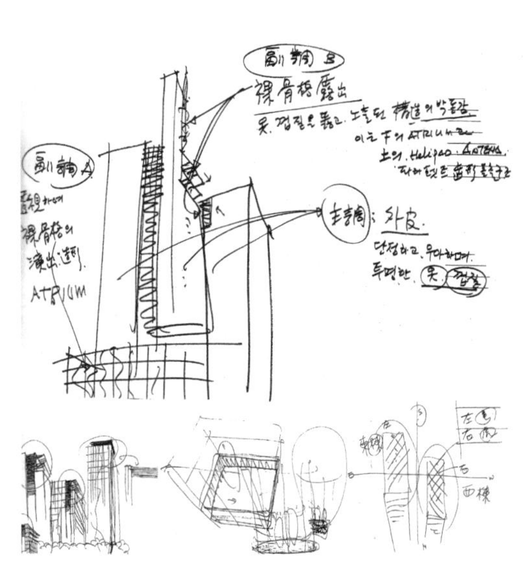

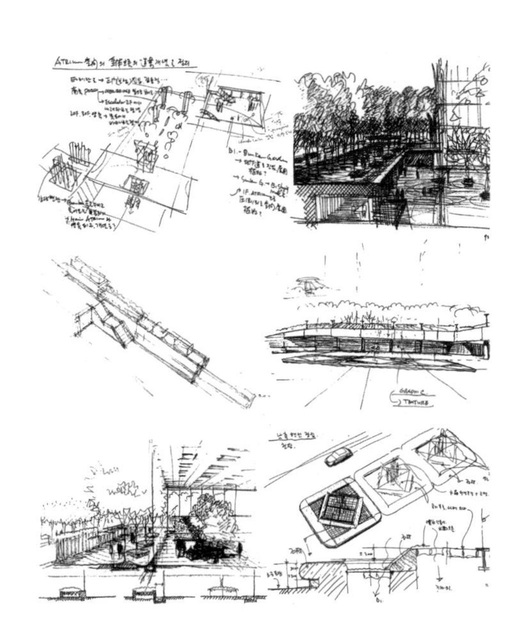

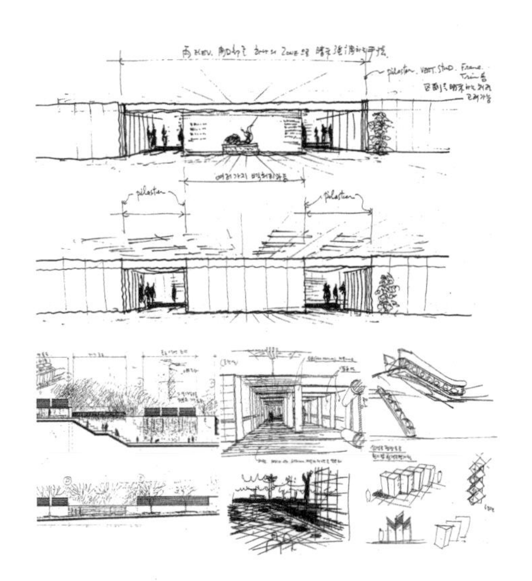

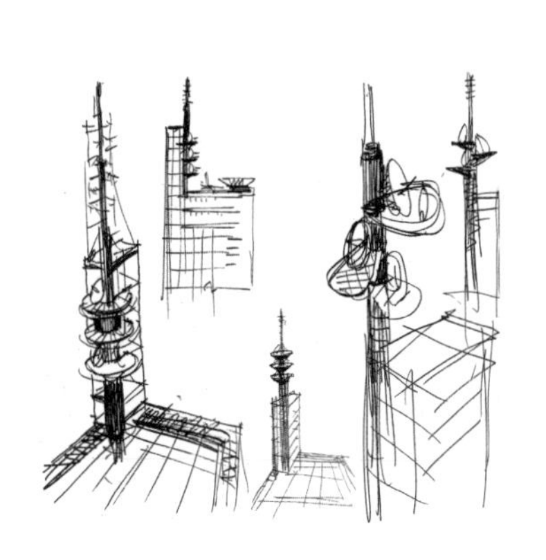

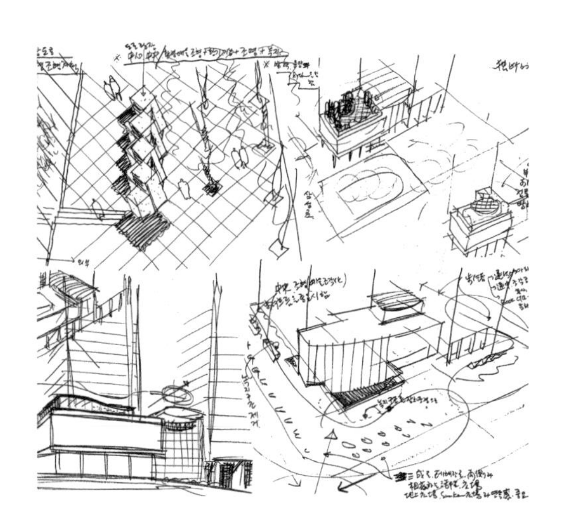

『공간』, Vol. 337, 1995. 11

132-133쪽

SPACE 편집부 제공

포스코센터 스케치

『PA: 원정수, 지순』, 건축세계, 2000

서울대학교 건축학과 도서실 제공

서울대학교 신공학관

1980년대 후반 서울대학교 관악캠퍼스는 전반적으로 심각한 공간 부족 문제에 직면하게 되었고 특히 공과대학은 제2캠퍼스 신축 논의가 벌어질 정도로 공간이 부족했다. 신축부지가 공과대학 남단의 관악산 자운암 아래 터로 최종 선정된 후 1992년 10월 공과대학 시설확중 종합계획이 발표되었다. 김진균 교수는 경사가 진 남북축을 따라 연속적인 아트리움과 고층부를 계획하였고, 제1공학관의 실시설계는 희림건축(대표 이영희), 제2공학관은 일건건축(대표 황일인)이 참여하여 각각 1996년과 2001년에 준공되었다. 이로써 공과대학 신공학관은 관악캠퍼스 경관에 큰 변화를 가져오게 되었다.

설계기간 1992. 10 공과대학 시설확충 종합계획 발표
공사기간 1993. 4-1996. 10 (301동, 제1공학관) /
1996. 8-2001. 12. (302동, 제2공학관)

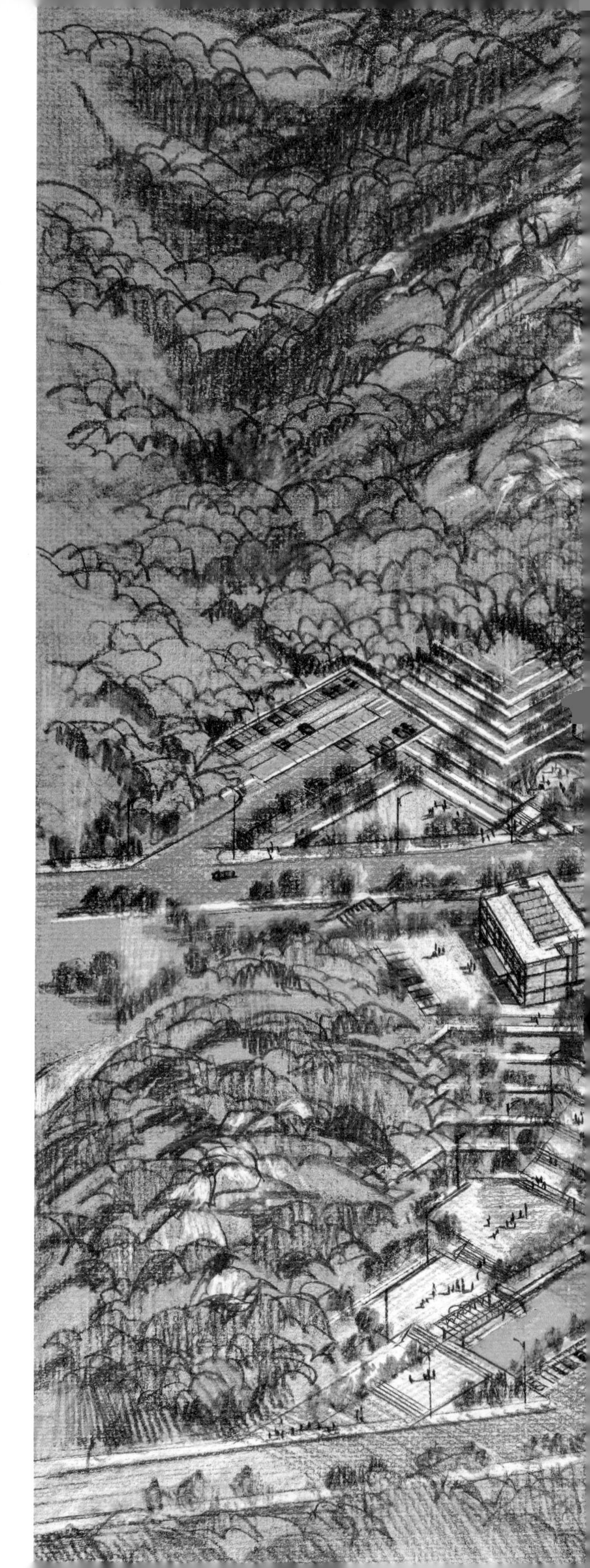

서울대학교 신공학관 칼라 스케치
김진균 제공

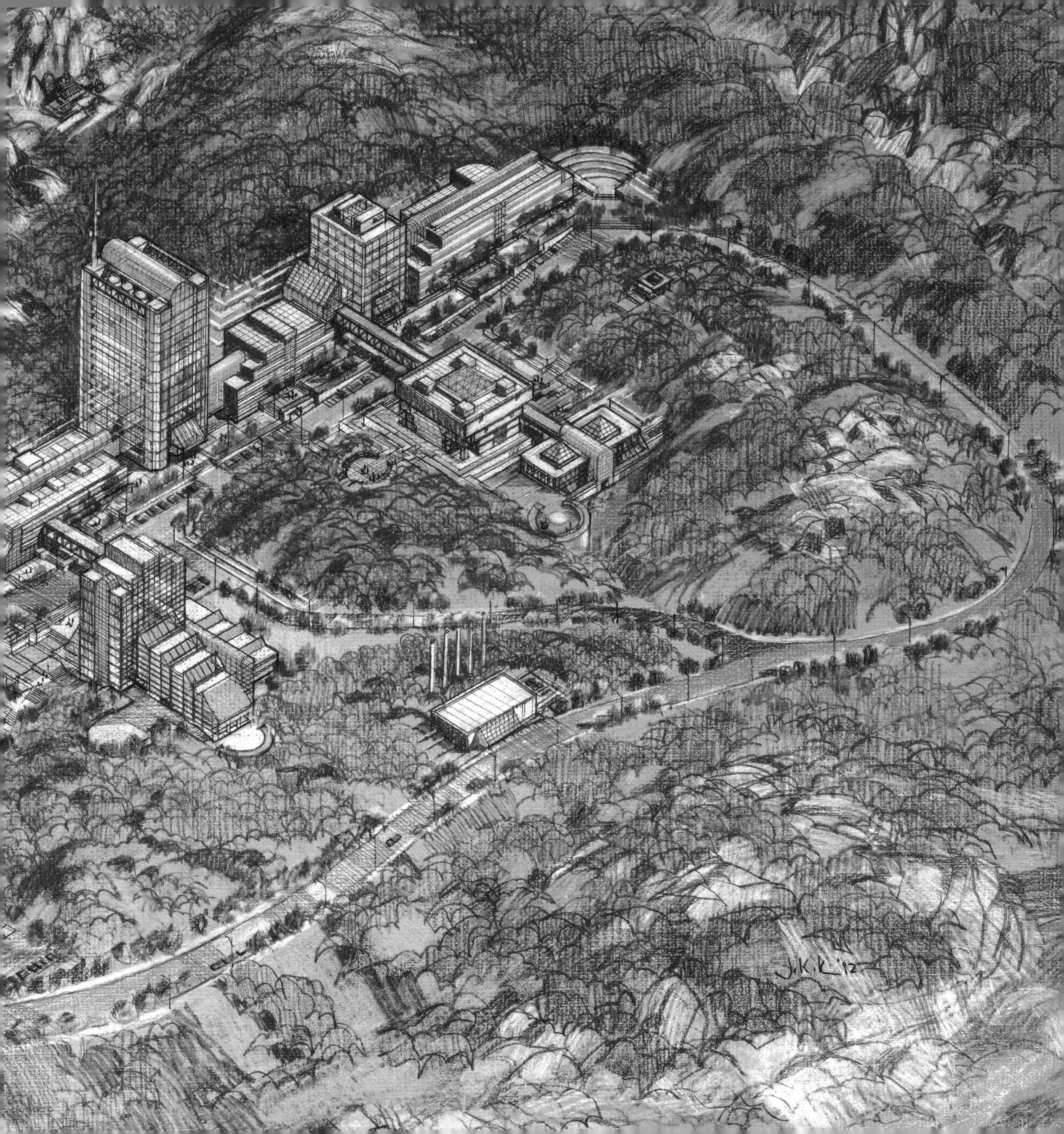

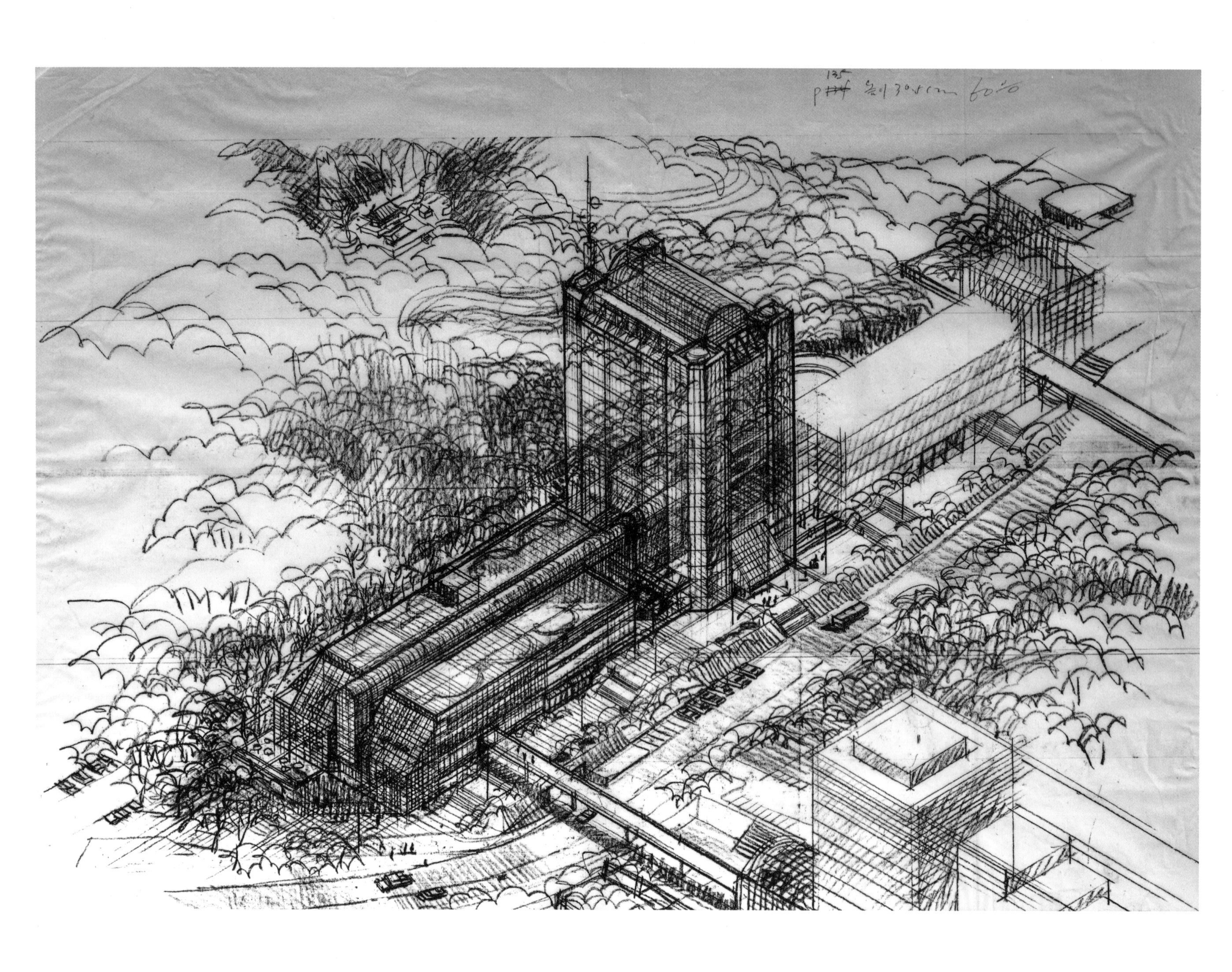

서울대학교 신공학관 스케치

김진균 제공

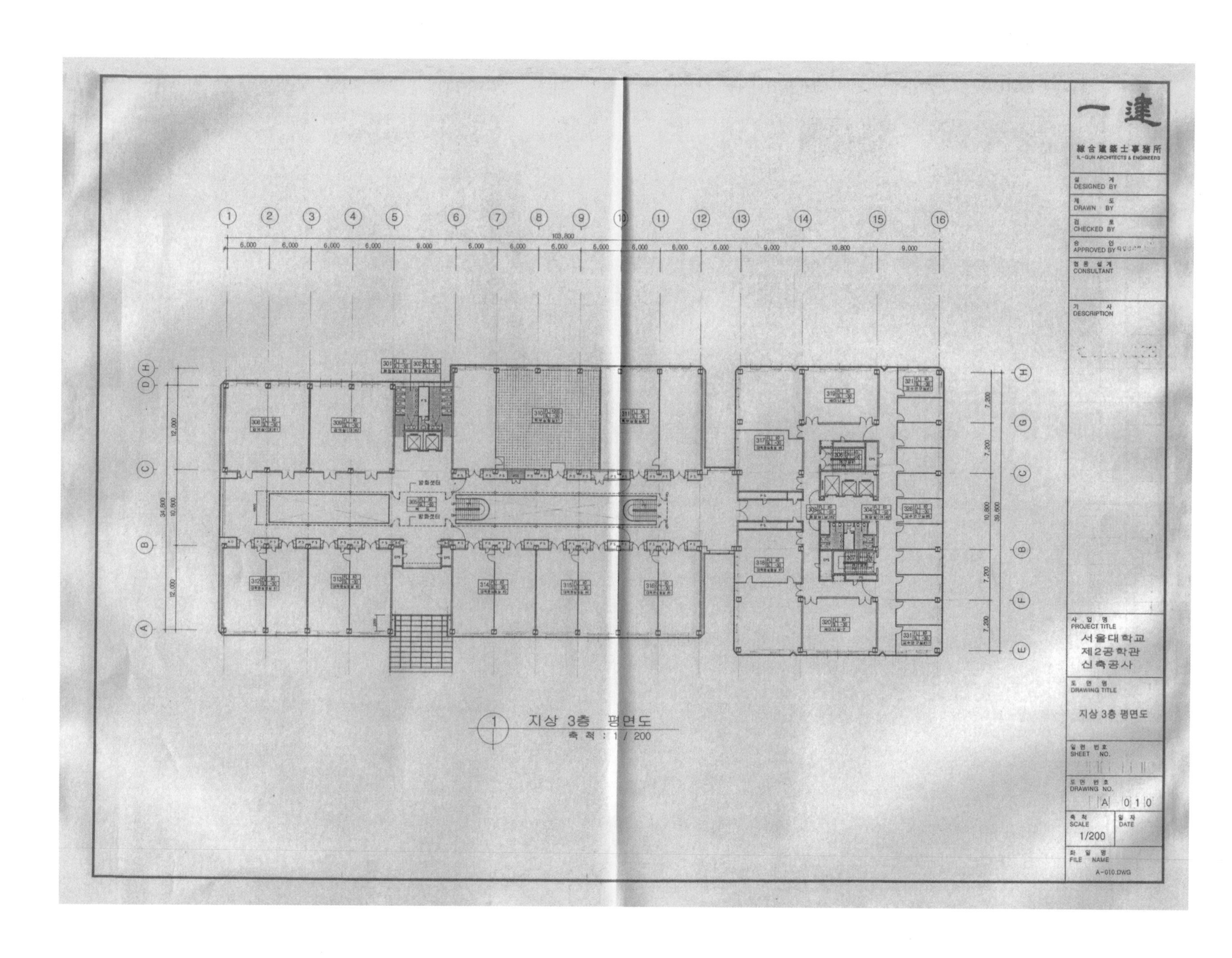

제2공학관 지상3층 평면도
『서울대학교 제2공학관 신축공사 준공도면』, 일건건축, 2001
서울대학교 건축학과 도서실 제공

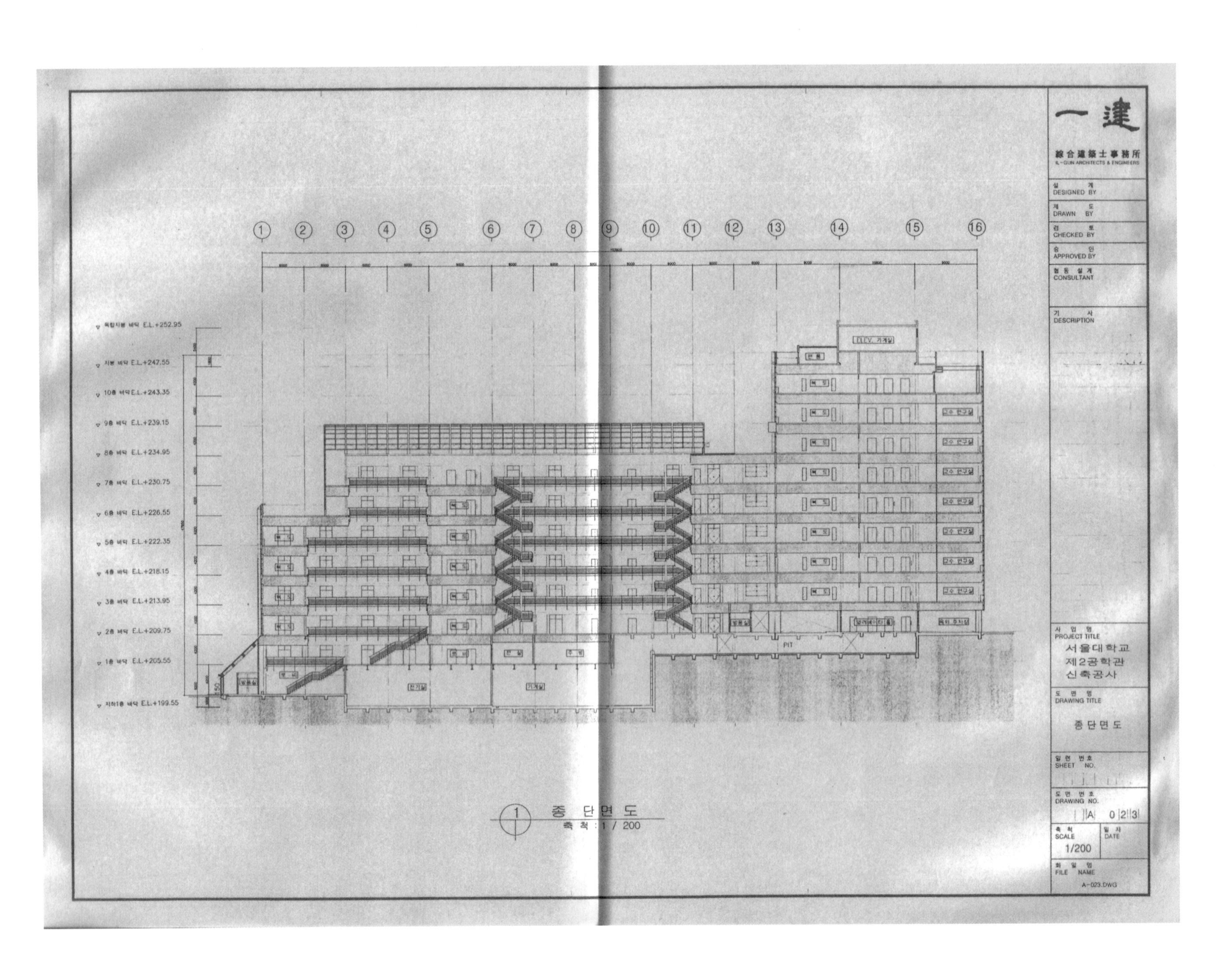

제2공학관 종단면도

『서울대학교 제2공학관 신축공사 준공도면』, 일건건축, 2001

서울대학교 건축학과 도서실 제공

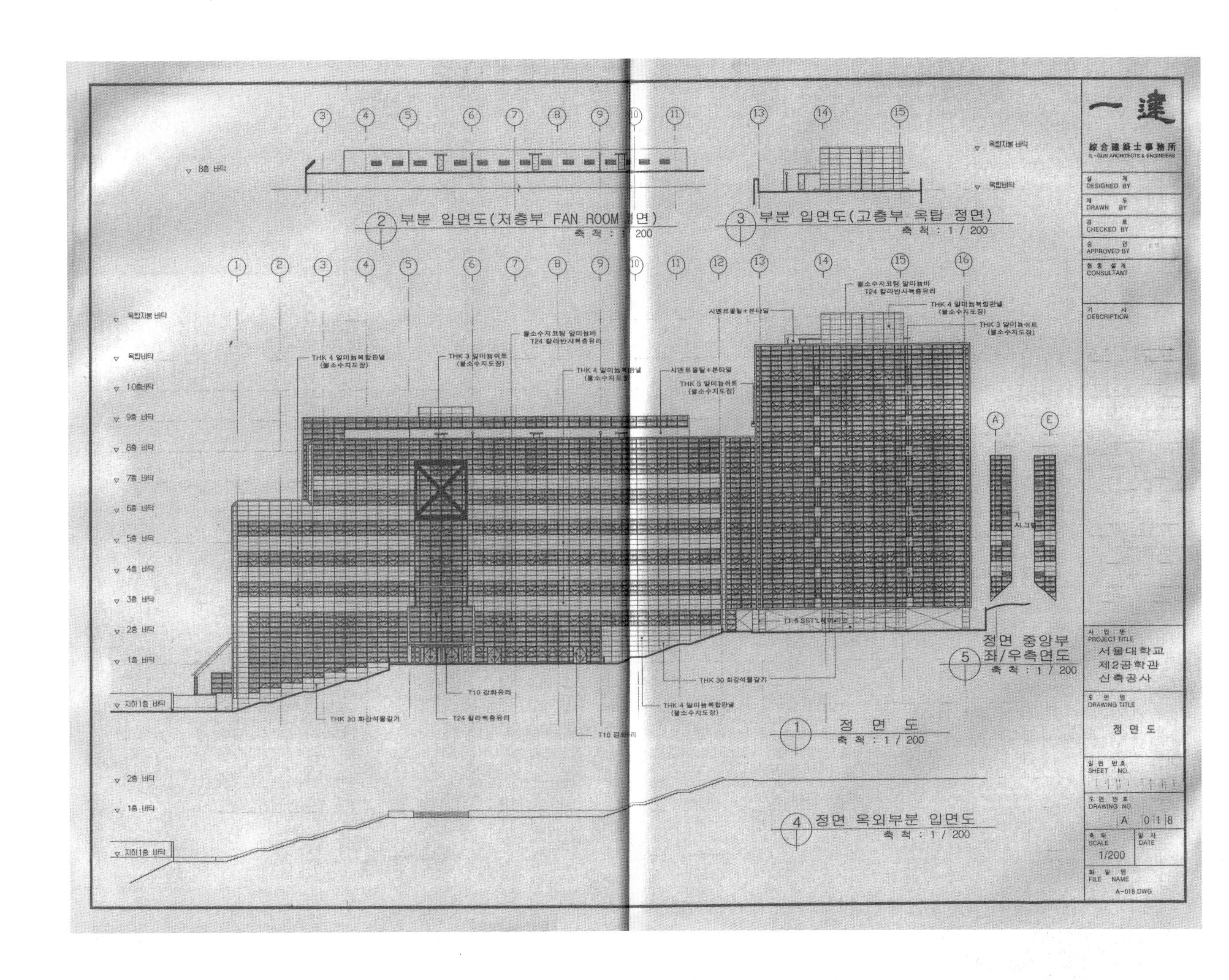

제2공학관 입면도
『서울대학교 제2공학관 신축공사 준공도면』, 일건건축, 2001
서울대학교 건축학과 도서실 제공

신도리코 본사 및 서울공장

우리나라에서 최초로 복사기와 팩시밀리를 개발·보급한 신도리코는 현재도 첨단 사무용 기기 생산에 주력하는 기업으로 1990년대부터 민현식(건축사사무소 기오헌)에게 건축 설계를 의뢰하고 있다. 1999년에 준공된 신도리코 본사 및 서울공장은 생산라인에 건축가가 적극적으로 개입하여 포디즘 생산과정 (부품반입 - 부품창고 - 조립라인 - 완제품창고 - 완제품 반출)을 건축적으로 변환하였고 갤러리와 아트리움, 체육관 등이 있는 본사와 공간조직을 재조정·통합하였다. 주외장재로 쓰인 신토석 벽돌로 인해 밝고 부드러운 인상을 주며, 주로 붉은 벽돌을 사용했던 초기 신도리코의 건물과 쉽게 구분할 수 있다.

설계기간 1997. 2 - 1998. 5
공사기간 1998. 3 - 1999. 6

신도리코 본사 및 서울공장 전경
© 김종오

신도리코 본사 및 서울공장 입면

©김종오

신도리코 본사 및
서울공장 외부계단
기오헌 제공

신도리코 본사 및 서울공장 갤러리 ©박완순

신도리코 본사 및
서울공장 식당과 중정
© 박완순

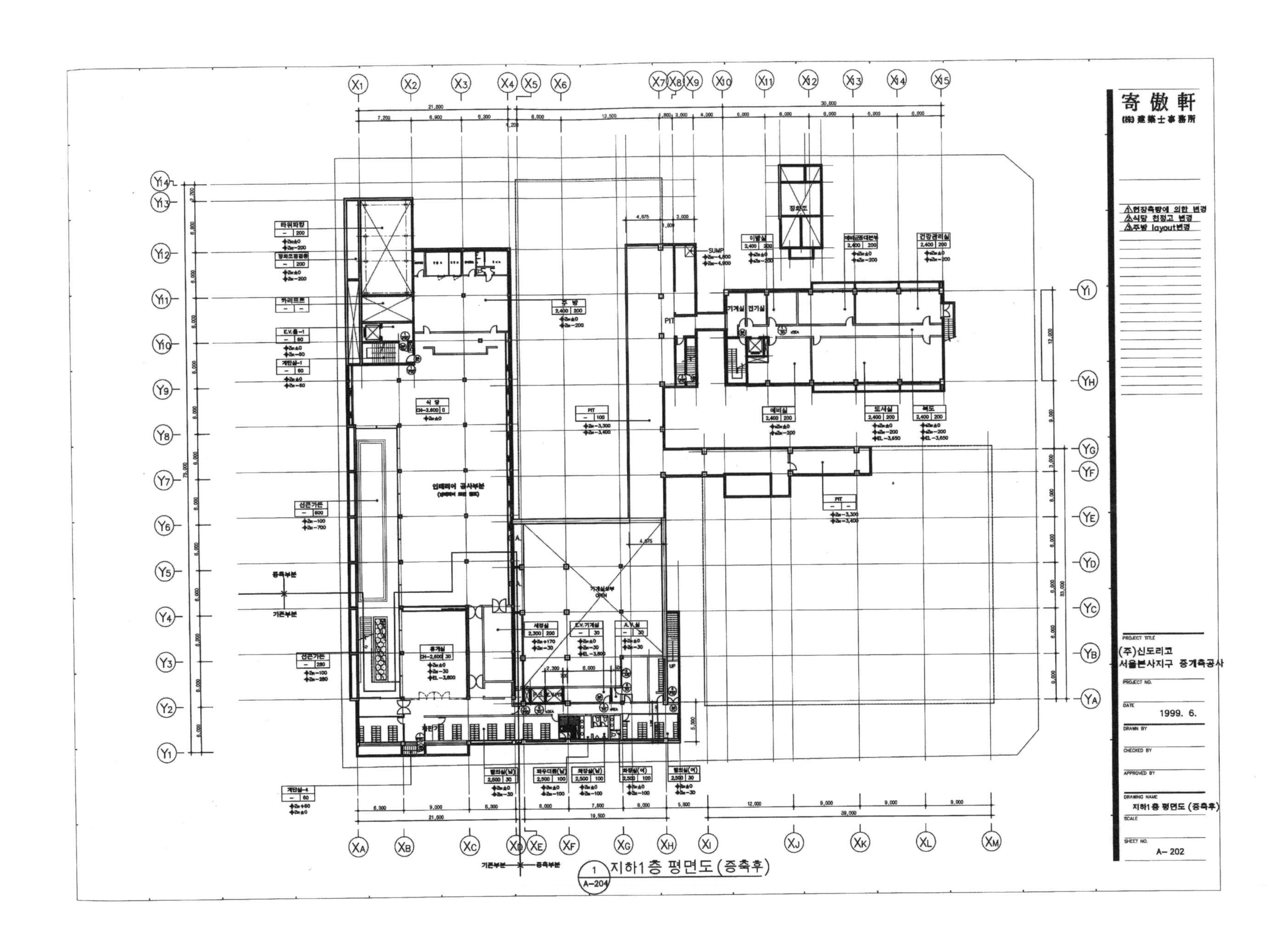

신도리코 서울본사지구 증개축공사 지하 1층 평면도

1998, 건축사사무소 기오헌 제공

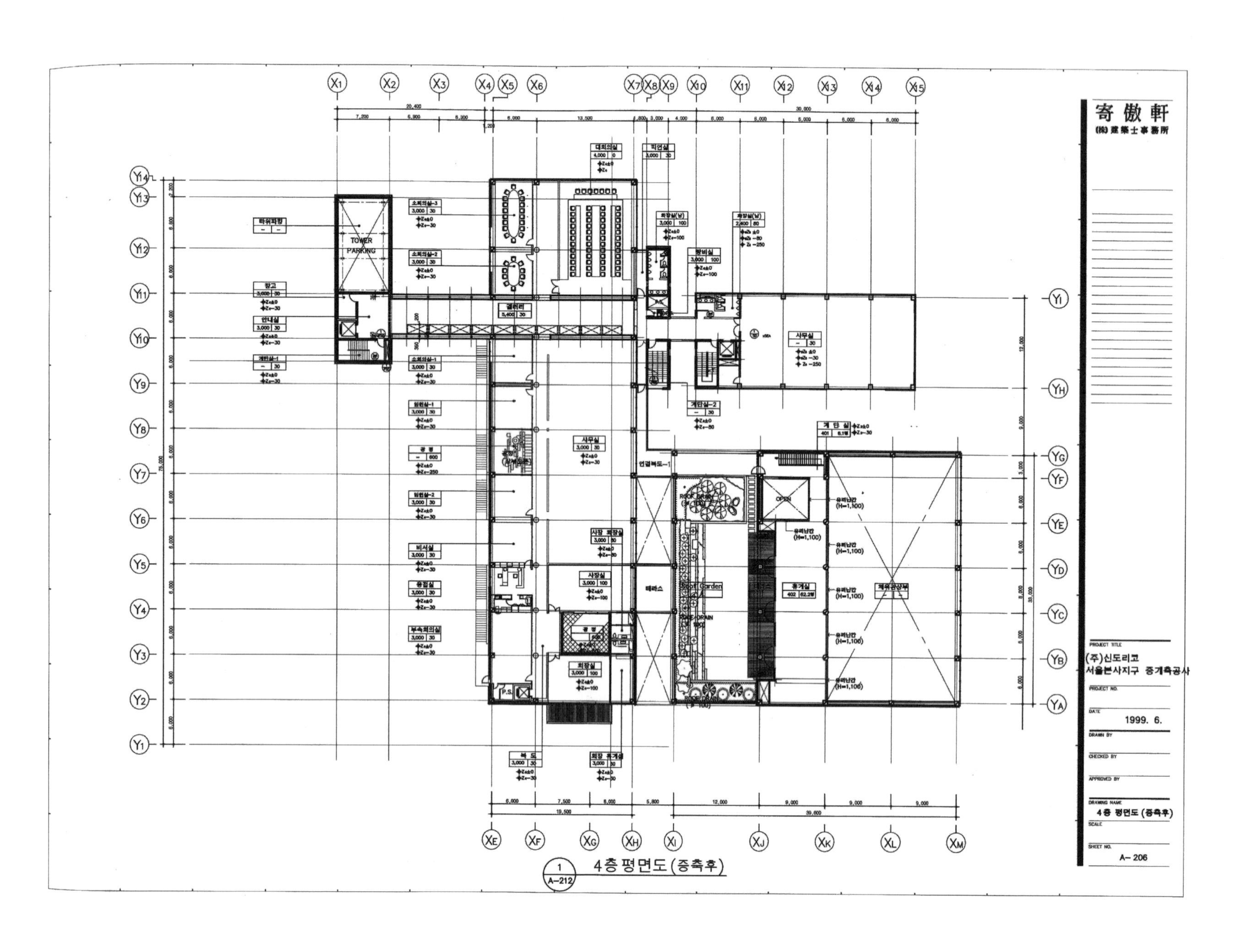

신도리코 서울본사지구 증개축공사 4층 평면도
1998, 건축사사무소 기오헌 제공

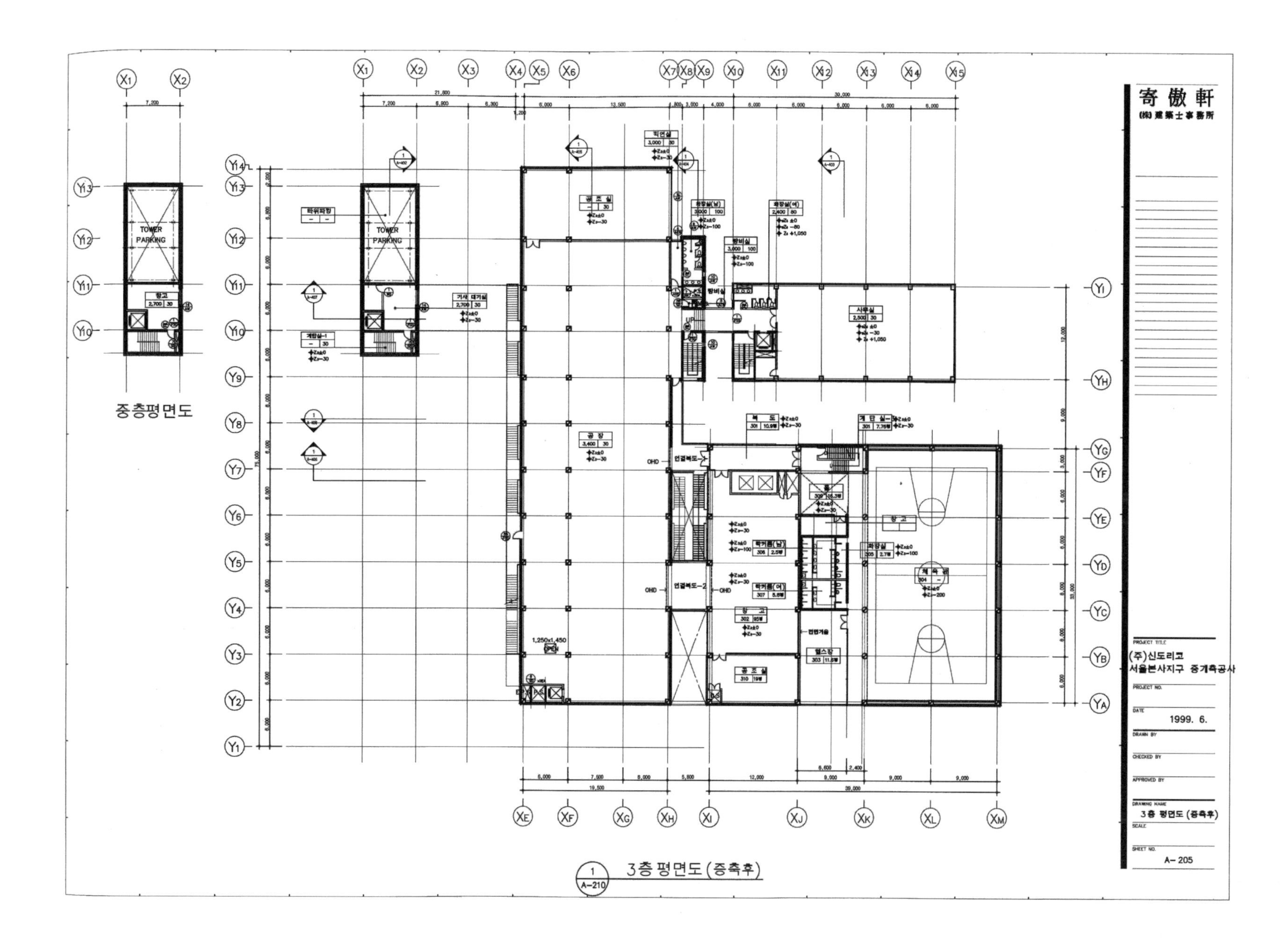

신도리코 서울본사지구 증개축공사 3층 평면도

1998, 건축사사무소 기오헌 제공

2000

2000년대
논리와 감각

경제성장기를 대표하는 두 가지의 구호였던
'민족문화의 중흥'과 '동양 최대'는 1990년대 중반을
경계로 '세계 속의 한류'와 '정보화 선진국'으로
바뀌었다. 그 변화의 중심은 세계를 향한 개방에
있고, 가치의 기준 역시 규모에서 질로, 대타적
시선에서 대자적 시선으로, 하드웨어에서
소프트웨어로 넘어갔다.

이 시기 내재적 논리와 표현을 갖춘 건축가들이
급격하게 성장했다. 소규모 건축사무소인
아뜰리에는 물론 대형 설계사무소의 숫자도 늘어났다.

경주 라궁, 아름지기, 가회헌, 남산 국악당의
사례와 같이 전통 건축이 현대적으로 모색되었으며,
한유그룹사옥과 이우중고등학교의 사례처럼 기존
건축 유형이 새롭게 해석되었다. 국립현대미술관
서울관과 ZWKM Block의 사례와 같이, 땅과 필지의
조건에 대해 적극적인 제안을 하는 도시건축 작업도
등장했다. 이 시기 서울대학교에 등장한 건물들
역시 건축적 경험과 감각이 다양해졌다. 특히
풍산마당은 캠퍼스 건축의 새로운 실험이 되었다.

서귀포월드컵경기장

제주도 서귀포시 법환동에 위치한 서귀포월드컵경기장은 4만 여석의 규모로 일건건축사사무소(대표 황일인)와 풍림산업의 턴키로 조성되었다. 1996년 6월 2002월드컵 한일 공동 유치가 확정된 이래 추진된 월드컵 경기장 중에서 가장 독특한 비대칭 막구조 지붕을 가진 경기장이다. 전체적인 디자인은 제주의 올레길과 오름을 비롯한 주변 풍토에 맞추었는데, 경관 보존을 위해 관람석을 대부분 지면보다 아래에 수용하고 지면 위로 돌출되는 지상부를 최소화함과 동시에 콘크리트 구조체를 흙으로 덮어 경기장이 또 하나의 오름처럼 보이도록 의도하였다.

설계기간 1998. 10-1999. 9
공사기간 1999. 9-2001. 12

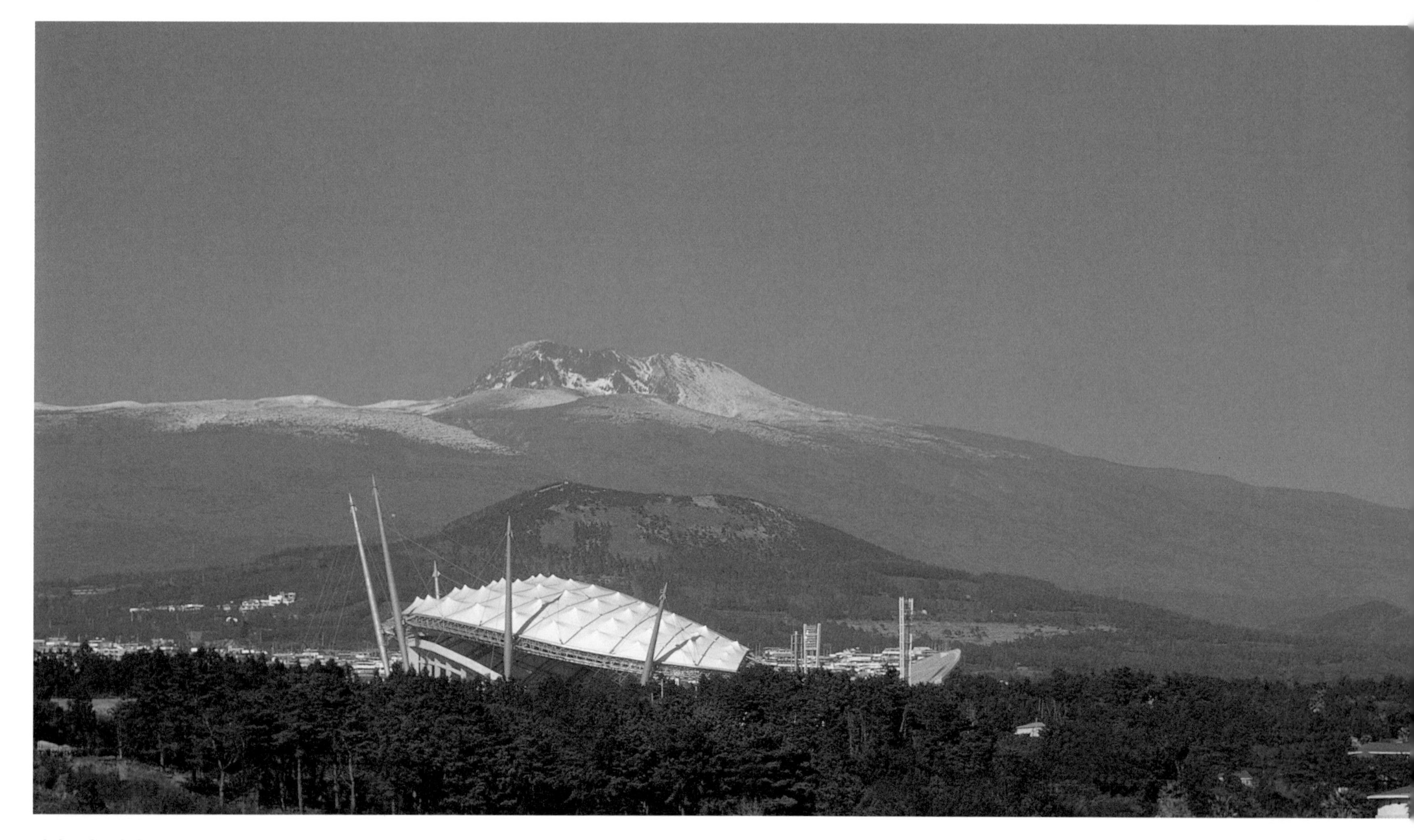

서귀포월드컵경기장 원경
© 이기환

제주도의 산굼부리
© 이기환

진입광장에서 본 서귀포월드컵경기장 전경
ⓒ조명환

서귀포월드컵경기장 마스트 디테일
ⓒ박완순

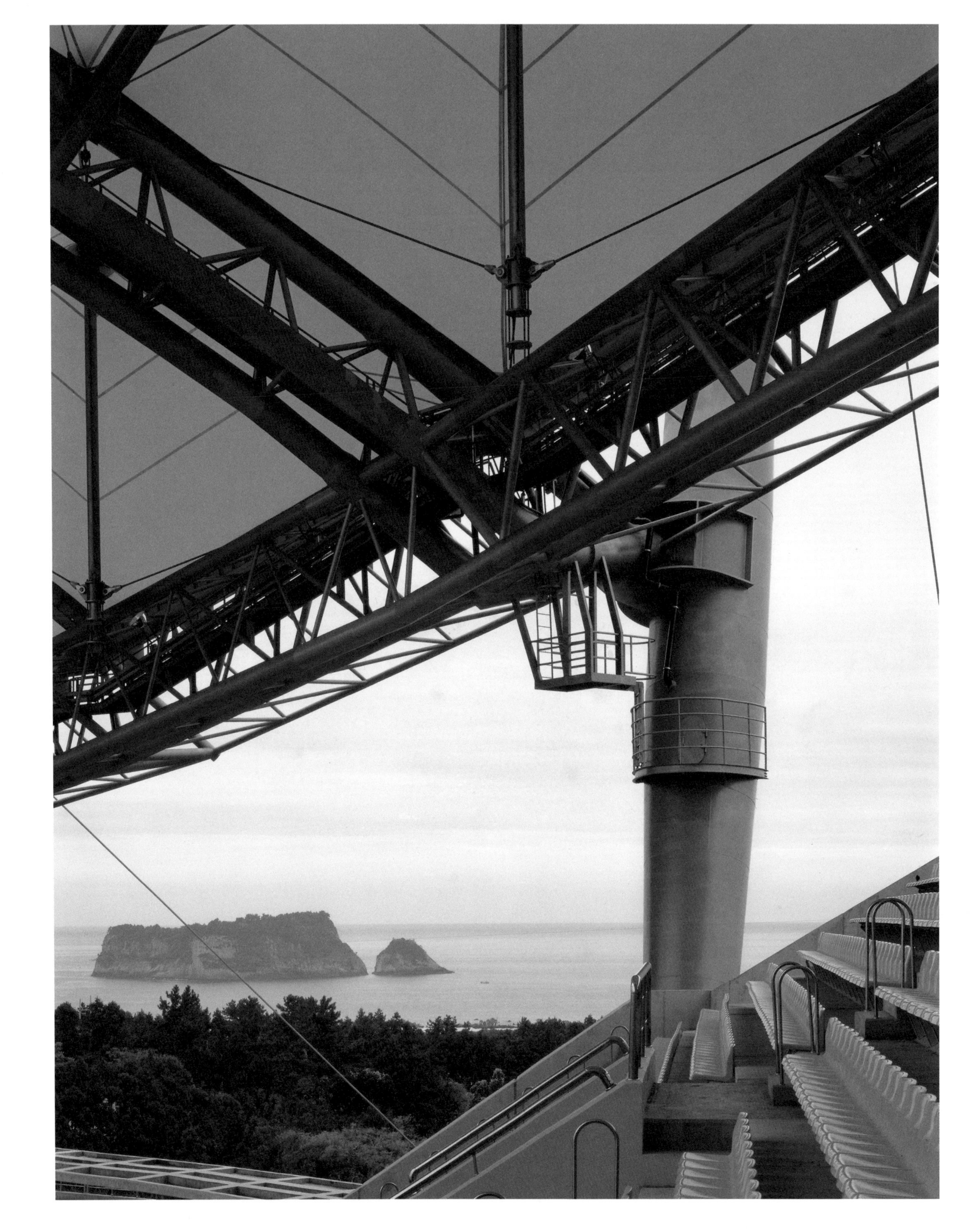

서귀포월드컵경기장 스케치
일건건축사사무소 제공

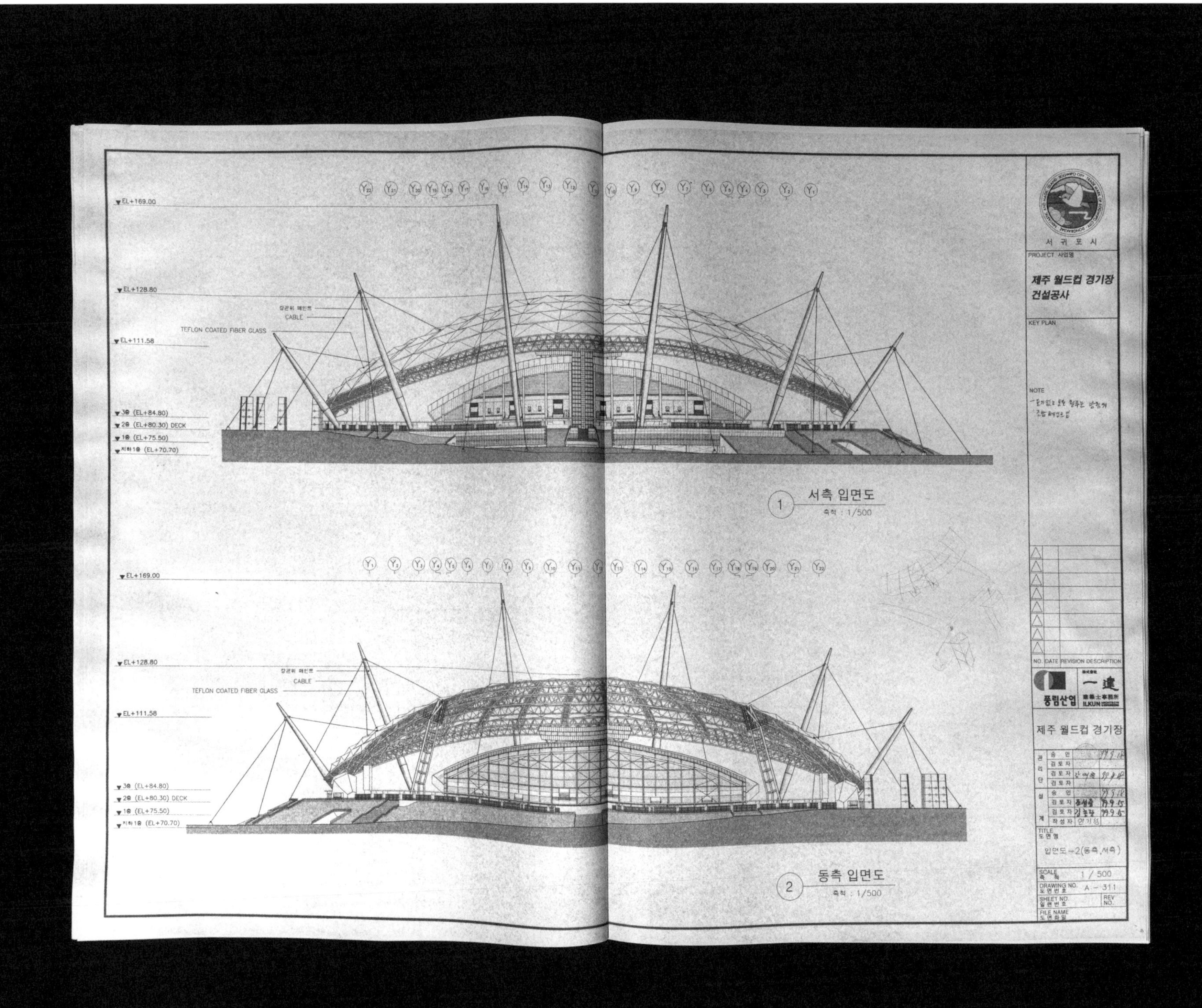

제주 월드컵경기장 건설공사 도면집
1999, 일건건축사사무소 제공

김종영 미술관

김종영 미술관은 한국 근대 조각의 거장 우성 김종영(1915-1982) 타계 20주기를 기념하며 건립된 조각 전문 미술관이다. 류재은(종합건축사사무소 시건축)의 설계로 서울시 종로구 평창동 북악산 기슭의 경사지에 지하 2층, 지상 2층 규모로 세워졌다. 3개의 전시공간은 대지에 순응하여 계단식으로 배치되었으며, 관람객들은 경사로를 따라 윗층에서 로비와 제1전시장을 만나고 계단을 통해 바로 아래층에서 나머지 3개의 전시공간을 순차적으로 경험하게 된다. 전시공간에서는 작품 보호를 위해 자연광 유입을 섬세하게 조절하였고, 로비 및 사무동에서는 유리 커튼월을 적극적으로 사용하여 개방적인 모습이다.

설계기간 2000. 8-2001. 3
공사기간 2002. 4-2002. 11

김종영 미술관 전경
© 남궁선

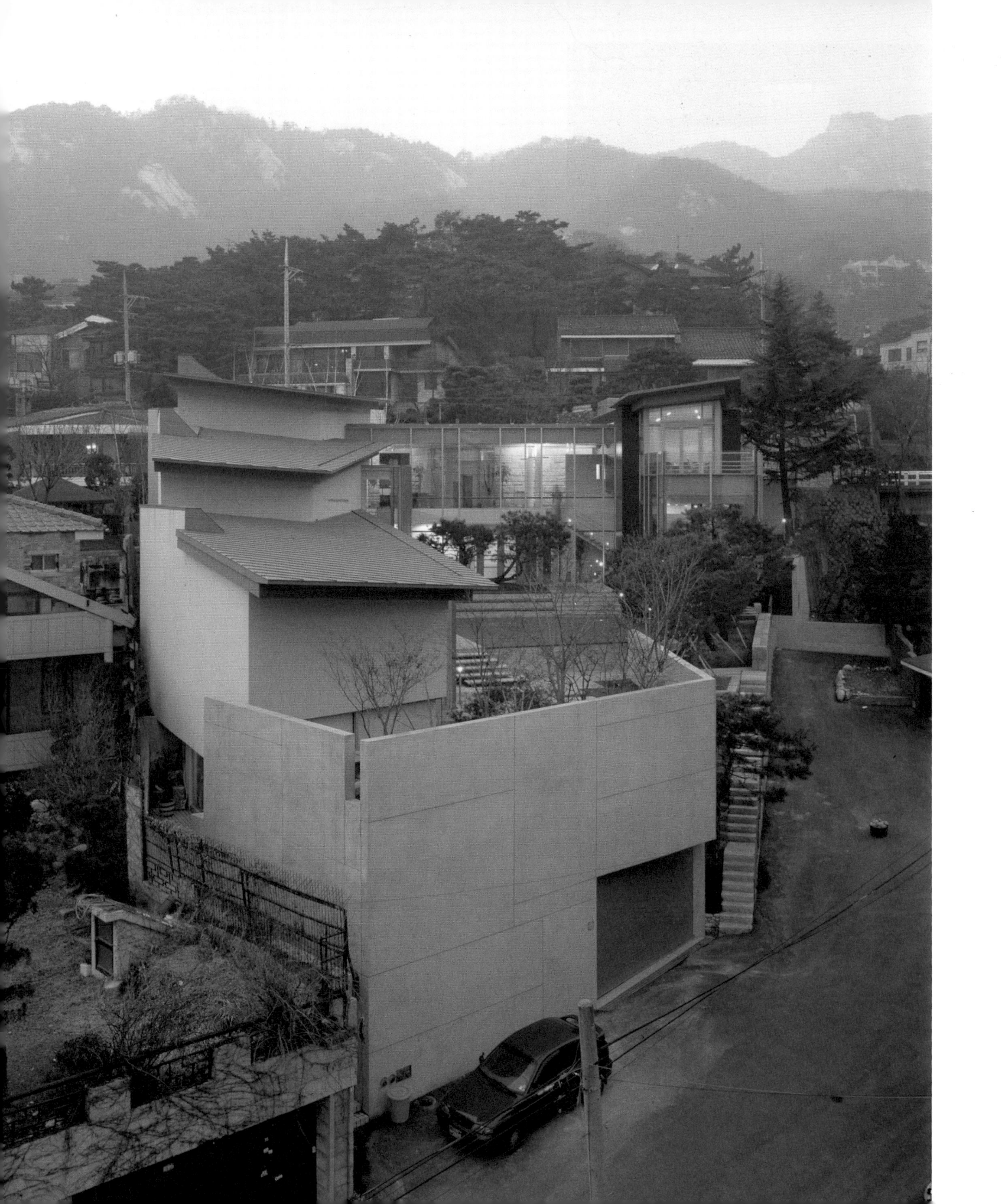

김종영 미술관 모형, 2021
시건축 제공

김종영 미술관 갤러리 내부
©남궁선

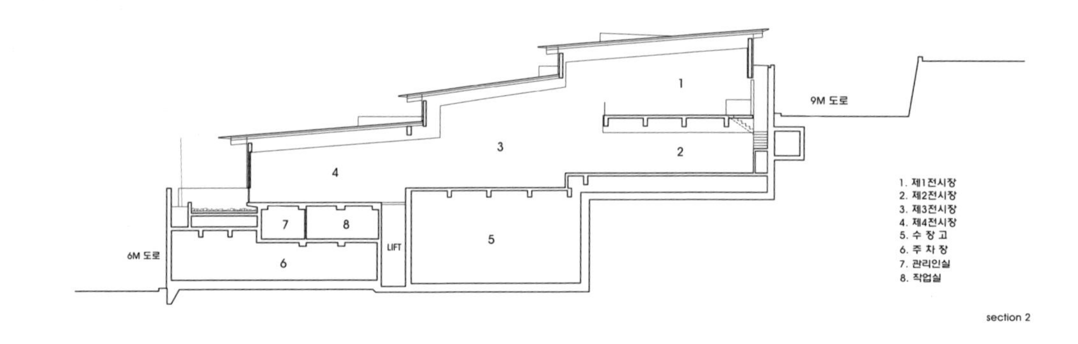

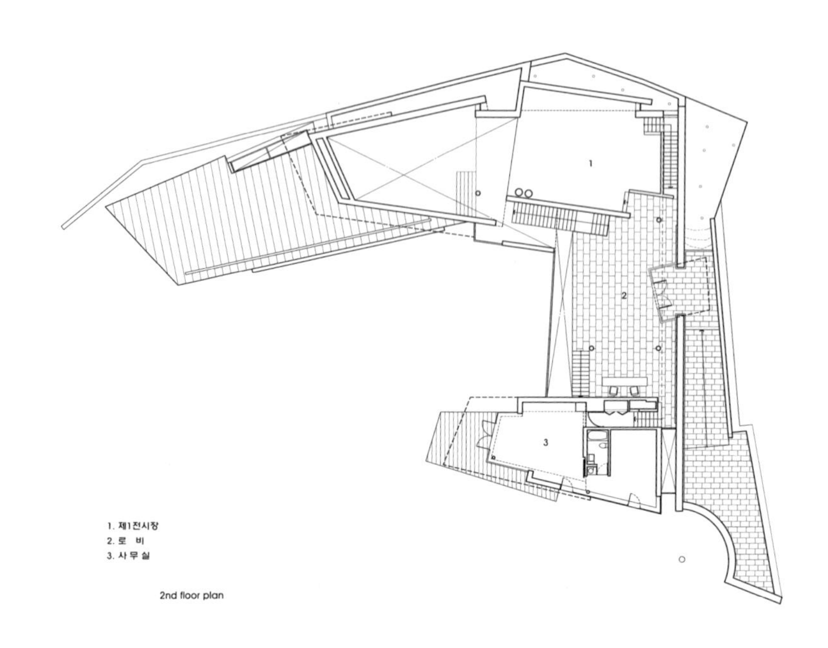

김종영 미술관 각 층 평면도

시건축 제공

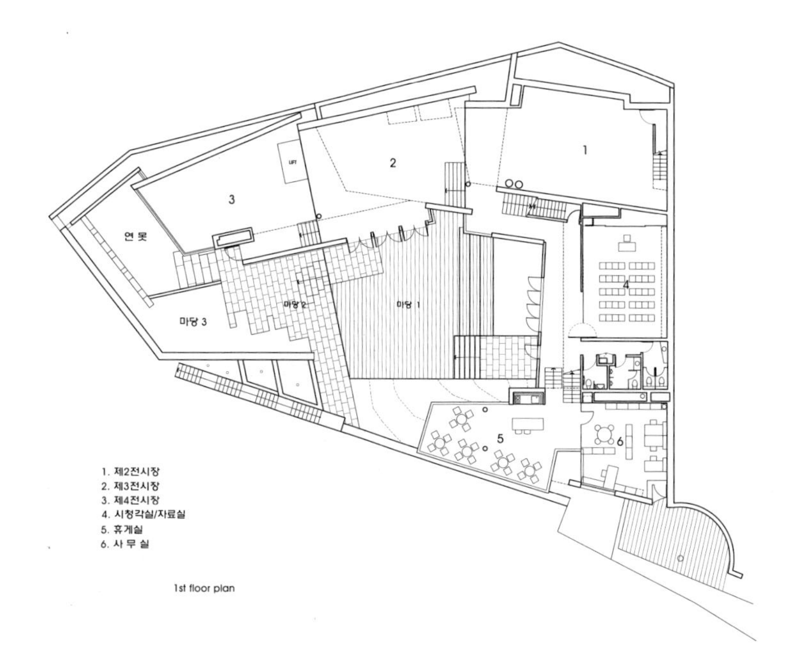

1st floor plan

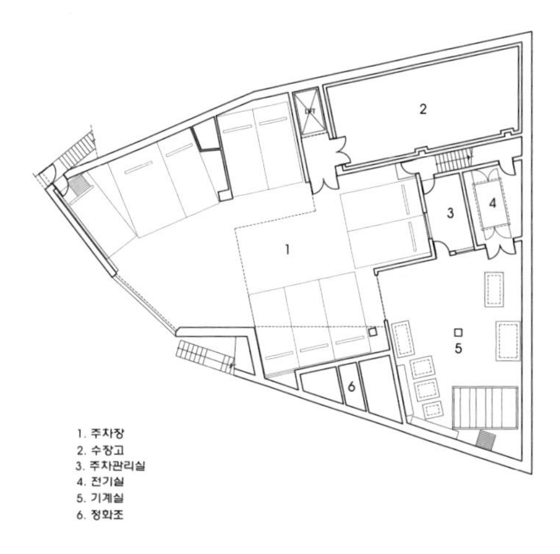

b2 floor plan

밀레니엄커뮤니티센터

밀레니엄커뮤니티센터는 일산 신도시의 중심지 장항동에 위치한 복합문화집회시설이다. 도시계획에서 허용하는 최대 볼륨에 도달하기 위해 지하 5층, 지상 10층 규모로 계획되었다. 여기까지는 일반적인 중심상업지역의 건축물과 크게 다르지 않다. 유걸(아이아크 건축사사무소)이 설계한 이 건축물이 특별한 것은 3,000석 대규모 집회시설을 상층에 배치하고 요구되는 전면광장과 같은 공공공간을 건물 내부에서 적극적으로 구성한 점이다. 1층에서부터 6개층을 관통하는 개방된 경사면을 기준으로 각 층에서 램프와 계단으로 모든 동선과 오픈스페이스를 긴밀하게 연결되어 있어 도시적 스케일의 특별한 다중이용시설을 완성하였다.

밀레니엄커뮤니티센터 전경
©박영채

밀레니엄커뮤니티센터
경사면이 있는 내부 공간 모습
© 박영채

밀레니엄커뮤니티센터
내부공간 모형
©박영채

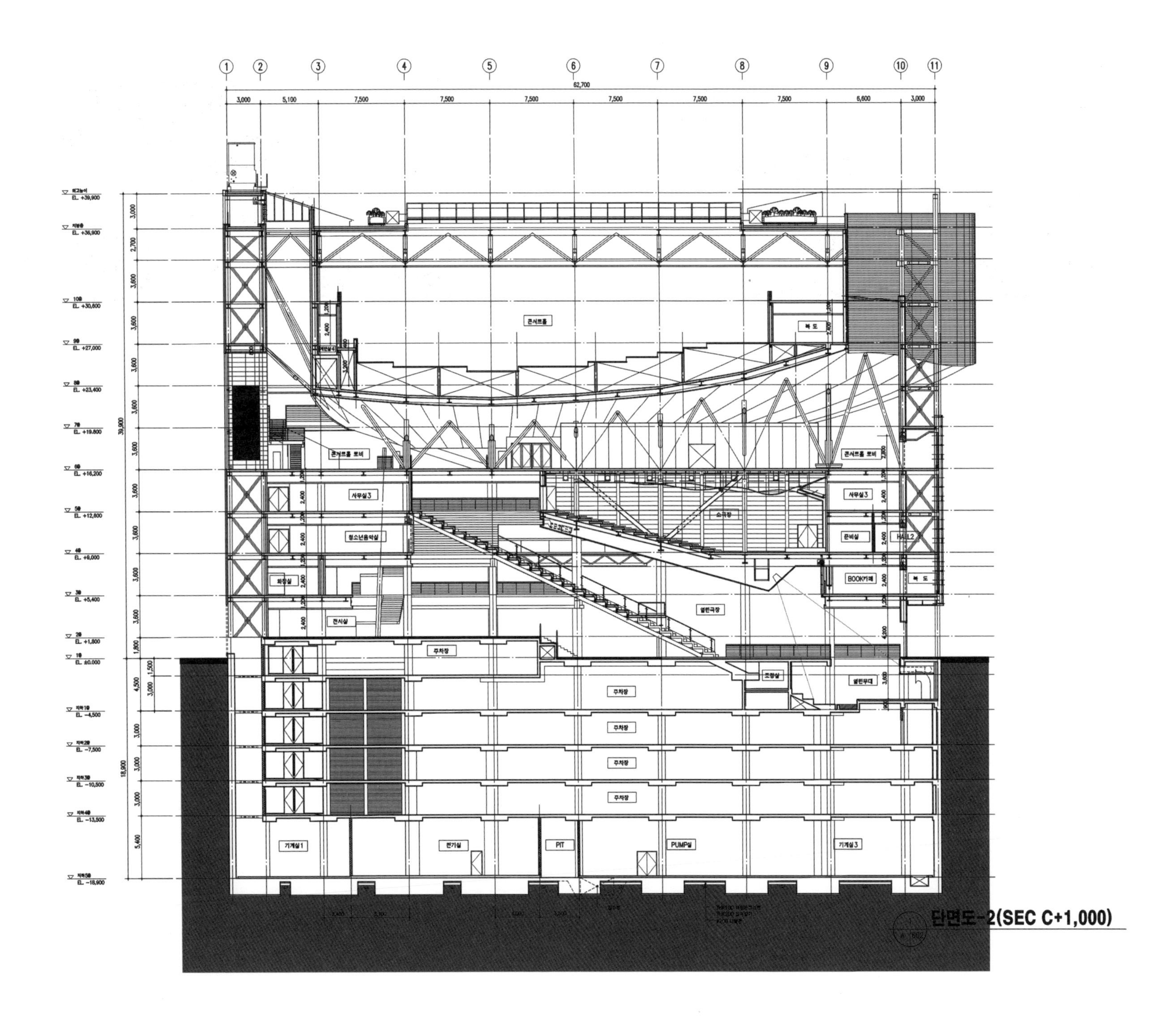

밀레니엄커뮤니티센터 단면도
아이아크 제공

9906
건축주 면담 및 설계회의

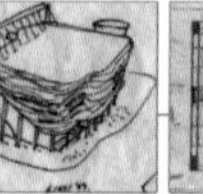
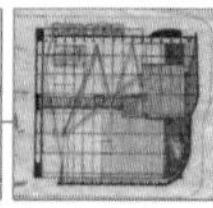

9907
계획설계

9910
schematic 01, 설계 계약

9911
schematic 02, 콘서트홀 디자인 변경

0003
schematic model, 소극장 상부에 매달림

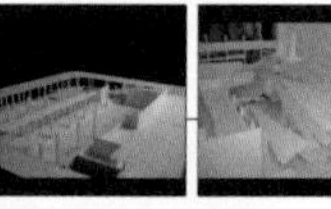

0007
내부공간 정리

0008
최종 모델

0102~0205
심의 6차례 반려, 7차 통과 허가 완료

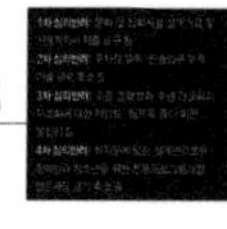

0206~0504
construction

The plan of the Millennium Community Center, a cultural gathering complex in the center of the new city, Ilsan, started with the largest possible volume permitted by the urban planning code. Such a scheme was aimed at materializing the functions of a public gathering facility while maintaining its urban scale for the central commercial zone.

Regardless of East or West and regardless of time, facilities for gatherings have had a front plaza that corresponds to the scale of the indoor gathering space. At the same time, since many people come into and go out of such a facility, a front plaza is essentially required to safely buffer pedestrian traffic. Such a plaza is also a public space for gatherings of a different nature or social exchanges. The core challenge of this plan was to meet such needs within the limited volume, or 90% building ratio, of a downtown area. So, it was inevitable to raise the three-thousand-seat gathering hall to eight stories, while internalizing numerous circulations on the street level to link them with the gathering levels.

First of all, a slope, open visually and spatially from the street level toward the lobby, was planned for the sixth floor in an effort to conveniently link simultaneously occurring visitors' circulations, and thereby help them find their way easily indoors. Then, open multipurpose gathering spaces and ramps were laid out along the slope and the sides of the slope were designed to follow a strip-type iron structure, so that the winders could stretch out to form some green planes.

The Millennium Community Center consists of two large spaces in section, and therefore it was a key point of architectural, structural and facility plans to materialize these spaces. The upper gathering hall is hung from a 3-meter-wide superstructure forming the outside column of the building, and the upper part of this hall is a truss structure. The space between the two structures is used for a lobby. Office space and a place for educational functions are hung from the lower part of the truss, making the sloped open space a large, column-less space.

In order to structure the internal environment as one controlled by facilities, it was planned to finish the upper part of the grand gathering hall with insulated polycarbonate for natural lighting. So, it was a great regret to finish it with an opaque material in the end. The intermediate spaces between the 3-meter-wide external columns are used for vertical circulation, facility ducts and other functions. The double skin has the effect of lowering the heating and cooling load. In addition, the skin projects vertical movements in the building through transparent glazing that functions as a screen, responding actively to the aesthetic front plaza.

In order to architecturally conceive the visual and programmatic communications between internal and external spaces, or between internal cubic spaces, it was necessary to minimize the enclosure while exposing the majority of elements. It is hoped that the ramps and bridges that penetrate several levels, an open stairway, rooms open to the internal open space, and transparent materials allowing for exchanges of looks will help users to communicate with each other.

The surrounding areas, which were wild when this center began to be planned, are now filled with various commercial and cultural facilities to almost complete the downtown. I only hope that the Millennium Center will be used for diverse and positive things and have a cultural impact on the community.

architect: yoo, kerl
location: janghang-dong, ilsan-gu, goyang-si, gyeonggi-do, korea
site area: 4,564.1㎡
floor area: 3,573.74㎡
total floor area: 34,142.14㎡
building-to-land ratio: 78.3%
floor area ratio: 337.69%
building scope: 10F, b5
structure: rc, steel
finishing: t24 pair-glass, metal-panel, t3 injection aluminum
design period: 1999.6~2002.6
construction period: 2002.12~2005.4

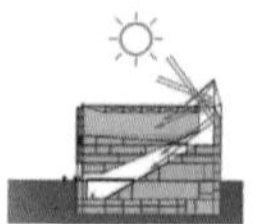
lighting

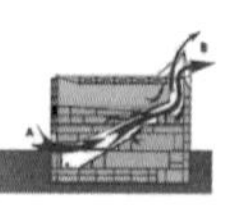
ventilation

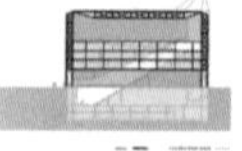
perimeter space

worship service

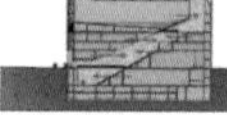
open space

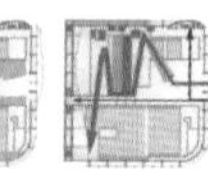
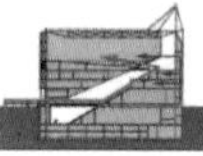
circulation

『공간』, Vol. 452, 2005. 7
74-75쪽
SPACE 편집부 제공

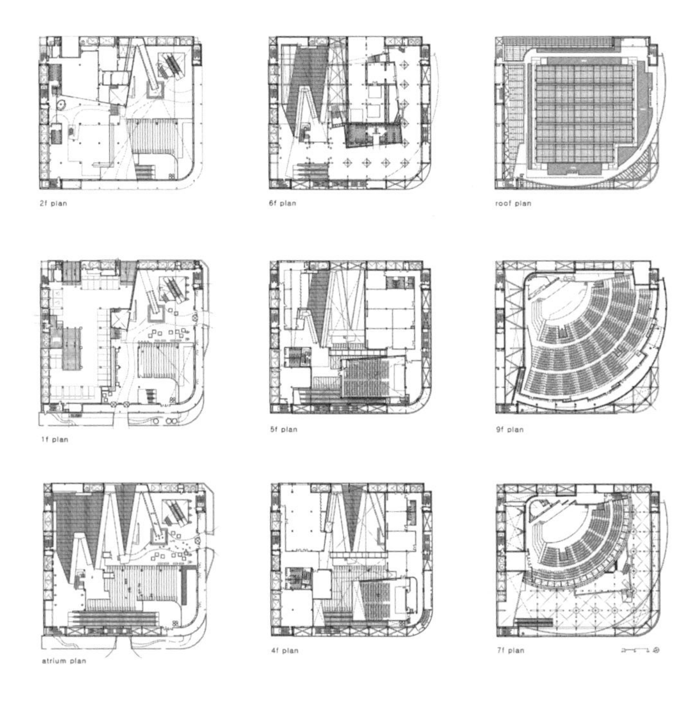

82

general view between little theater and staircase

83

『공간』, Vol. 452, 2005. 7
82-83쪽
SPACE 편집부 제공

서울대학교 이공계 멀티미디어 강의동

서울대학교 이공계 멀티미디어 강의동은 2000년대 초 시청각 위주의 수업방식이 증가하면서 생겨난 강의동이다. 신동재(다울건축사사무소)가 설계하였으며 당시 건축학과가 사용하던 34동 북측에 위치한다. 주변 건물과의 고저차와 경관을 고려하여 전체 높이를 최소화하면서 멀티미디어식 강의가 가능한 12개의 계단식 강의실은 잘 짜여진 퍼즐처럼 효율적으로 배치되었다. 외장재는 베이스패널, 아연판, 유리, 무늬목 등이 다양하게 쓰였으며 이를 통해 외부에서도 내부 공간의 규모와 위치를 유추할 수 있다.

설계기간 2000. 6-2000. 12
공사기간 2001. 5-2003. 7

서울대학교 이공계 멀티미디어 강의동 동측 전경,
서울대학교 이공계 멀티미디어 강의동 서측 전경
다울건축사사무소 제공

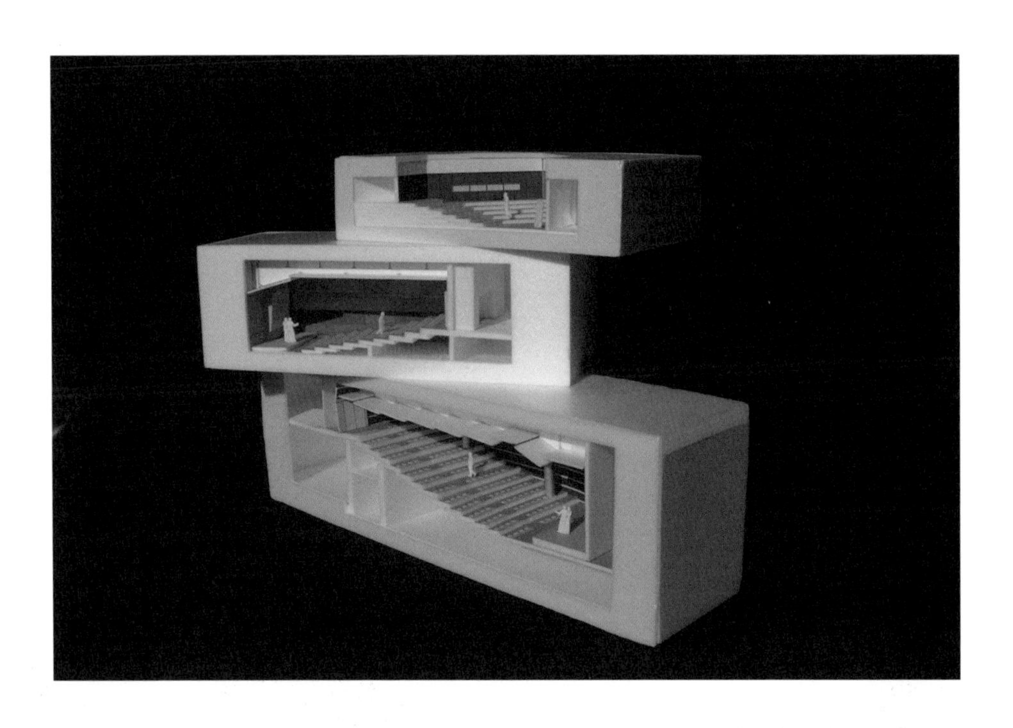

서울대학교 이공계 멀티미디어 강의동 2층 로비,
서울대학교 이공계 멀티미디어 강의동 강의실 모형
다울건축사사무소 제공

이우중고등학교

경기도 성남시 분당구 동원동에 위치한 이우중고등학교는 입시위주의 교육현실을 개선하고자 만들어진 도시형 대안학교이다. 개발제한구역에 속하는 대지에 생태건축을 추구하며 김승회+강원필(경영위치 건축사사무소)의 마스터플랜과 건축 설계로 조성되었다. 1단계로 완성된 지하1층, 지상 3층 규모의 각 건물은 자연의 훼손을 최소화하기 위하여 간격이 좁게 배치되었고 지형의 높낮이 그대로 순응하며 계단식 배열을 이루었다. 철골조 건물 부재를 공장에서 생산하고 현장에서 조립하는 건식 공법이 적용되었고, 재료와 설비 방식에서도 환경 피해를 최소화하는 방식을 취하였다. 2004년 1차 완공 이후에도 마스터플랜에 따라 지속적으로 증축되었으며 현재도 진행 중이다.

설계기간 2000. 6-2000. 12
공사기간 2001. 5-2003. 7

이우중고등학교 학생회관과 다리길,
이우중고등학교 외관 모듈과 재료 담은 입면사진
©강일민

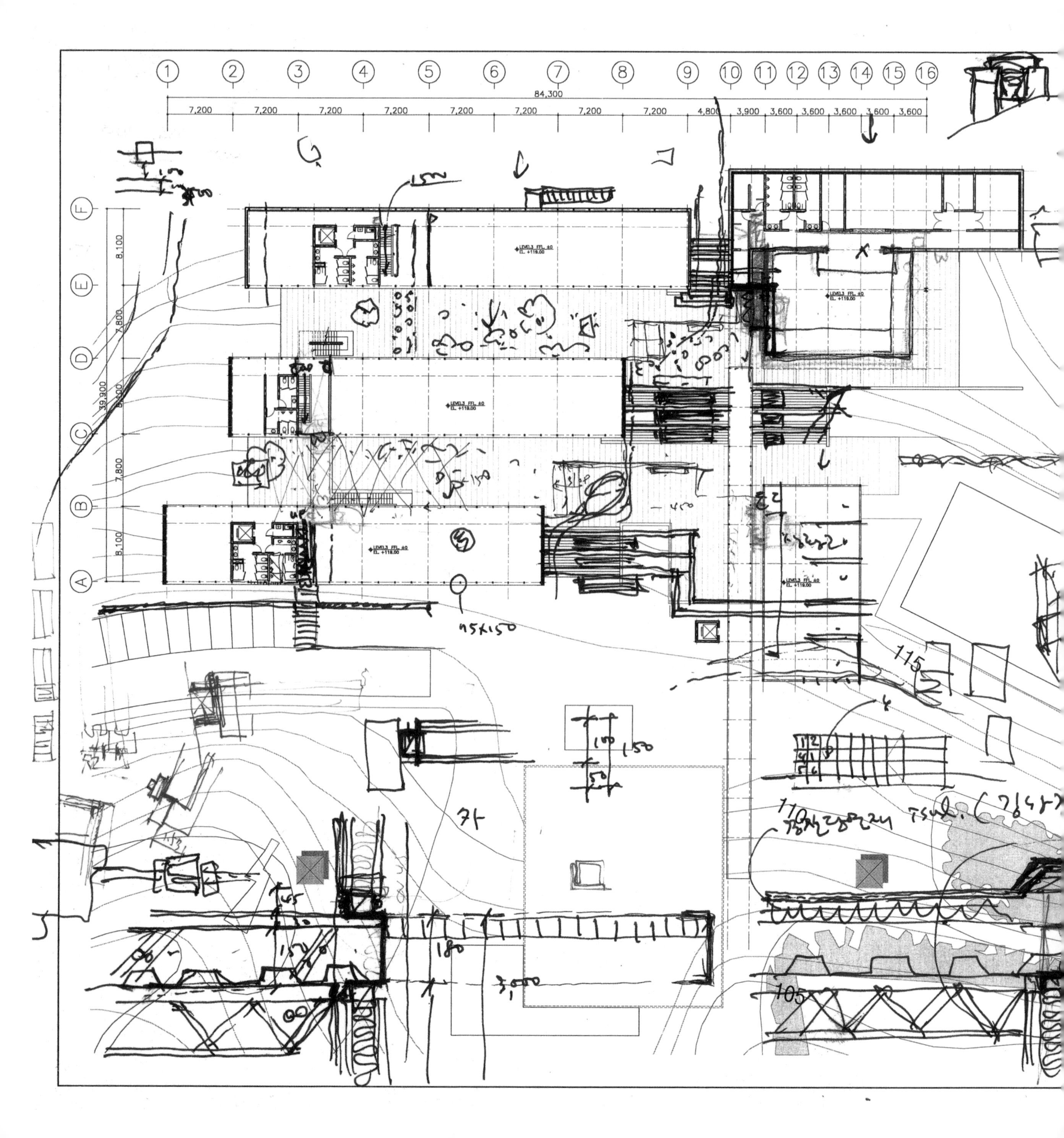

1
2
3
4
5
6
7
8
9
10
11
12
13
14
15
16
84,300
7,200
7,200
7,200
7,200
7,200
7,200
7,200
7,200
4,800
3,900
3,600
3,600
3,600
3,600
3,600
F
E
D
C
B
A
8,100
7,800
39,900
7,800
8,100
45x150
115
150
105

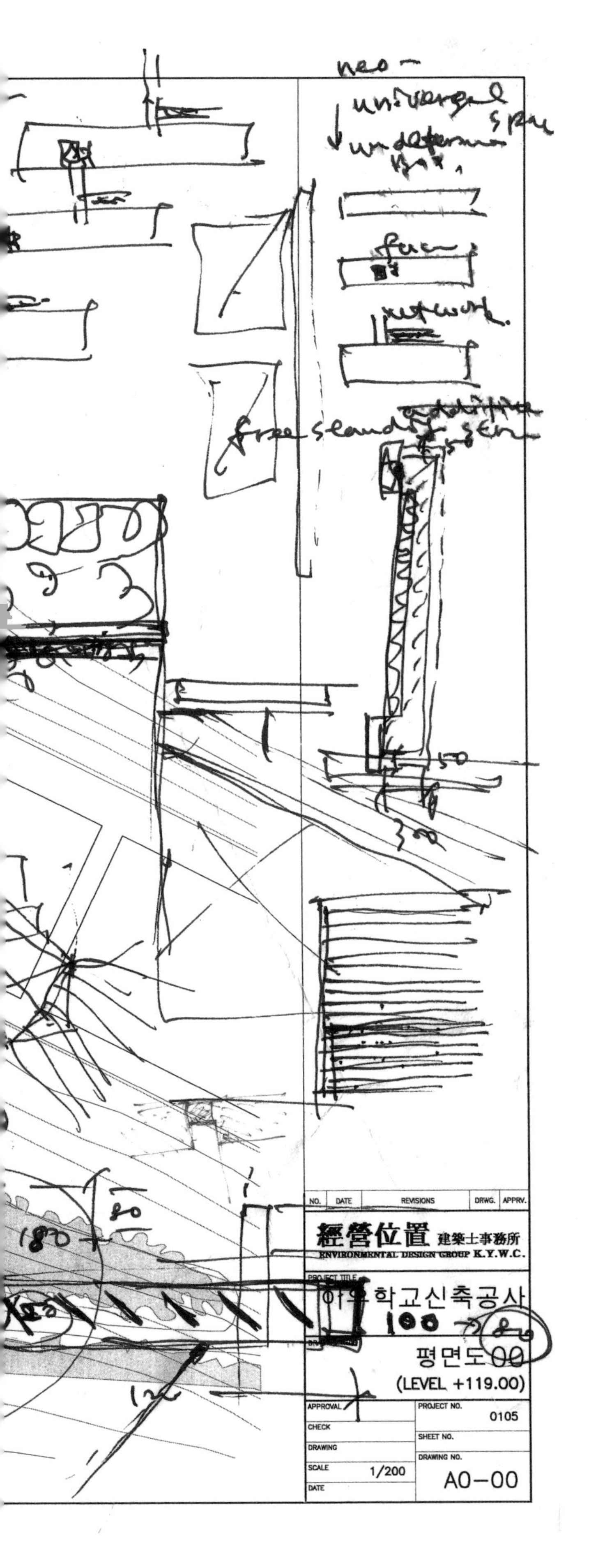

이우중고등학교 평면도 위 스케치
경영위치 건축사사무소 제공

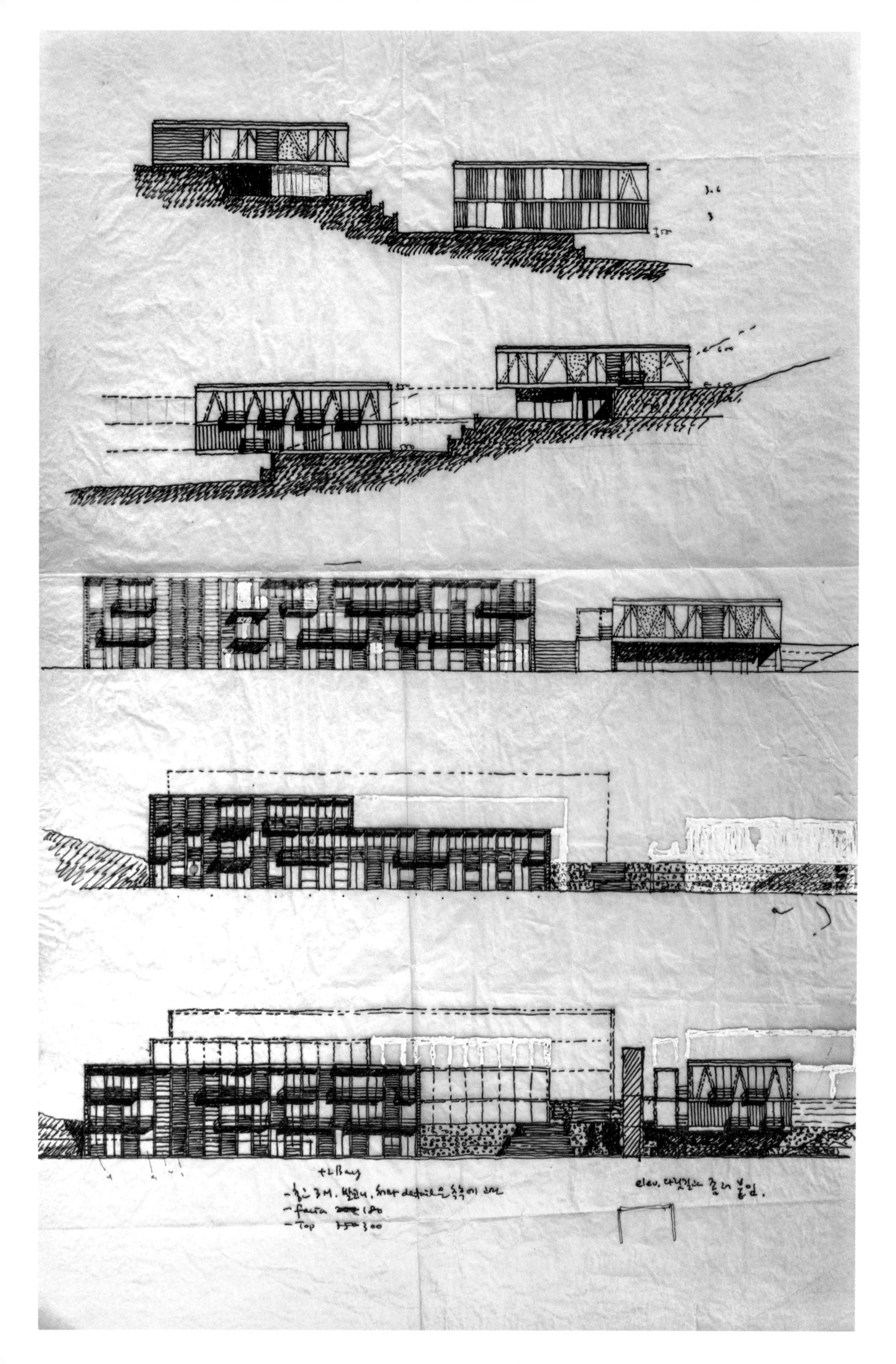

이우중고등학교 입면 스케치
©강일민

이우중고등학교 모형사진
경영위치 건축사사무소 제공

고막원

경기도 파주시 탄현면 법흥리 헤이리아트밸리 E-52에 위치한 고막원은 꽃을 키우며 살고 싶은 한 노부부를 위한 주택으로 권문성(건축사사무소 아뜰리에17)이 설계하였다. 지상 2층 규모이며 1층에는 온실과 찻집, 게스트룸, 주차장이 있고 2층에는 노부부가 지내는 주거공간이 있다. 길을 따라 길게 구획된 직방체는 헤이리 마스터플랜에서 제시된 조건을 따른 것이며 이 직방체 가운데 남쪽 하늘을 향해 비스듬히 꽂혀있는 원뿔 형태의 온실이 있다. 천창으로부터 유입된 빛이 가득한 온실의 곡면 콘크리트 벽체에는 2층으로 올라가는 계단이 달렸고, 곡면 벽체는 마당으로 그대로 흘러나와 잔디마당과 주인 부부가 가꿀 꽃밭으로 이어진다.

설계기간 2004. 10-2005. 4
공사기간 2005. 5-2006. 1

고막원 전경
© 문정식

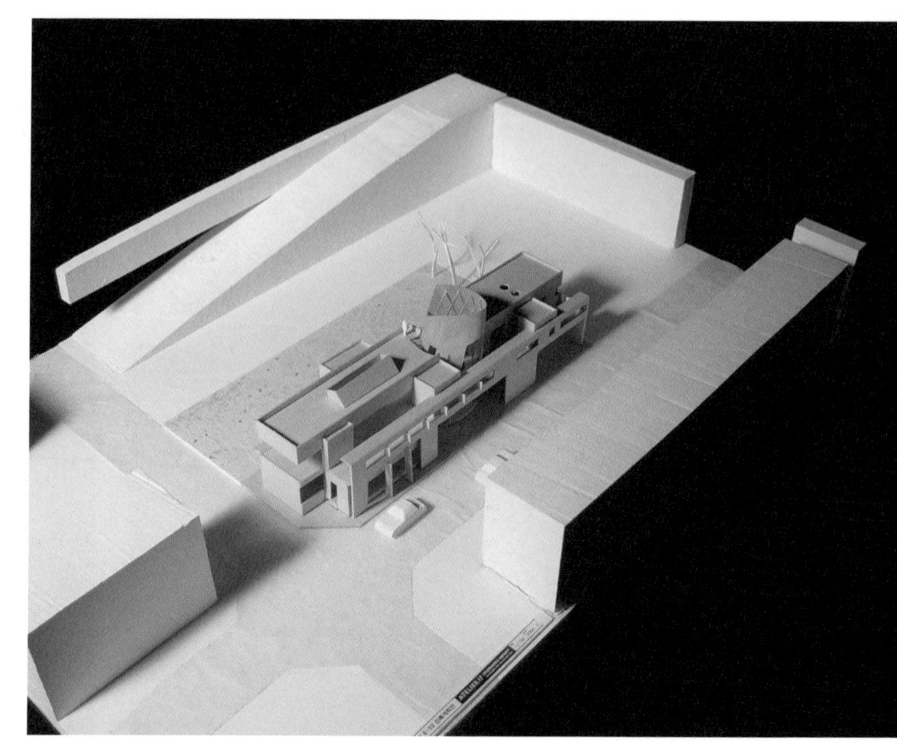

고막원 온실 내부
©문정식

고막원 모형 사진
아뜰리에17 제공

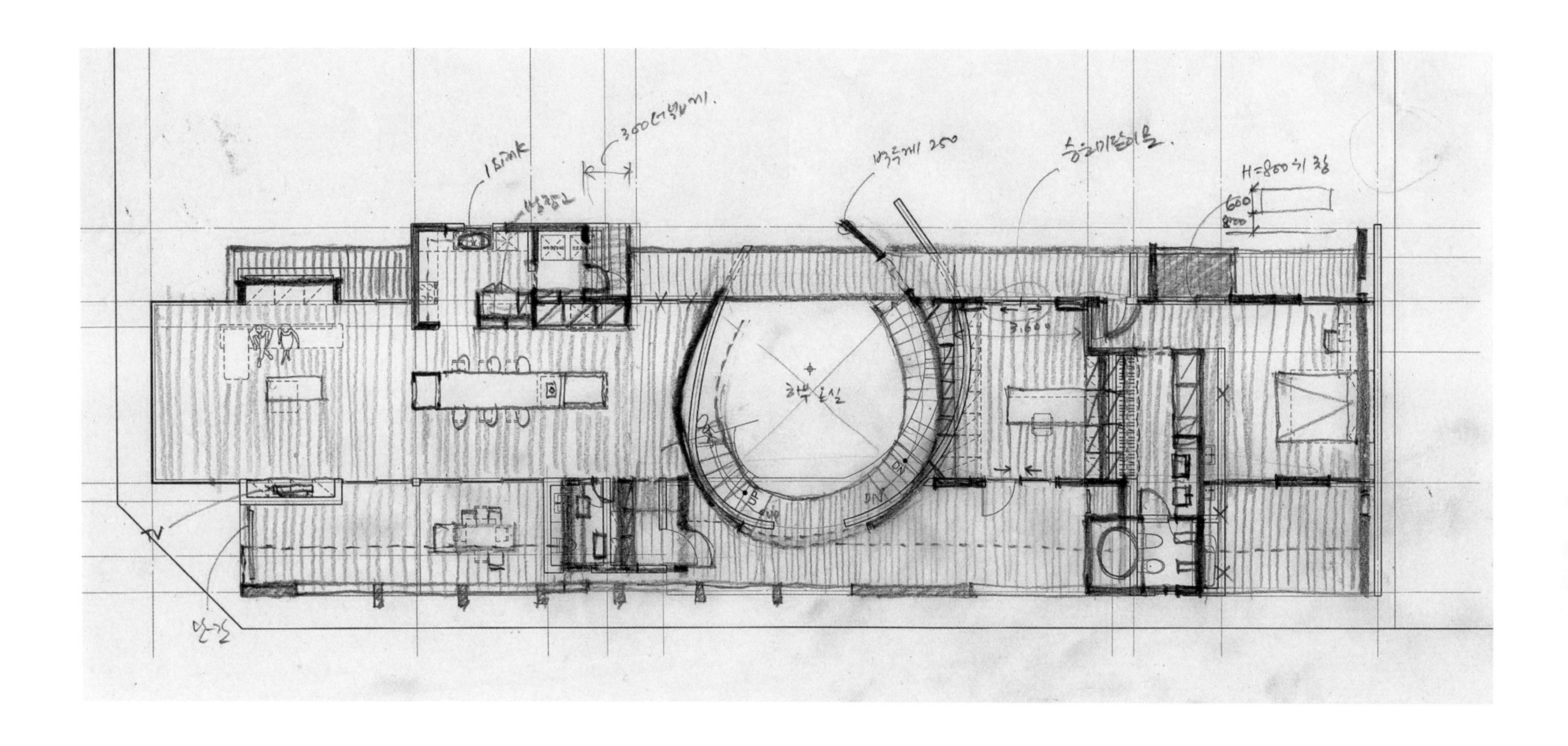

고막원 2층 평면스케치

아뜰리에17 제공

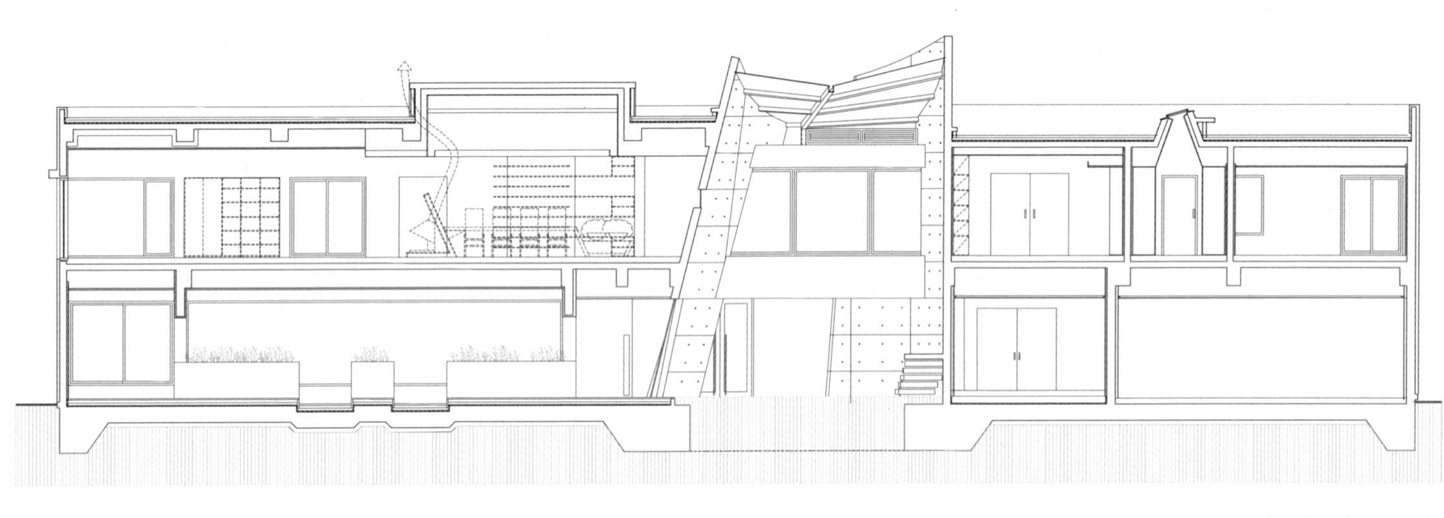

횡 단 면 도

0 1 2 4

고막원 횡단면도
아뜰리에17 제공

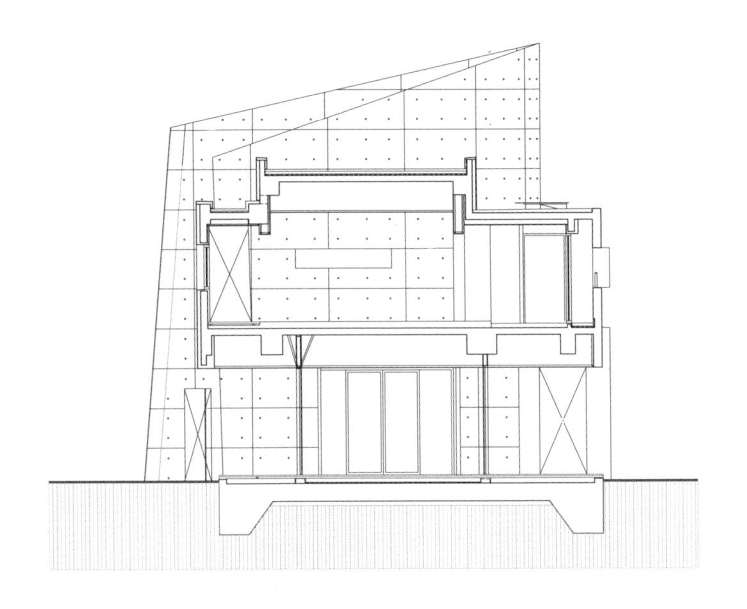

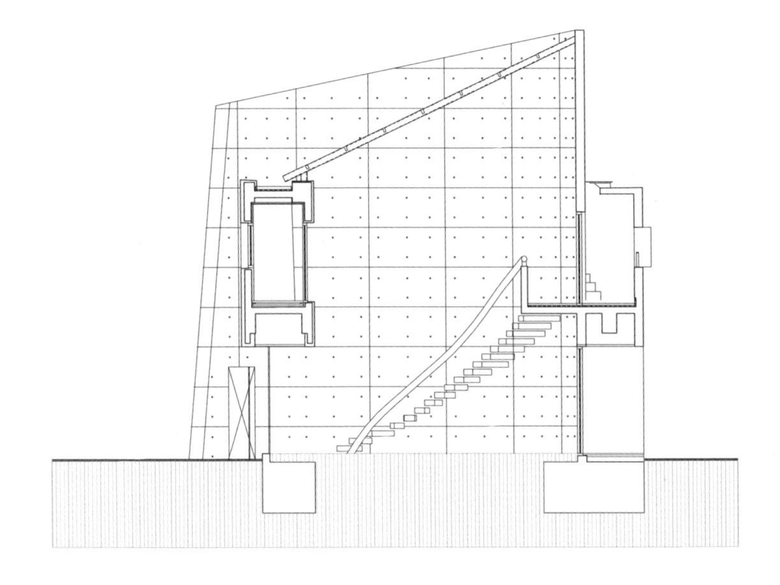

종 단 면 도 - 4

0 1 2 4

고막원 종단면도

아뜰리에17 제공

전통한옥 호텔 라궁

전통한옥 호텔 라궁은 조정구(구가도시건축)의 설계로 2007년 준공 당시 한옥의 새로운 진화를 제시하는 최초의 한옥 호텔 사례로 큰 주목을 받았다. 호텔 라궁은 경주 보문단지 내 신라밀레니엄파크의 부분으로 지어졌는데, 라궁(羅宮)은 '신라의 궁궐'이라는 뜻이다. 로비가 있는 ㅁ자형 2층 높이의 관리동과 16개의 단층 객실 등이 연못을 둘러싸며 배치되었으며 일반 객실은 돌출된 누마루형, ㄷ자형 마당형이 있고, 고급 객실인 스위트룸도 각기 변주가 가미되었다. 도시형 한옥 구조를 적용함으로써 모듈화에 기반한 경제적인 시공이 가능했으며, 그 덕분에 전체적으로 실험적이고 새로운 구성을 취하면서도 개별적인 공간 단위에서는 익숙한 한옥의 정취를 구현하였다.

설계기간 2005. 10-2006. 7
공사기간 2006. 9-2007. 4

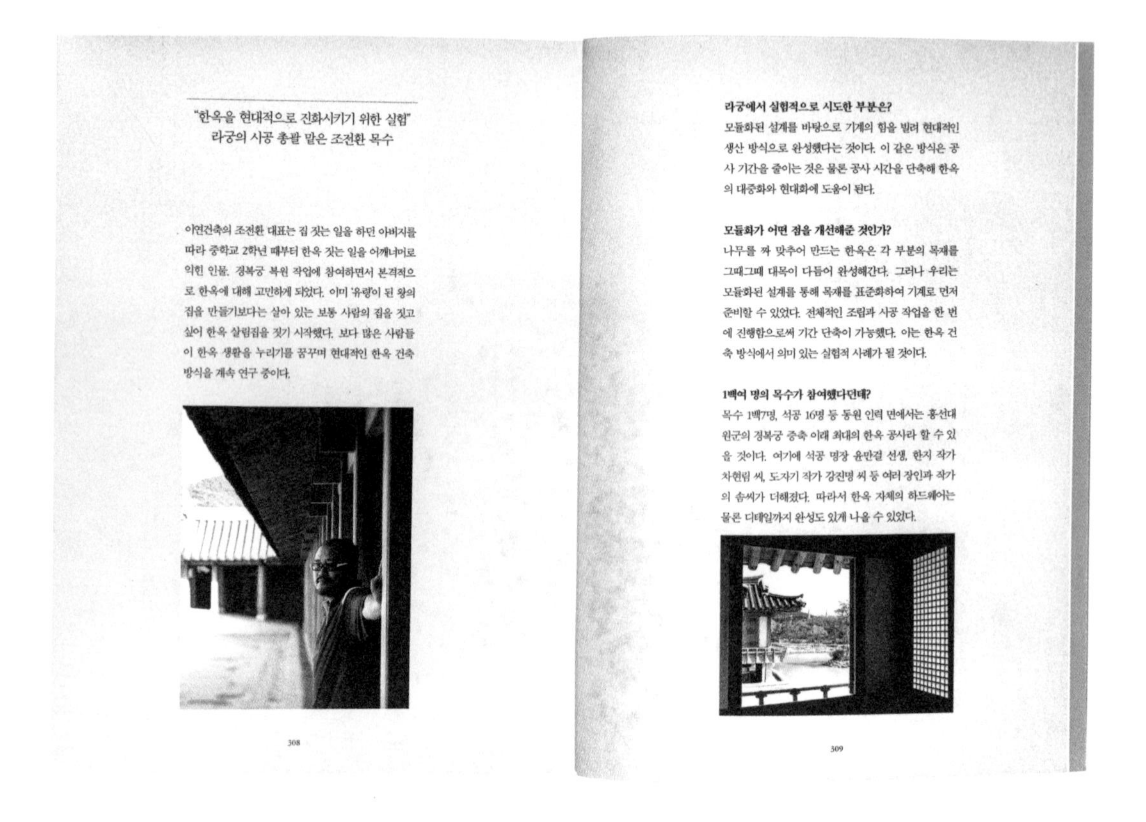

"한옥을 현대적으로 진화시키기 위한 실험"
라궁의 시공 총괄 맡은 조전환 목수

이연건축의 조전환 대표는 집 짓는 일을 하던 아버지를 따라 중학교 2학년 때부터 한옥 짓는 일을 어깨너머로 익힌 인물. 경복궁 복원 작업에 참여하면서 본격적으로 한옥에 대해 고민하게 되었다. 이미 '유령'이 된 왕의 집을 만들기보다는 살아 있는 보통 사람의 집을 짓고 싶어 한옥 살림집을 짓기 시작했다. 보다 많은 사람들이 한옥 생활을 누리기를 꿈꾸며 현대적인 한옥 건축 방식을 계속 연구 중이다.

308

라궁에서 실험적으로 시도한 부분은?
모듈화된 설계를 바탕으로 기계의 힘을 빌려 현대적인 생산 방식으로 완성했다는 것이다. 이 같은 방식은 공사 기간을 줄이는 것은 물론 공사 시간을 단축해 한옥의 대중화와 현대화에 도움이 된다.

모듈화가 어떤 점을 개선해준 것인가?
나무를 짜 맞추어 만드는 한옥은 각 부분의 목재를 그때그때 대목이 다듬어 완성해간다. 그러나 우리는 모듈화된 설계를 통해 목재를 표준화하여 기계로 먼저 준비할 수 있었다. 전체적인 조립과 시공 작업을 한 번에 진행함으로써 기간 단축이 가능했다. 이는 한옥 건축 방식에서 의미 있는 실험적 사례가 될 것이다.

1백여 명의 목수가 참여했다던데?
목수 1백7명, 석공 16명 등 동원 인력 면에서는 흥선대원군의 경복궁 중축 이래 최대의 한옥 공사라 할 수 있을 것이다. 여기에 석공 명장 윤만걸 선생, 한지 작가 차현림 씨, 도자기 작가 강진명 씨 등 여러 장인과 작가의 솜씨가 더해졌다. 따라서 한옥 자체의 하드웨어는 물론 디테일까지 완성도 있게 나올 수 있었다.

309

행복이가득한집 편집부, 『한옥, 구경』, 디자인하우스, 2014
구가건축사사무소 제공

전통한옥 호텔 라궁 전경
ⓒ박영채

전통한옥 호텔 라궁 관리동 마당
©박영채

전통한옥 호텔 라궁 모형
구가건축사사무소 제공

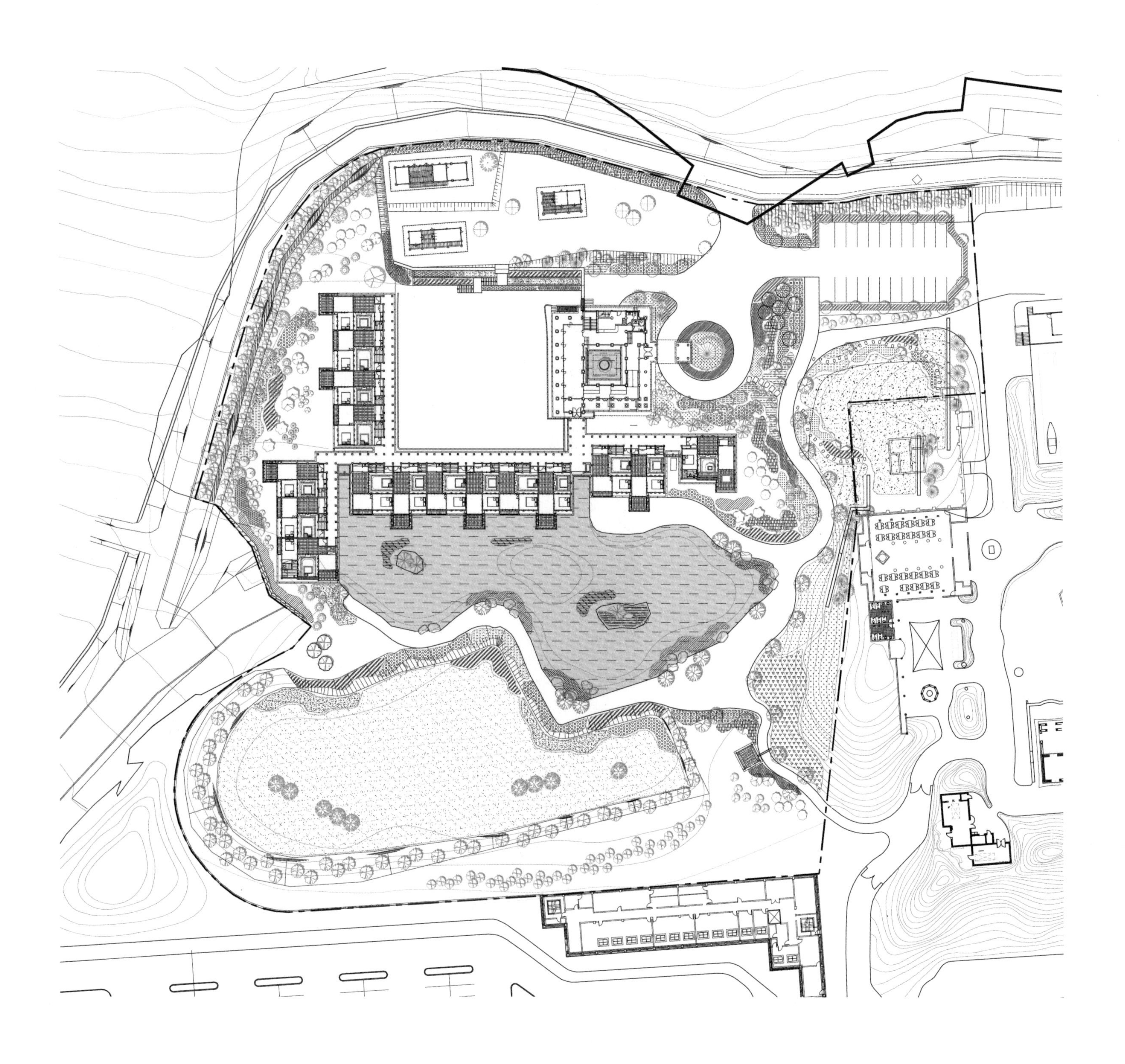

전통한옥 호텔 라궁 배치도

구가건축사사무소 제공

가회헌

서울시 종로구 재동에 위치한 가회헌은 ㅅ자형 한옥 1동, 지하층과 지상 2층의 양옥 2개동으로 구성된 이탈리안 레스토랑으로 황두진(황두진건축사사무소)이 설계하였다. 한옥보존지구인 북촌에서의 개발 행위는 의무적으로 원래 있던 한옥을 개보수하거나 비슷한 규모로 새로 지어야 하는데 당시만 하더라도 한 건축가가 한옥과 양옥을 동시에 신축하는 것은 흔치 않았다. 일반적인 북촌 도시 한옥은 ㄱ자형, ㄷ자형 등으로 꺾음부가 90도이지만 가회헌의 한옥은 꺾음부가 대지 형상에 맞춰 135도로 계획하여 지붕 구조재의 결구 방식이 따로 고안되었고, 가벼운 건식 지붕과 샌드위치 패널 위 회벽을 바르는 등 실험적인 시공이 이루어졌다.

설계기간 2005. 4-2005. 10
공사기간 2005. 10-2006. 5

가회헌 마당
가회헌 원경
©박영채

가회헌 단면 모형
황두진건축사사무소 제공

거주자우선
주차 지역

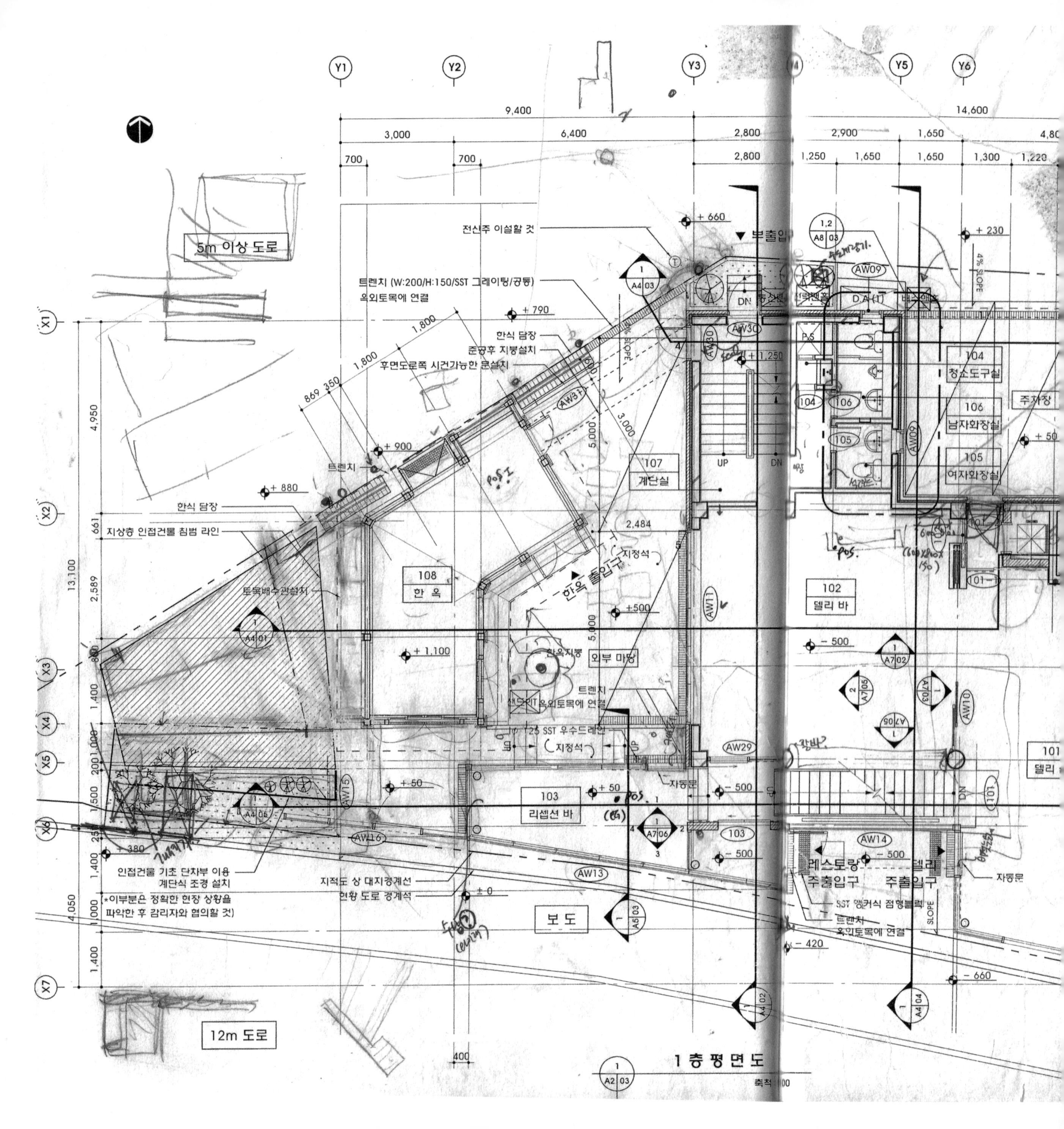
5m 이상 도로
전신주 이설할 것
트렌치 (W:200/H:150/SST 그레이팅/공통)
옥외토목에 연결
한식 담장
준공후 지붕설치
후면도로쪽 시건가능한 문설치
트렌치
지상층 인접건물 침범 라인
토목배수관설치
부출입
107
계단실
108
한 옥
한옥 출입구
지정석
외부 마당
트렌치
옥외토목에 연결
25 SST 우수드레인
103
리셉션 바
자동문
102
델리 바
104
청소도구실
106
남자화장실
105
여자화장실
주차장
101
델리
레스토랑 주출입구
델리 주출입구
SST 앵커식 점형블럭
트렌치
옥외토목에 연결
인접건물 기초 단차부 이용 계단식 조경 설치
(*이부분은 정확한 현장 상황을 파악한 후 감리자와 협의할 것)
지적도 상 대지경계선
현황 도로 경계석
보 도
12m 도로
1 층 평면도
축척 1:100

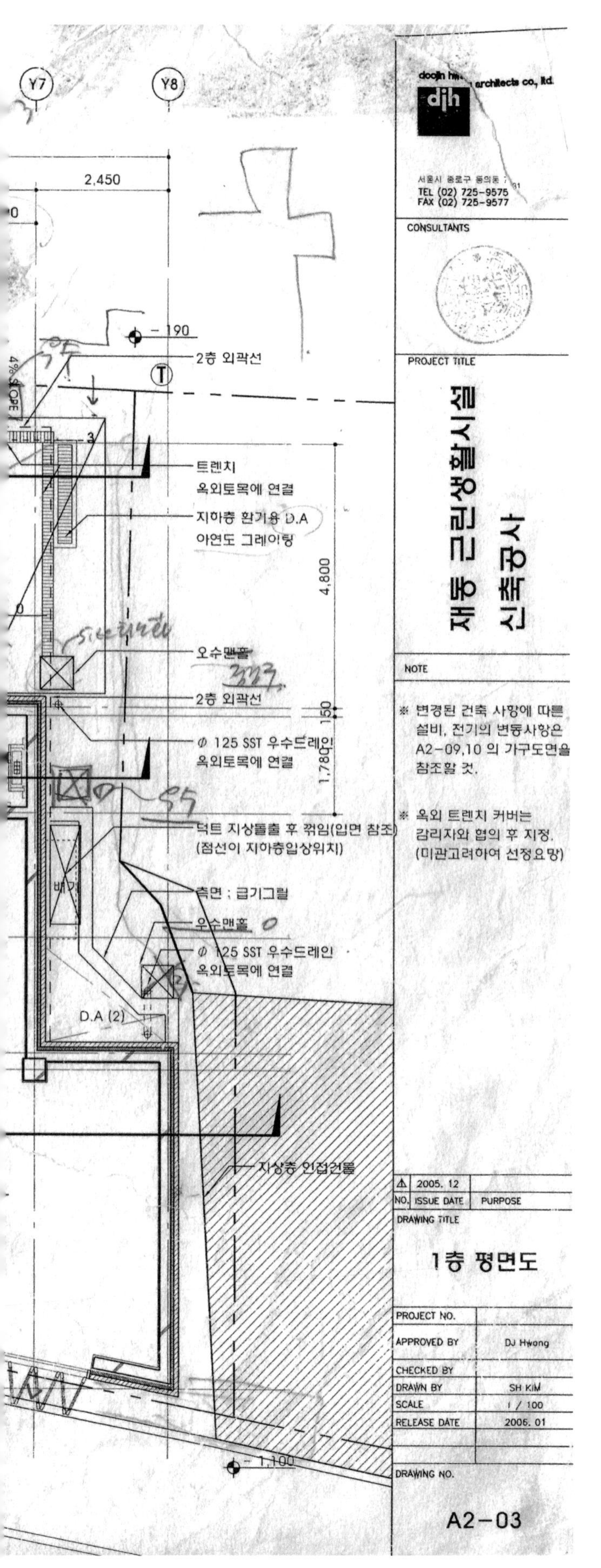

재동 근린생활시설 신축공사 1층 평면도

2006, 황두진건축사사무소 제공

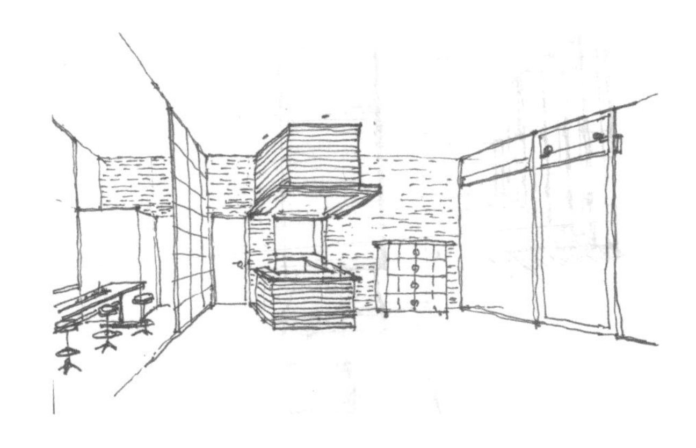

가회헌 실물스케치

황두진건축사사무소 제공

서울대학교 39동 대학원연구동

공사기간 2003. 12-2006. 12

서울대학교 관악캠퍼스 39동 대학원연구동은 공과대학 본부와 건축학과가 있는 건물이다. BK21 대규모 캠퍼스 인프라 구축 사업의 2단계(2001-2003) 산물로, 설계 공모 결과 장윤규(운생동)+문진호(정림건축)의 당선안으로 추진되어 2006년 준공되었다. 대지의 연속성을 감안하여 다양한 높이에서 진입할 수 있는 포디움이 있고, 그 위를 4개의 매스가 부유하는 듯한 형상이 특징이다. 내부 공간은 건축대학의 특수성을 반영하여 매 학기 크리틱과 전시를 할 수 있는 넓은 복도와 여러 층을 관통하는 다양한 층고와 계단이 두드러진다.

서울대학교 39동 대학원연구동 모형
서울대학교 건축학과 제작, 2021

39동 공간 다이어그램, 운생동 제공
Unsangdong Architects, 『COMPOUND BODY』, UNSANGDONG Publishing Co., 2010
운생동 제공

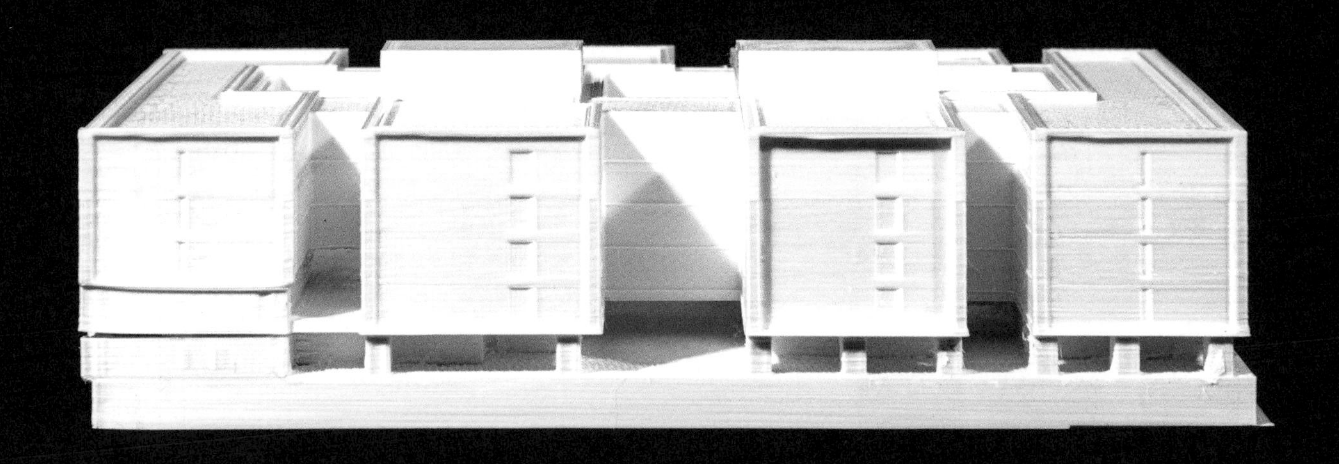

Research Scape

연구 Cluster 시스템 + 다목적 연결 시스템

Research + Landscape

7. 평면계획

평면계획의 주안점

- 클러스터 개념 적용에 의한 연구실험을 원활하게 하는 효율적 공간구조와 친환경적 시스템 구성
- 추후 변화와 요구에 대응하는 가변적이고 모듈화된 평면구성

효율적인 구성계획

사용자 영역분리로 기능적인 환경구축
(연구/실험실/실험실습/행정/관리)

Cluster형의 평면계획

단위그룹의 원활한 운영 및
이동동선의 최소화 계획

공간의 가변적 활용계획

가변성을 고려한 모듈계획과 이동벽체 활용으로
다양한 규모와 용도에 대응할 수 있는
융통성 있는 공간계획

간결한 동선계획

일률적인 코어배치와 주동선 축을 중심으로
내부 순환하는 간결한 동선 구축

개방감 확보

편복도 & 커튼월 계획으로 유효폭 이상의
개방감을 확보하고 이동동선에 대한 통행의
혼잡을 간결화

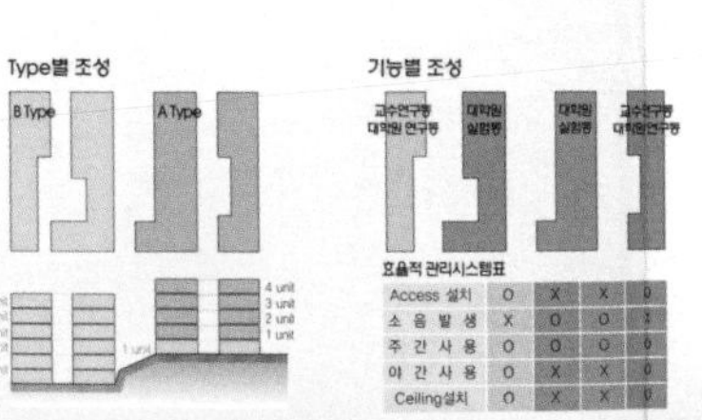

효율적 관리시스템표

Access 설치	O	X	X	O
소 음 발 생	X	O	O	X
주 간 사 용	O	O	O	O
야 간 사 용	O	X	X	O
Ceiling설치	O	X	X	O

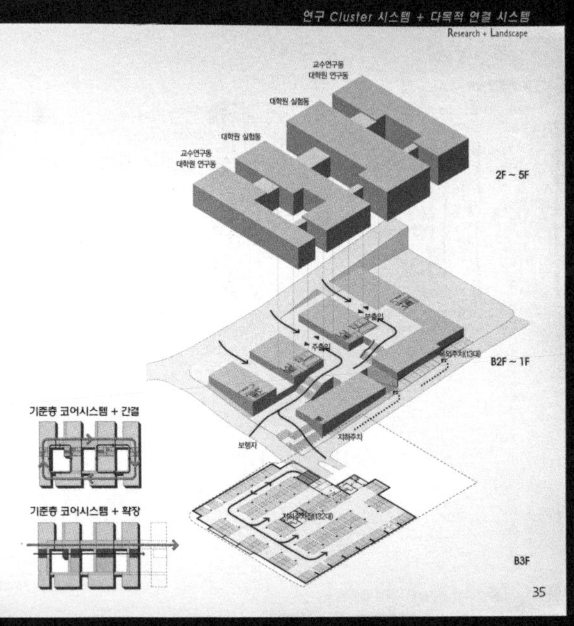

34

35

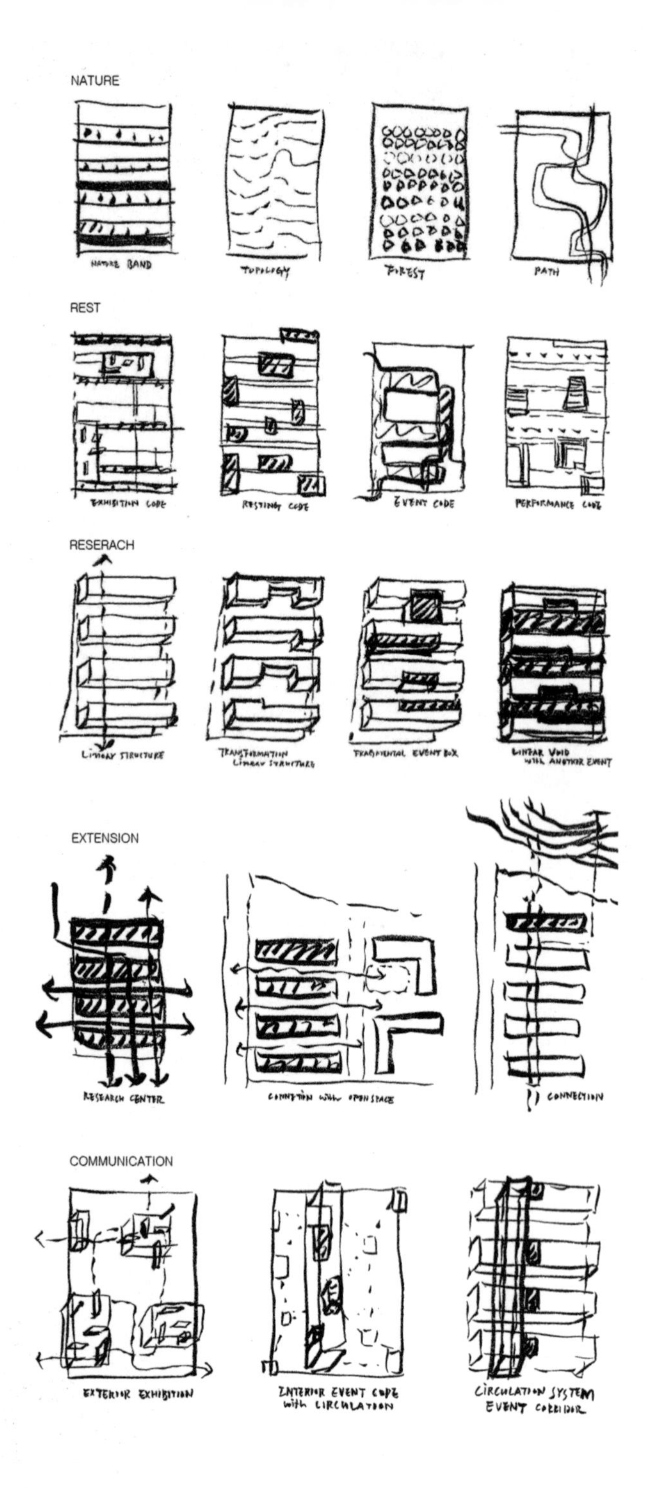

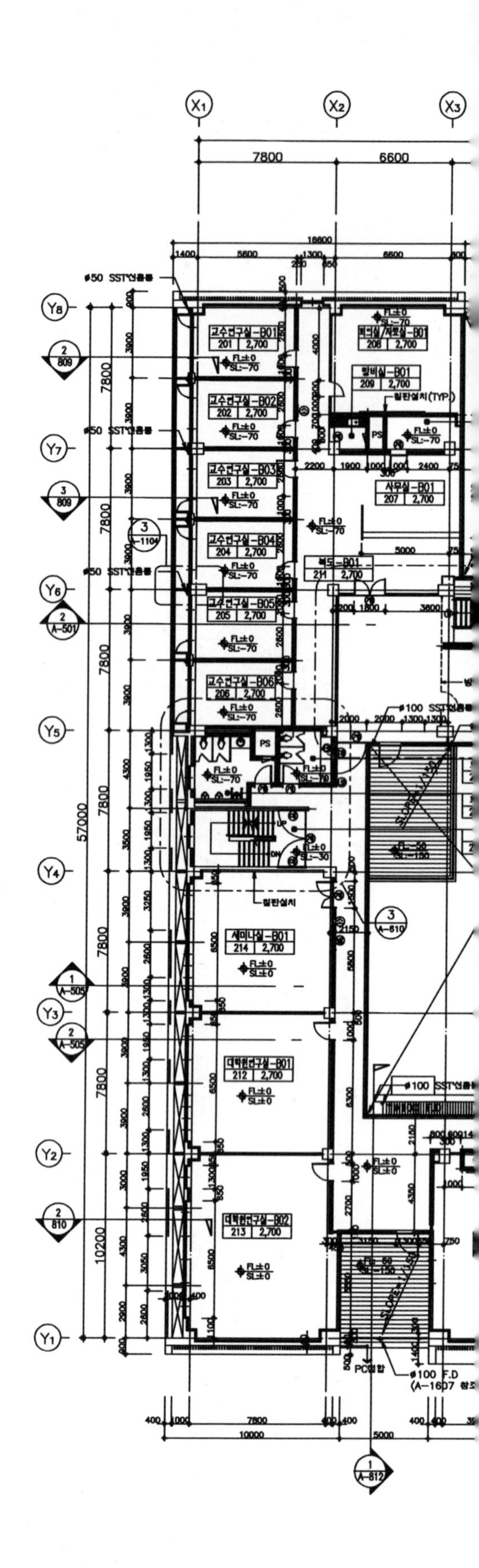

정림건축종합건축사사무소, 『Research Scape』
운생동 건축사사무소 제공

『서울대학교 대학원 교육연구동 1단계 실시설계—
공사계획서』, 2003-2004, 운생동 건축사사무소 제공

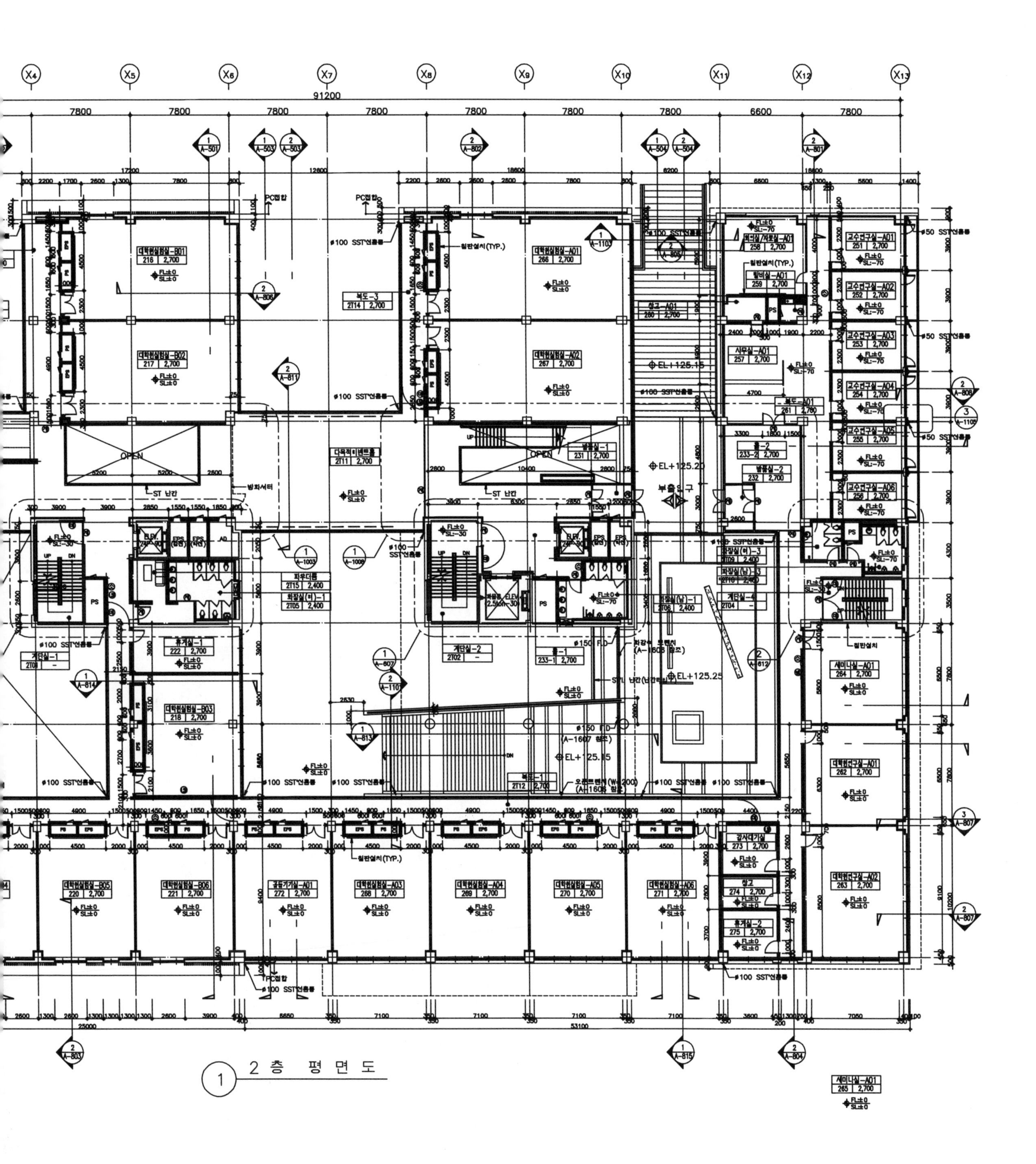
X4
X5
X6
X7
X8
X9
X10
X11
X12
X13
91200
7800
6600
OPEN
EL+125.15
EL+125.20
EL+125.25
대학원실험실-B01
대학원실험실-B02
대학원실험실-B03
대학원실험실-B05
대학원실험실-B06
대학원실험실-A01
대학원실험실-A02
대학원실험실-A03
대학원실험실-A04
대학원실험실-A05
대학원실험실-A06
복도-3
다목적이벤트홀
파우더룸
휴게실-1
휴게실-2
계단실-1
계단실-2
홀-1
홀-2
창고-A01
시무실-A01
회의실/자료실-A01
교수연구실-A01
교수연구실-A02
교수연구실-A03
교수연구실-A04
교수연구실-A05
교수연구실-A06
세미나실-A01
대학원연구실-A01
대학원연구실-A02
공동기기실-A01
복도-1
ø100 SST선홈통
53100
25000

1 2 층 평 면 도

세미나실-A01
265 2,700
FL±0
SL±0

행정중심복합도시 중심행정타운 마스터플랜 및 정부세종청사

세종시 행정중심복합도시 중심행정타운은 지역 균형개발을 위해 중앙정부 행정기관들을 이전하기 위해 조성된 곳으로, 고리형 도시 개념을 가진 행정중심복합도시에서 가장 핵심적인 지구다. 2007년 행정중심복합도시 중심행정타운 조성 국제공모전의 당선안은 윤세한·김태만(해안건축)이 에이치 아키텍처와 함께 건축과 도시를 담당하며 팀을 주도하였고, 발모리 어소시에이츠가 조경을 맡아 협력하였다. Flat City, Link City, Zero City라는 세 가지 개념을 제시하며 상호 상관성 아래 건축과 도시와 조경이 역사적 경험을 공유하며 융합적이고 총체적으로 결합 되어 이루어졌음을 설명하고 있다.

설계기간
2006. 9 - 2007. 1 (마스터플랜)
2007. 10 - 2008. 6 (정부세종청사 1-1구역)
2010. 12 - 2011. 11 (정부세종청사 2-2구역)

공사기간
2008. 12 - 2012. 4 (정부세종청사 1-1구역)
2011. 11 - 2013. 11 (정부세종청사 2-2구역)

정부세종청사 1-1구역
©박영채

정부세종청사 2-2구역
©박영채

행정중심복합도시 중심행정타운
마스터플랜
해안종합건축사사무소 제공

남산한옥마을 전통국악공연장

서울시 중구 필동 84-1 남산골 한옥마을 내 전통국악공연장은 도심지 전통문화체험 시설이자 국악전용극장으로 2007년에 개관하였다. 서울남산국악당이라고도 불리며 김용미(금성종합건축사사무소)가 설계하였고 지하 2층, 지상 1층 규모다. 지면 위로 여러 채의 전통적인 한식 건물이 드러나는데, 전통적인 권위건축의 질서를 따라 마당을 둘러싸는 배치와 다양한 지붕형식이 건물의 규모와 위계에 맞춰 조화롭게 적용되었다. 서측에서 너른 안마당에 진입하면 북측에는 국악체험실, 남측에는 공연장 로비가 자리한다. 이 로비공간은 지하공간에 있는 300석 규모의 공연장과 선큰가든(sunken garden)으로 연결되어 있다. 침상원이라 불리는 이 선큰가든은 자연 채광이 가능하며 경복궁 교태전 영역과 유사한 계단식 조경으로 꾸며져 있다.

설계기간 2005. 7-2005. 9
공사기간 2005. 11-2007. 10

남산한옥마을 전통국악공연장 내부
남산한옥마을 전통국악공연장 외부
©조명환

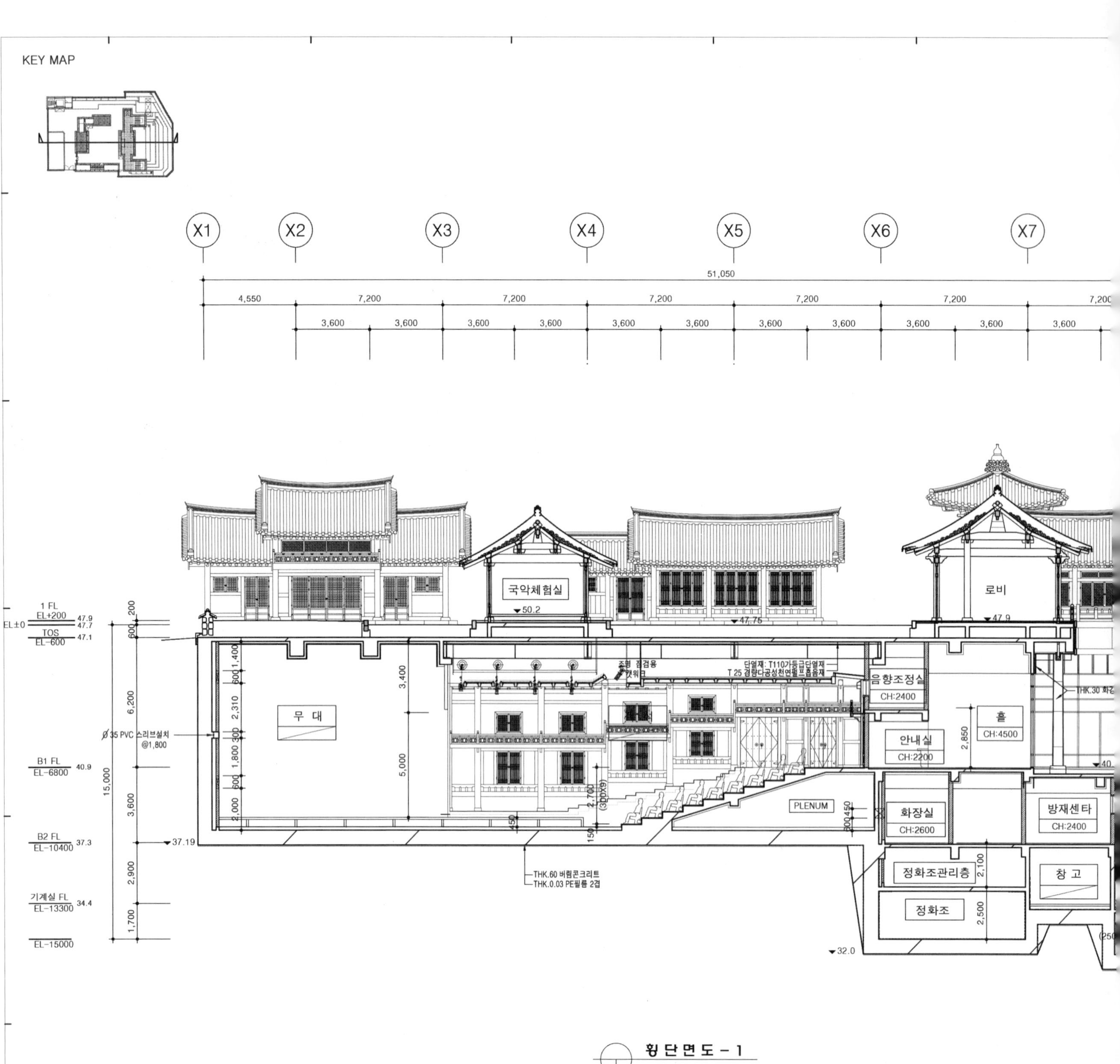
KEY MAP
X1
X2
X3
X4
X5
X6
X7
51,050
4,550
7,200
3,600
1 FL
EL+200
EL±0
TOS
EL-600
B1 FL
EL-6800
B2 FL
EL-10400
기계실 FL
EL-13300
EL-15000
국악체험실
로비
무 대
음향조정실
CH:2400
홀
CH:4500
안내실
CH:2200
PLENUM
화장실
CH:2600
방재센타
CH:2400
정화조관리층
창 고
정화조
Ø 35 PVC 스리브설치 @1,800
THK.60 버림콘크리트
THK.0.03 PE필름 2겹
15,000
6,200
3,600
2,900
1,700
3,400
5,000

횡단면도 - 1

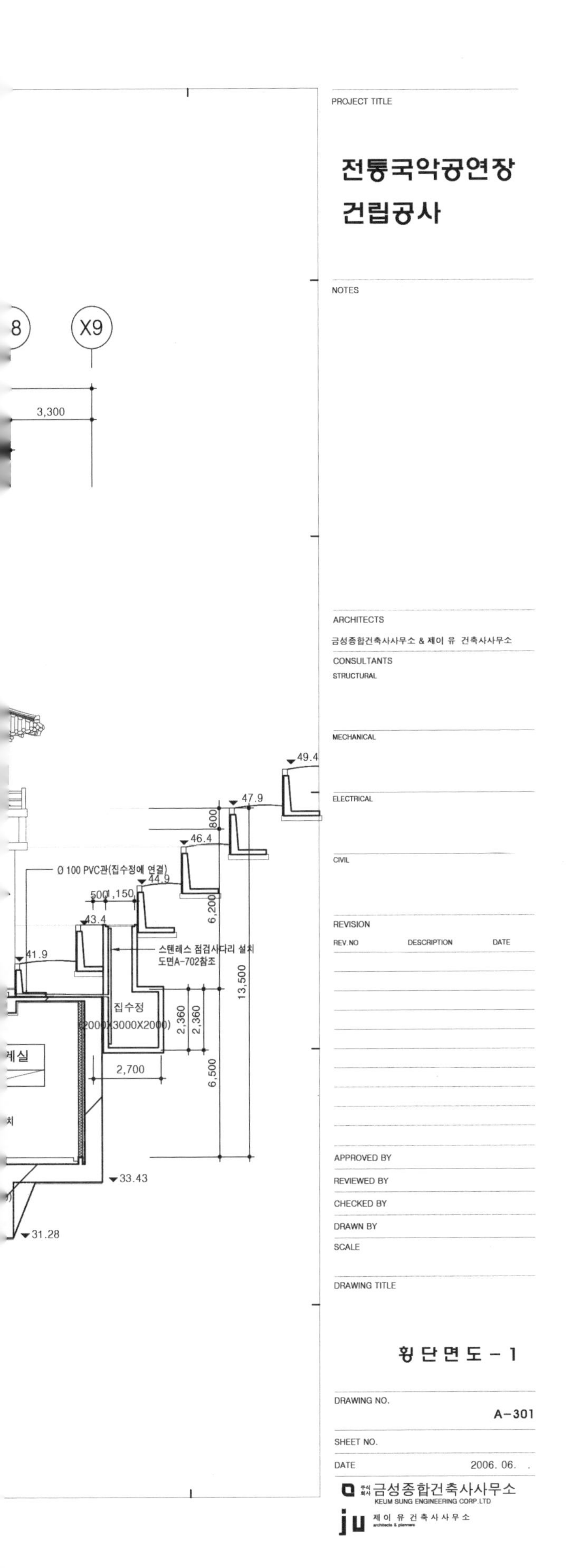

남산한옥마을 전통국악공연장 횡단면도
2006, 금성종합건축사사무소 제공

남산한옥마을 전통국악공연장 전경
© 조명환

한유그룹사옥

서울시 관악구 봉천동 남부순환로에 위치한 한유그룹사옥은 주유소와 사무실이 합쳐진 복합건물이다. 중구 장충동 경동교회 옆 서울석유주식회사 사옥에서 같은 방식의 복합건물을 선보인 임재용(건축사사무소 OCA)이 설계하였다. 한유그룹사옥의 저층부 주유소는 차량진입과 보행의 편의를 위해 주변 가로와 적극적으로 소통하고, 지상 8층 높이의 금속 틀에 다양한 경사각와 질감의 유리가 끼워진 상부의 전면은 빠르게 변화하는 도시의 풍경을 담아내고자 한 설계자의 의도가 담겨 있다. 상층부 다섯 개층 일부를 비워낸 곳에는 서로 엇갈리게 걸려있는 브릿지가 내·외부 공간에 풍요로움을 더하고 있다.

설계기간 2007. 7-2008. 5
공사기간 2008. 7-2009. 11

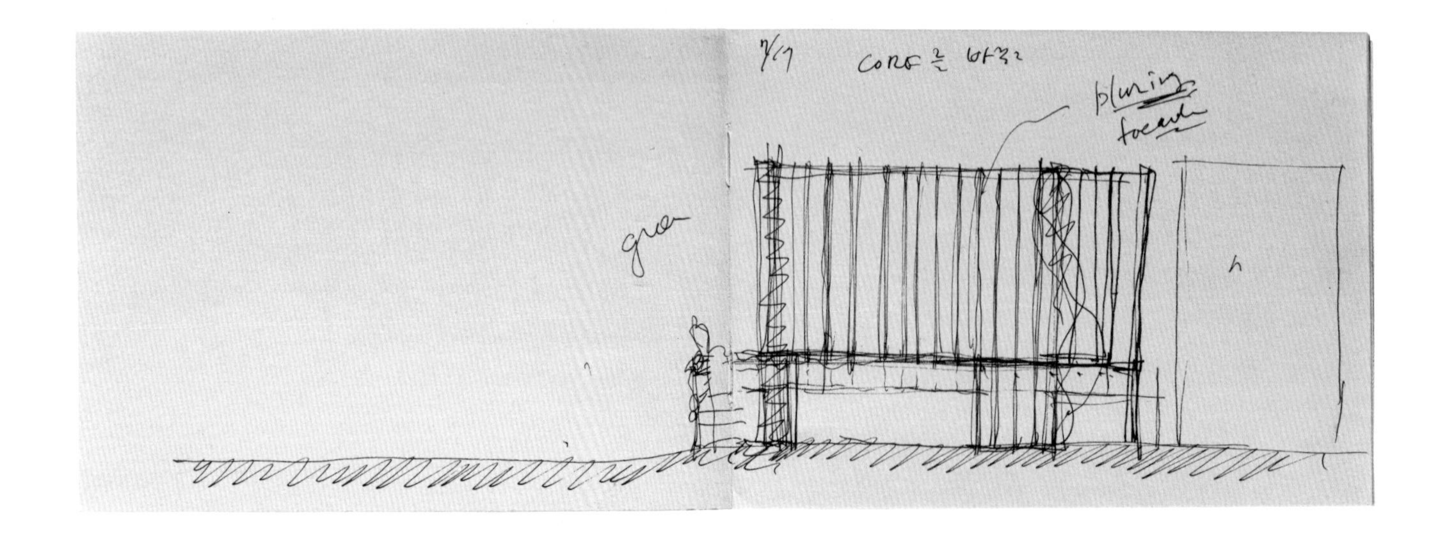

한유그룹사옥 스케치노트
건축사사무소 OCA 제공

한유그룹 사옥 전경
©김용관

Hanyu
21 시흥 IC Siheung IC
서울대입구역 Seoul Nat'l Univ Stn
낙성대동
당곡사거리 Danggok Jct
250m
Hanyu

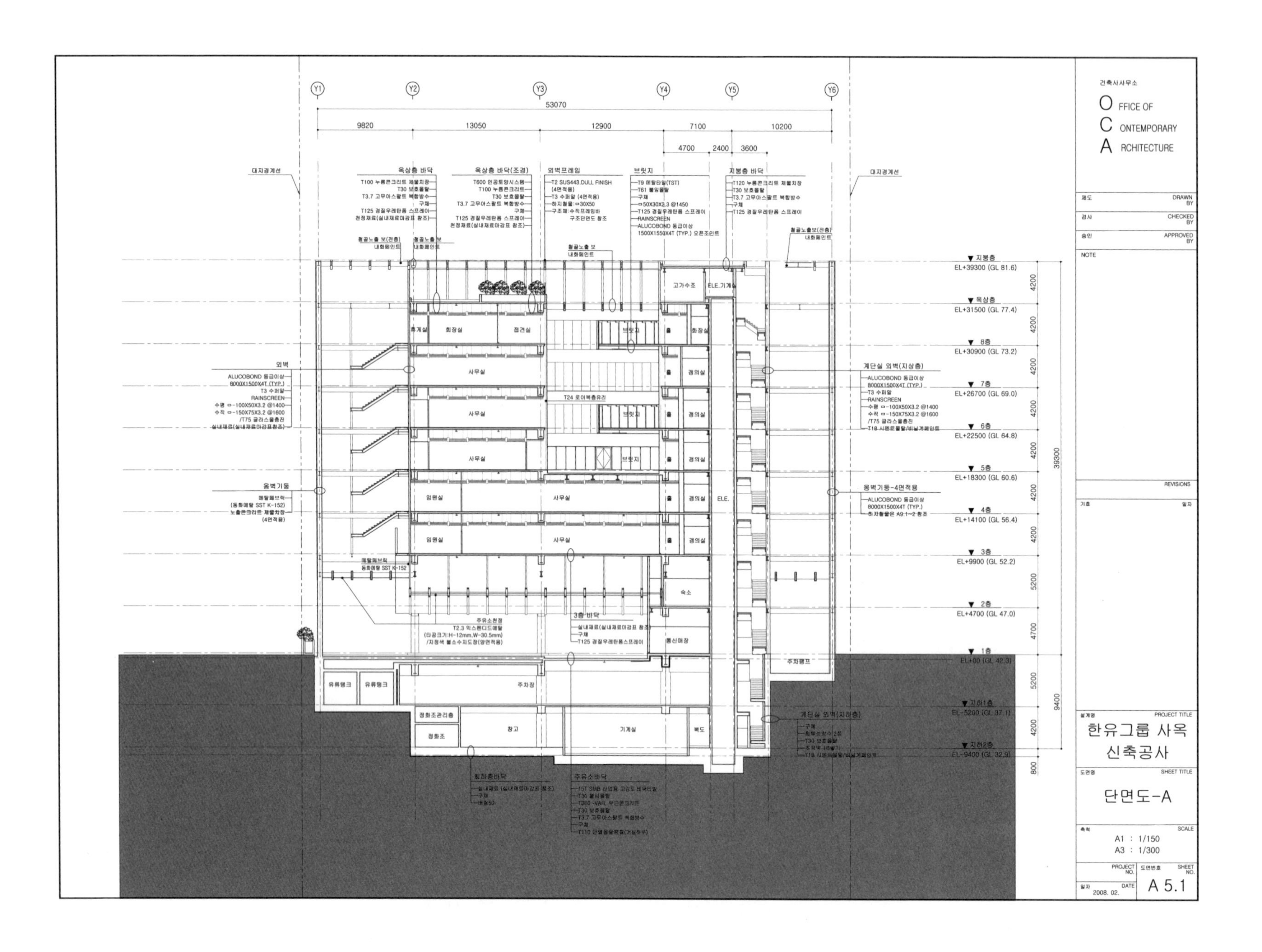

한유그룹 사옥 단면도-A

2008, 건축사사무소 OCA 제공

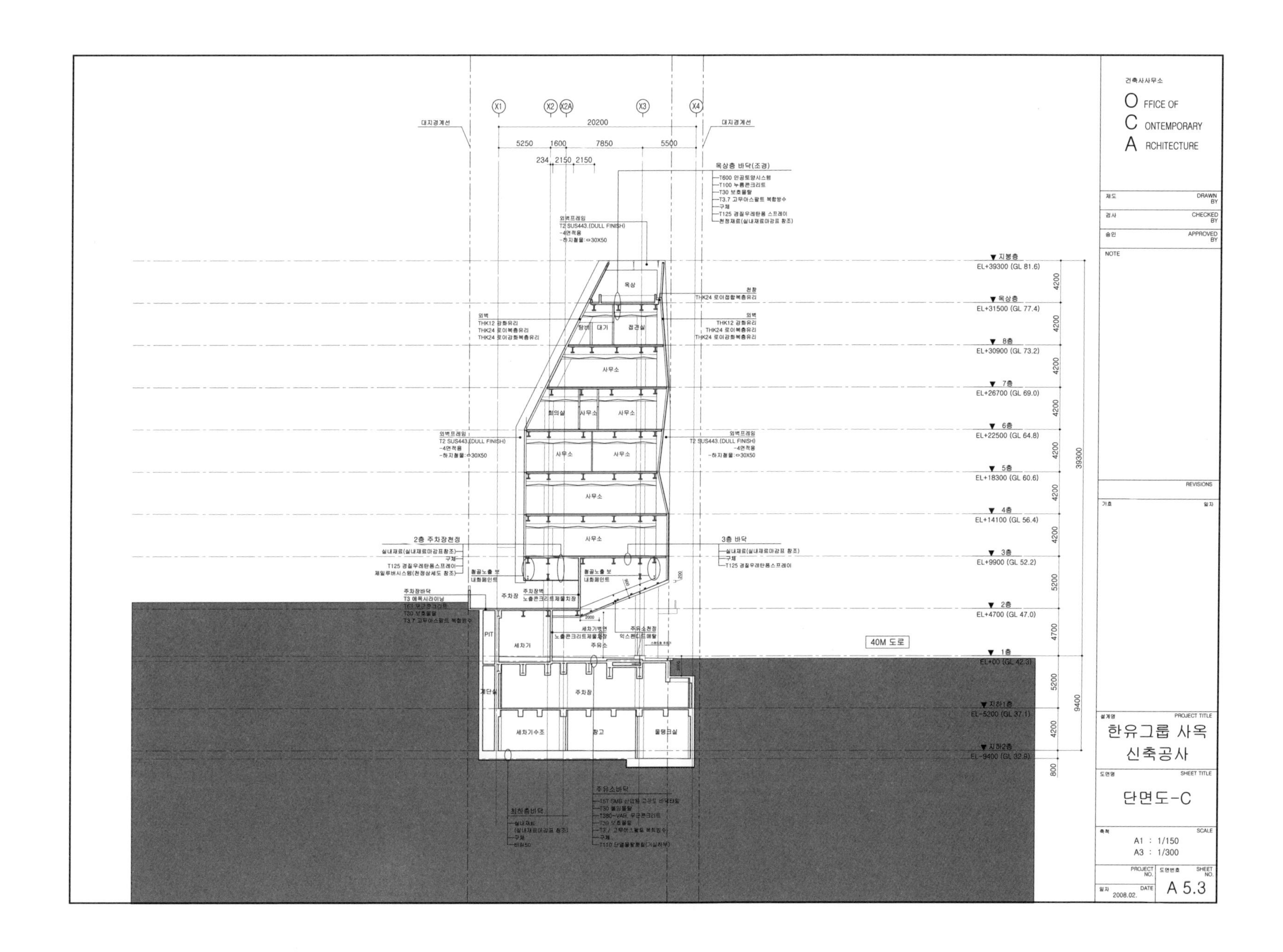

한유그룹 사옥 단면도-C

2008, 건축사사무소 OCA 제공

탄허대종사기념박물관

서울시 강남구 자곡동의 탄허대종사기념박물관은 고승이자 불교학자인 탄허 스님(1913-1983)을 기리는 기념관이다. 이성관(건축사사무소 한울건축)의 설계로 2010년 준공되었다. 전통사찰에서 여러 채의 건물이 수평적으로 연결된 건축적 여정을 도심의 수직적 조건에서 수용하고자 제한된 볼륨 안에 기념관, 법당, 강당, 승방 등 다양한 프로그램을 압축적이고 입체적으로 구성하였다. 금강경이 새겨진 유리와 놋쇠판과 함께 종교적 은유와 상징을 공간으로 구현한 점과 닫집 및 지붕 추녀부를 감각적으로 재해석한 점 등이 주목된다.

설계기간 2008. 1-2008. 5
공사기간 2008. 5-2010. 1

탄허대종사기념박물관 전경
건축사사무소 한울건축 제공

금강경 놋쇠판 시공 사진
건축사사무소 한울건축 제공

금강경 놋쇠판 목업 과정
건축사사무소 한울건축 제공

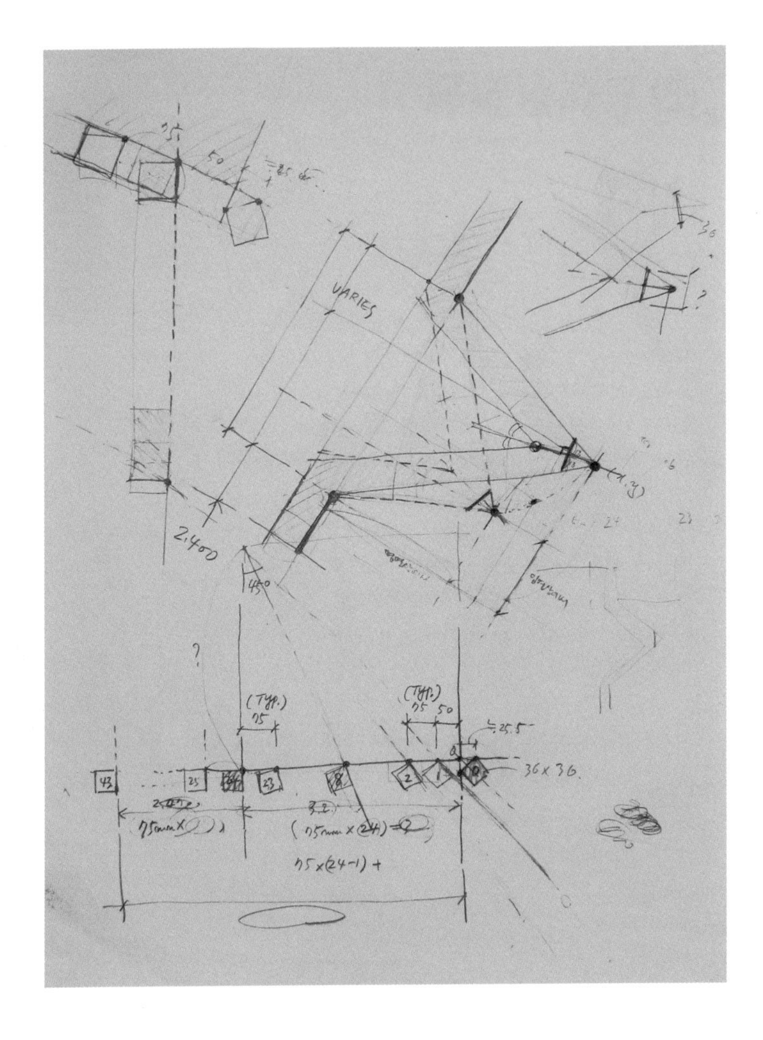

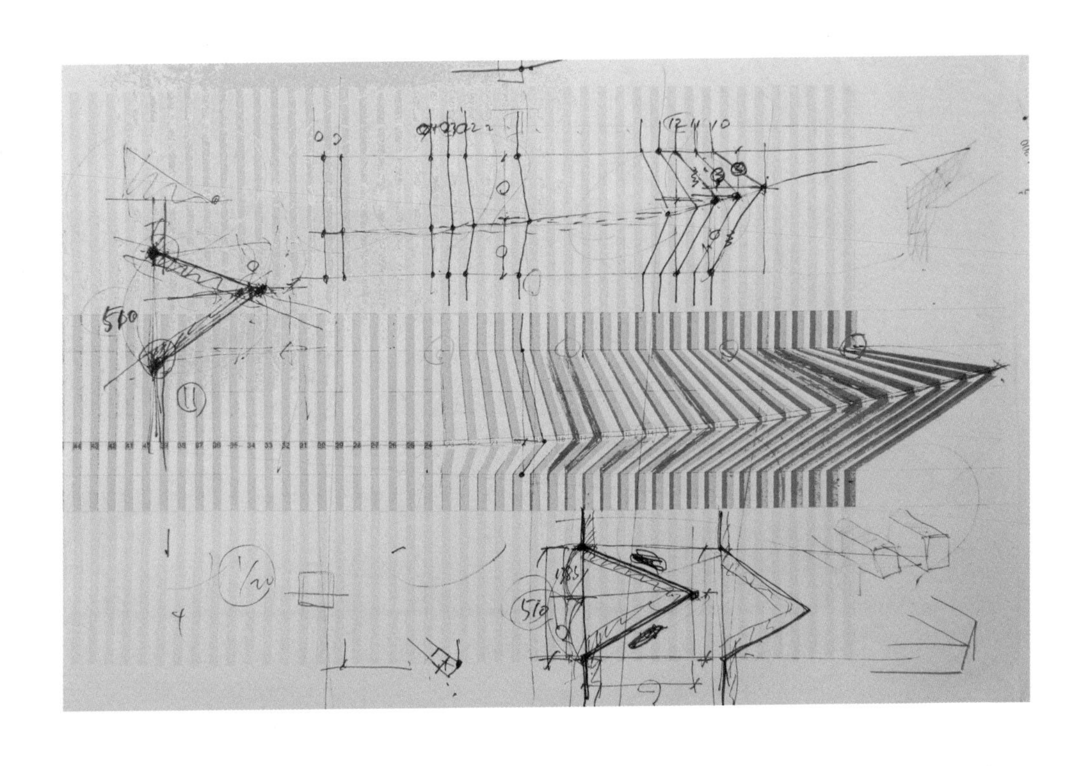

이성관·정연중, 『Tanheo Grand Master Buddhist Memorial Museum』, vergum 2016, 건축사사무소 한울건축 제공

탄허대종사기념박물관 스케치
건축사사무소 한울건축 제공

반포효성빌딩

반포효성빌딩은 서울특별시 서초구 반포동의 가톨릭대학교의 건너편 반포대로변에 위치한 지하 6층, 지상 20층 규모의 대형 오피스 건물이다. 오섬훈(건축사사무소 어반엑스)의 설계로 2011년 준공되었다. 크게 자동차 전시장이 있는 저층부와 그 위로 사무공간이 적층된 고층부로 나누어 볼 수 있다. 고층부의 입면에서 공간적 깊이감을 추구한 초기 아이디어는 실시설계 과정에서 고층부 커튼월을 구성하는 돌출 루버에 구멍을 뚫어 외부에서 보이는 각도에 따라 감각적으로 변화하는 입면 패턴으로 귀결되었다. 단조롭기 쉬운 대형 오피스 건축의 입면을 풍요롭게 한 이와 같은 방식은 이후 다른 오피스 건축에 영향을 미쳤다.

설계기간 2008. 1-2010. 7
공사기간 2009. 1-2011. 8

반포효성빌딩 근경
©박영채

반포효성빌딩 모형사진
2010, 건축사사무소 어반엑스 제공

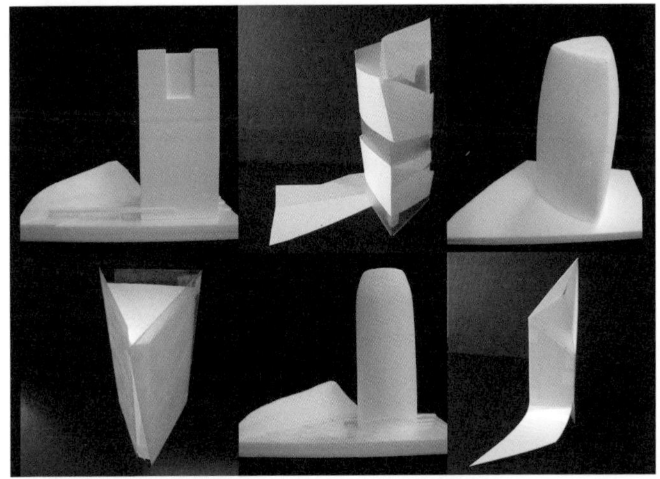

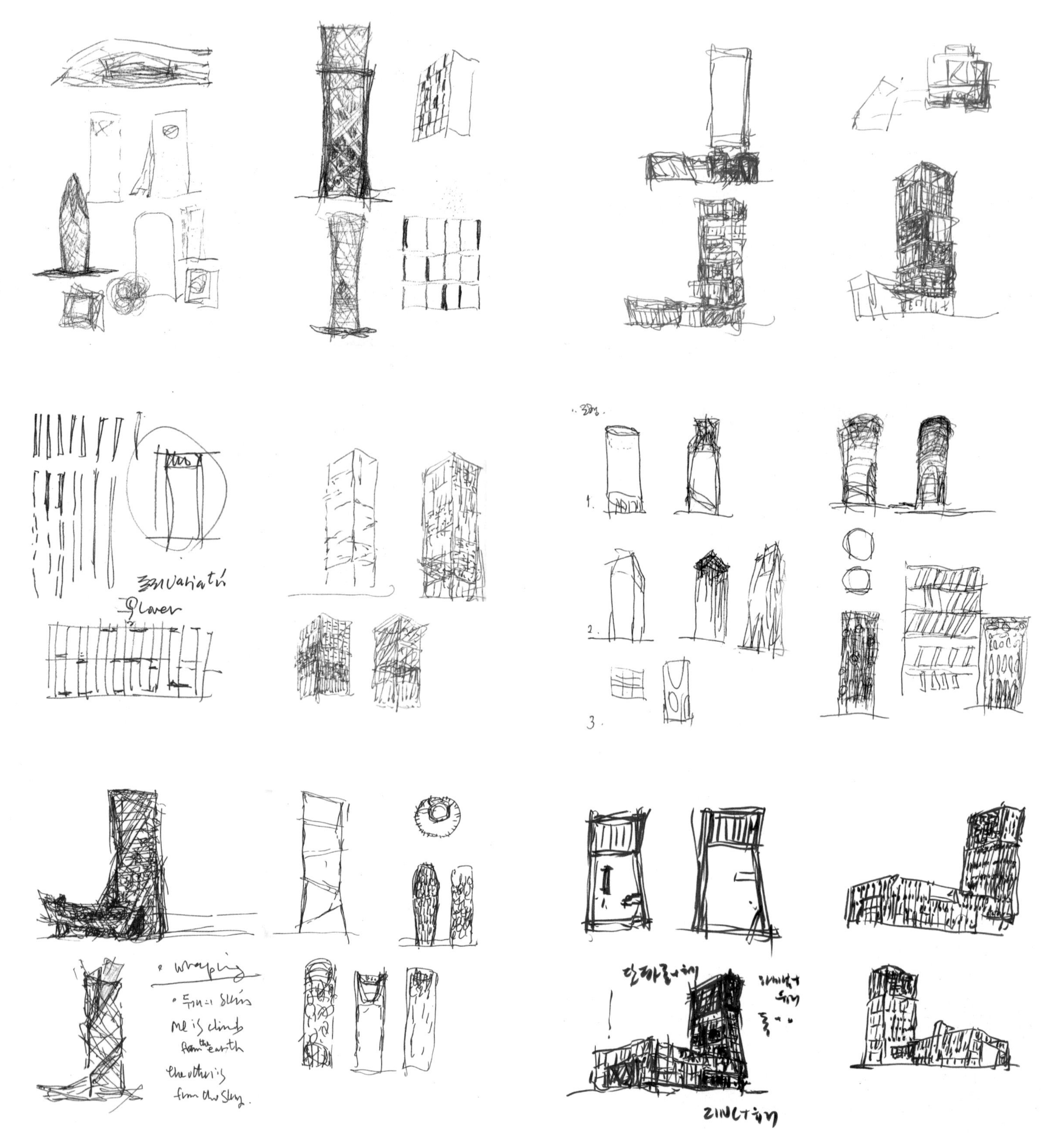

반포효성빌딩 스케치

2010, 건축사사무소 어반엑스 제공

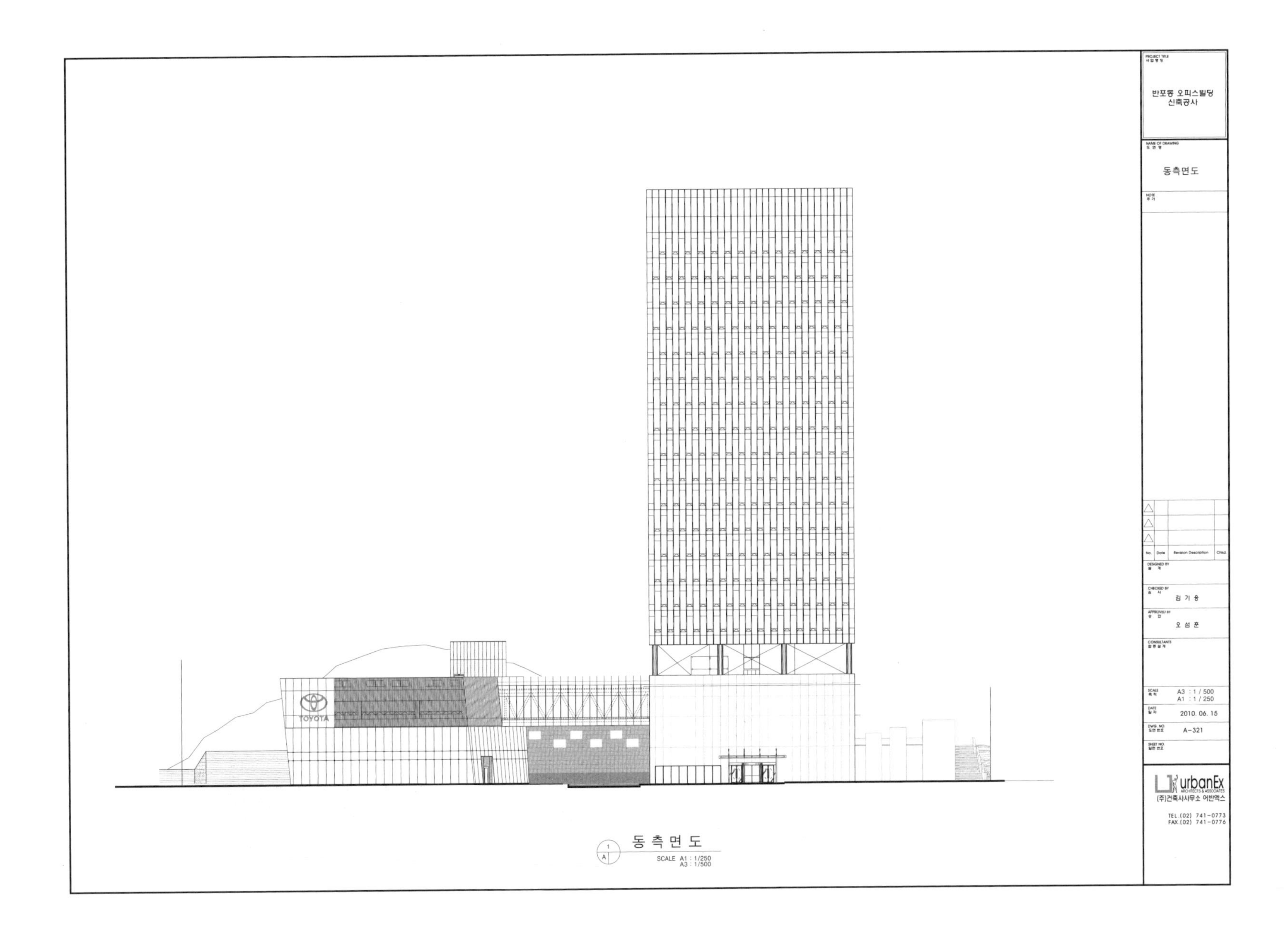

반포효성빌딩 동측면도

2010, 건축사사무소 어반엑스 제공

아름지기

아름지기는 경복궁 서쪽, 남북방향 도로 건너편 통의동에 위치하는 지하 1층, 지상 4층 규모의 사옥이다. 설계는 김종규(M.A.R.U.)와 김봉렬(한국예술종합학교)의 협업으로 진행되었다. 2013년 준공 당시 노출콘크리트와 반투명 저철분 유리로 구성된 매끈한 현대적 건물과 2층에 자리한 목조 한옥이 어우러진 모습으로 크게 주목받았다. 남쪽을 바라보는 一자형 한옥은 아름지기의 사랑방으로 사용되며, 안마당은 양측의 사무동을 연결하고 경복궁 쪽으로 열린 마당과 이어져 다양한 용도로 사용되고 있다.

설계기간 2011. 1-2011. 12
공사기간 2012. 3-2013. 7

아름지기 모형사진
©김용관

아름지기 안마당
©김용관

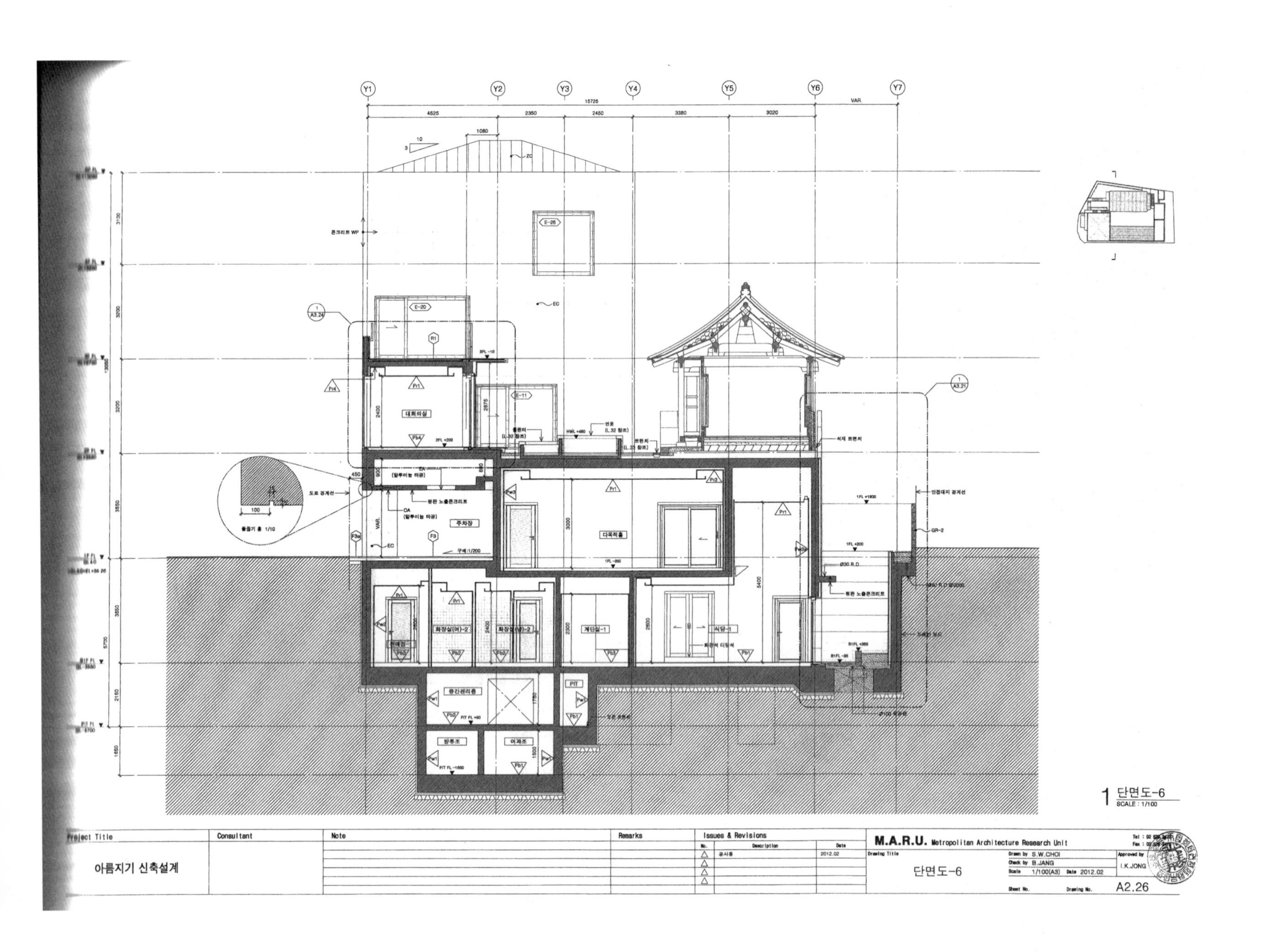

아름지기 단면도-6

2012, 김봉렬 제공

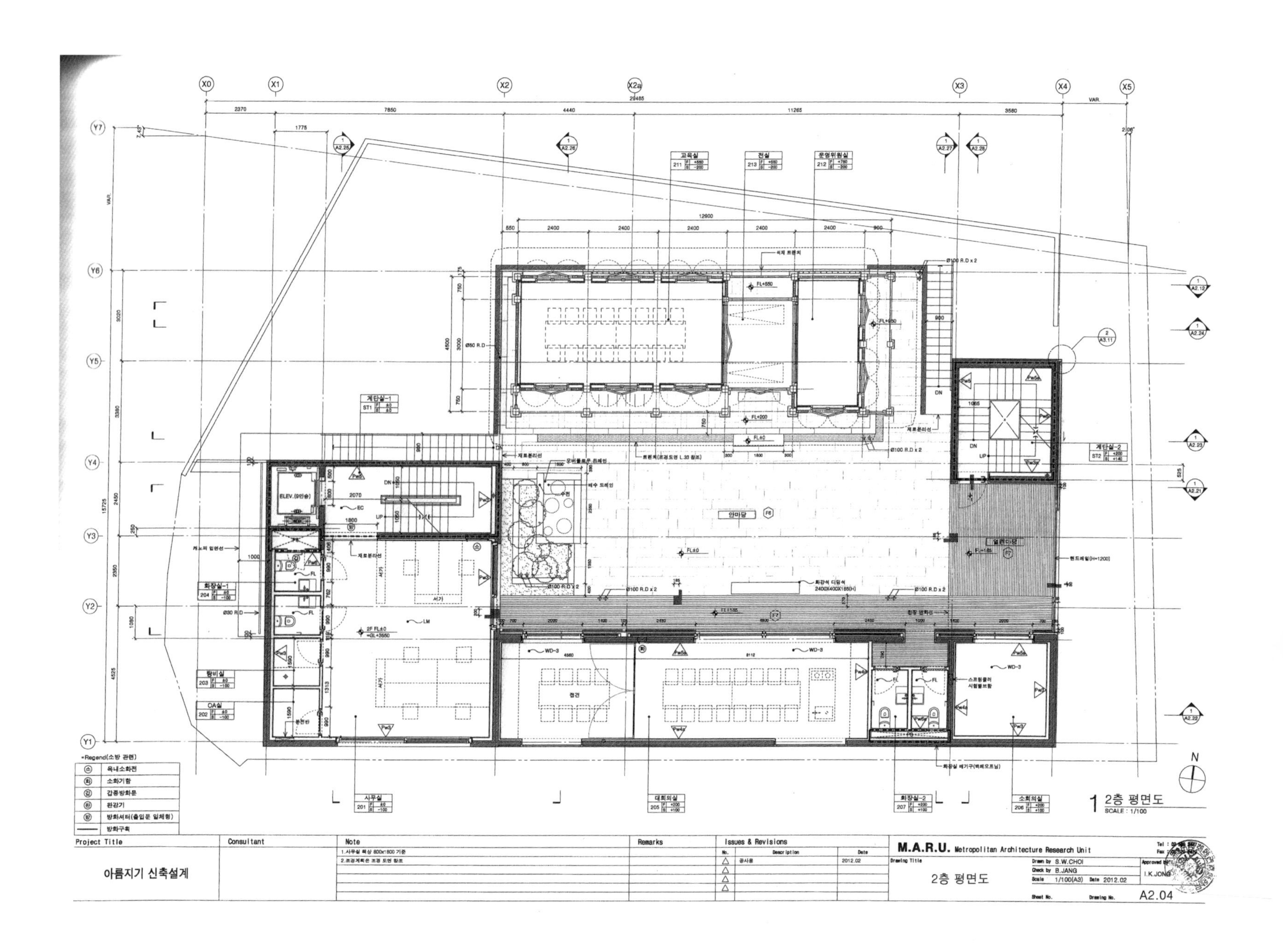

아름지기 2층 평면도

2012, 김봉렬 제공

국립현대미술관 서울

2010년 서울시 종로구 소격동 165번지 일대
서울국군기무사 옛 터를 대상지로 한 국립현대미술관
국제 현상설계공모에서 민현준 엠피아트 컨소시엄
(엠피아트, 시아플랜, 플라)이 최종 당선되었다.
이후 실시설계를 거쳐 6개의 마당을 중심으로 지하3층,
지상3층 규모로 준공되었고 2013년 개관하였다.
일반적인 미술관과 달리 진입하는 방식이 매우 다양하게
열려있으며, 마당을 매개로 붉은 벽돌조의 기무사 건물과
전통 목구조의 종친부 건물이 신축된 미술관 건물과
안팎으로 조화를 이루고 있다.

설계기간 2010. 8-2011. 8
공사기간 2011. 12-2013. 6

국립현대미술관, 『국립현대미술관 서울관 설계공모작 자료집』, 국립현대미술관, 2010
건축사사무소 엠피아트 제공

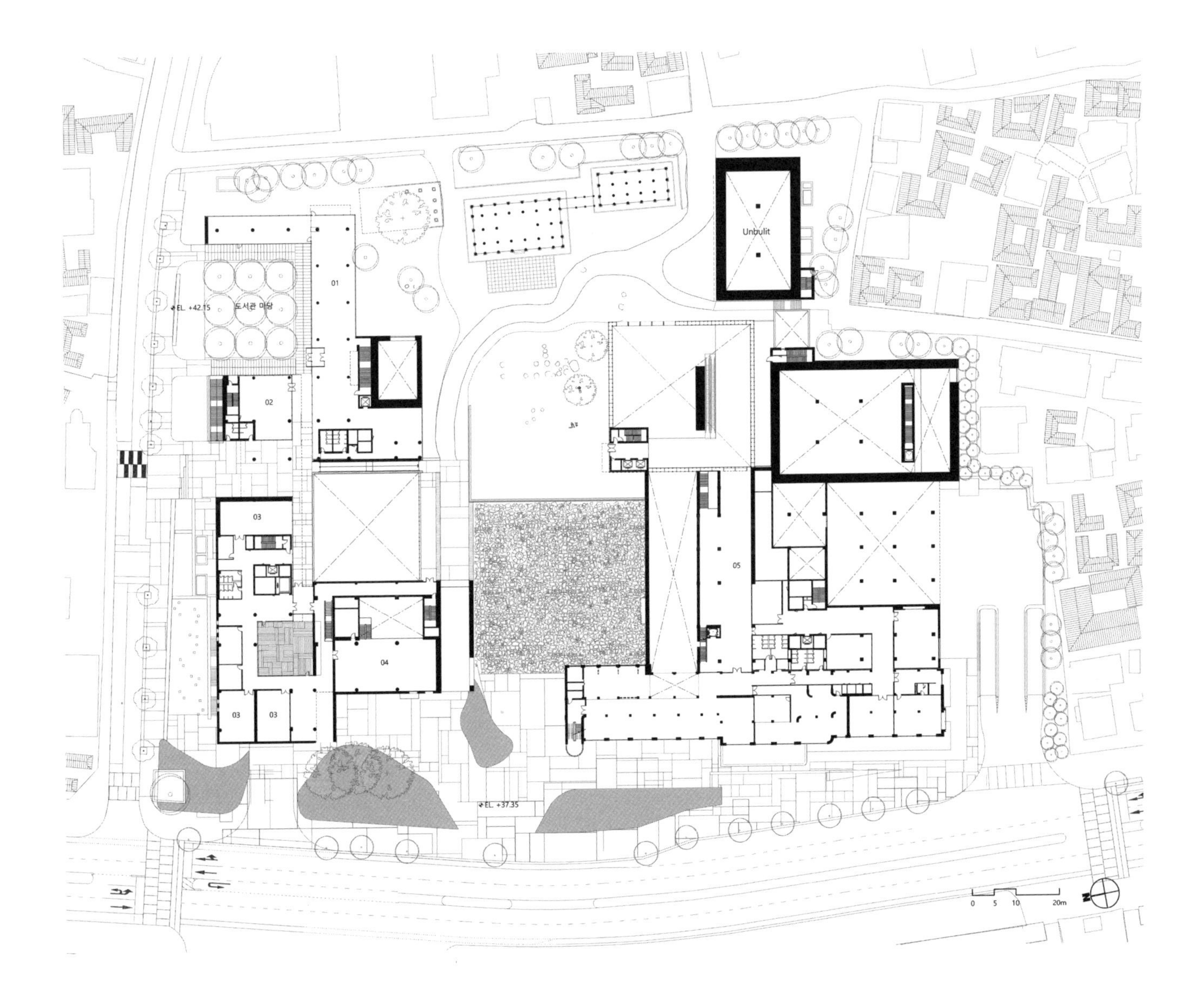

EL. +42.15 PLAN (교육동 레벨)

01 도서관 *(Library)*
02 디지털북카페 *(Digital Book Cafe)*
03 클래스룸 *(Classroom)*
04 워크샵갤러리 *(Workshop Gallery)*
05 특별전시실 *(Special Exhibition)*

국립현대미술관 서울 교육동 레벨 평면도
건축사사무소 엠피아트 제공

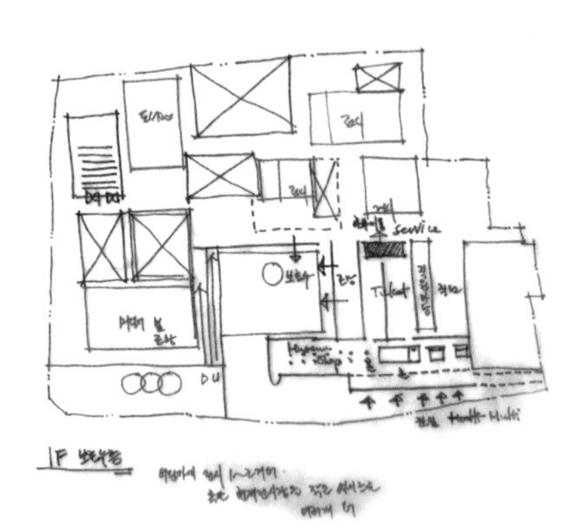

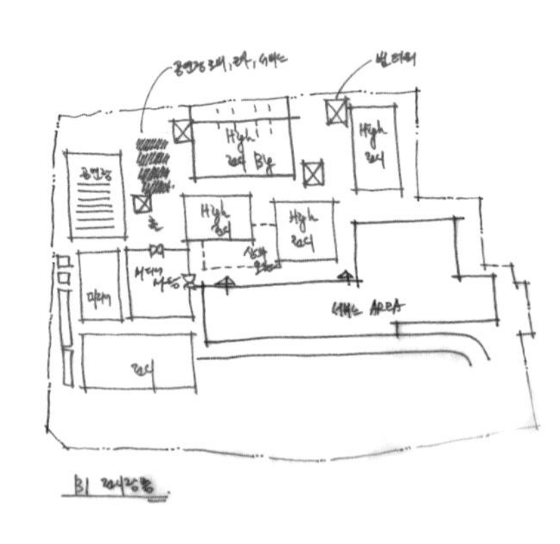

As a Result

→ Shapeless Museum

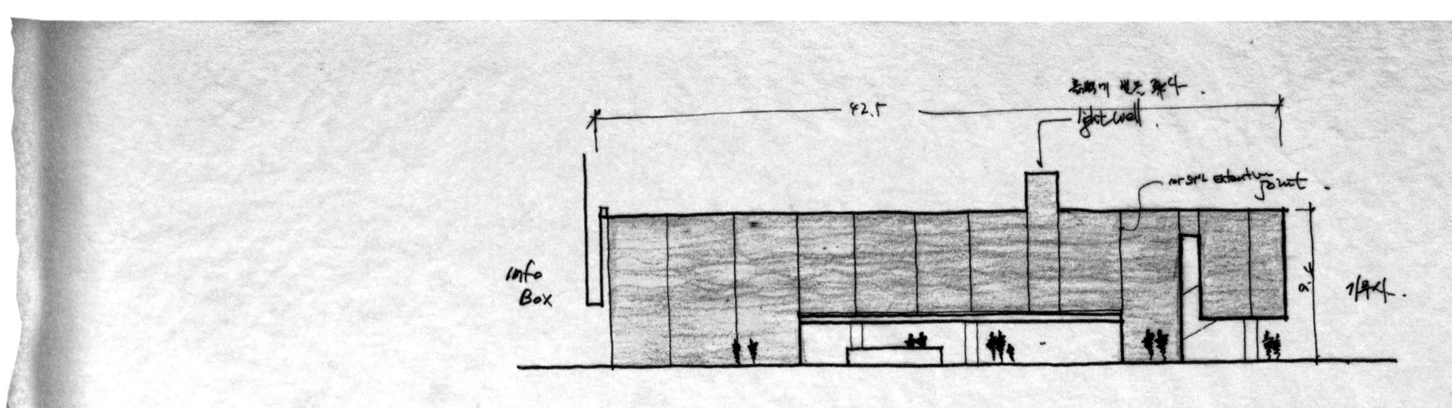

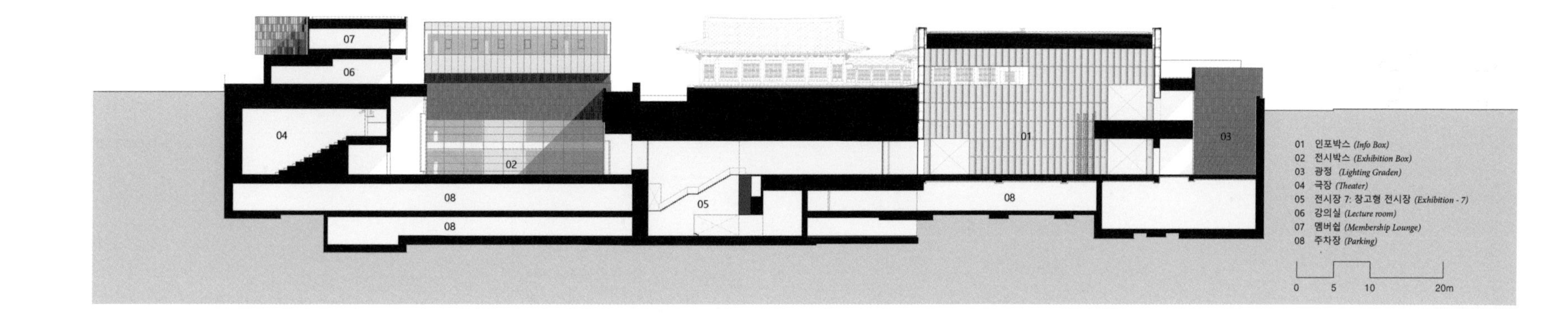

국립현대미술관 전시장 공간 구상 스케치
국립현대미술관 서울 로비 흙다짐 벽 입면스케치
국립현대미술관 서울 단면도
건축사사무소 엠피아트 제공

서울대학교
버들골 풍산마당

이규상·장기욱(보이드건축)이 설계한 풍산마당은 관악캠퍼스 내 자연보존지역인 버들골에 위치한 원형공연장이다. 저수조 공사로 인한 지형의 높낮이를 감안하여 토공사 양을 최소화한 배치와 지상 2층 규모가 정해졌으며, 인근 지역 주민들의 접근성까지 고려한 문화 공간의 거점으로서 2015년에 준공되었다. 지형에 순응함과 동시에 곡선을 적극적으로 사용하는 형상을 가진 풍산마당은 동대문디자인플라자와 같은 비정형 건축물로 분류된다.

설계기간 2013. 10-2014. 2
공사기간 2014. 6-2015. 5

서울대학교 버들골 풍산마당 전경
©김재윤

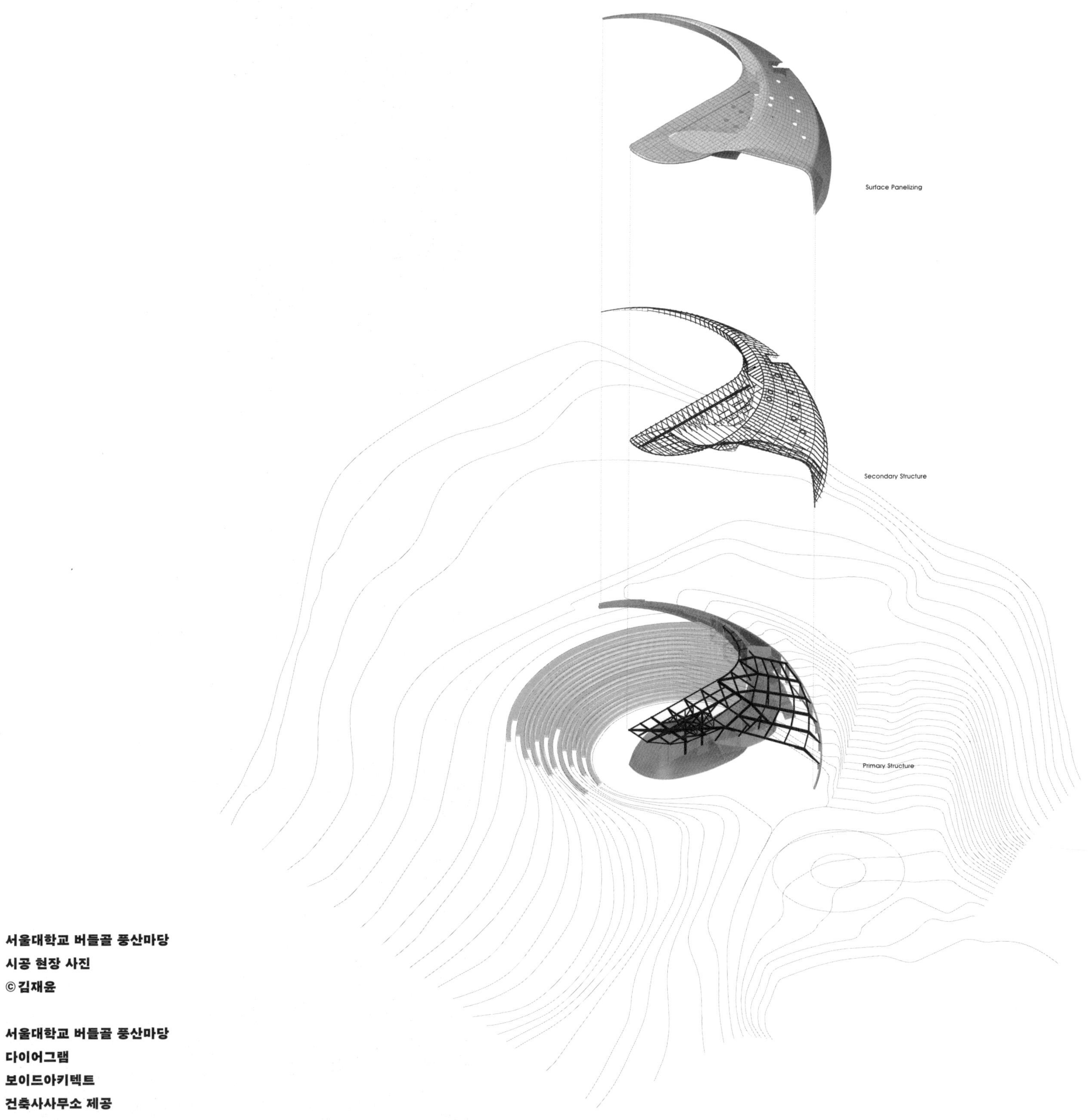

서울대학교 버들골 풍산마당
시공 현장 사진
©김재윤

서울대학교 버들골 풍산마당
다이어그램
보이드아키텍트
건축사사무소 제공

ZWKM BLOCK

서울시 강남구 논현동에 위치한 ZWKM BLOCK은 김영준(김영준도시건축연구소)의 설계로 지어져 4개의 영상 관련 회사가 상주하는 블록이다. 이 명칭은 각 건축주의 회사명 앞글자를 딴 것이고 건물이 아닌 블록으로 부르는 이유는 단일 건물이 아닌 집합 건물로 읽혀야 하기기 때문이다. 지하에서 큰 스튜디오 공간을 공유하고 지상에서는 사무실과 주거를 담은 개별 건물이 외부공간과 보행 브릿지로 긴밀하게 엮여있어 하나의 작은 도시와 같은 조직을 경험할 수 있다.

준공 2015

ZWKM block 전경
©김재경

출구
출구

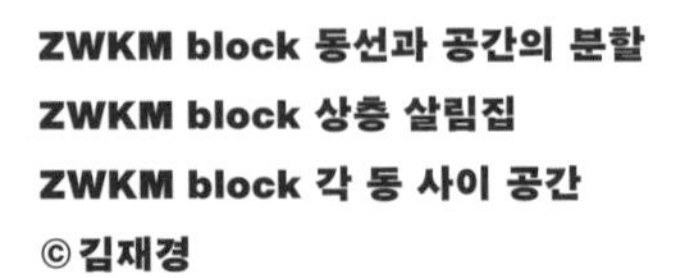

ZWKM block 동선과 공간의 분할
ZWKM block 상층 살림집
ZWKM block 각 동 사이 공간
©김재경

ZWKM의 유형학, 또는 그 명료한 다이어그램

배형민(서울시립대학교 교수)

"파주는 랜드스케이프적 관점이 상당히 적어요. 건물 타이폴로지의 배열이고… 그런 과정에서 랜드스케이프의 방법론을 약간 도입했을 뿐이에요.… 형태를 만드는 것이 중요하다. 이렇게 생각하시는 분은 디자인을 못하는 거죠, '파주출판도시'에서는… 그래서 타이폴로지를 벗어날 수 없는거죠." _ 김종규

"이것을 잘할 수 있는 방법은 건축을 잘 만들어 건축이 서로 어우러져서 어떤 도시적 풍경을 만들어내는 것인데, 그것을 하다 보면 건축이라는 것이 굉장히 중요한 것이었어요." _ 김영준

파주출판도시와 관련하여 김영준과 김종규, 이들과 각기 2008년에 진행했던 인터뷰에서 나온 말들이다. 파주출판도시의 설계 방법론에 관한 이들의 발언으로 이 원고를 시작하는 이유는 파주출판도시가 건축가들이 중심 역할을 했던 한국의 몇 안되는 도시 프로젝트이기 때문이다. 지난 반세기 우리의 도시환경이 만들어지는 과정에서 건축가들이 제대로 역할을 하지 못했다는 이유로 자주 질책을 받는다. 신도시 건설과 도심 재개발의 과정에서 대형 설계사무실들은 자본과 관료체제의 하수인이었고, 김수근이나 김중업과 같은 스타 건축가들은 주택과 도시계획 등의 사회문제로부터 등을 돌렸다고 비난을 받는다. 하지만 이것은 정확하거나 타당한 평가는 아니다. 아무리 영향력 있는 건축가라 하더라도 막연한 기대에 부응하지 못했다고 비난할 수는 없다. 우리나라의 근대 도시환경이 만들어낸 광범위하고 복잡한 사회, 정치, 경제 과정을 어느 특정한 분야의 책임으로 간단히 규정할 수는 없는 일이다. 나는 도시적 현실에 건축이 개입하고자 할 때 구체적인 건축적 장치 또는 제도적 장치가 과연 있었는지를 묻고자 한다. 파주출판도시는 2010년 전후로 1단계가 마무리되었고 현재 2단계가 진행 중에 있다. 파주출판도시에 관심을 두는 여러 이유가 있지만, 건축이 도시적인 맥락에서 어떻게 작동하느냐는 문제가 이 프로젝트의 중심에 있었다는 점이 중요한 동인이다. 그리고 김종규가 정확하게 지적했듯이, 그 해답은 유형으로 귀착된다. 김영준의 ZWKM BLOCK 역시 유형의 문제가 그 핵심에 있다.

유형을 논하는 데 우선 전제해야 할 것이 있다. 우리나라의 경우 건축가나 개발업자가 사용할 수 있는 근대적인 도시건축 유형이 아주 적었다는 점이다. 서구의 현대 도시에도 건축 유형이 풍부하다고 말할 수는 없다. 우리의 근대화 과정, 특히 서울을 중심으로 발달한 근대적인 건축 유형으로 도시형 한옥을 들 수 있다. 한옥 연구자들에 따르면 한옥이 서울에 가장 많이 집적되었던 1960년대 초 약 13만 채가 있었다고 한다. 하지만 2000년대 초반에 이르면 그 숫자는 약 2만 4천 채로 줄어든다. 이는 한옥 유형 자체가 사라지고 있다는 뜻이다. 어떤 건축 유형이든 현실 세계에서 제대로 기능하기 위해서는 건설 비용과 건축 밀도의 경제 논리에서부터 법제도와 시장의 선호도까지 그 유형을 총체적으로 생산하고 유지하며 소비하는 메커니즘이 지속가능해야 한다. 그런 측면에서, 무거운 목가구 구조의 전통적인 이미지에 집착한다면, 그리고 건축 법규가 조정되지 않는다면 도시형 한옥은 현대 도시 유형으로 지속되기 어렵다.

여기서 한옥을 언급하는 이유는 유형이 건축가의 발명품일 수 없다는 사실을 강조하기 위함이다. 다시 말해서, ZWKM BLOCK은 새로운 유형이 아니다. 이 프로젝트에 관심을 두는 이유가 여기에 있는 것이 아니다. 토지 소유주가 각기 다른 네 개의 필지로 조성된 프로젝트라는 사실을 모른다면 이 작업이 소규모 아케이드와 근린생활시설의 유형을 따르고 있다고 바로 말할 수 있을 것이다. 평면과 단면을 개념화한 다이어그램이 명쾌하고 쉽게 읽힌다는 점이 바로 이를 보여준다. 이와 정반대로 구체적인 평면과 단면은 혼란스럽고 읽기가 어렵다. 우선 스케일과 위치가 바로 납득이 되지 않는 오픈 스페이스, 그리고 중복 병치된 여러 계단 때문이다. 물론 네 개의 개별 필지를 한 건축 프로젝트로 결합한 결과이다. 복잡한 수직동선은 프로젝트의 실현 과정이 얼마나 복잡했는지를 보여주는 한 단면일 뿐이다. 건축주 네 명의 서로 다른 요구사항을 수용하고, 그들 사이의 크고 작은 갈등을 조정하며, 각 필지 단위로 건축허가를 성사시키는 어려운 과정이었으며, 완공된 후에도 그 어려움은 계속되고 있다. 하지만 현실에서 벌어지는 복잡한 일상과 다양한 공간의 체험과는 대조적으로, ZWKM BLOCK의 기본 다이어그램은 아주 명료하다.

특히 단면 다이어그램은 건축의 조직 논리, 다시 말해서 이 프로젝트의 도시성이 가장 확실하게 드러나는 장면이다. 프로젝트 내부 조직 논리, 그리고 도시와의 관계 논리 속에서 다섯 개의 층은 각기 통합의 정도가 다르다. 지상층은 도시를 향해 열린 중정으로 통합되어 있다. 2층은 연속된 복도로 반독립적 오피스 영역들이 연결되어 있다. 지하 1층 주차장 공간이 전체적으로 통합된 영역이라면, 최상층의 살림집들은 서로 적절한 거리에 떨어진 풍경으로 서로를 바라만 보고 있다. 이러한 체계 속에서 Z, W, K, M의 다양한 방들은 네 명의 건축주가 각자 독립적으로 필지를 개발했다면 도저히 확보할 수 없는 공간 관계를 갖게 된다. 1층에서는 열린 중정을 향하여 정면성을 확보하고, 지하 주차장에서는 여유로운 공간의 연계를 확보하고, 주거용 펜트하우스에서는 보다 명확하게 서로 분리될 수 있는 것이다. 산술적으로 계산한 연면적에서 더 많은 공간을 얻은 것은 아니지만 특정한 성격의 공간을 얻었다.

ZWKM BLOCK은 건축과 도시에 대한 생각을 명확하게 드러내고 표현했다는 점이 그 덕목이라고 생각한다. 이것은 유형이 건축과 도시의 연결 고리가 될 수 있다는 것을 보여준다. 이러한 측면에서 김영준의 전작, 특히 주택 작업에 비해 그 논리가 명쾌하다. 예전의 주택 프로젝트들이 가졌던 복잡한 조직과 다이어그램의 기능은 이 작업에 비해 상대적으로 설득력이 떨어진다고 생각한다. 공간의 분할 논리로 동원되었던 다이어그램들이 방법론적인 장치라기보다는 공간적인 효과를 노리고 있다는 느낌을 피할 수 없었다. 주택 작업의 다이어그램이 쉽게 읽히지 않았던 이유가 바로 여기에 있다. 한옥에 전통적인 이미지라는 내재된 가치를 부여하는 것처럼, 특정한 공간 감각에 대한 가치가 부여되는 과정에서 다이어그램의 논리가 흐려진 것이라 생각한다. 줄리오 카를로 아르간의 유형에 대한 정의를 상기하자. "유형은 가치판단이 배제된 공간 표현의 조직이다." 다시 말해서 건축이 도시의 일부가 될 수 있는 것은 다이어그램이나 유형 그 자체가 아니라 도시적인 조건 속에서 그들이 특정한 방식으로 사용되기 때문이다. 유형이 명확하다는 것, 다이어그램이 명료하다는 것은 복잡한 실현 과정의 현실과 여기서 논의를 아예 시도하지 않았던 공간 체험의 깊이와 현저히 대조되는 현상이다. 나는 이러한 극적 대비가 중요하다고 생각한다. 도시의 일부인 건축에 대해 생각하게 해주기 때문이다.

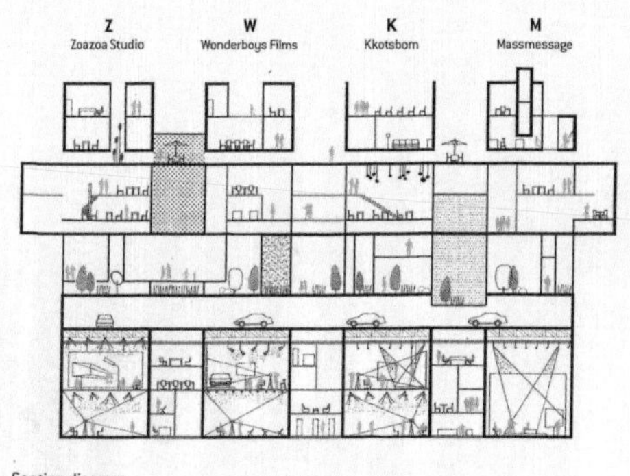

Section diagram

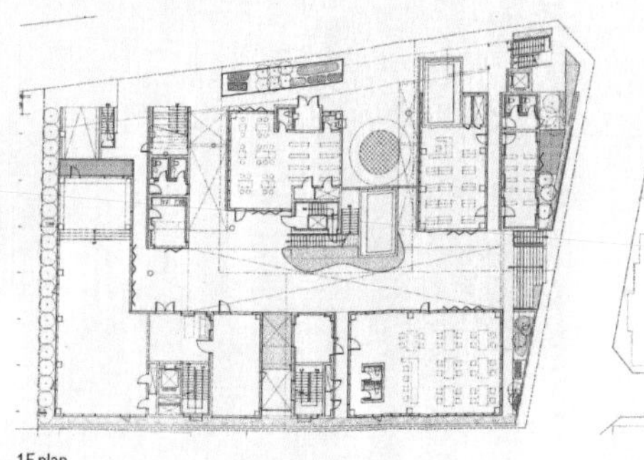

1F plan

현실에서 벌어지는 복잡한 일상과 다양한 공간의 체험과는 대조적으로 ZWKM BLOCK의 기본 다이어그램은 아주 명료하다.
In contrast to the complexity of the everyday process and experience of the actual spaces, the basic diagram of the ZWKM BLOCK is absolutely clear.

『공간』, Vol. 576, 2015. 11. 90쪽
SPACE 편집부 제공

기억의 사원

민규암(토마건축사사무소)이 설계한 기억의 사원은 경기도 가평군 가평읍 복장리 깊은 산속에 지어진 숙박 시설이다. 다양한 질감을 가진 노출콘크리트의 분절된 매스가 지형을 따라 계단식으로 배열되고 공간의 차폐를 적절하게 조절하여 12개의 객실 독립성을 확보하였다. 주변 산세와 조화를 이루며 옛 사찰에서 경험할 수 있는 공간의 흐름을 재해석하여 구현하였다.

설계기간 2010. 5-2012. 5
공사기간 2012. 5-2016. 11

기억의 사원 수공간
기억의 사원 주변 풍경
기억의 사원 원경
©윤준환

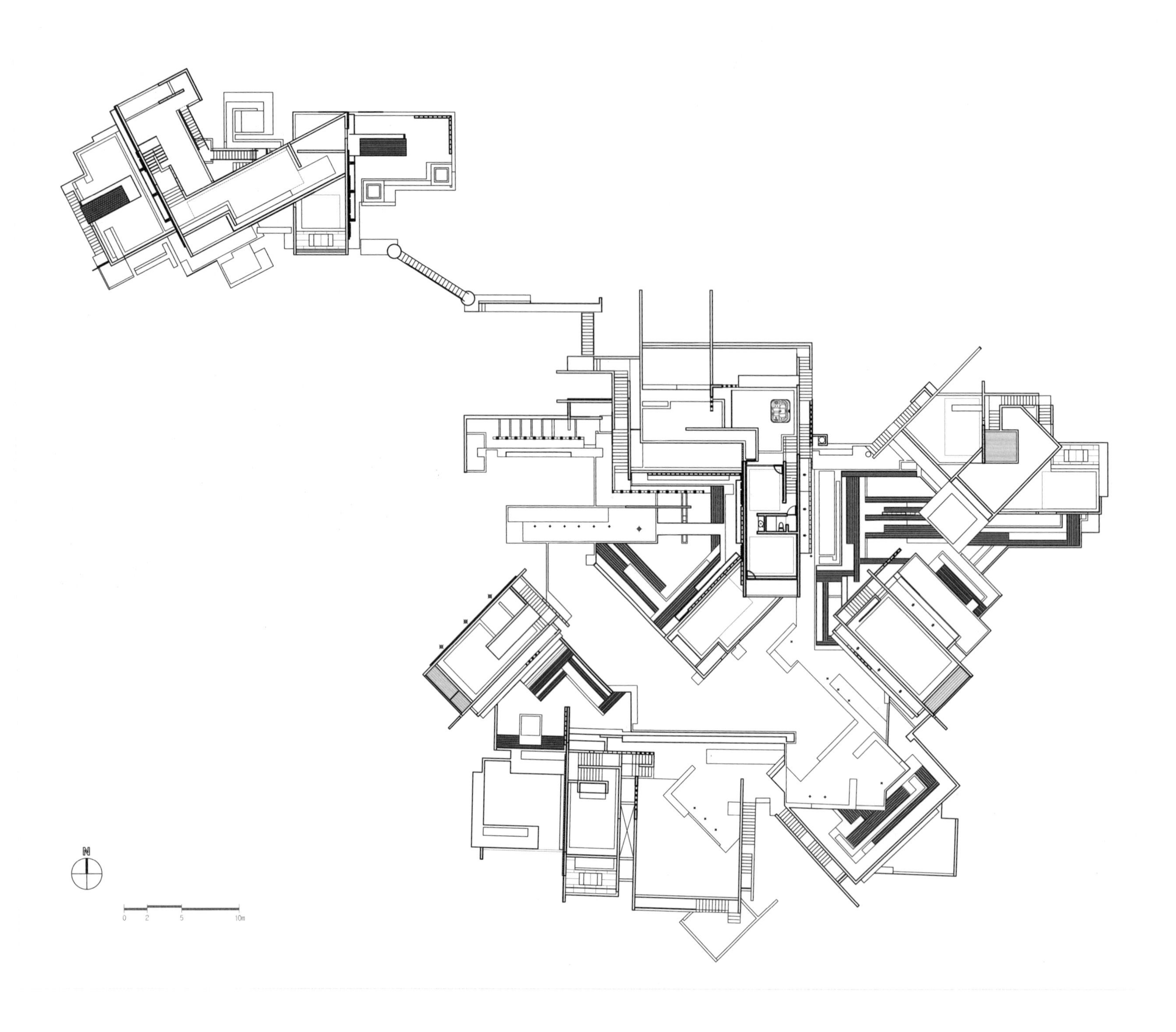

기억의 사원 배치도
토마건축사사무소 제공

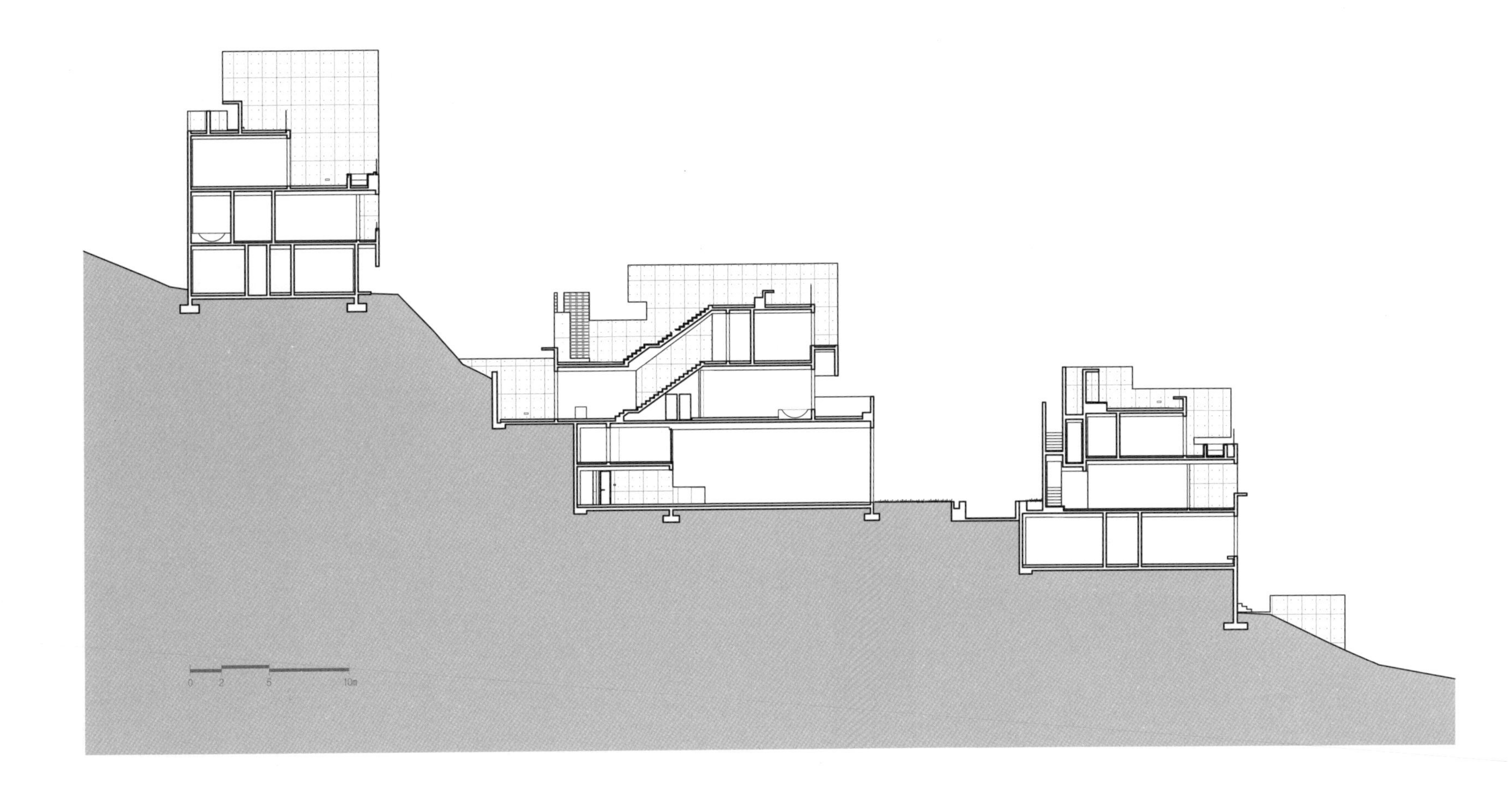

기억의 사원 단면도
토마건축사사무소 제공

인천국제공항 3단계 제2여객터미널

인천 중구시 운서동에 위치한 인천국제공항 3단계 제2여객터미널은 우리나라 여객 수용 능력 증대가 요구되면서 발주된 설계 공모에서 희림종합건축사사무소(대표 정영균) 컨소시엄이 당선되었고, 이 당선안으로 설계와 공사가 추진되어 2018년 1월 평창올림픽에 맞추어 공개되었다. 새로운 시대의 도약을 표상하는 봉황을 컨셉으로 개방감이 극대화된 공간이 특징적이며 1992년 설계 공모에 당선된 컨소시엄에 외국 설계사가 포함되었던 제1여객터미널과 달리, 국내 설계사들로만 구성되었다는 점에서 큰 의미가 있다.

설계기간 2011. 7 - 2015. 8
공사기간 2013. 6 - 2017. 12

인천국제공항 전경
ⓒ인천국제공항공사

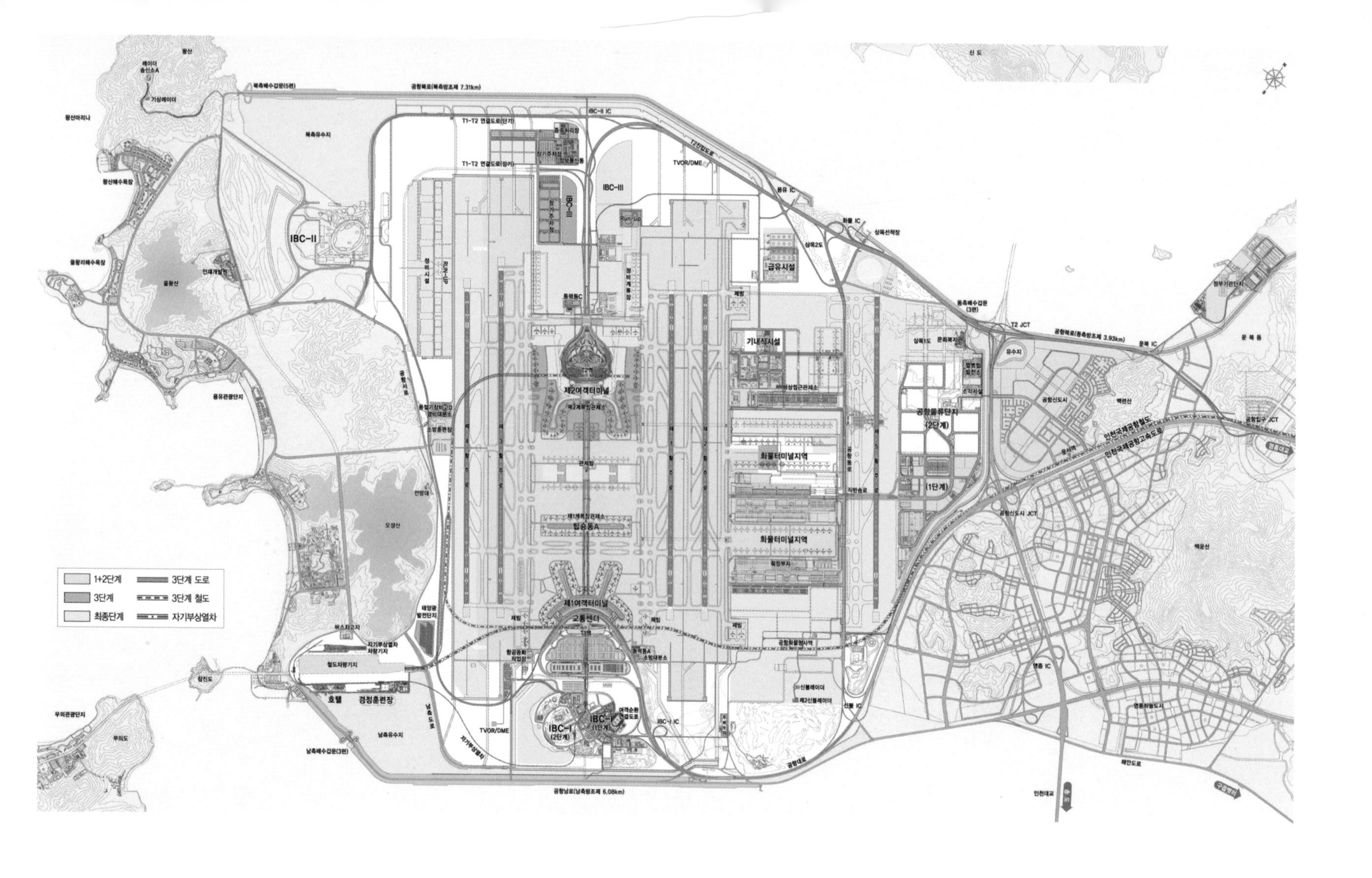

인천국제공항 제2여객터미널 위치도
희림종합건축사사무소 제공

인천국제공항 제2여객터미널 지상 3층 평면도
인천국제공항 제2여객터미널 지상 1층 평면도
희림종합건축사사무소 제공

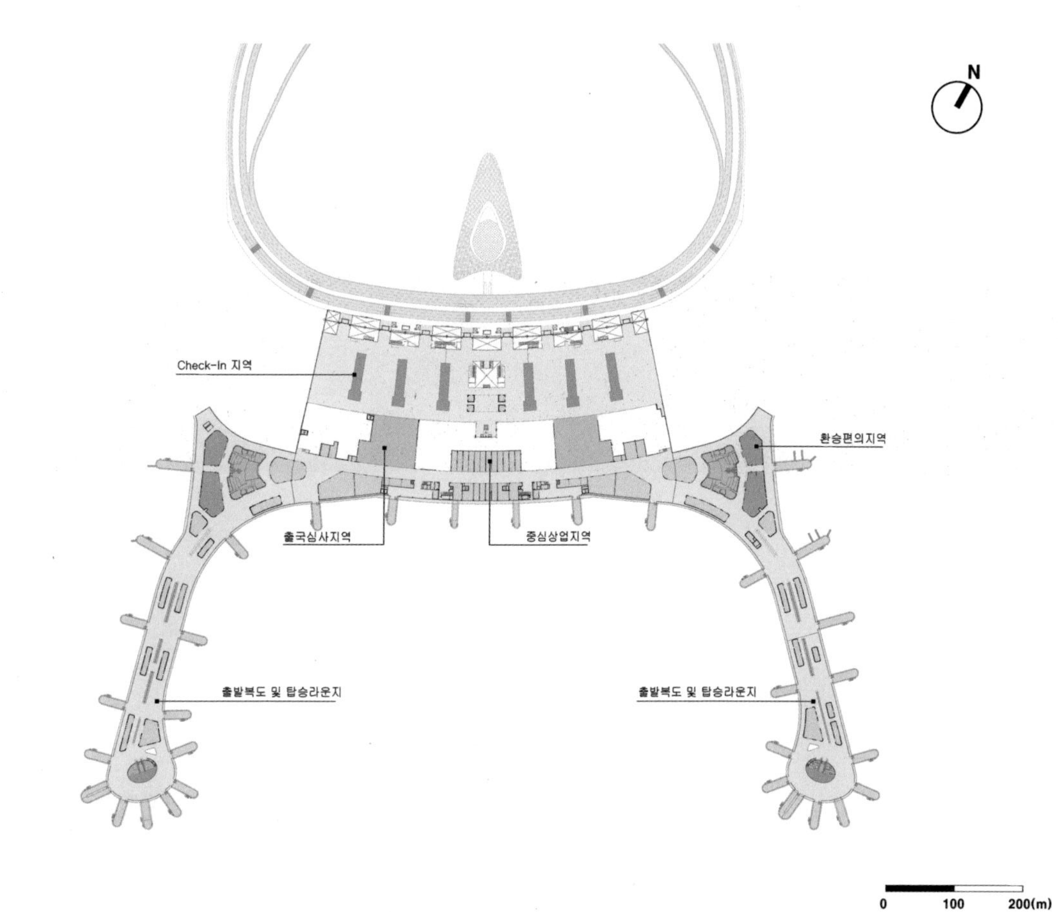
N
Check-In 지역
환승편의지역
출국심사지역
중심상업지역
출발복도 및 탑승라운지
출발복도 및 탑승라운지
0
100
200(m)

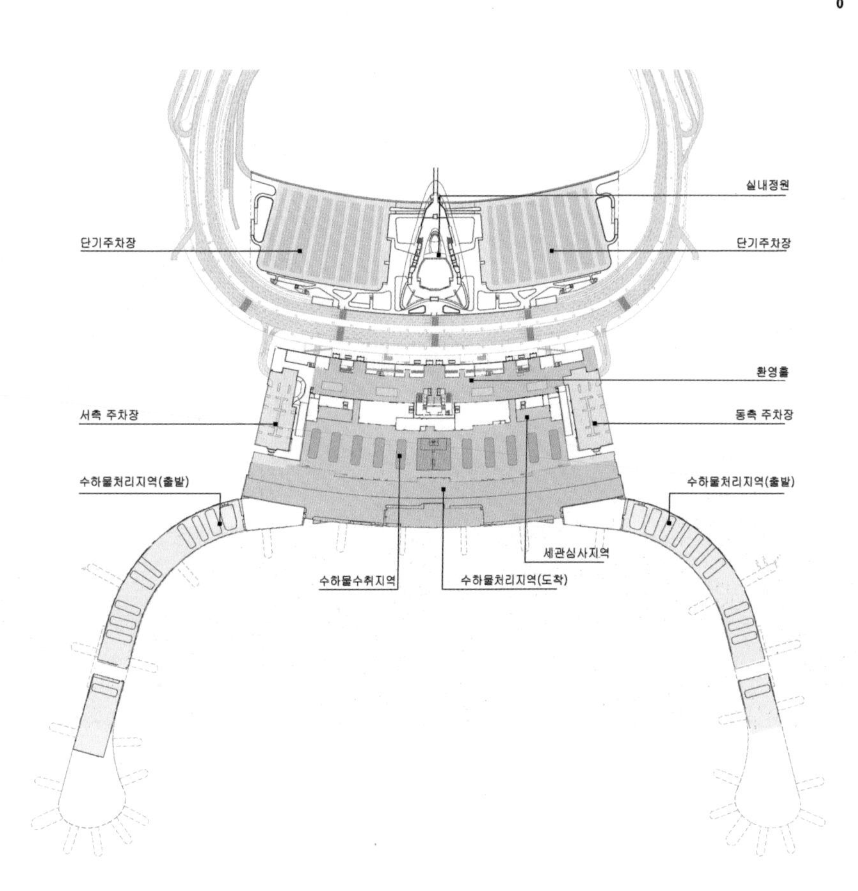
N
실내정원
단기주차장
단기주차장
환영홀
서측 주차장
동측 주차장
수하물처리지역(출발)
수하물처리지역(출발)
세관심사지역
수하물수취지역
수하물처리지역(도착)
0
100
200(m)

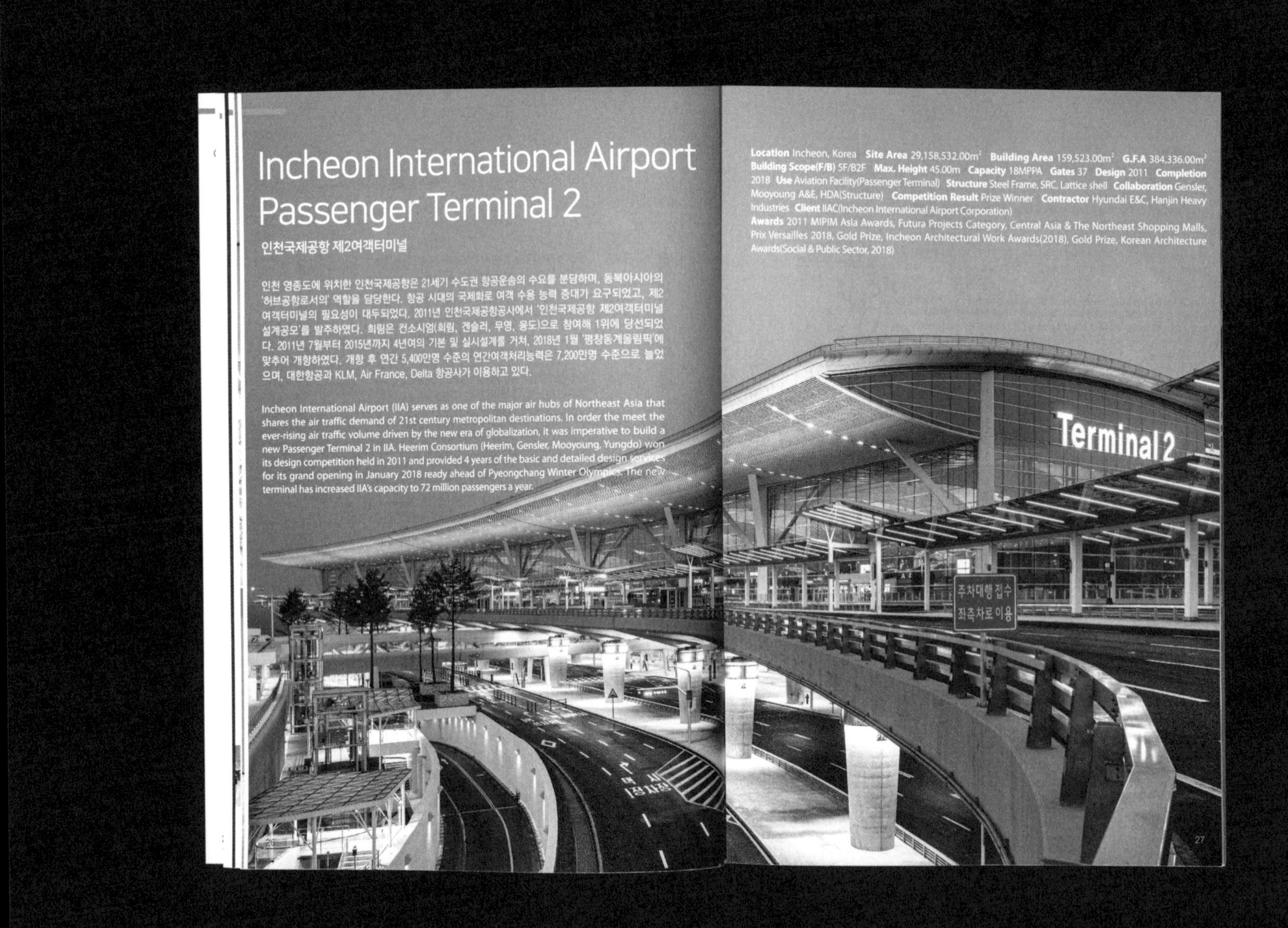

Incheon International Airport Passenger Terminal 2

인천국제공항 제2여객터미널

인천 영종도에 위치한 인천국제공항은 21세기 수도권 항공운송의 수요를 분담하며, 동북아시아의 '허브공항로서의' 역할을 담당한다. 항공 시대의 국제화로 여객 수용 능력 증대가 요구되었고, 제2여객터미널의 필요성이 대두되었다. 2011년 인천국제공항공사에서 '인천국제공항 제2여객터미널 설계공모'를 발주하였다. 희림은 컨소시엄(희림, 겐슬러, 무영, 융도)으로 참여해 1위에 당선되었다. 2011년 7월부터 2015년까지 4년여의 기본 및 실시설계를 거쳐, 2018년 1월 '평창동계올림픽'에 맞추어 개항하였다. 개항 후 연간 5,400만명 수준의 연간여객처리능력은 7,200만명 수준으로 늘었으며, 대한항공과 KLM, Air France, Delta 항공사가 이용하고 있다.

Incheon International Airport (IIA) serves as one of the major air hubs of Northeast Asia that shares the air traffic demand of 21st century metropolitan destinations. In order the meet the ever-rising air traffic volume driven by the new era of globalization, it was imperative to build a new Passenger Terminal 2 in IIA. Heerim Consortium (Heerim, Gensler, Mooyoung, Yungdo) won its design competition held in 2011 and provided 4 years of the basic and detailed design services for its grand opening in January 2018 ready ahead of Pyeongchang Winter Olympics. The new terminal has increased IIA's capacity to 72 million passengers a year.

Location Incheon, Korea **Site Area** 29,158,532.00m² **Building Area** 159,523.00m² **G.F.A** 384,336.00m² **Building Scope(F/B)** 5F/B2F **Max. Height** 45.00m **Capacity** 18MPPA **Gates** 37 **Design** 2011 **Completion** 2018 **Use** Aviation Facility(Passenger Terminal) **Structure** Steel Frame, SRC, Lattice shell **Collaboration** Gensler, Mooyoung A&E, HDA(Structure) **Competition Result** Prize Winner **Contractor** Hyundai E&C, Hanjin Heavy Industries **Client** IIAC(Incheon International Airport Corporation)
Awards 2011 MIPIM Asia Awards, Futura Projects Category, Central Asia & The Northeast Shopping Malls, Prix Versailles 2018, Gold Prize, Incheon Architectural Work Awards(2018), Gold Prize, Korean Architecture Awards(Social & Public Sector, 2018)

Heerim Architects & Planners,
『HEERIM 50TH ANNIVERSARY SELECTIVE WORKS』,
Heerim Architects & Planners Co., Ltd, 2020

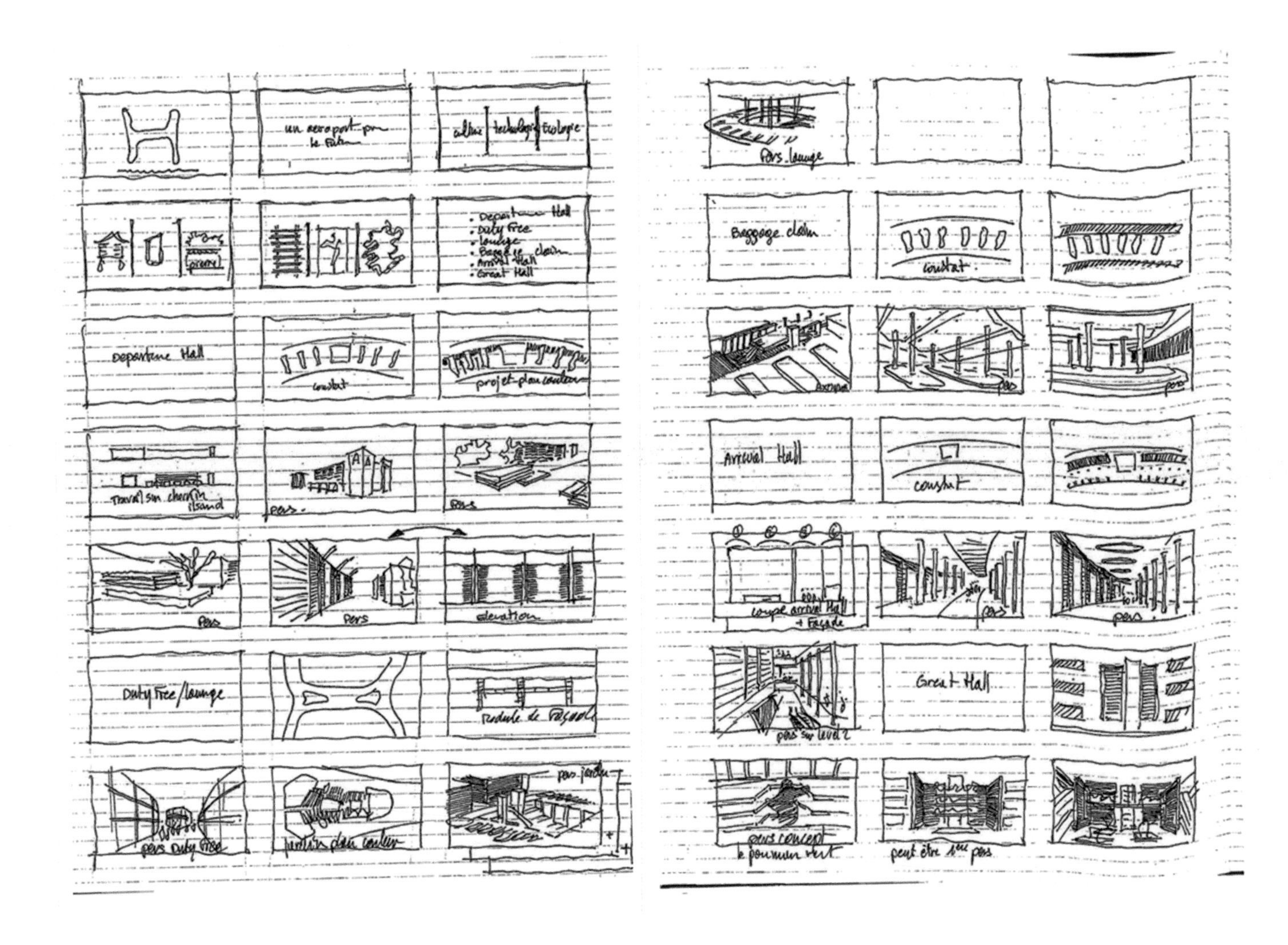

제2여객터미널 스케치
희림종합건축사사무소 제공

남산 회현자락 한양도성 현장유적박물관

서울시 중구 회현동 일대를 대상지로 한 한양도성 현장유적박물관 국제설계공모에서 이민아(건축사사무소 협동원)의 안이 당선되었다. 크게 유적을 보호하는 시설과 전시공간이 있는 인포센터로 구성되는데, 특히 인포센터는 성곽 경관을 침해하지 않도록 지하 1층으로만 설계되어 2018년 착공되었다. 그런데 현재 유적 보호각만이 준공되었고 인포센터는 공사가 정상적으로 진행되지 못하였다. 2020년 8월 서울시 문화본부가 지형에 순응한 기존 설계안을 폐기하고, 지상 위로 높게 솟아난 다른 재설계안을 추진 중이기 때문이다.

설계기간 2017. 6-2018. 8
공사기간 2018. 11-2020. 11
(부분준공)

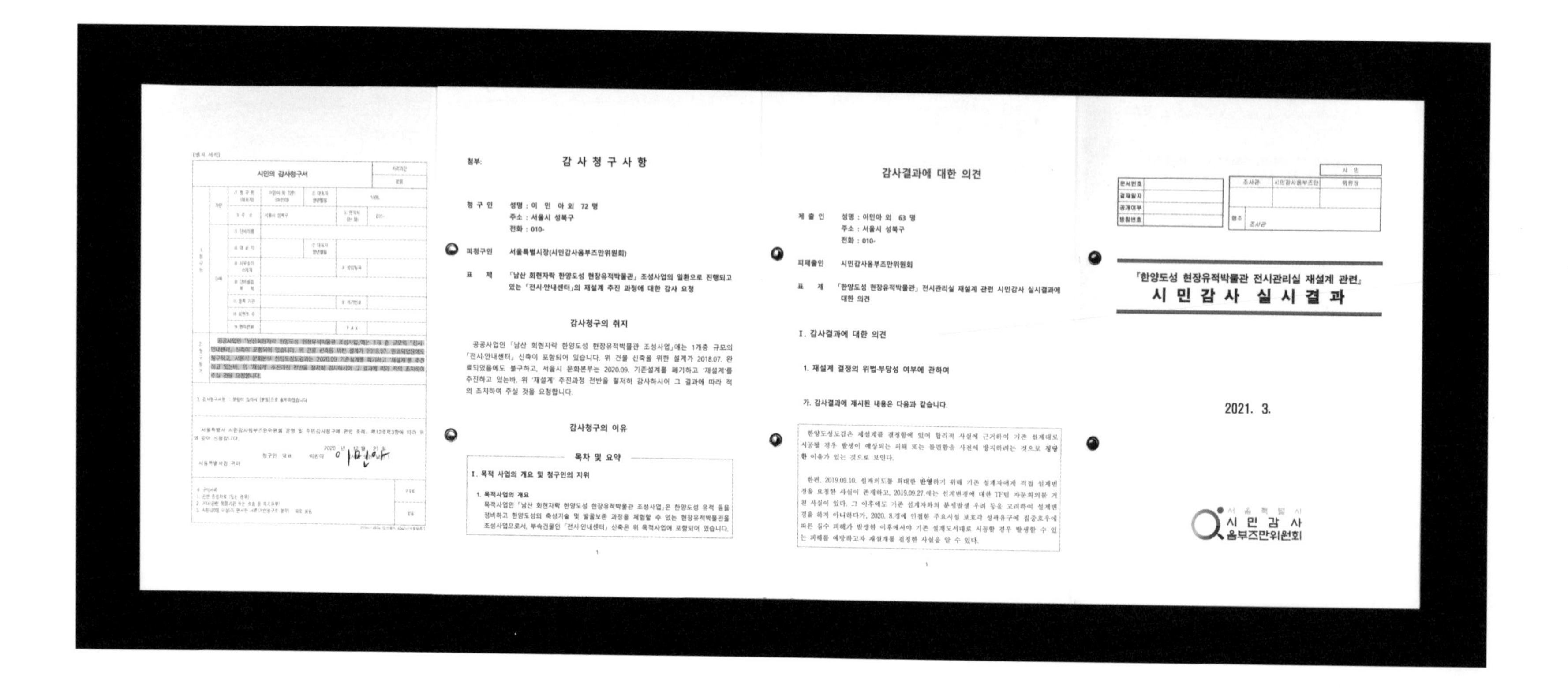

시민의 감사청구서

첨부: **감 사 청 구 사 항**

청 구 인 성명 : 이 민 아 외 72 명
주소 : 서울시 성북구
전화 : 010-

피청구인 서울특별시장(시민감사옴부즈만위원회)

표 제 「남산 회현자락 한양도성 현장유적박물관」 조성사업의 일환으로 진행되고 있는 「전시·안내센터」의 재설계 추진 과정에 대한 감사 요청

감사청구의 취지

공공사업인 「남산 회현자락 한양도성 현장유적박물관 조성사업」에는 1개층 규모의 「전시·안내센터」 신축이 포함되어 있습니다. 위 건물 신축을 위한 설계가 2018.07. 완료되었음에도 불구하고, 서울시 문화본부는 2020.09. 기존설계를 폐기하고 '재설계'를 추진하고 있는바, 위 '재설계' 추진과정 전반을 철저히 감사하시어 그 결과에 따라 적의 조치하여 주실 것을 요청합니다.

감사청구의 이유

목차 및 요약

I. 목적 사업의 개요 및 청구인의 지위

1. 목적사업의 개요
목적사업인 「남산 회현자락 한양도성 현장유적박물관 조성사업」은 한양도성 유적 등을 정비하고 한양도성의 축성기술 및 발굴보존 과정을 체험할 수 있는 현장유적박물관을 조성사업으로서, 부속건물인 「전시·안내센터」 신축은 위 목적사업에 포함되어 있습니다.

1

감사결과에 대한 의견

제 출 인 성명 : 이민아 외 63 명
주소 : 서울시 성북구
전화 : 010-

피제출인 시민감사옴부즈만위원회

표 제 「한양도성 현장유적박물관」 전시관리실 재설계 관련 시민감사 실시결과에 대한 의견

I. 감사결과에 대한 의견

1. 재설계 결정의 위법·부당성 여부에 관하여

가. 감사결과에 제시된 내용은 다음과 같습니다.

한양도성도감은 재설계를 결정함에 있어 합리적 사실에 근거하여 기존 설계대로 시공될 경우 발생이 예상되는 피해 또는 불편함을 사전에 방지하려는 것으로 **정당한** 이유가 있는 것으로 보인다.

한편, 2019.09.10. 설계의도를 최대한 **반영**하기 위해 기존 설계자에게 직접 설계변경을 요청한 사실이 존재하고, 2019.09.27.에는 설계변경에 대한 TF팀 자문회의를 거친 사실이 있다. 그 이후에도 기존 설계자와의 분쟁발생 우려 등을 고려하여 설계변경을 하지 아니하다가, 2020. 8.경에 인접한 주요시설 보호각 성곽유구에 집중호우에 따른 침수 피해가 발생한 이후에서야 기존 설계도서대로 시공할 경우 발생할 수 있는 피해를 예방하고자 재설계를 결정한 사실을 알 수 있다.

1

문서번호	
결재일자	
공개여부	
방침번호	

조사관	시민감사옴부즈만	위원장
협조	조사관	

『한양도성 현장유적박물관 전시관리실 재설계 관련』
시 민 감 사 실 시 결 과

2021. 3.

시민의 감사청구서, 감사청구사항,
감사결과에 대한 의견, 시민 감사 실시결과
2020-2021, 건축사사무소 협동원 제공

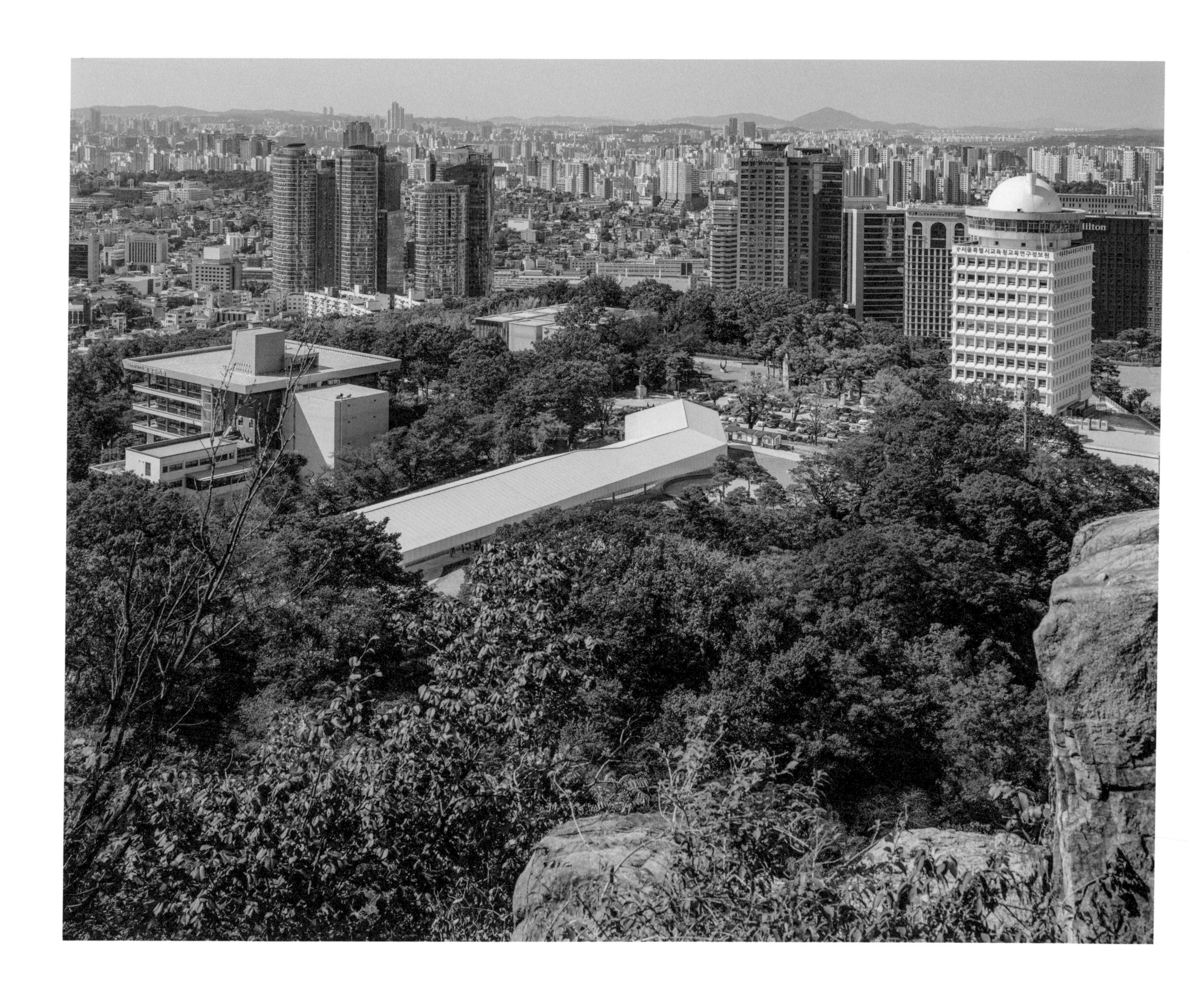

남산 회현자락 한양도성 현장유적박물관 준공 전경
2020, ©김종오

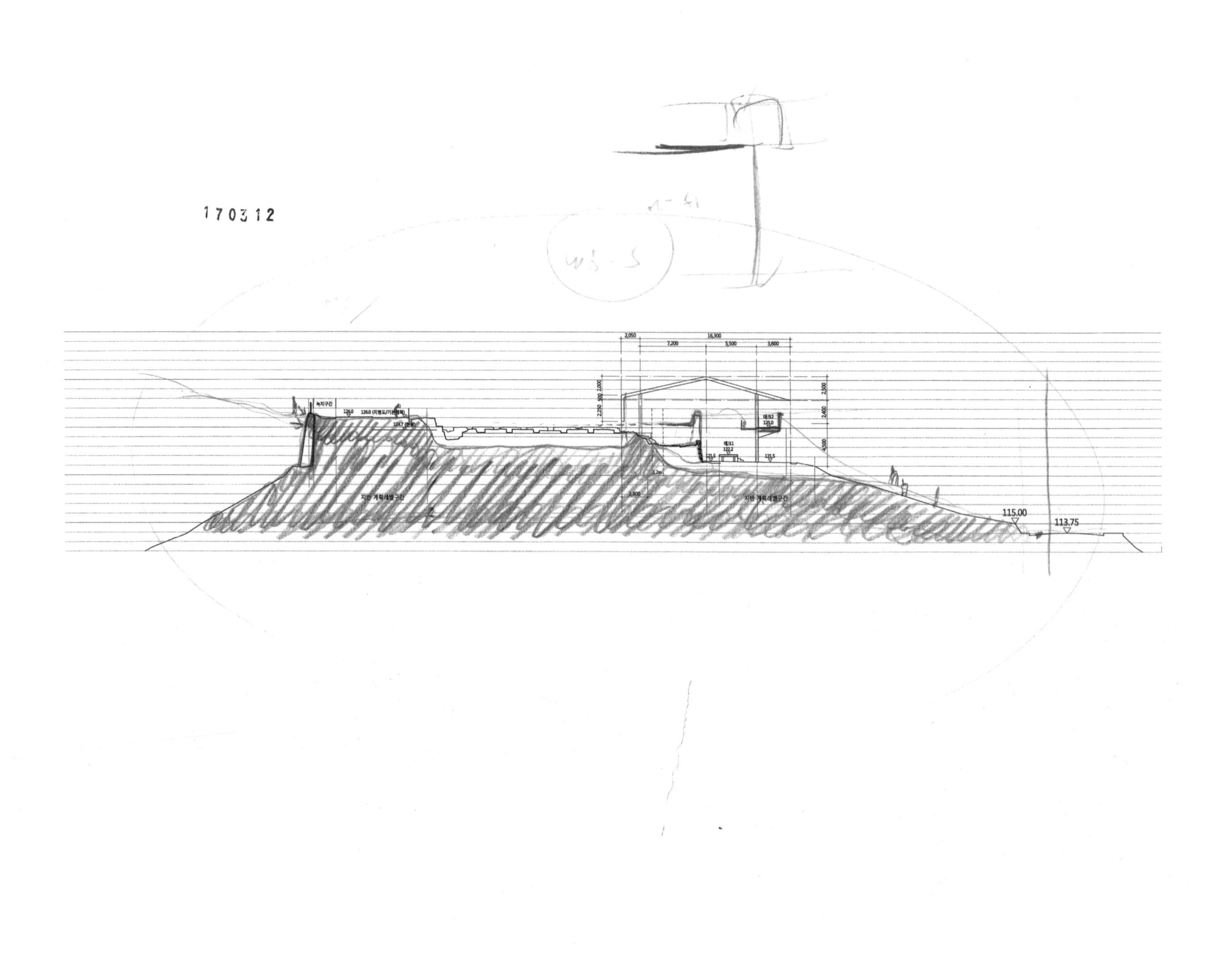

남산 회현자락 한양도성 현장유적박물관 단면 스케치
2017, 건축사사무소 협동원 제공

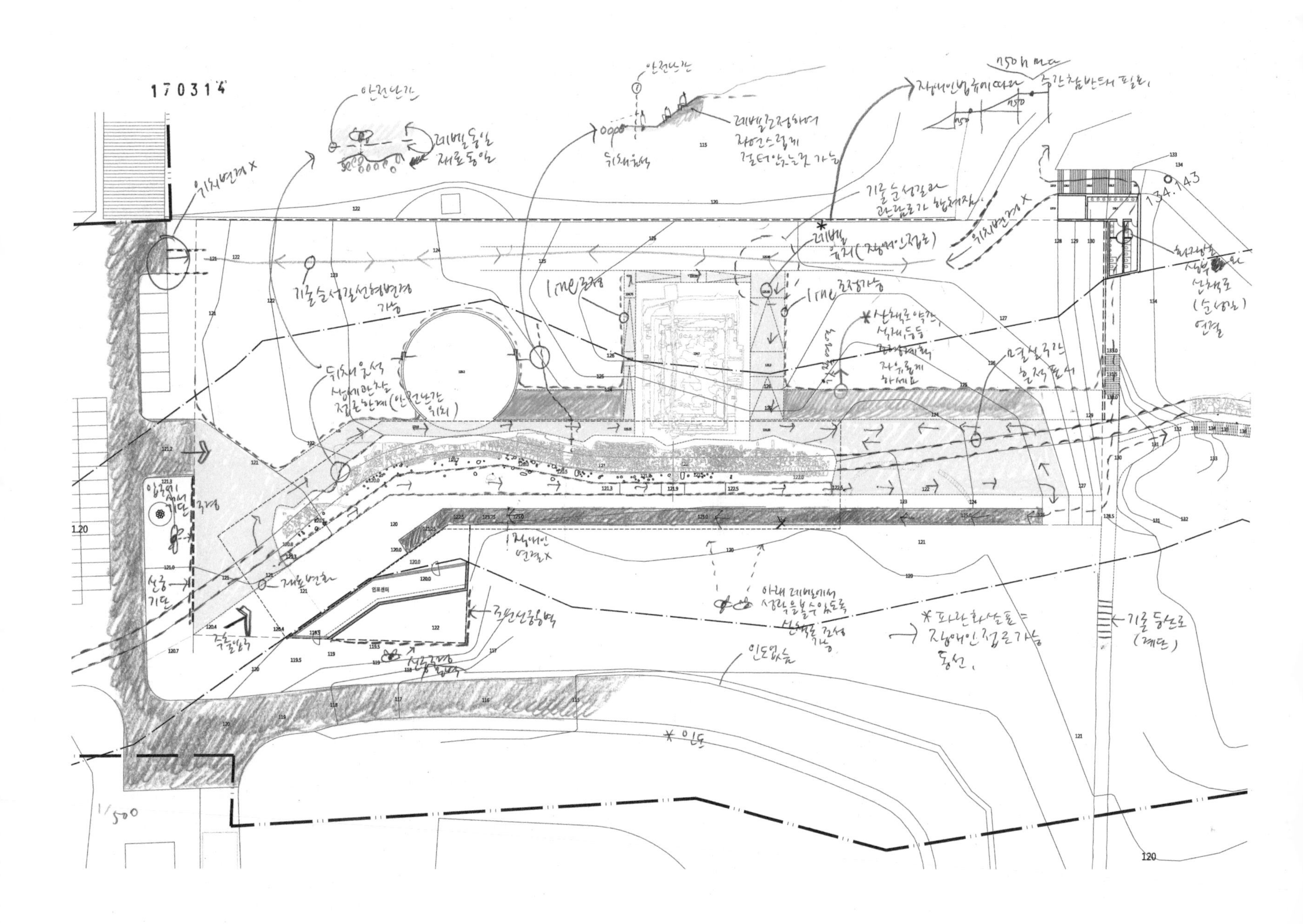

남산 회현자락 한양도성 현장유적박물관 평면 스케치
2017, 건축사사무소 협동원 제공

사진: 텍스처 온 텍스처

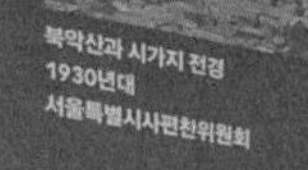

1970
1980
1967
[건축사] 1967. 11.
1968
한국종합기술개발공사 도시계획부의
여의도종합개발계획 모형
[공간] 1969. 4.
김태수의 [A Master Plan for Seoul City]
1968
목천문화재단
세운상가
1967
한국종합기술개발공사 건축부의 세운상가
아파트 "가"동 설계도
[건축사] 1968. 5.
3,969,218
서울시 인구 (명)
4,776,928
제1회 한국무역박람회
1968
제1회 한국무역박람회장으로 쓰인 구로동
제2공단
서울특별시사편찬위원회
조선호텔과 환구단 황궁우, 아케이드
1970
ⓒ 안영배
목천문화재단
대한민국 명목 GDP (조 원)
2.2
1.7
1.3

서울대학교 중앙도서관과 행정관
준공 1974. 12.(60동 행정관), 1975. 6. (62동,
중앙도서관)
서울대학교 중앙도서관과 본관은 1972년 완료된
관악 종합캠퍼스 계획안에 따라 캠퍼스의 중심
지구에 배치되었고, 중앙도서관의 실시설계는 이승우
·윤석우(종합건축), 행정관은 김정철(1932~2010,
정림건축)이 설계하였다. 중앙도서관은 대지의 특수한
상황을 고려하여 배치되어 도서관 3층에 캠퍼스 양쪽에
위치한 인문, 사회 분야와 이공계 분야 각각에서의
접근을 용이하게 하는 건물 중앙부를 관통하는 통로를
계획하였다. 특히, 도서관 정면은 루버의 반복적인 배치를
통해 강한 시각적 처리를 의도하였다는 점은 새로운
조형에 대한 모색으로 볼 수 있다. 본관은 전면의 광장과
후면의 중앙도서관을 연결하는 축선 상에 위치하도록
배치되었다. 본관 역시 수평의 강조와 수직 루버로 생기는
음영 효과로 부드러운 시각적 느낌을 주도록 설계되어
독특한 느낌을 주는 외관을 의도하고자 하였다.

1980
개방과 탐구

대외의 문호를 열었던 1980년대와 1990년대 전반은 2기 성장기라고 할 만하다.
1980년대 한국이 보여주고 싶어 했던 것은 활력 있게 성장하는 근대 국민국가의 모습이었고, 전략적으로 한강의 기적이 국가 이미지가 되었다. 일제강점기 이래 서울의 상징 경관이었던 남산에 올라 강북의 도심부를 부감하는 장면은 한강 변에서 63빌딩과 여의도를 바라보는 장면으로 바뀌게 되었다. 한강의 수변을 정리하고 강변을 따라 도시고속도로인 올림픽대로를 놓고 그 옆으로 고층의 아파트 단지를 조성하였다.
국민의 문화와 여가를 선도하기 위해 국가 주도로 독립기념관, 예술의 전당, 국립 국악당, 국립현대미술관 과천관과 같은 대규모 문화시설 등의 건설이 이어졌다. 외환은행 본점, 한일은행본점, 포스코 센터, 신도리코 사옥 등과 같은 대기업의 사옥 등 민간 부문에서의 건설물량도 늘어나면서, 설계사무소들이 대형화되고 팀 작업이 강조되면서 외국 건축가들과의 협업도 시작되었다. 한편 아파트가 보편적 주거 형식으로 발전한 것도 이 시기의 일로서 대개 주변 사람의 주택설계로 자신의 커리어를 시작하게 마련인 젊은 건축가의 시장 진입을 어렵게 만들었다.

서울대학교 역시 서울대박물관을 건축함으로써, 대학의 역사를 기록하고 문화적 역량을 높이려고 했다.

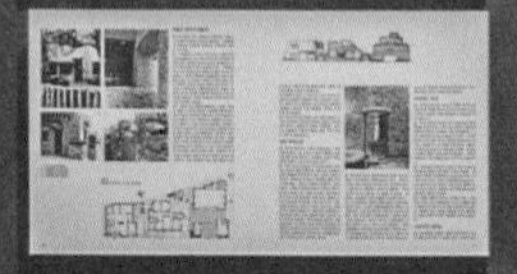

홍대 앞 우리마당 연작
1977–1981

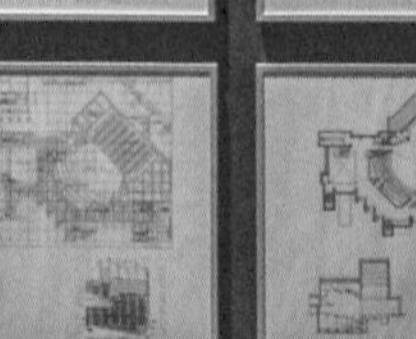

문예진흥원 문예회관
설계 1977
준공 1981

힐튼호텔
설계기간 1978. 02. - 1983. 06.
공사기간 1978. 12. - 1983. 12.

1990
건축가와 사회

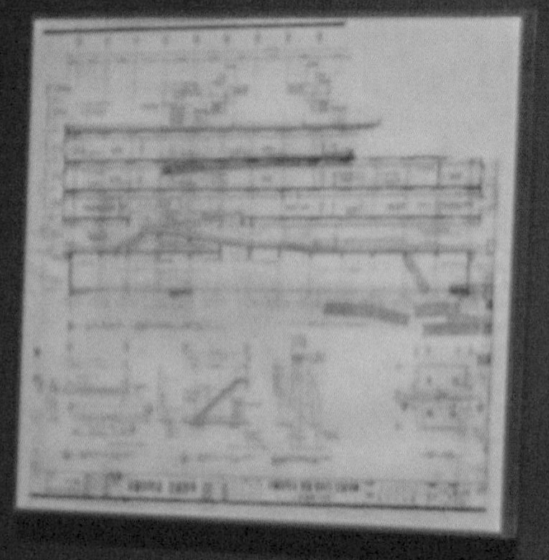

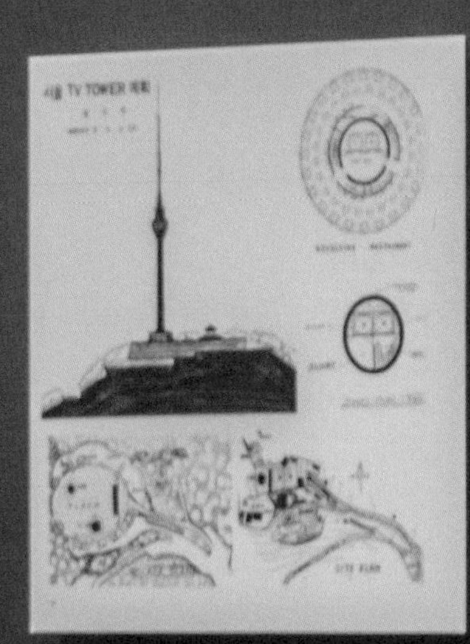
서울 TV TOWER 계획

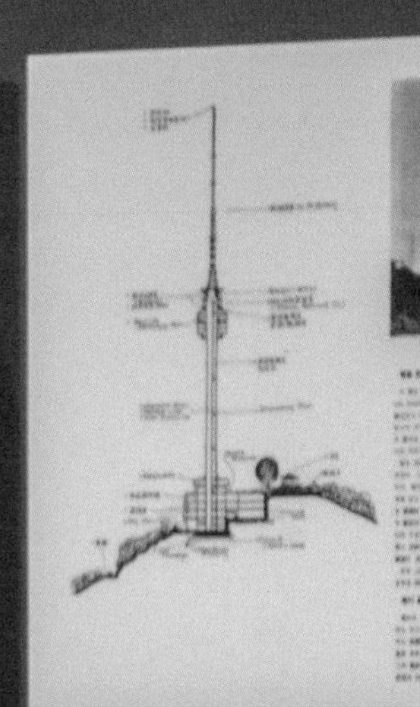

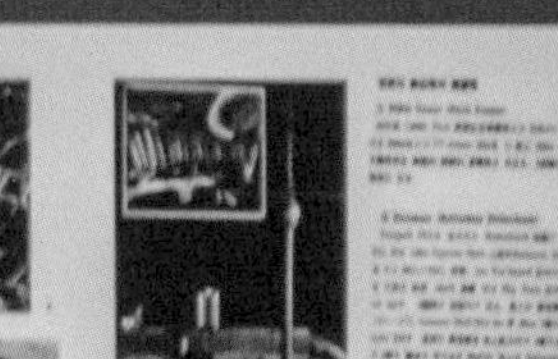

—
서울대학교박물관 모형
서울대학교 건축학과 제작, 2021
서울대학교박물관 2층 엑소노메트릭
서울대학교박물관 1층 엑소노메트릭
서울건축 제공
서울대학교박물관 도면
1984 국립현대미술관 소장

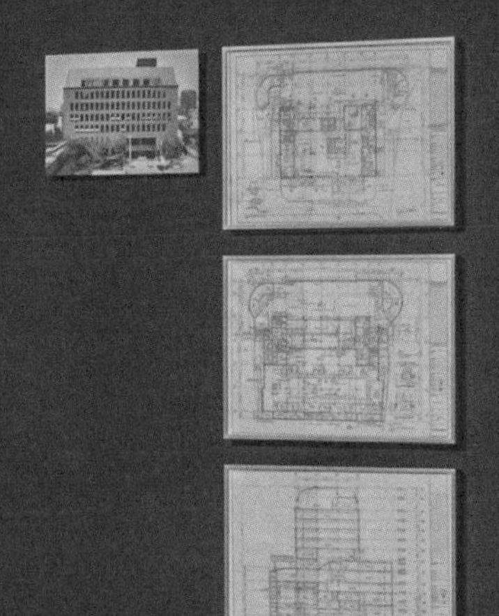

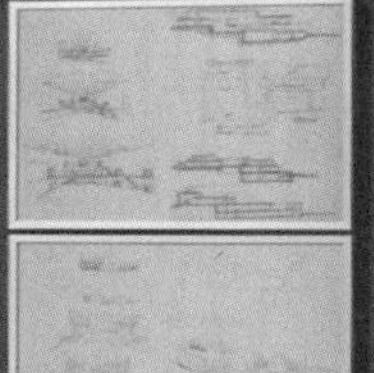

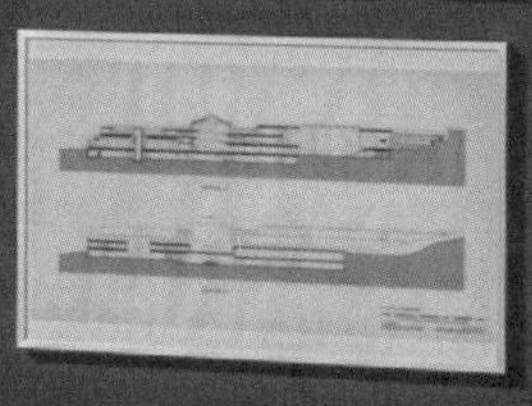

ZWKM BLOCK
준공 2015

서울시 강남구 논현동에 위치한 ZWKM BLOCK은 김영준(김영준도시건축연구소)의 설계로 지어져 4개의 영상 관련 회사가 상주하는 블록이다. 이 명칭은 각 건축주의 회사명 앞글자를 딴 것이고 건물이 아닌 블록으로 부르는 이유는 단일 건물이 아닌 집합 건물로 읽혀야 하기 때문이다. 지하에서 큰 스튜디오 공간을 공유하고 지상에서는 사무실과 주거를 담은 개별 건물이 외부공간과 보행 브릿지로 긴밀하게 엮여있어 하나의 작은 도시와 같은 조직을 경험할 수 있다.

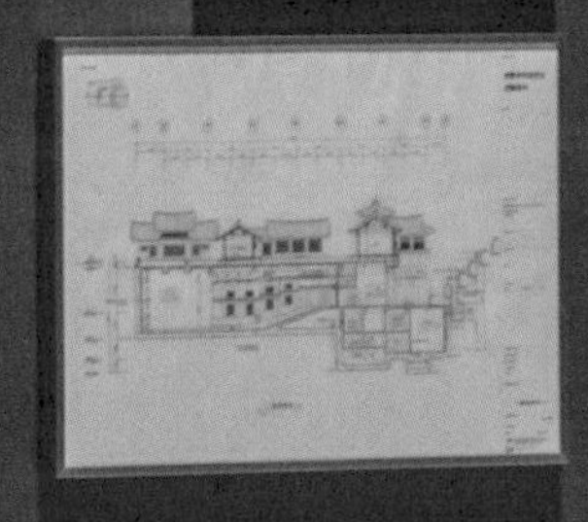

서울 TV TOWER 계획
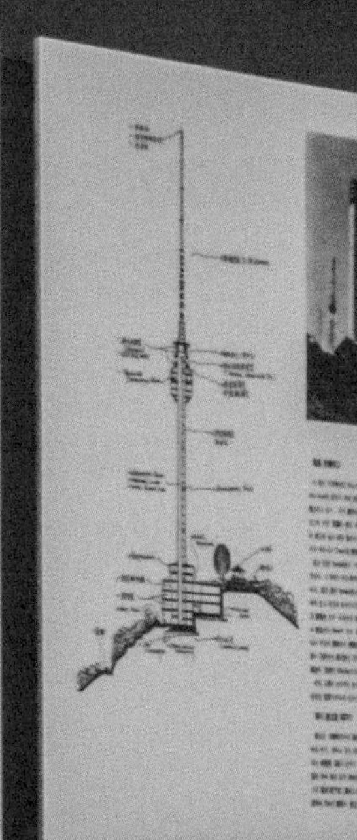

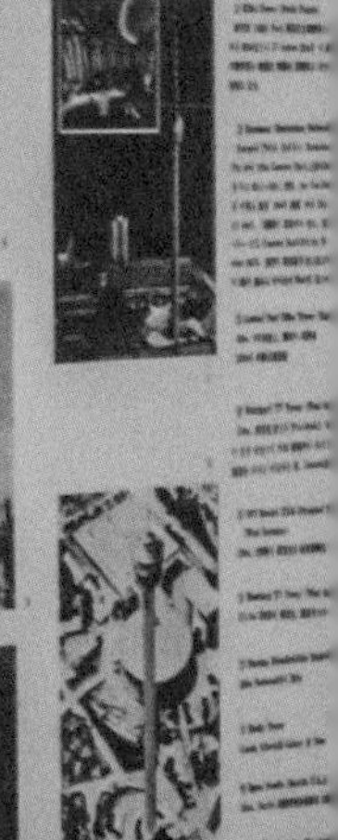

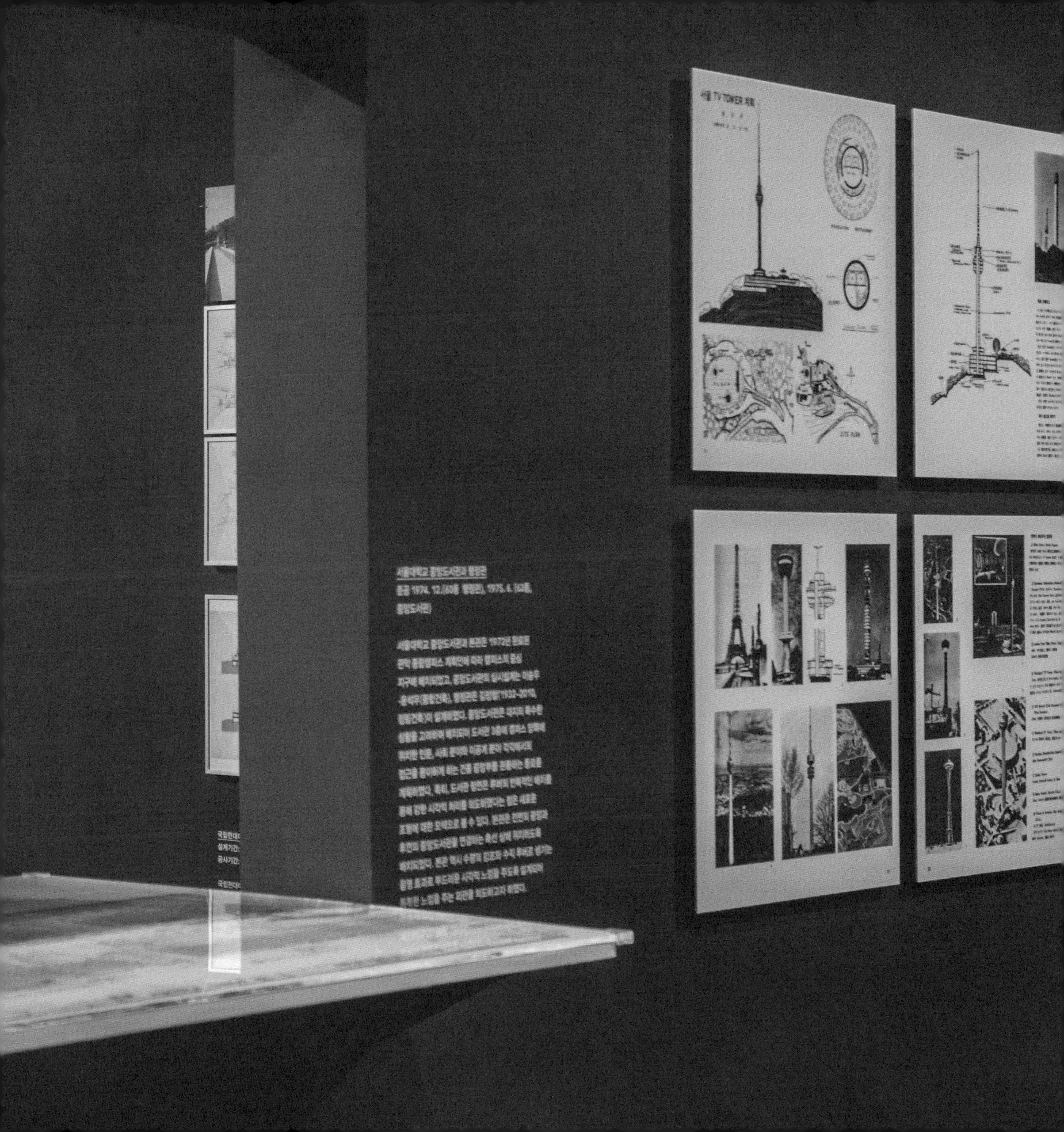

2000년대 중반.
건축 교육과 제도의 개편 이후:
건축과 기술, 건축과 예술,
건축과 산업의 통섭을 보여주는
31개의 전시

세계화의 2기인 현재의 질서가 시작되는 2000년대 중반을 기점으로, 건축의 제도와 교육은 국제적 기준에 맞추어 개편되었다. 이 변화의 과정 속에서 학교에서 가르치거나 현장에 있던 31명의 건축가와 건축엔지니어의 작업을 통해, 새로운 커리큘럼의 성과를 짐작해본다. 다양한 프로젝트의 저변에서 건축과 기술, 건축과 예술, 건축과 산업의 통섭을 살필 수 있다.

동네걷기 동네계획 2,
노인도시, 우리는 질문한다

박소현, 이선재, 이현우, 허진아
(도시건축보존계획연구실)

우리 연구실의 '동네걷기 동네계획' 탐구는 계속 진화한다. 이번 전시는 너무 당연시하며 사실은 제대로 짚어보지 못했던 연구방법론적 측면에서 다음의 세가지 주제에 집중한다.: 1. 시대의 공공장소인 '걷는 공간'에 대한 표상으로서의 우리도시 보행지도 작성방식에 대한 고민; 2. 최근 범람하는 보행빅데이터에 내재해 있는 걷기 행위의 한 요소로서 공간속도 도출과 그 현상의 장소해석에 대한 고민; 3. 서울지하철과 노인 걷기행위가 연동된 모빌리티 장소특성에 대한 고민. 이 고민들을 통해 그동안 당연하다고 생각했던 우리의 도시설계, 근린계획 담론, 가정, 원칙 등에 의문을 던지는 계기가 되길 바란다.

고령사회에 대한 논의가 현재 활발하다. 다른 나라에서 찾아보기 힘든 저출산 현상과 함께 가파르게 가속화하는 대한민국 초고령화 문제에 대해 사회적 우려는 점점 더 커지고 있다. 그런데, 막상 우리는 나이듦에 대해, 그리고 나이 든 사회 구성원이 일상생활의 터전이 되는 자신들의 동네에서 어떻게 움직이며 생활하고 있는지 그 실상을 잘 알지 못한다. 움직임, 모빌리티의 가장 기본이 되는 걷기 활동을 기반으로 노인들은 어떻게 동네 생활을 영위하고 있는지, 그 질문을 세세한 주제로 모아본다. 어찌보면 노인도시의 현재 대표개념인 Aging in Place 조차도 허상과 실상의 여러 층위의 노인 질문 덩어리가 아닐까? 우리가 소망하는 노인도시는 무엇일까? 당신의 질문은 무엇인가?

2

구산동도서관마을

최재원 (플로건축)

도서관이 된 마을, 마을이 된 도서관: 구산동에서는 2006년부터 도서관 건립을 위한 주민들의 서명운동이 있었고 2012년 서울시 주민참여사업으로 선정되면서 구체적인 그림이 그려졌다. 충분치 못한 예산과 기존 마을 골목의 풍경을 살리려는 이유 등으로 신축 1채를 제외하고는 기존 건물을 리모델링하는 방식으로 2013년 제안공모가 발주된다. 기존 주택들을 활용하되 주민들이 편리하게 활용할 수 있는 공간을 만들어야겠다는 생각에서 이들을 적절히 잘 묶어내어 하나의 마을과 같은 도서관을 만들고자 했다. 구산동 도서관마을은 주민들의 기억이 남아있는 마을 일부인 막다른 도로의 주택가를 그대로 도서관으로 변경하는 프로젝트로 남아있는 기존 주택과 마을의 질서를 존중하고 도서관 속에 자연스럽게 녹아 들도록 하려고 노력했다. 책복도가 된 골목, 미디어실이 된 주차장, 토론방이 된 거실, 당시 유행했던 재료를 알려주는 기존 건물의 벽돌과 화강석들, 내부로 들어온 발코니들, 벤치가 된 기존 건물의 기초 등 마을에 남아있는 다양한 이야기들에 대한 힌트를 제공하고 싶었다. 골목을 거닐 듯 책복도와 마을마당을 거닐고 다양한 계층의 주민들과 함께 문화를 즐기면서 그들의 이야기를 써 내려갈 수 있는 공간이 되기를 기대한다.

사진: studioSALT 황규백 작가

3

청산도 느린섬 여행학교

김주경, 최교식 (오우재건축)

청산도 느린섬 여행학교는 완도군 청산도 동쪽에 위치한 청산중학교 동분교를 리모델링한 건축물이다. 이 학교는 학생수가 감소하여 2009년 3월, 폐교가 됐으며, 2010년 하반기에 슬로시티 사업의 일환으로 1층 부분을 슬로푸드 체험관으로 활용하다가, 2011년 초에 2층과 기존 관사(사택)를 여행객 숙소로 활용하기 위한 공사를 진행하고 있었다. 공사중 기존 건축물 지붕 슬라브의 심각한 결함이 발견되었고, 이에 대한 기술적 자문을 하던 중에 재설계에 참여하게 되었다. 구조가 불량한 지붕과 2층 벽체와 기둥을 철거하고 2층 바닥을 철골로 구조보강 한 후 가벼운 구조의 독립된 숙소동을 새로 짓자는 의견이 받아들여져, 설계변경 절차에 따라, 1층 학교 외벽은 청산도 자연석을 쌓아 전체를 두르고 2층은 경골목구조로 뾰족한 경사지붕의 다섯 덩어리를 올려놓아, 모든 실이 외부마당을 갖는 관광객 숙소(펜션)로 재탄생했다.

폐교된 지 만 3년이 된 2012년 3월에 개장한 느린섬 여행학교는 마을 주민으로 구성된 사회적 기업이 운영토록 하여 주민소득에 보탬이 되고자 하는 공공적 성격이 강한 시설물이다. 이에 부응하듯 매년 이곳을 찾는 여행객이 증가했고, 공간활용도를 높이기 위해 2013년 3월에는, 슬로푸드 작업실을 교사동 북동쪽에 새로 지어 이전하고 교문 옆에 관리실과 캠핑족을 위한 샤워실과 화장실이 있는 별동(관리사)을 신축하여 전체적인 공간구성을 마무리했다.

8년간 지속적인 운영에 대해 좋은 평가를 받으며 자율적으로 운영되었고, 부족한 부분은 채우고 낡은 부분은 개선해가며 청산도의 주요거점으로 자리매김하고 있었는데, 지역사회의 작은 갈등이 불씨가 되어 운영을 잠시 멈추었다가 2021년 10월 숙박동은 철거되어 현재 빈 터로만 남아있다.

사진: 김재윤

체부동 생활문화센터
김세진 (지요건축)

대상건물은 1931년에 신축되었다는 문헌상 기록이 남아있으나, 이후 몇 차례의 증개축을 거쳤는지 정확히 알 수 없다. 이번 작업은 시간 속에서 변화하는 가치판단의 한 결절점으로서, 시간의 대비와 평행이라는 개념을 가지고 진행하였다. 특정한 시점, 일정 범위의 시기를 중점으로 하여 각 시간을 다루는 방식이 대비라고 한다면, 평행은 건축의 탄생과 소멸의 과정에서 줄곧 존재하는 시간에 관한 것이다. 대비는 단절적인 시간 사이의 관계이며, 평행은 이음매 없이 지속하는 시간 자체이다. 체부동교회의 붉은 벽돌벽은 예배당과 부속 한옥의 증개축 과정에서 시대별로 다른 벽돌쌓기 방식을 사용하여 그 체적을 늘려왔다. 붉은 벽은 시간의 흐름에 따른 조적방식의 변이를 그대로 담고 있는 기록일 뿐만 아니라 장소의 고유함을 규정하는 주요한 요소로 작용하고 있다. 계획대지는 흔히 상정하는 비워진 땅이 아니라, 시간과 컨텍스트를 담아 수직으로 서 있는 3차원의 붉은 벽을 포함하는 일단의 영역으로 개념화 할 수 있다.

체부동교회에서 가치를 인정받은 건축요소는 붉은 벽돌벽과 목조트러스이다. 비문화재급 건축자산에 대한 가치판단은 위원회를 통해 의결되지만, 실행의 상당 부분은 설계자의 몫으로 남겨진다. 두 요소는 북측 붉은 벽의 상단에서 접합된다. 이는 무주공간으로 구성된 기존 건축의 원형과 깊이 연관되어 있으며, 신축에서 지금에 이르기까지 90년 정도 오랜 시간 지속되었을 것으로 판단된다. 붉은 벽의 내측은 검은 벽돌을 치장쌓기하여 음향중심의 새로운 프로그램에 대응하고, 트러스 사이는 백색면으로 채워 조성시기가 다름을 드러낸다.

사진: 남궁선

5

베이직스 사옥

김대일 (리소건축)

이 집은 브랜드 '베이직스'의 사옥이다. 사옥은 주택처럼 지극히 개인적이기를 바라면서 동시에 밖을 향해 브랜드의 아이덴티티를 표현하고 싶어한다. 우리는 여러 건축 요소 중 항상 우리 눈 앞에 마주 서 있는 '벽'의 역할로 이 건축을 정의할 수 있다고 생각한다.

— 땅을 딛고 선 벽: 두 개의 큰 내벽은 땅을 딛고 서서 지붕과 층의 하중을 지지한다. 두 내벽의 안쪽은 업무공간, 외벽과 내벽 사이는 동선과 기능공간으로 쓰인다. 구조와 공간을 장악해 이 집의 건축을 가능하게 한다.

— 옆집과 업무공간 사이의 벽: 약 50년전 경사지를 깎아 공급된 공무원주택단지에 지어지는 베이직스 사옥의 외벽은, 붙어있듯 아주 가까운 옆집과 베이직스 업무공간 사이에서 마치 담장처럼 양 쪽 모두의 쾌적함을 중재해야 한다. 마주하는 집의 단차와 거리, 시선의 간섭에 대응해 각 입면의 창과 벽의 높이, 크기, 폭을 조절해 디자인했다.

— 흰 벽: 흰색은 베이직스가 좋아하는 색이다. 흰색은 빛과 가벼움으로 드러난다. 빛을 머금는 한지를 가공해 만든 가벼운 벽을 매달았다. 모든 표현의 욕구는 한지의 공예적 가공과 현대적 실험에 집중되어 있다.

6

영화사집 파주 사옥

김호민 (폴리머건축)

집(Zip) 씨네마는 전우치, 감시자들, 검은 사제들 같은 히트작들을 내놓은 '영화사 집' 의 새로운 보금자리다. 영화를 만드는 곳이라는 의미에서 붙여진 '집'을 매개로 첫 만남부터 친근한 대화들을 이어갈 수 있었다. 또한 개소한지 이제 막 10년이 되는 건축사무소와 10년 동안 열 편의 영화를 제작한 영화사의 만남은 뜻밖의 우연이었다. 그런데 자리를 막 잡아가는 신생 영화사에게 오랫동안 자리 잡고 있던 강남을 떠나 파주로 옮기는 것은 사실상 모험에 가까운 결정이었다. 대규모 자본이 필요하고 무엇보다 유통이 절대적으로 중요해진 현재의 영화계에서 기업이나 금융권과의 접촉은 필수적일 수 밖에 없다. 비싼 임대료와 비좁은 주차 공간, 전형적인 사무실 등 열악한 환경을 감수하고 서라도 강남에 영화사들이 집중적으로 몰려 있는 것도 이런 이유들 때문이다.

그럼에도 불구하고 교외에 새로운 보금자리를 짓겠다고 결정 내린 것은 여성으로서 영화계에서 모험을 감수하면서 뚝심 있게 버텨왔던 이력과도 상통하는 점이 있다. 무엇보다 열 편의 영화를 성공시키기 위해 열심히 노력했던 직원들이 보다 여유롭고 창의적으로 일하기 위한 배려이기도 했다. 결국 시나리오를 만들고 수많은 아이디어 회의를 거쳐서 촬영과 개봉의 과정을 반복하는 영화사를 위한 맞춤형 공간으로 계획해야 했다. 건물 양쪽에 엇갈려 위치한 두 개의 다목적 홀이 그 대표적인 예다. 두 층에 걸쳐 평상시에는 개방감 있는 그저 시원하게 탁 트인 공간이지만 영화의 개봉이 다가오면 시사회나 홍보 촬영, 배우들과의 인터뷰를 위한 장소로 활용된다. 미디어에 노출되는 것이 빈번할 수밖에 없는 현실을 고려했을 때 그들의 생존엔 어쩌면 필수적인 공간일지 모른다. 이것은 용적률을 채우는 데 급급할 수밖에 없는 서울의 도심을 벗어나야 했던 중요한 명분이 되었다.

사진: 신경섭

7

상하농원

최춘웅 (건축문화연구실)

추억 속의 고향마을 상하농원: 고창 지역의 로컬 푸드 허브 (Local Food Hub)로 개발된 상하농원은 도농교류 촉진과 친환경 먹거리 사업을 위한 거점이다. 농촌 지역을 위한 이상적인 개발 유형의 한 방안으로 한국의 전통마을의 모습을 신농촌주의 개념에 접목하였고, 상상 속의 전원 마을을 한국의 정서와 문화에 맞춰 재설정 했다. 누구나 꿈꾸는 고향의 모습을 재현하기 위한 수단으로 이상적인 마을의 모습들을 기록한 문헌을 찾아보며, 고향마을의 가장 중요한 요소는 물리적 환경이 아닌 진정성을 담은 사회적 공유임을 깨닫는 과정이 되었다.

8

Design and Evaluation of Mega Building Structures

박홍근, 김현진, 김주형, 양현근
(건축구조시스템연구실)

최근 국내 및 미국 중동부 지역을 포함한 상대적으로 지진 위험도가 낮은 지역, 특히 원자력발전소가 건설된 지역 인근에서의 지진 발생으로 인해 원전의 안전성에 대한 정밀한 평가가 요구되고 있다. 일부 진동수 대역에서 설계기준을 초과하는 설계초과지진에 대한 우려로, 원전 구조물이 보유한 '실제' 성능을 정확히 평가하는 것이 중요하다. 이에 따라 국내 여건을 고려한 정확한 내진성능 평가를 위하여 다양한 연구를 수행중이다. 원전부지 특성을 고려한 지반 특성 분석, 지진 입력, 구조물 및 원전기기의 내진성능평가 절차 개발, 진동대 실험, 고속가력 실험 등을 통해 평가결과의 정확도를 높이고자 한다. 한편, 높은 내진성능이 요구되는 원전벽체는 일반적으로 철근콘크리트벽체로 시공되지만 다량의 대구경철근과 1.2m 수준의 콘크리트벽두께로 인하여 시공의 난이도가 높은 편이다. 이에 벽체의 변형능력을 확보하고 고밀도철근의 시공성 및 정밀성의 단점을 개선하기 위해, 고강도 강판을 사용한 강합성코어벽시스템을 개발하였다. 개발된 시스템에 대한 구조성능평가, 시공성, 경제성 검토를 수행하고 있다.

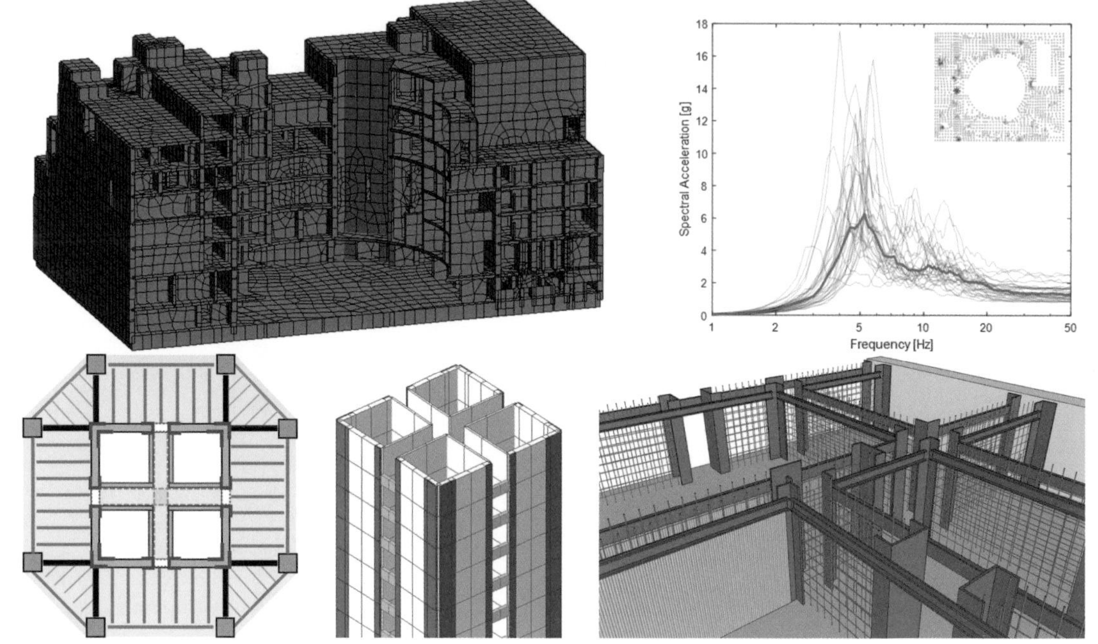

9

랜드북

조성현, 이경엽, 서종관 (스페이스워크)

건축 설계를 자동화하는 도전은 꾸준히 시도됐으나, 디자인과 법규의 복잡한 상호의존적 관계를 기술로 풀어내는 작업은 줄곧 벽에 부딪혔다. 1990년대부터 가장 진보된 기술로 평가 받으며 널리 사용되는 유전알고리즘(Genetic Algorithm) 조차 탐색 속도와 연산량의 한계로 건축의 최적성과 확장성을 달성하기에는 부족함이 있다.

'랜드북'은 인공신경망을 이용해 맥락 정보를 토대로 최적의 건축 설계 방법을 학습하는 '심층강화학습(deep reinforcement learning)' 기술을 통해 건축 설계 자동화를 실현한다. 이 과정에서 건축가는 건축 목표와 상태 공간(state space)을 정의하고, 인공지능이 상태 공간 안에서 최적의 방식으로 목표를 달성하도록 이끈다. 여기서 건축가의 목표는 유일성(uniqueness)이 아니라 유일성을 만들어내는 요소 간 상호작용(interaction)을 디자인하는 것이며, 인공지능의 목표는 건축 설계를 발명(invent)하는 것이 아니라 발견(discover)하는 것이다.

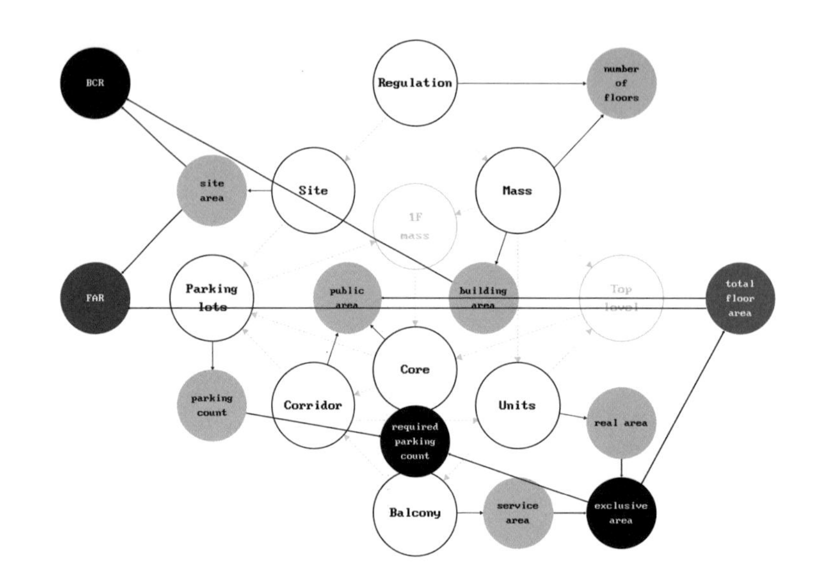

1566 Masterpiece | 1949 Proportional System | 1971 Shape Grammar | 1990 Parametric Design | 2019 Generative Design

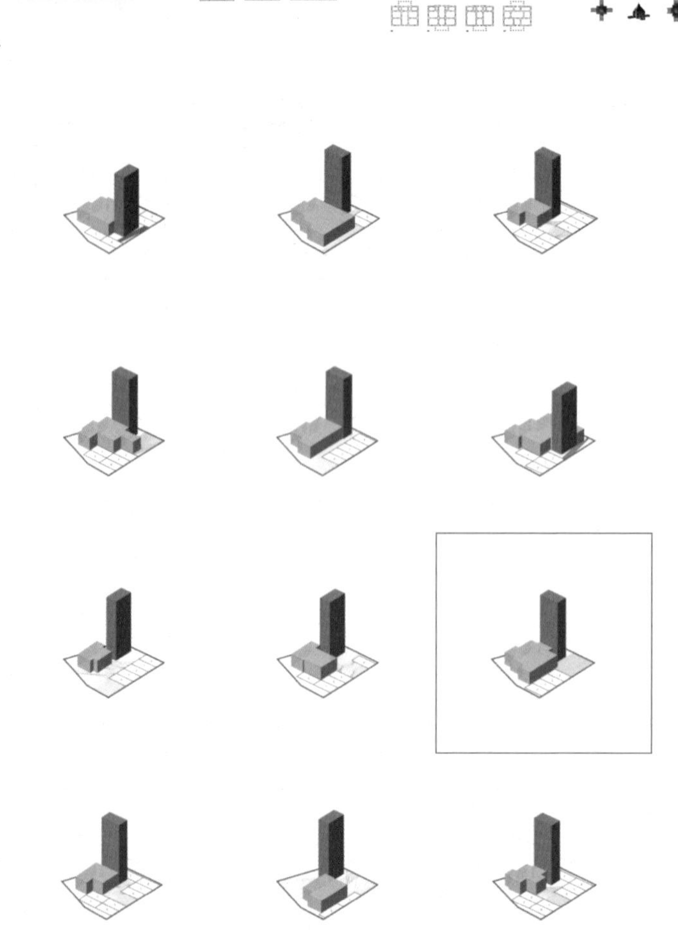

10

Building Environment Analysis

여명석 (건축환경계획연구실)

건축환경계획연구실에서 수행한 대표적인 연구들의 모음이다. 이번 전시에 담은 연구 내용은 크게 고체(solid) 해석 부문과 유체(fluid) 해석 부문으로 나뉜다.

고체 해석 부문: 건축물 외벽의 선형 열교(linear thermal bridge)를 포함한 비정상 상태(unsteady state) 열류(heat flow) 해석을 위하여 전달 함수 모델(transfer function model)을 도출하고 검증하였으며, 신한옥의 지붕 부위를 3D로 모델링하여 시뮬레이션을 통해 유한체적법(FVM; finite volume method)으로 그 열적 성능을 해석하였다.

유체 해석 부문: 전산유체역학(CFD; computational fluid dynamics) 프로그램을 활용하여 난방기간 동안 건축물 외주부에서 복사난방패널의 설치 유무와 그 유형에 따른 외풍(cold draft)의 영향을 분석하였고, 실내에 설치되는 가구 형태의 큐브에서 냉방기간 동안 대류 냉방 토출 방식에 따른 큐브 내 온도 분포 및 기류 속도 분포를 나타내었다. 또한, 현장 측정 결과를 대입하여 계절별 건물 내외부의 압력 관계 변화에 따른 네트워크 모델(network model)을 구축하고 시뮬레이션을 통해 외부 미세먼지의 유입 및 이동을 평가하였다.

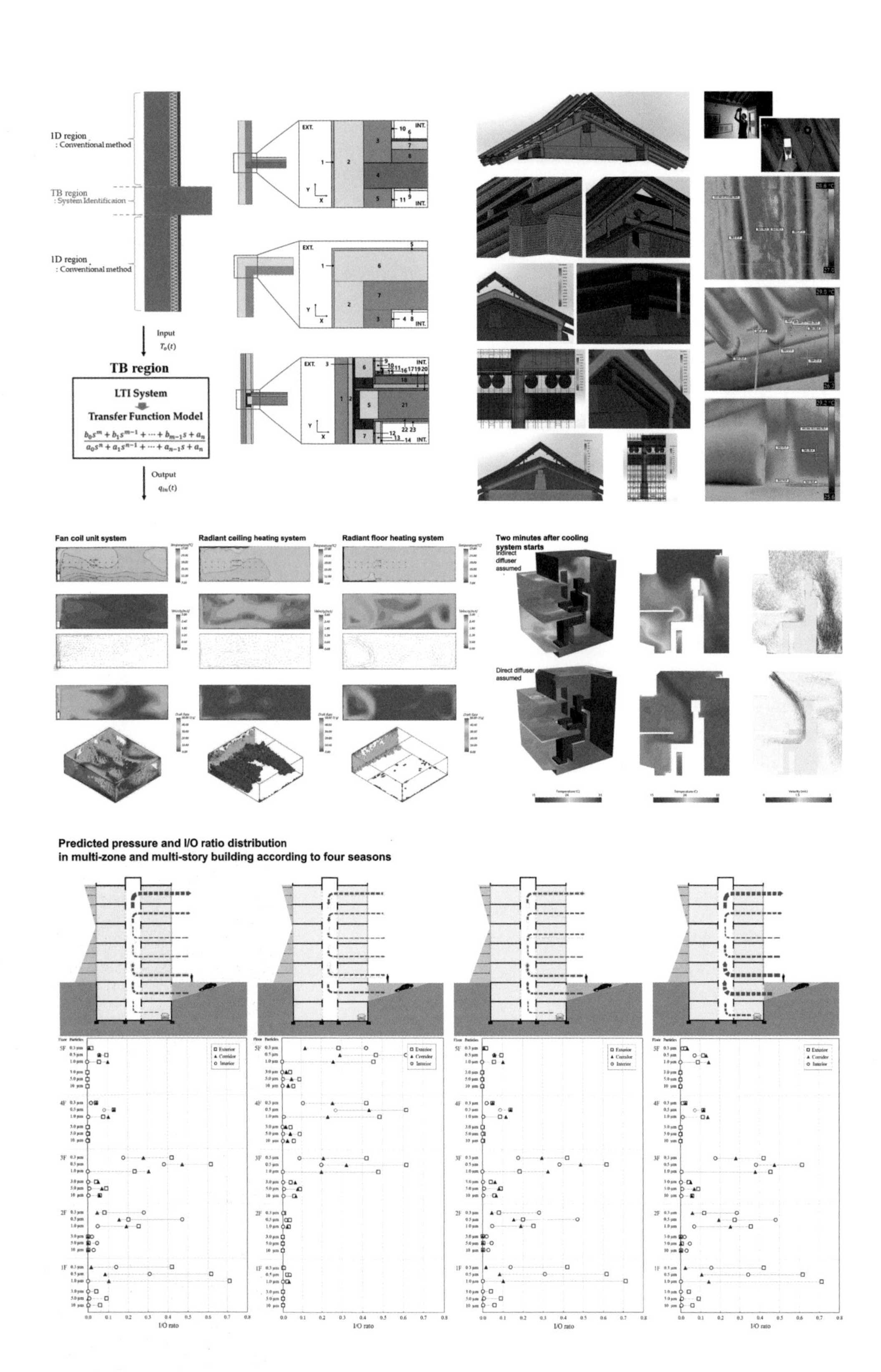

11

BIM 기반 전통 목조건축 조립키트 개발: 경복궁 근정전

전봉희 (건축사연구실)

전봉희 교수와 건축사연구실은 2010-2021년도 기간에 국토부 R&D 사업의 지원으로, 목조건축물 설계자동화 프로그램과 설계지원도구 개발을 위해, 전통 목조건축의 조형원리를 반영한 파라메트릭 형상기반 BIM 모델링을 개발하였다. 경복궁 근정전 조립키트는 이 과정에서 개발된 3D 모델링 기술과 부재 라이브러리를 활용한 것이다. 근정전 조립키트는 전통 목조건축의 기둥과 보를 짜 맞추는 가구식 구조를 반영함으로써, 벽돌을 쌓아 만드는 조적조의 원리를 반영한 Lego 블록과는 차별화되는 조립모형키트이다.

조립키트는 근정전의 실측도면을 토대로 부재를 200mm 단위 또는 300mm 단위로 모듈화하여 개발되었다. 개별 부재는 모듈화를 통해 결구 방식과 형태의 간략화를 도모하여 약 4,000개의 부재로 새롭게 디자인하였다. 부재 생산은 Laser-Cutting 절단기를 사용하였고, 모든 부재는 접착제 없이 끼워 맞추는 방식으로 조립된다.

전체 조립키트는 1/65 축적으로 제작되었으며, 전통 그대로의 재현보다는 다양하고 새로운 감상의 관점을 제공하기 위해 월넛 무늬목 MDF, 반사 재질 아크릴, 투명 재질 아크릴 등 3개의 재료로 제작되었다. 어좌 모형은 전체 모형 내부에 설치하기 위해 제작되었으며, 1/65 축적으로 약 150개의 부재로 조립되었다. 부분모형은 1/100 축적으로, 근정전의 내부를 보여주기 위해 전체 모형의 정중앙에서 종과 횡으로 절단하여 전체의 1/4로 제작되었다. 조립설명서는 모형을 조립하는 방법에 대해 시각적 지침을 제공하기 위해 제작되었고, 영상은 모형 제작 과정의 기록을 위해 제작되었다. 해당 모형은 2018 서울한옥박람회, 2018 한옥문화박람회에 출품되었으며, 소셜 크라우드 펀딩 플랫폼인 Tumblbug을 통해 2018년도 10월 광화문 광장에서 전시되었다.

12

관계의 구축

김지하 (율건축)

여러 요소들 간의 관계를 정의하고 조직하여 특별한 공간 경험을 만들어내기 위한 여러 시도를 하고 있다. 단순히 바라보기 위한 대상을 만드는 것이 아니라 빛과 소리, 형태와 움직임을 통해 공간 전체를 공감각적으로 경험할 수 있도록 여러 가지 요소들을 조직한다.

건축뿐만 아니라 다양한 방식의 실·내외 설치 작품, 공연을 위한 무대 구조물들을 공간 전체를 구성하는 방식으로 만들고 있다. 수백 개의 실들 간의 거리와 위치에 맞춰 투사되는 영상으로 원근감을 만들어내어 마치 우주 공간 속을 거니는 듯한 공간감을 만들어 내거나(Light-Space-Medium I: COSMO), 시시각각 변화하는 형태와 빛이 공간을 다채로운 빛깔로 가득 채운다(Big Crunch). 끊임없이 움직이는 정체를 알 수 없는 생명체처럼 보이는 구조물의 움직임에 더해 심해를 연상시키는 사운드와 어른거리는 빛의 움직임으로 마치 깊은 바다 속에 잠겨 있는 것 같은 경험을 만들어내기도 하고(Bioluminescence), 관찰자가 움직이며 바라보는 각도에 따라 조형물이 주변 풍경과 어우러져 다르게 보이는 수직으로 서있는 지형의 켜를 만들기도 한다(Ply).

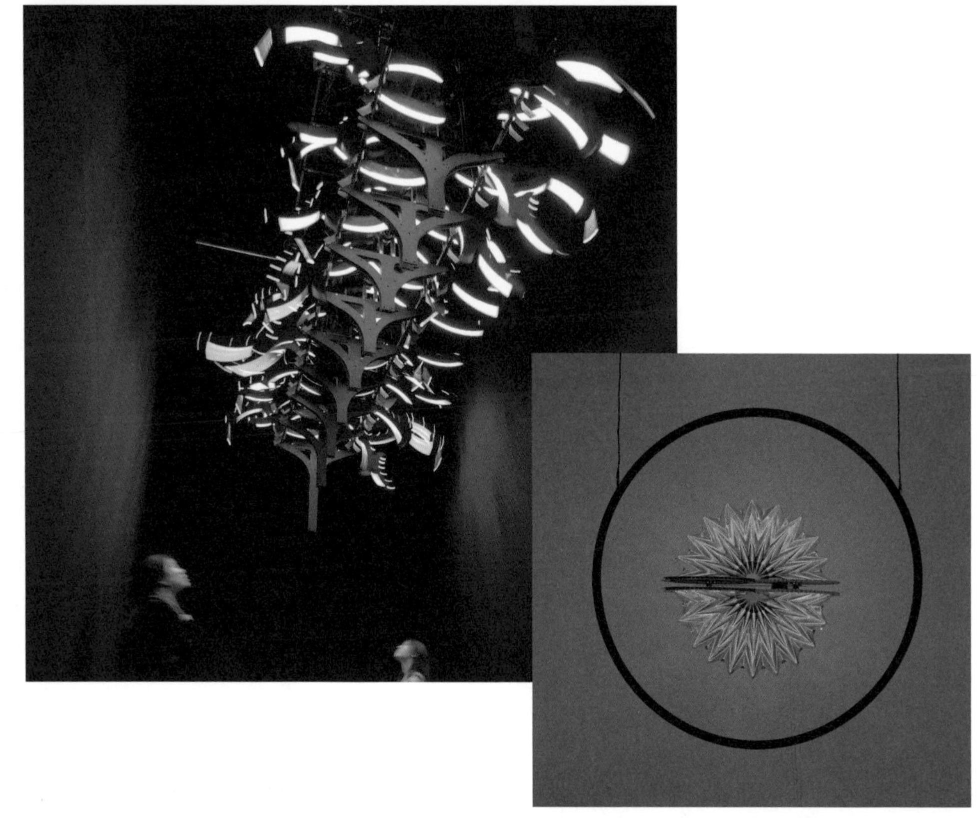

13

건설에서 사람을 보다

박문서, 안수호, 정우량, 박성은,
김명준, 채연, 홍창화, 윤성부
(건축기술연구실)

최근 국제화되고 있는 사회환경과 국내 건설산업의 활발한 해외진출로 인해 건설환경이 급격하게 변화하면서 건설관리도 기존과는 다른 접근방식이 요구되고 있다. 이러한 맥락에서 건설산업은 지속적 물결로 다가오는 팬데믹과 같은 미래 불확실성에 대해 첨단기술을 활용한 대응이 다방면에서 이루어지고 있다. 이에 따라 건설기술연구실은 건설 패러다임의 변화를 이해하고 그에 부합하는 연구성과를 달성하고자, 40년 넘게 쌓아 온 건설관련 지식체계를 바탕으로 고령자 응급 상황을 위한 스마트홈 헬스케어 시스템 개발, 중고층 Off-site construction 생산성 향상 기술 개발, 컴퓨터 비전 및 음성 인식 기반의 건설 자동화, 타워크레인 자율주행 기술 개발, BIM 기반 초고층 건설 프로젝트의 원가관리 모델 개발 등의 연구를 통해 국내 건설산업의 세계적 수준으로의 발전을 꾀하고 있다.

그러나 이러한 발전은 모두 힘든 여건에서도 묵묵히 맡은 바 책임을 다한 건설인의 노고가 있었기에 가능한 일이었다. 과거에서부터 현재까지, 건설산업의 경쟁력은 언제나 '사람'이 그 중심에 있었다. 본 전시는 건설에서 "사람"을 보는 새로운 시각을 제공하고자 한다.

14

건물 에너지 최적 설계 및 제어

박철수 (건축에너지연구실)

건물은 쾌적한 실내공간을 유지하기 위해 끊임없이 에너지를 소비하며, 그 양은 국가 전체 에너지 소비량의 25-30%를 상회한다. 이에 국가적으로 공공건물 제로에너지건축물 의무화, 단열기준 강화 등을 통해 건물 에너지를 감축하기 위해 지속적으로 노력하고 있다. 건축에너지연구실에서는 쾌적한 실내 환경을 유지하면서 건물 에너지 소비를 절감하는 다양한 방안들에 대해 연구하고 있다. 물리적 법칙 및 기계학습 모델을 이용한 건물 에너지 시뮬레이션 모델 개발, 냉난방 및 조명 설비 최적 제어, 건물 설계 최적화, 건물 에너지 시스템의 성능 평가 연구를 포함하며, 그 연구 결과는 국내외 저널 및 학술대회 등에서 많이 발표되었다. 본 영상은 건축에너지연구실의 최신 연구 내용, 즉 시뮬레이션 모델을 이용한 건물 냉난방 및 조명 시스템의 실시간 최적 운영 예시 (인천 및 논산 소재 건물)와 최근 건물 에너지 시뮬레이션 학계에서 다루는 첨단 이슈들 (건물 시스템의 통합 제어 최적화, 불확실성 및 민감도 분석, 기계학습을 이용한 최적 운영 기법)을 다룬다.

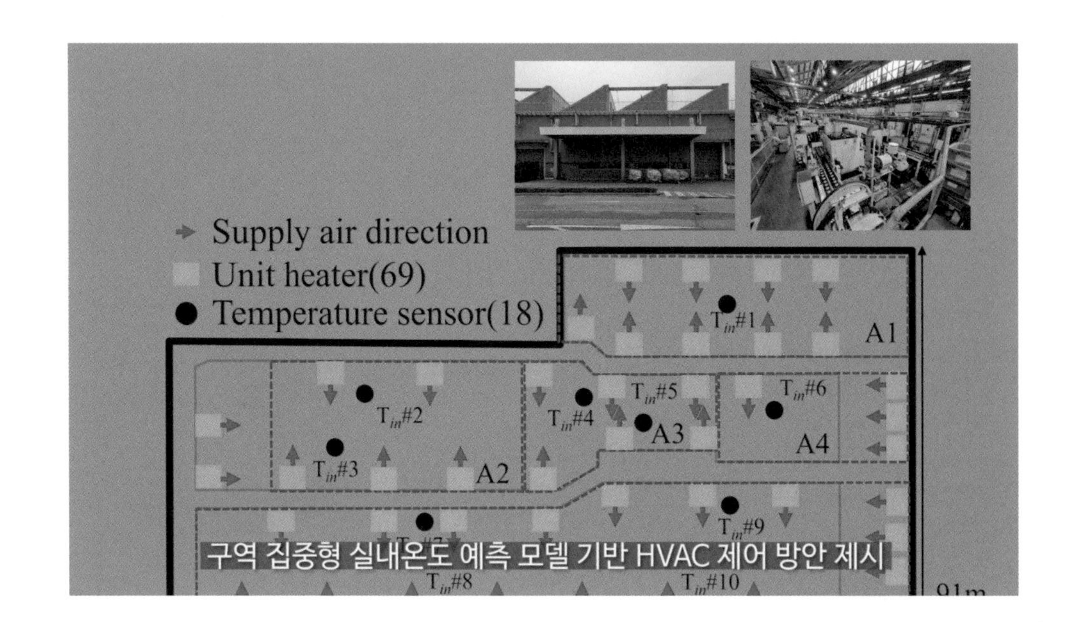

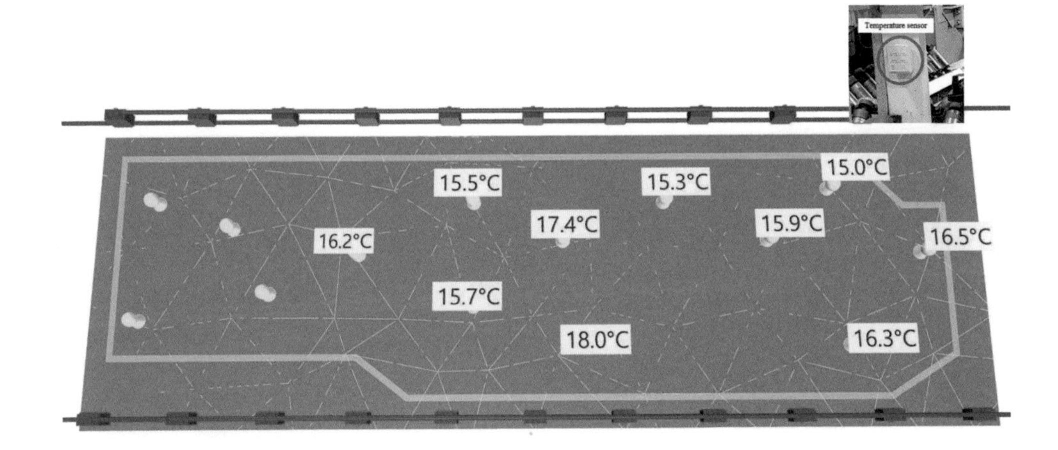

모델을 이용하여 구역별 실내온도 분포를 실시간으로 예측

Building dynamics를 고려한 HVAC 및 차양장치 통합 제어

15

레인체인 포레스트

강예린 (건축공간연구실) + SoA

날씨의 변화를 이겨내는 건축적 장치들은 그것 자체가 감각적인 경험을 일으키는 요소이다. 건물의 규모가 커지거나 용도가 다양해질 수록 날씨와 연관된 건축요소들은 기계적 설비로 대체된다. 건물이 기후에 대응하는 기계가 되어갈 수록 자연의 감각은 소거되게 마련이다. '레인 체인(Rain Chain)'은 지붕위로 떨어지는 비를 모아 바닥으로 흐르게 하는 건축요소이다. 작은 잔을 체인에 연결하여 지붕의 물이 잔을 넘쳐 타고 흐르게 하는 등 실용적이면서 공예적인 성격을 갖는다. 빗방울이 물줄기가 되고, 흐르는 물줄기는 소리를 낸다. 레인체인은 건축이 기후에 맞서는 대신 그 변화를 수용하고 날씨의 감각을 증폭시키는 작은 장치이다. 〈레인 체인 포레스트〉는 대규모 상업 복합 공간 속에 들어갈 공공 예술로서, 공예성을 통해 비의 존재감을 드러내는 작업으로, 전통적 방식으로 비를 다루는 레인 체인으로부터 시작하여 비와 건축 그리고 그 속의 사람 사이의 감각적 관계를 모색해 보고자 한다.

사진: 텍스처 온 텍스처

16

The Ark70—
홍성공장 커뮤니티 센터
문주호 (경계없는작업실)

1. 장소 만들기
큰 건물과 넓은 도로로 둘러싸인 산업단지가 주변과 단절된 섬이 아니라 지속 가능한 도시의 장소가 될 수 있을까? 우리는 하나의 건물이 아닌 마스터플랜을 통해 산업단지가 도시의 새로운 장소가 될 수 있는 방법을 고민하는 것으로 프로젝트를 시작했다.

2. 업무공간을 넘어 생활공간으로의 공간구성
근로자들에게 메가스트럭쳐 공장과 대비되는 집과 같은 편안한 휴식의 공간을 제공하고 상황에 맞춰 다양한 활동으로 활용할 수 있도록 공간을 가변적으로 구성하였습니다. 그리고 각각 공간들의 특성을 반영한 공간디자인과 공간들의 관계를 통한 이야기를 만들어 갔다.

3. 관찰과 발견을 통한 디자인
분리된 2개의 매스와 이를 통합하는 과정에서 만들어진 공간은 예측하지 못한 다양한 공간요소의 발견을 가능하게 하였다. 다양한 모습을 가진 외관은 내외부의 새로운 관계를 만들고, 입체적인 단면의 다양한 공간감을 솔직하게 보여주었다.

4.베이스패널의 재해석
2000년대 초반 건축계에서 활발히 사용되었던 베이스패널은 석면사용의 금지와 균질한 질감에 대한 요구로 인해 고유한 재료의 특성을 잃어버렸다. 베이스패널의 공정을 분석하여 표면질감, 색상, 처리방식을 다양하게 실험하였고 새로운 디테일을 탐구하였다.

5.현재 진행형의 장소
아크70은 완성된 공간이 아닌 산업단지와 함께 변화하는 현재진행형의 장소다. 공장에서 업무하는 근로자들이 더욱 즐겁게 작업하며 공장이라는 건물이 도시와 함께 교류할 수 있는 곳이 되길 기대한다.

사진: 텍스처 온 텍스처

17

자체개발 국산 포스트텐션용 정착구 및 부속부품, 순수건식 프리캐스트 접합 시스템 개발

강현구 (고성능구조공학연구실)

포스트텐션 공법은 콘크리트 내 미리 매설한 덕트 안에 강연선이나 강봉 같은 긴장재를 삽입하고 이를 긴장하여 콘크리트에 압축력을 도입하는 공법이다. 인장에 약한 콘크리트의 물성을 보완하여 부재 강도를 증가시키고, 균열을 감소시키는 등의 장점이 있다.

정착구는 긴장재의 양 끝을 콘크리트 부재에 고정시킴과 동시에 긴장재의 긴장력을 콘크리트 부재에 압축력으로 전환하는 역할을 한다. 기존에 전량을 고가의 해외 수입품에 의존해왔으나, 본 연구실에서는 자체 기술을 이용하여 건축 단일 비부착 텐던용 정착구를 개발하여 국산화에 성공하였다.

국내 성능시험은 모두 만족하였음은 물론이고, 정착구의 재료와 형상 최적화를 통해 시공성과 경제성을 모두 증진시켰다. 또한 장기부식을 막는 캡슐화된 정착구 및 부속부품들도 함께 개발하였다.

프리캐스트 콘크리트(PC) 공법은 부재를 미리 공장에서 제작하여 현장에서 조립하는 공법으로 접합부에 콘크리트를 타설하는 습식공법과 기계식 이음을 적용하는 건식공법으로 분류된다.

본 연구실에서는 건식공법에 해당하는 접합 시스템을 개발하여 특허등록을 완료했으며 모형구조물에 적용하여 실험연구를 진행하였다. 해당 시스템은 커플러, 헤디드 바, 고정 너트, 정착바 등으로 구성되며 현장에서는 단순히 고정 너트를 체결함으로써 헤디드 바를 가압 고정하여 부재 간 접합이 완료되는 개념이다. 다양한 접합 형태에 적용이 가능하고 체결 즉시, 압축력&인장력을 전달하며 모멘트 성능이 발현된다는 특징이 있다.

해당 기술은 현장타설 콘크리트 공정이 생략되고 설치방식이 용이한 시스템으로서 시공 프로세스의 단순화 및 공사비 절감에 획기적인 기술이라 할 수 있다.

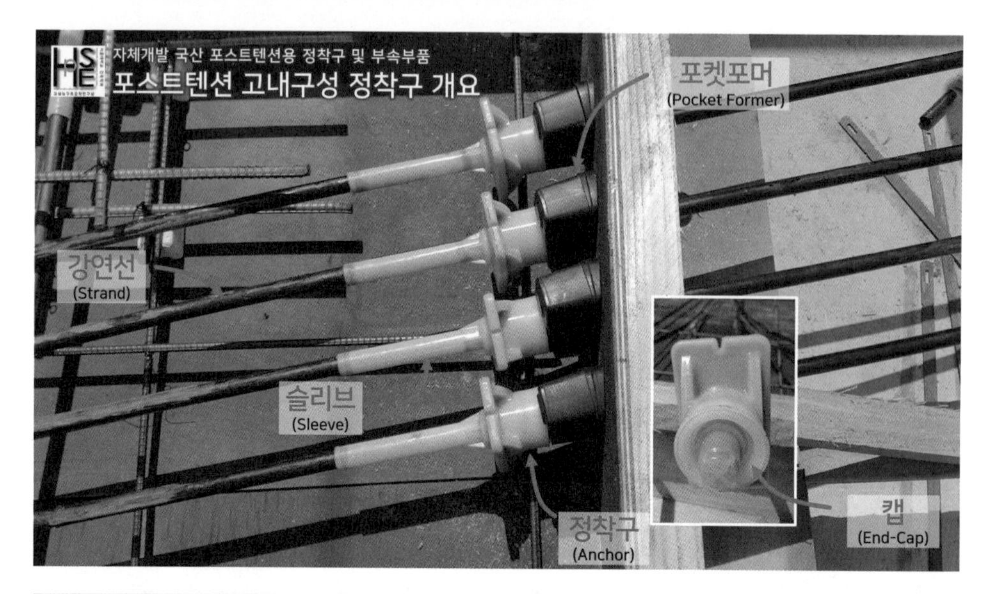

18

무엇이 되어 만나랴?

홍성걸, 정승수, 최지은
(구조재료실험실)

추상적인 공간을 실현하려면 우리는 형이하학적인 물질을 변환시켜야 한다. 추상에서 물질로 변환으로 우리는 건축을 실현한다. 콘크리트는 마법같이 우리에게 원하는 공간을 만들어 준다. 많은 입자가 엉켜서 수많은 형태와 색깔을 만들 수 있다. 콘크리트는 그동안 변이와 진화를 통해 강해지고 오래 버틸 수 있는 UHPC(Ultra high performance concrete)로 발전했다. 작은 입자는 빈틈을 채워서 강해지고 섬유질로 엉켜서 질긴 재료로 진화한 새로운 콘크리트이다. 그동안 헤프게 여기저기 쏟아놓은 콘크리트가 여름을 더욱 뜨겁게 만들어 놓았다. 우리가 마음대로 공간을 만들 수 있다는 오만을 부리는 대신에 아껴서 착하고 기분 좋은 새로운 무엇으로 만들어지기 바란다.

19

QUAD

김진휴, 남호진 (김남건축)

서울의 일반주거지역에 다세대 주택을 짓는 일에는 많은 제약이 따른다. 일조사선을 적용하고, 주차대수와 임대면적을 확보하다 보면 건물을 하나의 일관성 있는 볼륨으로 완결 짓기는 매우 어려워진다. 우리는 높이에 따라 변화하는 현실적인 조건을 건축적인 표현으로 풀어내고자 했다. 결과적으로 이 건물은 외부의 형태(massing)뿐만 아니라, 내부 공간의 구성 논리, 재료, 창을 내는 방식과 디테일 등에서도 서로 다른 특징을 가지는 4개의 부분이 수직적으로 쌓아 올려진 형태로 만들어졌다.

주차 공간을 확보해야 하는 1층은 구조체가 띄엄띄엄 분포하는 섬과 같은 평면을 가지게 되었다. 구조적인 성능을 유지하면서 좁은 전면도로를 통해 드나드는 자동차가 편리하게 움직일 수 있도록 기둥들은 앞면이 좁아지는 형태로 만들어졌다.

일조사선과 주차의 영향을 덜 받는 9m 이하의 공간, 즉 2, 3층은 최대의 면적을 확보하도록 대지경계를 따라 외벽선을 결정하고, 이를 직교하는 내벽들로 분할하였다.

4층은 일조사선의 영향으로 자연스럽게 3층보다 작은 면적을 차지하게 된다. 여기서는 더욱 실용적으로 직사각형의 방들을 붙여가면서 세대들을 구성하였고, 모든 방에 테라스가 있는 세대들이 만들어졌다.

다세대 주택의 마지막 층으로 높이에 큰 제약이 없는 5층은 일조의 영향으로 만들어진 경사의 외벽과 곡선의 내벽으로 이루어진 이 집은 특유의 공간감을 가진다.

사진: 김경태

1. 공간: 건축은 공간의 연결 / 한옥과 아파트
2. 사람은 변한다. 집도 변한다
최재필 (건축도시공간연구실)

최재필 교수의 첫번째 강연은 TED×SNU 행사에서 진행되었다. 공간을 '가운데'라는 개념에서 출발하여, 눈에 보이지 않는 실체인 공간을 설명한다. 그 후 자연스럽게 우리의 삶을 담는 건축공간을 이야기하는데, 공간의 연결을 통해 건축이 만들어지는 과정을 보여준다. 이렇게 만들어지는 건축공간을 아파트를 통해 살펴보며, 우리나라의 아파트가 지금처럼 성공적으로 자리잡을 수 있었던 이유를 한옥이라는 우리의 전통주거에서 찾아낸다.

최재필 교수의 두번째 강연인 '사람은 변한다. 집도 변한다.'는 우리에게 가장 원초적인 공간인 집이 시대에 따라 변화하는 것을 보여준다. 우리들이 사는 방식은 계속 변하고 이에 따라 사람이 속한 사회도 변하며, 또한 집도 변한다. 첫 번째로 '집을 그리는 노래들' 강연에서는 구전민요부터 2000년대 인기 대중가요까지 폭넓은 시기의 노래들을 함께 들으며 시대별로 집을 그리는 노래들이 어떻게 변화해 왔는지를 살펴본다. 두 번째로 '생로병사(生老病死)'에서는 과거의 우리 집이 사람들의 일생인 생로병사를 어떻게 담아 왔는지를 설명하며 이와 대조적으로, 현재 우리의 삶과 집이 어떻게 분리되고 있는지를 살펴본다.

사람은 변하고 집도 변한다. 앞으로 10년 후, 20년 후에는 또 다른 삶의 방식과 그에 맞춘 또 다른 개념으로서의 집이 나타날 것이다.

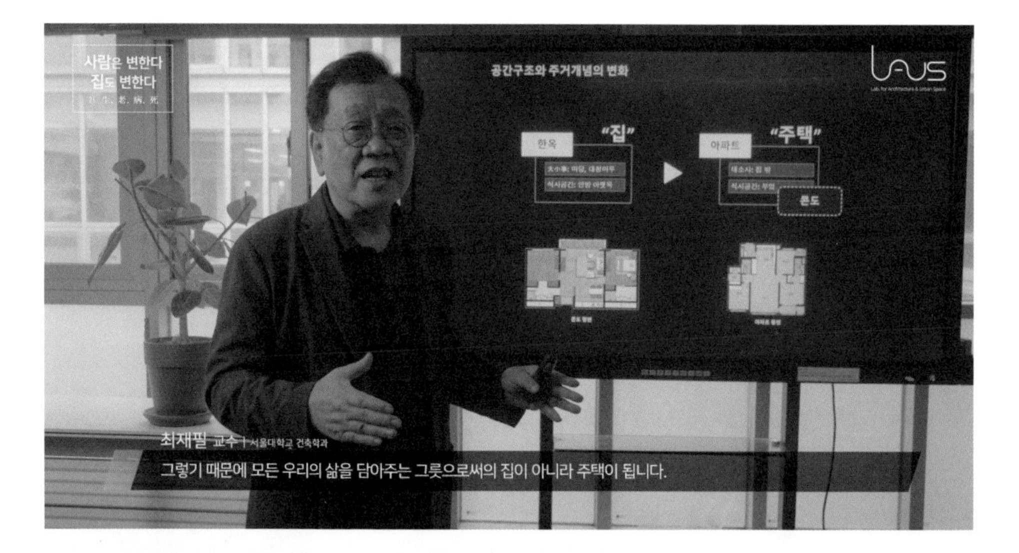
사람은 변한다
집도 변한다
공간구조와 주거개념의 변화
한옥
"집"
아파트
"주택"
콘도
최재필 교수 | 서울대학교 건축학과
그렇기 때문에 모든 우리의 삶을 담아주는 그릇으로써의 집이 아니라 주택이 됩니다.

사람은 변한다
집도 변한다
옛 시대
1970
1980
최재필 교수 | 서울대학교 건축학과
그러니 내가 정말 좋은 집을 짓고 살고 싶을 때는 '저기 저기 저 달속에' 가서 지을 수밖에 없다는 생각을 하게 되는 거죠.

TEDxSNU
최재필 교수 | 서울대학교 건축학과
가운데라고 하는 것. 공간. 건축공간이 연결됨으로써 건축이 되고 우리 삶을 받아주고.

21

궁정동 사회주택 '청운광산'

Collective Mine

조윤희 (구보건축), 홍지학 (충남대)

궁정동 사회주택 '청운광산'은 1인가구가 지배적인 밀레니얼 세대의 변화에 주목하여, 그들이 소구하는 주거유형 실험을 중요한 가치로 삼았다. 최근의 청년들에게 주거공간은 사적인 공간이면서 동시에 취향이 비슷한 사람들과 느슨하게 연대하여 공동체를 이루는 공간으로 변모하고 있다. 이들은 서울의 높은 주거비로 인해, 혼자 거주할 때는 누릴 수 없는 다양한 편의 공간들을 함께 살면서 나누어 공유하는 가능성에 높은 가치를 두고 있다. 궁정동 사회주택 프로젝트는 이러한 '따로 또 함께 사는 방식'에 초점을 맞추었다.

여건상 개별 주거의 면적은 부족하지만, 감각적으로 풍요로운 거주 환경을 조성하기 위해서 주변의 풍경을 실내 공간으로 적극적으로 끌고 들어오는 것이 중요했다. 제한된 건물의 볼륨 안에 11개의 방을 연결하면서 공간 확장의 촉매가 되는 계단실과 누크(nook), 그리고 높은 천장고의 공유주방에서 주변으로의 조망을 확보해 비좁지만 감각적으로 여유로움을 누릴 수 있도록 계획하였다.

건물은 구조용 집성재패널과 철근콘크리트 구조를 혼합하여 디자인하였다. 개실 내부에서 목재패널을 벽과 천장에 별도의 마감없이 그대로 노출하여, 저렴하지만 환경적으로 우수한 거주 공간을 청년들에게 제공하려고 하였다. 물의 사용에 민감한 wet zone 들은 철근콘크리트 구조를 채택하여 하자 발생 가능성을 최소화 하였다.

상대적으로 저렴하게 공급하는 사회주택은 높은 지가와 건축비를 고려할때, 양질의 거주공간과 적절한 수익성이라는 쉽게 잡을 수 없는 두 가지 토끼를 쫓는 프로젝트이다. 궁정동 사회주택 프로젝트는 이 함수 안에서 건강한 거주공간과 풍요로운 생활을 담아내는 최적의 결과물을 이끌어내기 위해 고민한 결과물이다.

사진: 텍스처 온 텍스처

22

서울 시네마테크

김승회

시네마테크는 영화를 소비하는 장소가 아니라 영화를 생산하는 기지이다. 영화의 이론과 역사를 배우고, 영화의 생산방식을 익히고, 영화 행사에 참여한다. 학습과 생산, 놀이와 축제의 공간이다. 영화 상영과 관람 뿐 아니라, 제작과 편집, 자료보관, 정보교환, 카페와 바, 상점, 라운지 등 영화와 관련된 다양한 활동을 담는다.

시네마테크는 영화와 관객, 생산자와 소비자의 상호작용을 통해 창조와 재생산이 가능한 공간이다. 입체 구조 시스템이 제공하는 유기적인 공간 체계는 개별 프로그램간의 상호작용을 유도하고 공간에 불확정성과 즉흥성을 부여한다. 이를 통해 변화하는 사회와 사용자에게 맞는 새로운 행위가 가능해지고, 건물은 사용자의 활동 변화를 도시에 노출하며 영화의 스크린과 같이 예술 활동의 매개물로써 작동한다. 이러한 과정 속에서 서울 시네마테크는 완결되지 않는 '변화하는 환경', '반응하는 공간'이 된다.

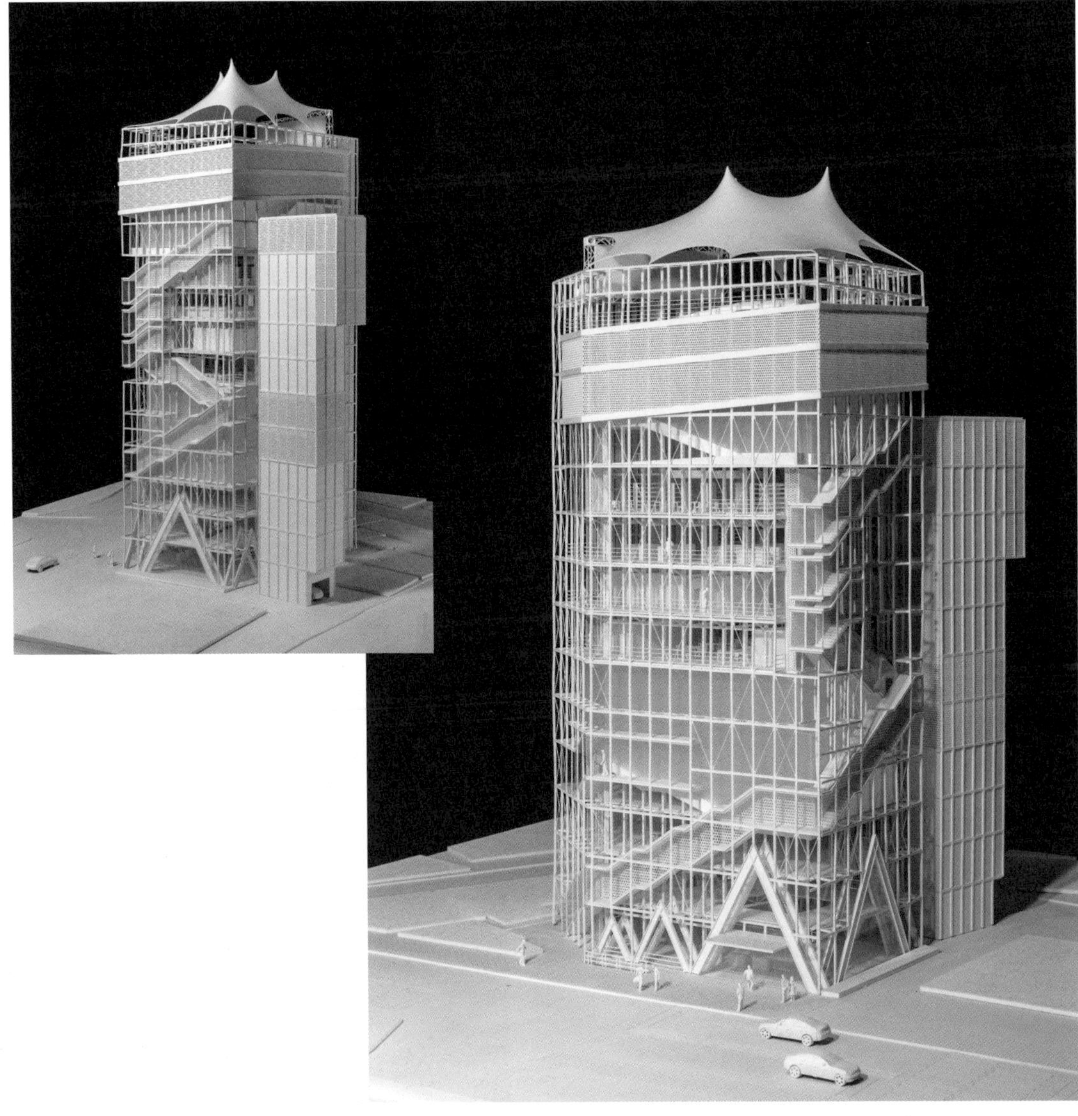

울산 매곡도서관

이승환, 전보림 (아이디알)

책의 숲을 거닐다—울산 매곡도서관: 도서관은 책을 읽는 공간이어야 한다. 물론 마음먹기에 따라 어디에서든 책을 읽을 수는 있지만, 도서관의 장점은 많은 책을 자유롭게 접하는 과정을 통해 지식의 유연한 확장이 가능하다는 데 있다. 그러나 적지 않은 공공도서관이 현실적인 요구라는 핑계 하에 각각의 공간을 기능에 따라 철저하게 구획하고, 중심 공간인 열람실은 조용히 공부하는 독서실처럼 운영하고 있다. 지식의 확장이란 때로는 엉뚱한 발상이나 기발한 시도를 통해 촉발되기도 하며, 느슨한 연결이 어느 순간 분명한 관계를 맺는 과정을 거쳐 이루어진다는 것을 우리는 경험을 통해 알고 있다. 따라서 이러한 가능성을 담는 공간 또한 넓게 열려있고, 어디론가 연결되며, 어디서 무슨 일이 일어나는지 알 수 있을 정도로 적당히 시끄러운 것이 되었으면 한다. 그리고 무엇보다 재미있고 기분이 좋아야 한다. 우리는 지식을 확장하는 이성적인 행위가 공간 자체가 주는 정서적 쾌감과 심리적으로 결합되어 '책을 읽는 것은 즐겁다'라는 체험적 진리를 터득할 수 있는 그런 도서관을 만들고 싶었다.

사진: 전영호

조치원 문화정원

이은경 (이엠에이건축)

조치원 문화정원은 1935년부터 78년 동안 정수장으로 사용된 후 폐쇄된 시설과 담장으로 분리된 근린공원을 통합하여 시민들을 위한 장소로 재생하는 프로젝트이다.

발전이 정체된 구도심에 새로운 문화의 토대가 될 '단(壇)'을 놓는다. 정수장과 근린공원의 역사적 가치와 기억이 공존하는 기존 시설물들은 '단'의 재료이자 그 자체이기도 하며, 이에 새로운 '단'이 더해져 조치원 문화정원에서 과거,현재,미래가 새로운 조합으로 만나게 된다. 재생 전략으로서 '비움'은 현재의 과도함을 절제하고 미래의 가능성을 부여하기 위해 무분별하게 확장되었던 상부의 물리적 흔적들은 철거하고 바닥을 남긴다. 과도한 산업 쓰레기를 배출하지 않고 지력의 회복을 유도한다.

지상부 건물은 정수장 본관, 여과기 2기만을 제외하고 모두 철거되었다. 지원시설은 센터동으로 통합시켜 공원 가장자리에서 정수장 본관 사이 잔디마당을 두고 배치하였다. 순환형 산책로는 정수장 부지와 공원을 연속적으로 경험하게 하고, 오솔길, 마당, 쉼터 등 다양한 공간을 만나게 한다. 과거 생활의 필수적 대상이었던 정수장 물은, 다양한 형태를 체험하고 즐기는 유희의 물로 재인식된다. 여과조는 흔적을 보여주는 샘물로, 배수로는 수생식물이 있는 수로로, 기존 바닥분수는 주변 벤치의 쉼터와 함께 물과 접촉하는 장소가 된다.

구축의 전략으로서 '대조'는 옛것과 새로운 것의 구조와 재료가 서로 다름을 분명하게 드러내고 이를 통해 각각의 독립적인 기능과 시대적 변화를 표현하고자 하였다. 과거는 조적과 철근콘크리트 구조, 벽돌과 타일의 재료였다면 새로운 시설물은 철골구조와 유리 재료로서 시대상을 반영한다.

사진: 텍스처 온 텍스처

25

정의와 제도·시설

백진, 이연미, 노혁진, 한지선, 최혜조,
장명월, 풍산 (건축도시이론연구실)

중세의 성곽도시가 메트로폴리스로, 그리고 메가 메트로폴리스로 숨 가쁘게 확장되는 격변기를 거쳐 왔다. 양적계측과 통계가 도시관리의 중요한 수단으로 부상하였다. 도로 개설 및 확폭, 천의 복개, 지하철 개통 등 교통 인프라의 확충은 피할 수 없는 일이었다. 자율주행을 지원하는 스마트도로망 개설 역시 앞으로 어쩌면 벌어질 일이다. 하지만 이런 '흐름'에 대한 숭배는—20세기 초 드 스틸, 미래주의, 르 꼬르뷔지에 등 아방가르드의 편견이기도 하다—타자가 모여 사는 장(場)인 도시의 가장 중요한 작동원리는 '정의'라는 사실을 일정 부분 은폐시킨다. 폴리스의 효시 아테네는 정의를 기초로 삼고 무엇보다 제도와 시설을 발명하였다. 아리스토텔레스는 정의와 도시의 문제에 천착하였으며, 현대로 오면 루이스 칸, 피터 칼 역시 정의와 제도·시설의 문제가 모여살기의 핵심임을 설파하고 있다. 21세기의 역사적 진보성은 차별이 존재하는 곳을 차이의 장으로 승화시키는 공적 무대인 기존 시설의 혁신 및 새로운 제도·시설의 고안에 있다. 본 계획안의 출발점은 일제강점기로부터 시작되는 근현대 교정시설의 역사를 돌아보는 것이었다. 협소한 대지, 법규, 수용인원 등을 고려하면서도, 인권친화 및 감염병 예방을 실천하고, 프로그램, 영역, 실별 구성, 동선 등을 재조정한 여성전용 직업훈련특화 교정시설 기본구상안이다. 정의와 자비 사이에서 줄타기를 하며 살아가는 인간의 숙명을 담는 시설의 무한한 진보를 기대해본다.

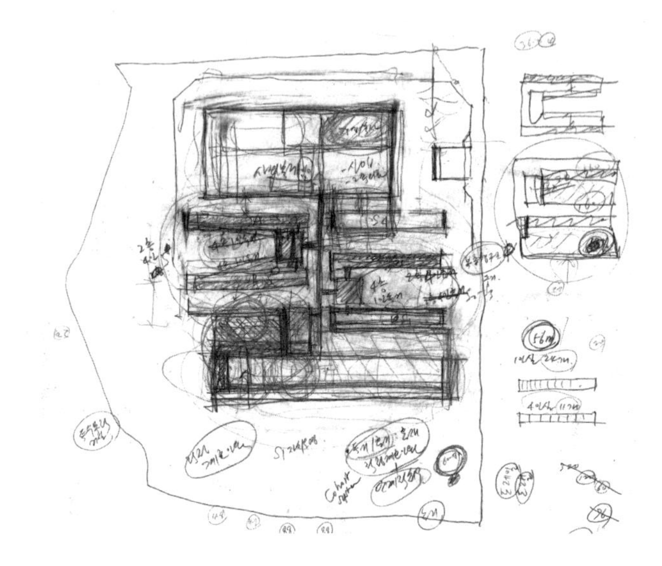

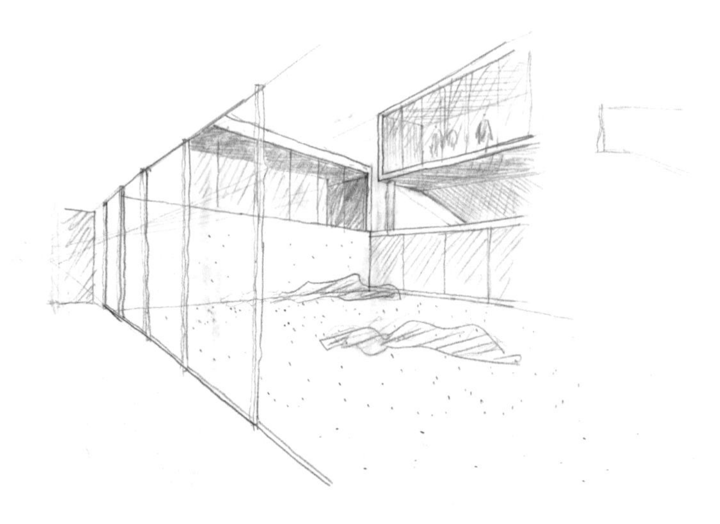

정의(正義)와 도시

1936년 10월의 어느 날 이상(李箱)은 지릿한 가솔린 내가 칠칠치 못한 폐를 파고드는 긴자가를 서성거리고 있었다. 빈약한 폐를 가지고도 다시 한번 힘을 내 날개를 달고 동경으로 날아왔던 그였다. 문명의 원류를 보면 그가 목도했던 허공 - 경성 미츠코시 백화점 옥상에서 보았다 - 에 무언가가 채워질 것으로 기대하였던 것일까? 식민지 청년에게 동아시아의 수도 동경의 긴자는 신세계의 궁극적 표상이었다. 가스등과 벚나무가 줄지어 선 27미터의 서구식 프롬나드 - 이 가로를 걷는 것은 선택받은 소수가 누리는 특전 중 특전으로 얼마나 감개무량한 것인가?

하지만 기대가 컸던 만큼 이상은 깊은 실망을 맛보았다. 낮의 긴자를 몹시 추한 해골바가지이자 '허영독본(虛榮讀本)'을 보는 것 같다고 일갈하였다. '굽이치는 네온사인을 구성하는 부지깽이 같은 철골들의 얼크러진 모양은 밤새고 난 여급의 퍼머넌트 웨이브처럼 남루하다'고 비아냥거렸다. 길바닥에 침이라도 뱉고 싶었으나 경시청의 경고문구가 두려워 삼켰다. '교바시 곁 지하공동변소에서……배설을' 하며 동경 다녀왔노라고 으스대며 자랑질을 하던 친구들의 이름을 하나둘 상기하는 것으로 가름한다. 혹시나 하여 야밤에 다시 긴자를 찾아왔다. 어느 우아한 카페에서 브라질산의 '시커먼 석탄'을 - 커피를 말한다 - 스트레이트로 들이켜 보았으나 가슴은 여전히 채워지지 않았다. 경성의 허함을 채움 받고자 선진문물의 원천 동경으로 날아왔는데.... 그를 기다리고 있었던 것은 더 큰 허함이었던 것이다. 이제 수명을 다해 가는 폐를 이끌고 또 어디로 날아갈 것인가? 파리인가? 아님 맨하튼인가?

경성에서도, 그리고 동경에서도 정박하지 못하고 부초처럼 떠돌다 쓸쓸하게 생을 마감한 이상의 운명을 거의 한 세기가 다 지난 2021년 다시 떠올려본다. 밝

26

볼트의 결합, 가역적 집합체

김한중 (그라운드아키텍츠)

정밀 기계는 각 부품들이 하나하나 정확하게 가공된 후 조립의 공정을 거친다. 각각은 명확한 형태를 가지며 볼트에 의해 정해진 토크로 조립된다. 이 정교한 기계의 미학은 개별적 형태 논리를 갖는 부품의 가역적 집합에서 비롯되었다고 판단, 공간을 만드는 요소에 적용하려 했다.

새롭게 만들어진 관람층으로 올라가는 계단은 작은 부재들로 결합된 형태이다. 지름 60mm 실린더는 머시닝 가공을 통해 정확한 각도로 타공, 탭 작업이 되어 스틸바, 디딤판과 조립되며 정밀 단차가공을 통해 각 부재들과 유격 없이 가구식으로 결합하여 강접합의 트러스를 구성한다. 이 트러스를 구성하는 부재의 최대 크기는 360mm*지름16mm로 모든 부재가 공장에서 가공-제작되고 목업 테스트를 거쳐 현장에서 조립되었다. 계단을 구성하는 이 작은 단위는 자동화 설비를 통한 크롬도금이 가능하도록 했다.

하나하나의 섬세한 부분들로 만들어내는 집합은 배경이 아닌 물건으로써 존재감을 갖으며 통제된 환경에서 하나하나 정성스럽게 만들어진 부분들은 비록 조립되지 않더라도 독립적 가치를 갖는다. 그리고 종속되지 않고 가볍게 연결되어 있는 부분과 전체의 관계는 건물의 수명과 별개로 물건의 존속을 유지하게 해준다. 잘 만들어진 모듈러 가구들이 수 십 년이 지난 현재까지 버려지지 않고 이어져오는 것을 보며, 먼 훗날 공간의 수명이 다할지언정 이 계단이 새로운 공간으로 옮겨가 또 다른 역할을 수행토록 하는 기대와 상상을 해본다.

사진: 노경

Column tree: future of tubular structures

이철호, 김선후, 류이현,
구자훈, 한상희, 박시형
(강구조내진설계연구실)

이 작품은 강관구조물(steel tubular structures)의 미래지향적, 지속가능적 특성에 대해 설명한다. 강관 부재는 3차원적 구조물을 구성하기에 매우 효과적이고 이에 따라 비정형 구조물에 널리 사용되어 왔다. 컬럼트리(column tree)는 실제 공항 등의 대규모 비정형 건축에서 강관을 사용하여 기둥을 구성하는 현대적인 방식 중의 하나이고, 강관구조의 구조적, 미적 장점을 극대화한 사례로 볼 수 있어 강관구조를 대표하는 형상으로써 본 작품에 적용하였다. 컬럼트리에서 보여지는 3차원의 자유로운 접합방식을 강관부재가 아닌 다른 재료나 다른 단면 형상으로는 구현하기 힘들다.

본 작품은 강관부재가 가지는 고유한 장점과 특성 이외에도 강관구조 분야에서 활발히 논의되고 있는 미래지향적 기술에 대해 다루었다. 3D 프린팅 기술을 활용한 강관구조의 additive manufacturing(AM) 기법은 연구 초기 단계이나 강관구조의 설계자유도와 제작용이성에 큰 영향을 미칠 수 있는 분야이며, 이를 고려하여 본 작품의 컬럼트리 모형은 3D 프린팅으로 제작되었다. 매우 세장한 부재의 사용은 재료의 고강도화(high-strength steel)에 따른 강관부재의 단면 크기 감소를 반영한 것이다.

컬럼트리 모형은 또한 직관적으로 보면 나무를 형상화한 것이며 이를 통해 강구조물의 우수한 지속가능성을 표현하고자 하였다. 강재는 다른 건축재료와는 달리 100% 재활용이 가능하고, 강구조물은 접합, 해체 및 재설치가 용이해 재사용성이 매우 높다.

28

풍토와 통합된 자생의 건축—
서울대학교 관악수목원 교육관리동

조항만, 임종훈, 정연중, 소유정, 강원기 (SNU) + bi.WON Architects

신축되는 관악수목원 교육관리동의 의미는 우리나라 자생 식물의 수집, 증식, 보전, 연구, 관리, 전시, 교육을 위한 공간의 확보에 국한되어서는 안된다. 또한 물질 문명의 폐해로 고통의 숨소리가 여기저기서 들릴 때마다 등장하는 '자연으로 돌아가라'는 공허한 녹색 구호를 위한 공간이어서도 곤란하다. 관악수목원 교육관리동은 자연과 풍토, 그리고 인간 사이에서 그 관계를 매개하며 서로에게 솔직하게 공명하는 건축이어야 한다.

우리가 제안하는 계획안의 핵심은 신축되는 교육관리동을 마치 이 대지에 자생하고 있는 한 그루의 나무나 한 포기의 들꽃처럼 풍경, 풍토에 조화롭게 공존시키는 것이다. 이것은 겉모습만 눈에 띄지 않도록 하는 전쟁터 병사의 위장 같은 것이 아니라 참으로 자연과 닮고, 그 원리를 따라 동화되어 있는 그런 건축과 공간을 의미한다.

이 건축을 통해 맺어지는 사용자(인간)와 자연(풍토, 환경)의 관계는 공감각적으로 교감되는 구체적인 것이기를 바랐다. 외부와 격리되어 홀로 존재하는 단절의 공간이 아닌 바람이 불면 낮볕에 서늘한 간지러움을 느끼고, 햇살이 좋으면 전시실에 그 명징한 밝음이 스미며, 비가 내리면 처마에 빗물 듣는 소리와 피어오르는 습기의 비릿한 내음까지 맡을 수 있는 그런 건축과 공간을 상상하였다. 1,500ha의 광활한 관악수목원에 식재된1,700여 종의 자생 식물 표본들뿐만이 아닌, 살아있는 실체로서의 자연인 관악수목원이 건물 내외로 스며들어 버무려지는 그런 건축공간을 구현하고자 하였다. 그리하여 수목원의 목적인 보전, 연구, 전시, 교육이 건물을 통해 전일적이면서도 자연스레 이루어 질 수 있도록 하였다.

29

노들섬

맹필수, 문동환, 김지훈 (mmk+)

땅의 재구성을 통해 음악을 중심으로 한 복합문화공간이라는 새로운 프로그램을 서울의 풍경과 통합하고, 노들섬의 원지형과 경계 없이 연결함으로써 건축과 공원, 사람들의 액티비티와 풍경이 자연스럽게 이어져 새로운 도시적 경험이 가능한 공공의 장소를 만들고자 하였다.

노들섬은, 50m² 의 공간을 입주자가 직접 만들어가는 참여를 위한 변화가능한 공간들의 집합을 지향하였다. 이에 따라 폭 5m 깊이 10m 구조 모듈의 유닛들이 각각 행태와 요구에 유연하게 변화 가능하면서도 길과 광장, 오픈스페이스에 의해 연결되고, 소통되는 풍경은 그대로 이어지는 도시의 체계를 계획하였으며, 설계과정에서 운영자와의 활발한 소통을 통해 노들서가, 라이브하우스 및 리허설룸 등을 개발하였다.

노들숲은 최소한의 개입을 원칙으로 기존 설치물을 연결하여, 훼손을 최소화하는 관찰 데크를 설치하였으며, 초입부에는 노들섬 서측에서 발견된 멸종위기종 맹꽁이를 이주한 서식처를 만들었다.

하단부는 대지의 형상을 따르는 산책로에 억새, 잔디 등 지피류와 버드나무숲을 보완, 사방으로 열린 전망을 가지는 수변공원과 기존 콘크리트 포장을 일부 걷어내고 식재하는 크랙가든을 계획하여 새로운 자연과 함께 오래된 땅의 풍경과 기억을 담는 장소가 되도록 하였다.

사진: 유청오, 이현준

30

상계동 341-5 주거복합

김성우 (엔이이디건축)

서울의 주거문화를 지배하던 아파트 신드롬이 기승을 부리는 동안 치솟는 주거비를 감당하지 못하는 거주민들을 위한 대안 주거로서 쪽방, 고시원, 원룸, 원룸텔 등의 정확하게 이름 지어지지 않은 초소형 주거유형들이 주목받기 시작하였다.

도시 속에 있지만 철저하게 도시와 단절된 비좁은 주거공간은 번듯한 단지형 아파트와 비교되는 열악한 환경이란 딱지가 붙여졌고 이러한 주거유형은 가족이 아닌 개인 혹은 다수의 개인들의 늘어나는 수요와는 상관없이 법규의 개정을 통해 지속적으로 규제의 대상이 되어왔다.

한정된 면적 안에서 공간 활용의 끝을 보여주는 쪽방의 의도적인 변형들, 고시원에서 이야기되었어야 하는 최소주거공간에 대한 논의, 원룸에서 연구되어야 하는 단위주거의 집합방식과 주거 속 공공공간 등이 제대로 이야기되지 않은 채 이들을 제도화하기 위하여 등장한 '도시형생활주택'은 이름만 다를 뿐 쪽방+고시원+원룸에서 해결되지 않은 문제들을 한꺼번에 우리 앞에 펼쳐 놓았다.

도시형생활주택과 상업시설의 복합 용도로 지어진 상계동 341-5 주거복합은 단지가 아닌 단일건물로서 도시 속 주거가 어떻게 도시와 관계를 맺어야 하는가에 대한 실험의 결과물이다. 제한된 용적률 속에서 완화된 높이제안을 활용하여 상부 매스의 거주공간 구성을 경사지게 처리하여 주변 건물과의 느슨한 관계를 만들었고 도시와 거주공간이 적극적으로 관계할 수 있는 중간영역(테라스, 발코니)을 적극적으로 삽입한 점이 기존의 소형주거와 차별화된 점이라 할 수 있다.

도시 인프라에 인접하고 상업영역 한 가운데 위치한 도심 주거로서 상계동 341-5 주거복합 프로젝트가 단지형 아파트와 상업지역으로 이분화 되고 있는 우리의 도시 공간에 새로운 복합 거주공간의 선례가 될 수 있기를 바란다.

사진: 신경섭

31

Devious Topographies

존홍, 서은섭, 이호승, 심영신, 이윤휘, 김아영, 장광엽, 다미건설

디자인에서 건축과 조경, 그리고 지역 결합의 중요성은 문화와 생태환경에 대한 관심의 증가와 함께 빠르게 성정하고 있다. 그러나 건축가들은 건물과 조경을 분리하여 생각해 왔기에, 이러한 변화에 제대로 대응하지 못하였고 간극을 만들어왔다. 따라서 'landscape urbanism'과 같은 용어는 정립되었지만 모호한 개념들이 그 틈을 메꿔왔으나, 'landscape urbanism은 건축과 달리 내외부의 공간을 효율적으로 통합하지 못하였다.

'Devious Topography'는 가파르고 험난한 지형선을 재조정하는 것에서 출발한다. 조경과 토목의 전유물로 인식되어 효율성을 추구하기 전, 지형선은 본래 수 세기 동안 지형을 재배치하는 강력한 설계 도구이자 수리적 발명품이었다. 의도적으로 조경과 토목의 관습을 비트는 'Devious'을 통해 지형선은 물리적 공간, 문화 및 지속가능성을 아우르는 새로운 공간적 역량을 확보하게 된다.

이 프로젝트는 한강의 주요 댐이자 상수원인 팔당댐의 동쪽 면에 위치한다. 따라서 사이트를 둘러쌓는 경계는 한강뿐 아니라 서울지역 전체의 생태환경을 보호하는데 중요한 의미를 지닌다. 상수원에 대한 보호를 제공하지 못하는 인근 대부분의 건물과 달리, 우리는 이곳에 3개의 주요한 목표를 추구했다: 1. 인접한 도로에서 고속도로에서 한강으로 유입되는 오폐수 정화. / 2. 자연공간을 '차용'하는 최소한의 프로그램. / 3. 건축과 조경의 경계를 허물어 지역에 대한 문화적 가치 상승.

사진: 텍스처 온 텍스처

우리가 그려온 미래 :
한국 현대 건축 100년
2021년
서울대학교박물관
특별기획전
주최
서울대학교박물관,
서울대학교 공과대학
건축학과 · BK사업단
2021. 9.1~ 2022. 2.26
서울대학교 박물관 기획전시실, 1층 로비

매 새로운 상황은
새로운 건축을 요구한다.
Jean Nouvel
우리는 일을 하지 않는다.
나는 우리가 발견자라고
믿는다.
Glenn Murcutt
Automation: Towards
safe & efficient construction...
Digitization: To the
information-intensive construction...

관계의 구축

Devious Topographies
건축가: John Hong
1:인접한 도로에서 고속도로에서 한강으로 유입되는 오폐수 정화.
2:자연공간을 '차용'하는 최소한의 프로그램.
3:건축과 조경의 경계를 허물어 지역에 대한 문화적 가치 상승.
상계동 341-5 주거복합
(주)엔이이디건축사사무소 김성우소장
서울의 주거문화를 지배하던 아파트 신드롬이 기승을 부리는 동안 치솟는 주거비를 감당하지 못하는 거주민들을 위한 대안 주거로서 쪽방, 고시원, 원룸, 원룸텔 등의 초소형 주거유형들이 주목받기 시작하였다. 그러나, 철저하게 도시와 단절된 비좁은 주거공간은 늘어나는 수요와는 상관없이 법규의 개정을 통해 지속적으로 규제의 대상이 되어왔다.
한정된 면적 안에서 공간 활용의 끝을 보여주는 쪽방의 의도적인 변형들, 고시원에서 이야기되었어야 하는 최소주거공간에 대한 논의, 원룸에서 연구되어야 하는 단위주거의 집합방식과 공공공간 등이 제대로 이야기되지 않은 채 이들을 제도화하기 위하여 등장한 '도시형생활주택'은 이름만 다를 뿐 쪽방+고시원+원룸에서 해결되지 않은 문제들을 한꺼번에 우리 앞에 펼쳐 놓았다.

주택과 상업시설의 복합 용도로
동 341-5 주거복합은 단지가
물로서 도시 속 주거가 어떻게
를 맺어야 하는가에 대한
물이다. 제한된 용적률 속에서
제안을 활용하여 상부 매스의
성을 경사지게 처리하여 주변
손한 관계를 만들었고 도시와
적극적으로 관계할 수 있는
라스, 발코니)을 적극적으로
기존의 소형주거와 차별화된
수 있다.
에 인접하고 상업영역 한
한 도심 주거로서 상계동 341-
프로젝트가 단지형 아파트와
로 이분화 되고 있는 우리의
새로운 복합 거주공간의
수 있기를 바란다.
MULTIPLE CIRCULATION, MULTIPLE NARRATIVES
TIMELESS REGENERATION
DOUBLE LAYERED STRUCTURAL SYSTEM

FORU

한국 현대 건축 100년

연계 심포지움

포럼 발표 원고

한국현대건축의 시점과 획기

전봉희 (서울대 건축과 교수,
서울대학교박물관장)

들어가며

지난 9월 1일 서울대학교 박물관은 서울대학교 건축학과 및 스마트건축글로벌인재양성 교육사업단과 공동으로 [우리가 그려온 미래—한국현대건축 100년]의 제목으로 기획 전시를 개막하였다. 서울대 박물관은 매년 특별한 주제를 잡아 상설전시에서 다루지 못하는 내용을 심도 있게 소개해왔는데, 이번의 건축전은 2020년도에 개최한 최초의 생물표본전인 [지식의 수집과 박물관]과 함께 전시의 대상을 자연사와 과학기술사 영역으로 확장하는데 의미가 있고, 나아가 종합연구대학인 서울대학교 부속박물관으로서의 위상과 역할을 재정립하고자 하는 노력으로 평가할 수 있다.

이번의 전시는 전시 공간과 내용상 두 부분으로 나뉘어 있는데, 2층의 기획전시실에 마련한 1부는 지난 100년 한국현대 건축의 성과를 되돌아보는 기획전으로 구성되고, 1층의 간이 전시실에 있는 2부는 현재 서울대학교 건축과에 소속되어 있는 전임 및 비전임 교수진의 최근 작업을 소개하는 초대전의 형식을 갖는다. 즉 전체적으론 한국현대건축이 그간 걸어온 길을 되돌아보고 미래 방향을 가늠하자는 의미를 가지고 있다. 이 글은 그 가운데, 1부 즉, 한국현대 건축 100년을 돌아보는 기획 전시와 연계하여 마련된 심포지엄에 발표를 위해 작성된 것이다. 12월 2일에 열린 심포지엄에서는 모두 다섯 편의 논고가 발표되었는데, 한국현대건축의 시점과 획기를 다룬 이 글을 총론격으로 삼고, 다른 네 편의 논고는 전시에서 시기 구분한 4개의 시기에 맞추어 각각의 시대 전공자들이 분담하여 작성하였다. 논고에서는 전시에서 다 다루지 못한 다양한 작품들을 포괄하여 해당 시기 전체를 조망함으로써 전시에서 미처 다루지 못한 전체적인 시대 상황을 조망하였다.[1]

1. 동아시아 건축사의 근현대

이번 전시에 부제로 사용된 '한국현대건축 100년'은 2021년이라는 시점을 고려하면 아직까지 사용된 적이 없는 새로운 시기 구분법이다. 이제까지 한국 건축의 시대 구분은 대개 개항 또는 대한제국의 성립을 기준으로 전통과 근대를 나누고, 다시 해방을 기점으로 삼아 근대와 현대를 나누는 것이 일반적이었다. 이처럼 개항기와 해방공간을 분기로 하는 시기구분은 정치체제와 사회의 변화를 기준으로 한 일반사의 시대 구분을 그대로 인용한 것이고,[2] 건축의 분야로 한정해서 보더라도 일정 부분 동의할 수 있다. 가령, 재래의 구조와 형태를 가진 건축이 아닌 색다른 건축물이 이 땅에 소개되었다는 점과 부분적으로나마 전통 왕조에 의해 이러한 새로운 건축 사업이 진행되기 시작하였다는 점에서 개항과 1890년대의 정치적 변혁은 분명 중요한 분기점이 될 수 있다. 또 근대 건축을 주도하였던 일본인들이 모두 물러가고 온전히 우리 손으로 건설 활동을 해야 했다는 점에서 해방 역시 중요한 분기점이 된다는 점은 분명하기 때문이다.

눈을 밖으로 돌리면, 이처럼 개항에 따른 서양식 건축의 소개를 근대건축의 시작으로 보고 2차 세계대전 이후를 현대건축의 시점으로 보는 시각은, 오랜 목조 건축의 전통과 개항에 따른 서구 문물의 접촉, 그리고 종전 이후 새로운 정부의 구성이라는 역사적 경험을 공유하는 중국이나 일본의 경우에서도 비슷함을 확인할 수 있다. 즉, 중국에서는 일반사와 건축사 모두에서 1840년 이전은 긴 고대로, 그리고 100여 년의 근대를 거쳐 1949년 신중국 성립 이후를 현대로 하는 3시기 구분법을 사용하고 있고, 일본의 경우는 1854년 개항 또는 1868년 메이지 유신으로 시작하는 근대 이전의 역사 시대를, 고대, 중세, 근세로 세구분하고, 1945년 종전을 현대의 기점으로 보는 시각이 강하다.[3] 또 구분하기 애매한 근대와 현대의 구분보다는 천황의 재위에 따른 구분, 그리고 2차 세계대전의 전과 후를 근현대사의 중요한 획기로 삼고 있다.[4]

하지만 이러한 일반사나 문화사의 시기구분과 달리 건축사 분야 안에서는 근대 건축의 시점을 개항으로 인한 서구 건축의 소개가 아닌 다른

1—전시에서는, 구체적인 작품과 저술 등의 성과를 다룬 'figure'부분을 전시실 가운데 가벽을 설치하여 전시하고, 양 측벽에는 당대의 건축도시적 상황 중 주요한 사건들을 연표와 함께 그래픽으로 표현한 'ground'로 나누었다. 그라운드와는 달리 피규어 부분에서는 전시면적의 한계 상, 서울대와 직접적으로 관련을 갖는 건축가의 작품으로 한정했다.

2—여기서 개항기와 해방공간이라 뭉쳐 말한 것은 1876년의 개항이나 1945년의 해방의 당해 연도를 특정하는 것이 아니라, 개항의 연장선상에서 일어난 1894년의 갑오개혁(문화재청의 등록문화재 분류기준), 1897년의 대한제국 성립(정형민)을 개항기로 포괄하고, 해방공간 역시 1945년의 해방과 1948년의 대한민국 정부 수립을 함께 포괄하기 위한 것이다.

3—太田博太郎, 藤井惠介 監修, 『日本建築様式史』, 美術出版社, 2010(增補新版)

4—전후 시기'라는 개념의 성격에 대해서 조현정은 단순히 전쟁이 끝난 것이 아니라 전전의 군국주의와 차별된 민주주의, 평화주의, 경제성장을 특징으로 하며, 이후 경제성장과 1989년 쇼와의 죽음, 2011년 도후쿠 지방의 대지진 등으로 그 종점을 갖는 현대 안의 특정한 시기를 지칭하는 개념으로 정리하였다. (조현정, 『전후 일본건축』, 마티, 2021. pp.10-11)

시기로 잡아야 한다는 반론이 있고, 나아가 그 이후의 역사에서 근대건축과 현대 건축을 구분하는 것에 대한 여러 가지 다른 의견이 있다. 그것은 건축이 사회적 변화에 후행(後行)하는 거대한 공작물이라는 특성에 더하여, 근대 시기의 건축이라는 의미에서의 '근대건축'과 20세기 유럽에서 시작한 건축 양식명으로서의 '근대건축' 사이의 의미 혼동에서, 혹은 그 혼동을 피하기 위함에서 비롯한 것이다.

먼저, 기원전 천년기의 중반에 형성된 것으로 여겨지는 중국식 목조건축의 전통이 장기간 지속되었다는 점에서 중국은 물론 동아시아 국가들에서 모두 긴 고대건축의 시기를 갖는다는 점은 일면 받아들일 수 있지만, 이에 대비되는 근대 건축의 시점을 개항으로 보는 시각에는 강한 반론이 있다. 중국의 경우 아편전쟁으로 개항은 하였어도 청 왕조는 1912년까지 지속되었고, 구 왕조에 의한 개혁 정책이 있었지만 그 건축적 실천은 부분적이었다. 그러므로 일반적인 중국사 혹은 건축사 책에서는 청왕조의 몰락을 전통시기와 근대시기의 구분점으로 보는 시각이 많았고,[5] 1840년을 근대의 시점으로 보는 시각은 신중국 성립 이후에 만들어진 것이다.

신중국 성립 이후 중국에서는 1958년 10월 전국의 건축역사학자들을 모여 만든 전국 건축사학술토론회에서 '건축3사'의 편집을 결의하였다. 이후 수년에 걸친 학술토론과 공동 작업 끝에 완성된 건축3사는, 1840년 아편전쟁 이전까지를 다루는 『중국고대건축간사』를 제1책으로, 1840년부터 1949년 까지를 다루는 『중국근대건축간사』를 제2책으로 하고, 신중국 성립 이후는 대형의 도판을 중심으로 한 『건축십년(十年)』으로 묶어 '건축3사'를 완성하였다.[6]

더 나아가 미국의 중국건축사학자 낸시 스타인하르트 교수는 19세기말과 20세기 초에 걸쳐 유럽인들과 함께 중국에 들어온 유럽 건축은 "중국은 물론 그 지배계급에조차 거의 영향을 미치지 않았으며 …… 유럽건축은 유럽인들이 일하고, 살고, 돈을 쓰는 장소에만 한정"되었기 때문에 중국 근(현)대 건축의 시작으로 볼 수 없다고 분명하게 주장하고 있다.[7] 그는 대신 진정한 의미에서의 중국 근대건축 혹은 현대건축의 시작은 1840년 개항이 아니라 중국의 1세대 건축가/학자들이 미국과 일본 등지에서 건축

5—이미 1930년대 말에 집필을 시작하여 1947년 원고를 완성하였으니, 정식 출판은 늦었으나 신중국 성립 이전에 나온 중국 건축사의 초기 저작이라고 볼 수 있는 梁思成의 Chinese Architecture, A Pictorial History (M.I.T.Press, 1984, (reprint) Dover Publication 2005, 『도설 중국건축사』, 한동수, 양호영 번역, 세진사, 1992)에서는 청말인 1912년까지를 대상 시기로 삼고 있다.

6—田中 淡 譯編, 『中國建築の歷史』, 平凡社, 1981. pp. 367-371. 참조. 다나카 단 교수의 일역본의 저본이 된 것이 이때 나온 建築工程部建築科学研究院建築理論及建築史研究室中國建築史編輯委員會編, 『中國建築簡史, 第1冊, 中國古代建築簡史』(中國工業出版社, 1962)이며, 이후 이러한 시대 구분은 중국 건축사 서술의 기본이 된다.

7—Nancy Shatzman Steinhardt, *Chinese Architecture, A History*, Princeton University Press, 2018. p.319

수련을 받은 다음 귀국하여 건축실무를 시작하는 1920년대의 일로 보고 있다.[8] 말하자면, 건축 행위의 주체를 중심으로 본 의견이다. 1949년 신중국 성립 이전까지 미국과 일본, 그리고 유럽에서 새로운 건축을 배우고 온 1세대 중국건축가/학자의 수는 많아도 100명이 넘지 않지만, 이들과 이들에게서 배운 2세대 중국건축가들이 신중국 성립 이후 중국의 건축을 만들어 냈다는 점을 감안하면, 1세대 건축가들이 활동을 시작한 1920년대를 중국인에 의한 근대건축 혹은 현대건축의 시작으로 보는 견해는 현재와의 연속성의 측면에서도 의미가 있다.

2. 근대기의 건축과 근대주의 건축

개항을 근대건축의 시작으로 보는 견해에 대한 또 다른 반론은 근대 건축의 양식이나 기술에 관련된 것이다. 즉, 개항으로 우리나라에, 그리고 동아시아에 소개된 서양식 건축이 동아시아의 재래 건축과 다른 것이긴 해도 건축사에서 일반적으로 받아들여지고 있는 근대 건축은 아니라는 의견이다. 박길룡 교수는 서구에서의 근대 건축이 역사, 혹은 역사적 양식과의 단절에서 출발하고 있는데 반해, 개항 이후 우리 땅에 소개된 외래의 건축은 서양의 역사적 양식을 따른 건축물들이었으므로 비근대적이었다고 지적하고 있다.[9] 이러한 상황 역시 이웃한 중국, 일본도 마찬가지다. 심지어 일본의 경우, 전통 목수들이 서양식 건축을 외양만 따라 지은 의양풍(擬洋風) 건축의 예에서 보듯, 일본의 목수들은 개항으로 소개된 서양의 절충식 양식을 에도시대에 유행하였던 '히나가타(雛形, 본)'의 하나로 인식하였기 때문에 큰 거부감 없이 받아들일 수 있었다고도 한다.[10] 대신 건축사의 업무 영역이 확립되고 건축생산시스템이 합리화되며 양식적으로 근대주의가 채택되는 것은 1910년대에서 20년대에 걸친 일로 보고 있다.[11] 이와 비슷하게 한국 미술사 분야에서도 1910년대와 20년대에 걸쳐 담론으로서 근대성의 논의가 본격적으로 다루어지기 시작했다는 지적이 있다.[12]

그러나 19세기말에 도입된 서구 건축이 근대적이지 않았기 때문에 근대건축이라는 말을 쓸 수 없다는 주장에는 쉽게 동의할 수 없다. 이상헌이

8—Nancy Shatzman Steinhardt, 앞의 책, pp.326-333. 1910년대부터 1940년대까지 미국과 유럽, 일본 등 외국에서 건축을 배워온 1세대 중국건축가/학자의 수는 많아도 100명이 넘지 않지만, 이들과 이들에게서 배운 2세대 중국건축가들이 1949년 신중국 성립 이후 중국 건축의 토대를 이루었다. 그는 1978년 이후 다시 문호가 개방되어 외국으로 나갈 수 있었던 세대를 중국의 제3세대 건축가로 구분하고 있다.

9—박길룡, 『한국현대건축평전』, 공간서가, 2015. p.12. 이러한 견해는 1990년대 한창이었던 건축의 '근대성' 논의와 연결되어 있다.

10—太田博太郎, 藤井惠介 監修, 앞의 책, pp.130-133.

11—鈴木博之, 山口 廣, 『新建築学大系 巻5 近代·現代建築史』, 彰国社, 1993. 야마구치 히로시가 저술한 2부는 '일본의 근대·현대'라 제하고 개국 이후 전체의 시기를 다루면서, 따로 근대와 현대 시기를 구분하지는 않았다. 다만 2부 제4장(pp.305-367)은 '건축의 자립'이라고 하여, 서구와 차이가 나는 일본식 모델의 수립과 근대적 의식의 형성이 1910년대와 1920년대에 걸쳐 이루어졌다고 보고 있다. 즉 20세기 초반의 자립을 근대의 본격적 시작으로 보고 있는 셈이다.

한편, 2부의 마지막 장은 '전쟁과 평화: 서장을 위한 종장'이라 하는 이상한 제목을 달아 전쟁기의 상황을 다루면서 마친다. 대신 스즈키 히로유키가 담당한 1부 '유럽.아메리카의 근대·현대'의 11장. '전후에서 현대로'편에서 서구 국가들과 함께 일본의 현대건축을 다루고 있다. 이러한 이상한 편재는 일본의 전후 건축에 대한 평가의 엇갈림을 그대로 보여주며, 한국에서와 비슷하게 일본에서도, 현대기의 건축은 서구의 현대건축을 전공한 학자, 그리고 근대기의 건축은 일본건축사를 전공한 학자의 연구영역으로 분리되어 있는 상황을 보여준다.

12—정형민, '한국근대미술에서의 근대성의 논의', 『한국건축역사학회 2017년도 추계학술발표대회 자료집』, 2017년 11월 pp.29-48. 참조

지적하였듯이, “불변의 개념으로서 근대건축의 내용을 규정하는 것은 불가능”하기 때문이다.[13] 유럽에서도, 철과 콘크리트, 유리 등의 근대적 재료와 구조를 사용한 건축의 시작은 19세기 중반 이후의 여러 시점, 그리고 다양한 실험 끝에 ‘근대주의(modernism)’ 양식의 건축이 등장한 것은 1910년대 이후의 일이었으므로, ‘근대건축’의 시작을 하나의 시점으로 정리하는 것은 불가능하다. 나아가, 건축가의 위상과 직능, 건축의 생산과 소비 체계, 도시 및 사회와의 관계까지를 고려하면 서구에서도 근대건축의 시작에 대해서는 매우 다양한 의견이 있으며, 국가와 지역에 따라서도 당연히 차이를 가진다. 따라서 근대주의 건축이라고 하면 그 시점과 종점에 어느 정도 합의가 가능하겠지만, 근대기의 건축 혹은 근대건축의 시점에 대해서는 다양한 의견이 존재할 수밖에 없다.

한국 근대건축의 시점에 대한 논의는 근대건축사의 2세대 학자군들이 등장하고 근대건축사 연구가 본격화된, 그리고 창작의 차원에서 세계화의 충격으로 한국 건축의 근대성에 대한 반성적 성찰이 일어난 1990년대에 가장 유행한 연구 주제가 되었다. 김정동 교수는 1992년 당시까지 발표된 206편의 논문들을 분석한 결과를 발표하면서, 한국근대건축사의 기점으로서 1876년 개항을 분명하게 천명하여 이후 학계에 많은 영향을 주었고,[14] 김정신 교수는 소수 의견까지를 다양하게 검토하여, 1) 개항기점설, 2) 1930년대 기점설, 3) 영·정조 기점설의 세 가지 의견이 있음을 정리하였다.[15]

여러 의견이 있었음에도, 동아시아의 역사에서 개항을 전통 사회와 근대사회의 분기점으로 보는 한, 이 이후 시기의 건축을 ‘근대기의 건축’으로 보는 것은 문제가 없다. 오히려 문제가 되는 것은, 그것이 근대기의 건축을 가리키든 아니면 근대주의 건축을 가리키든, 근대건축의 시점이 아니라 그 종점과 관련되어 있다. 즉, 한국, 중국, 일본의 세 나라에서 제2차 세계대전의 종전 이후의 건축을 지칭하는 현대건축이 따로 존재함으로써 근대건축은 오늘까지 이어지는 건축이 아니라, 과거 어느 시점에서 종말을 고하는 역사적 양식이 되었고, 서구 사회에서의 근대건축이 오늘을 포함하는 가까운 과거의 건축을 가리키는 것과 차이가 난다. 그러니 서구의 modern architecture가 어떤 때는 근대 건축으로, 또 어떤 때는 현대 건축으로 번역되는 이상한 상황이 이어지고 있다. 그리고 이러한 차이는 자주 발화자의 출신이나 전공 영역과 상호 관련되어 있고, 나아가 대상을 대하는 태도에도 차이를 주고 있다.[16]

13 — 이상헌, ‘근대건축의 개념의 역사적 변천에 대한 비판적 고찰’, 『한국건축역사학회 월례회 강연집』 1997년 6월

14 — 김정동, ‘한국 근대건축 206편의 참고문헌—개항에서 분단기까지의 상속인자’, 『건축역사연구』 제1권 1호, 1992년 6월

15 — 김정신, ‘한국 근대건축사 연구의 방향’, 『건축역사연구』 제4권2호, pp.158-163. 1995년 12월

16 — 우리의 전통건축 혹은 고건축이 근대나 현대 건축과는 다른 별개의 ‘이미 죽은’ 건축이 된 것은 건축 구조와 재료와 결부된 건축시스템의 차이라고 치부하더라도, 근대건축조차 현대건축과 구분되는 역사적 양식이 되어버림으로써, 역사적 환경 보존의 대상이 된 것은 우리 건축계의 독특한 현상이라고 보아야 할 것이다. 그리고 이러한 상황은 각주11)에서 살핀 것과 같이, 20세기 우리나라 건축사학의 형성과 진전에 큰 영향을 주었던 일본건축사학계의 분위기를 그대로 답습한 것이기도 하다.

3. 근대건축인가? 현대건축인가?

활발한 건축가이자 소위 '현대건축'을 전공한 정인국 선생(1916–1975)은 서구 건축계의 상황을 주로 다룬 『근대건축론』(1965)에서, 근대건축을 고딕이나 르네상스와 같은 하나의 시대양식으로 이해하면서, 1750년–1850년의 기간을 '근대건축의 진통기', 이후 바우하우스 이전까지를 '여명기', 1920년대 이후 거장들이 활동하던 1950년대까지를 '성숙기'로 보고, 마지막으로 1950년대 중반 C.I.A.M. 해체 이후를 '현대 건축으로 전환기'로 하는 구분을 시도하였다.[17] 그 5년 뒤에 탈고한 『현대건축론』(1970)은 말하자면 위에서 시기 구분한 1950년대 중반 전환기 이후를 좀 더 자세하게 다룬 책이라고 볼 수 있다. 이 책이 우리 학계에서 특별한 의미를 갖는 것은 제3장을 '한국현대건축 25년'이라 하여 한국 건축을 포함하였기 때문이다. 한국현대건축을 다룬 첫 번째 주요 저작이라고 할 수 있다. 1945년 이후 1970년까지의 기간을 1960년을 기준을 두 시기로 나누어 서술하고, 그 앞에 1절을 '건축 창조 이념의 형성과정'이라 하여, 합리주의와 건축가의 직능 등에 선구적인 역할을 한 한국인 건축가를 다루면서 해방 전사까지를 포함하고 있는 점이 눈에 띈다.[18]

한편, 윤일주 선생(1927–1985)의 『한국·양식건축80년사』(1966)는 소위 '근대건축'의 선구적 작업으로 볼 수 있다.[19] 그러나 책 제목에서도 분명히 밝히고 있듯이 윤일주 선생 자신은 그것을 근대건축사라고 하지 않았고,[20] 사후 그의 제자들이 낸 추모집에서 『한국근대건축사 연구』(1987)라는 표현을 처음으로 사용하였다.[21] 추모집에 실려 있는 선생의 논문들을 보면 따로 '한국근대건축'이라고 서술한 부분은 없고, 해방 이후의 상황을 가리킬 때는 '한국현대건축'으로 명시하는 대신, 그 이전의 상황을 다룰 때는 '양풍건축', '양관건축', '근대풍 건축' 등으로 일관되게 기술하고 있다. 오히려 선생은 1978년 국립현대미술관이

17 — 정인국, 『근대건축론』, 문운당, 1982(초판은 1965). 그러나 서문에서 밝히고 있는 것처럼, 이 책은 각 장별로 다른 책을 참고로 정리한 것이기 때문에, 장별로 대상 시기가 정확히 나눠진 것은 아니지만, 각 장의 서두에 쓴 말들을 종합해보면 위와 같은 시기 구분이 가능하다.

18 — 이 점은 일본의 『신건축학대계』에서 일본근대건축사를 전공한 사람이 일본의 전후 건축사를 간략하게 언급한 것과 대비된다. 즉, 일본의 건축사학계에서 현대건축은 전통적인 역사학의 범위에서 벗어나 있는 것으로 간주된다. 전통시기와 현대, 그리고 설계 실무와 연구를 두루 섭렵하였던 정인국 선생의 작업과 다르게 1990년대 이래 우리나라의 건축역사학계에서도 이러한 구분이 점차 강화되고 있는 것은 아쉬운 일이다. 이는 전통시기의 건축과 근대기 건축의 차이가 컸던 동아시아의 공통된 현상 혹은 전문화의 자연스러운 결과로 볼 수도 있지만, 전통과 근대의 차이야 어느 나라도 있었던 것을 생각하면, 일본 건축사학계의 분위기가 여전히 우리 학계에 강한 영향을 미치고 있는 것으로 볼 수도 있다.

19 — 1876년을 개항으로 친다면, 서문을 작성한 1965년이 90년이 되는 해인데, 왜 윤일주 선생은 '개국한지 80년'(윤일주, 『한국 · 양식건축80년사』(야정문화사 1966) p.13) 이라고 했는지 궁금하다. 책에 소개된 가장 이른 양풍 건축은 부산 일본관리관청(1879)이고, 사진과 함께 형태가 소개된 건물로는 인천의 일본영사관(1883)이 처음이다. 한편, 1884년경에 지어진 것으로 추정하는 인천의 세창양행사택은 벽돌조로 지어진 것으로서 최초의 본격적인 '양옥'건축으로 보고 있다.(윤일주, 앞의 책, pp26-27). 80년이라는 계산은 아마도, 일인들이 목조로 서양식 건축풍으로 지은 것이 아닌, 본격적인 양식 건축이 지어진 1884년을 시점으로 한 것이 아닐까 짐작된다.

20 — 이연경은 이미 이 부분에 대하여 문제제기를 하였다. 그는 윤일주 선생이 특별히 '양식'건축이라는 표현을 사용한 것은, 그것이 근대주의 건축이 아니라는 점을 의식한 결과이며, 당시 일본 건축학계의 근대건축사 서술 태도에 영향을 받았으리라 추정하고 있다. (이연경, '한국 · 양식건축80년사, 그 후 50년…' 『(재)한국도코모모 창립총회 및 고 윤일주 교수 기념 심포지엄 자료집』, 2018, pp. 17-34. 참조)

21 — 고 윤일주 교수추모논문집 편찬위원회 편, 『한국근대건축사연구』, 1987.

기획한 『한국현대미술사(건축)』를 서술하면서 개항 이후 100년간의 역사를 되돌아보고 있다. 해방 이후까지를 포괄하여 집필하면서 비로소 개항기나 일제강점기에 지어진 양풍 건축을 한국건축사의 부분으로 편입시킬 수 있었던 것으로 보인다. 한편 같은 시기를 다루면서도 1984년 펴낸 『한국예술사총서 Ⅱ, 한국미술사』에서는 '근대건축'으로 제하였는데, 이것은 총서의 제6장이 근대미술로 편제되어 있어서 그것을 그대로 따른 것으로 보인다.

이처럼 1960년대와 1970년대에 이루어진 정인국 선생과 윤일주 선생의 선구적 작업들에서는 1945년 이후의 상황을 다룰 땐 현대건축이라는 표현을 분명하게 사용하고, 그 이전을 다룰 때는 '현대건축의 전사'로 다루거나, '양식(양풍) 건축의 역사'로 소개하고 있다는 점을 확인할 수 있다. 한편, 개항 이후의 전 시기를 다룬 1980년대의 작업에서는 '한국근대건축'과 '한국현대건축'을 섞어서 사용하고 있다. 비슷해 보이지만 이들의 선구적 작업과 다르게, 해방을 정확한 분기로 삼아 이후의 상황만을 다루면서 '현대건축'으로 구분하여 정리한 것은 한참 시간이 지나 1990년대 안창모 교수의 『한국현대건축 50년』(1996)나 그 이후의 박길룡 교수의 『한국현대 건축평전』(2015) 등에서 보인다. 해방 후 충분한 시간이 지나 그 이후의 것만으로도 충분히 책으로 다룰 만큼 내용이 풍부해졌기 때문이기도 할 것이고, 그 이전의 상황은 '한국근대건축'으로 미루어 두었기 때문이기도 할 것이다.

그러나 해방의 분기를 뛰어넘는 작업들은 1990년대 이후에도 이어져왔는데, 1994년 건축가협회에서 야심차게 마련한 『한국현대건축총람』이 그 대표적인 사례이다. 제1책을 『한국의 현대건축 1876-1990』이라 하여 총설과 상설로 나누어 다양한 갈래로 건축사를 다루고, 제2책은 『한국의 현대건축·건축가』라 하여 건축가와 작품 목록을 수집 정리하였는데, 두 책 모두 시간적 범위는 개항 이후 1990년까지다.[22] 또, 1999년 국립현대미술관이 '건축문화의 해'를 맞아 대규모로 기획한 건축전시회는 '한국근대건축 100년전'이라 제목하고 역시 같은 기간을 다루었는데, 근대건축이라 명명한 것은 1984년 예술원에서 펴낸 한국예술사총서의 시기명을 그대로 따르고 있는 사례다. 또 학계에서도 송율의 박사학위논문인 '한국근대건축의 발전과정에 관한 연구—1920년대 후반에서 1960년까지를 중심으로'(1993년, 서울대학교 박사학위논문)은 한국인 건축가들의 활동을 중심으로 해방 전후의 상황을 함께 다루었고, 근대라는 시기 명을 사용하였다.

해방의 분기를 뛰어넘는 접근은, 2001년 제정된 등록문화재 규정과 2003년 창립된 도코모모코리아 등의 관련 단체의 활동도 일정한 기여를 한 것으로 보인다. 즉, 등록문화재는 '갑오경장이후 생산된 것으로서 대개 50년이 경과한 것'을 시간적 대상으로 함으로써, 시점은 개항기에 근사하지만 종점은 계속해서 현재에 가까워지도록 만들어

22—한국건축가협회는 이후 1990-1999년, 2000-2009년의 기간을 다룬 『한국현대건축총람』의 보유편을 2010년과 2012년에 각각 출간하였다.

두었다.[23] 실제로 2002년 1기로 등록된 건축물 가운데는 구 산업은행 대전지점(1952)처럼 1950년대에 세워진 건축물도 포함되어 있었다. 또, 근대건축운동 성과물의 보존을 위해 설립된 국제기구인 DOCOMOMO의 한국 파트너 격으로 설립된 '도코모모 코리아'는 그 별칭으로 '한국근대건축보존회'라 공식적으로 명명함으로써, 근대건축을 modern architecture의 번역어로 사용한다는 뜻을 분명히 하였다.[24] 이후 이 단체는 국립현대미술관과 공동으로 '장소의 재탄생: 한국근대건축의 충돌과 확장'이라는 전시를 2014년 도코모모 서울대회에 맞추어 개최하였고, 당연히 현대까지를 포함하였다.

정리하자면, 해방을 분기로 근대건축과 현대건축을 엄격하게 나누는 분류법은 근대기의 건축과 현대기의 건축이라고 하는 시기의 문제에 한정되어 남아있고, 근대 이후의 건축 혹은 modern architecture의 번역어로서는 근대건축과 현대 건축의 두 용어가 사용자에 따라 임의적으로 사용되고 있음을 확인할 수 있다. 자세히 들여다보면, 대체로 서구의 상황을 다루거나 국제기구와 관련되어 있을 경우, 그리고 미술관이나 예술원의 경우 근대건축이란 용어를 선호하고, 건축가협회에서는 현대건축이란 용어를 유지하고 있음을 알 수 있다. 또 그 내용을 기준으로 보자면, 등록문화재 제도나 도코모모의 사례에서처럼 개항 이후와 일제강점기의 건축물을 적극적으로 포함할 경우 한국근대건축을, 그리고 건축가협회처럼 그것들을 소극적으로 다루고 한국인 건축가의 활동을 중심으로 볼 경우 한국현대건축의 용어를 사용한다는 경향성도 확인할 수 있다.

4. 한국현대건축 100년

그러므로 이번 전시의 부제가 '한국현대건축 100년'이라고 한 것은, '우리가 그려온 미래'라고 한 제목과 함께, 한국인의 작업을 그리고 해방 이후의 작업을 중심으로 다루겠다는 의지를 분명히 드러낸 것이다. 그렇다면 그 다음은 '100년'이라는 시간의 문제가 남는다. 전시 기획팀은 박길룡과 이기인 이라고 하는 두 명의 한국인이 경성공업전문학교를 제2회로 졸업한 1919년을 시점으로 삼았다. 건축과는 1회 졸업생이 없었기 때문에 이들이 건축과의 첫 번째 졸업생이다.[25] 물론 건축학교를 졸업한다고 바로 실무를 하는

23—등록문화재 제도 시행에 맞추어, 문화재청은 (사)한국건축역사학회 등에 의뢰하여 전국적인 문화유산 지표조사를 시행하게 되며, 문화재위원회의 구성에도 근대문화재분과가 신설되는 등의 변화가 생긴다.

24—이때 이미 '근대건축'이 도코모모가 대상으로 삼는 the Modern Movement와 관련성이 적다는 것에 대한 문제 제기가 있었다. (황보 봉, '근대건축, 근대건축운동, 그리고 도코모모', 『한국건축역사학회 춘계학술발표대회논문집』 2004년 5월. pp.42-47. 참조)

25—경성공업전문학교는 1916년 칙령 제80호 「조선총독부전문학교관제」의 공포 의해 설립된 관립의 전문학교로 1916년 4월초에 신입생을 첫 모집하였지만, 설립 당시 공업전습소의 특별과에 재학하고 있던 학생을 2학년으로 편입시켰다. 1917년 초에 발행된 『京城工業專門學校一覽(大正六年三月)』에 따르면, 당시 2학년 재학생은 총 18명으로, 염직과 5명, 응용화학과 9명, 요업과 4명 등이었고, 1학년 재학생은 모두 35명으로서, 염직과 6명, 응용화학과 9명, 요업과 4명, 토목과 9명, 건축과 7명 이었다. 그러므로 1916년 학제 개편 이후에 제1회생으로 입학한 박길룡과 이기인은 경성공업전문학교의 제2회 졸업생이 되며, 건축과로는 특별생으로 편입된 학생이 없었기 때문에 첫 번째 졸업생이 된다. 한편, 당시 건축과 1학년 재학생 7명 가운데는 이름과 출신지 등으로 보아 한국인이 모두 5명으로 많은 수를 차지하는데, 다른 세 명은 졸업을 하지 못한 것으로 보인다. 한편, 1938년 발간의 『京城工業專門學校一覽(昭和大12년年三月)』를 보면, 1938년 당시 건축과 3학년생 10명 중 5명, 2학년 15명 중 7명, 1학년 15명 중 6명이 한국인이며, 1938년까지의 졸업생 전체로는 일본인이 142명, 한국인이 25명이다.

것은 아니지만, 그래도 건축 전문가로서의 자격을 갖추고 활동을 시작한 한국인의 등장을 중요하게 본 것이다.[26] 선행의 연구에서는 박길룡(朴吉龍, 1898–1943)이 총독부 기사직을 사직하고 건축사무소를 개업한 1932년, 혹은 아직 총독부에 근무하고 있었지만 김연수 가옥을 설계한 1929년을 한국인 건축가 등장의 기준으로 하는 의견이 있었고,[27] 또 최근에는 나고야 고공을 졸업하고 조선총독부에도 근무하였던 이훈우가 역시 총독부를 사직하고 건축사무소를 개업한 1920년을 시점으로 보는 주장도 나왔다.[28] 한편, 좀 더 거슬러 올라가 19세기말에 활동한 목수 출신 건설 관료인 심의석(沈宜錫, 1854–1924)에서 한국인 건축가의 시작을 보기도 하고, 공립어의동실업보습학교 졸업생이 나오는 1916년을 기점으로 삼기도 한다.[29] 하지만 정식 교육을 받지 못한 자생적 건축가라 할 수 있는 심의석의 경우를 제외한다면, 그 어느 경우가 되었건 근대적 교육을 받은 한국인 건축가의 등장을 지금으로부터 한 세기 전의 일로 보는데 큰 무리가 없다.

한국현대건축의 역사를 논하면서, 근대적 교육을 받은 한국인 건축가의 등장을 중요하게 보는 이유는 기본적으로 현재의 한국건축을 만들어낸 인력의 연속성을 의식해서이다. 즉, 건축사는 건축 작품의 역사이기도 하지만 동시에 건축 활동의 역사이기도 하며, 작품의 양식과 기술이 어떻게 변화해왔는가를 찾는 일이기도 하지만, 어떻게 건축 실무를 해왔는가를 되짚어보는 일이기도 하다. 현재 활동하는 건축가들의 기원을 찾아 그 사승 관계를 거슬러 올라가면, 그 끝에 박길룡을 비롯한 1세대 건축가들이 있다.

여러 선구자들 가운데서 특히 박길룡의 등장을 중요하게 보는 보다 중요한 이유는, 그에 대한 당대와 이후의 평가에 근거한 것이다. 박길룡 선생 자신은 해방을 맞이하지 못하고 젊은 나이에 타계하게 되지만, 1943년 그의 사후에 간행된 『朝鮮と建築』 추모특집에서 이미 "기능주의적 합리성을 한국건축에 심은 최초의 사람"이면서 "건축가라는 사회적 직분을 최초로 수립한 사람"으로 평가받고 있다.[30] 즉, 박길룡이 근대적 의미에서 한국인 최초의 건축가라는 평가는 그가 활동하던 당시에 이미 이루어졌으며, 이후 박길룡을 다루는 여러 논문들에서도 재차 확인되고 있다.[31]

해방 당시 고등공업학교의 졸업생과 일본과

26—"박길룡과 이기인은 1919년 관립경성공업전문학교를 졸업하고, 조선총독부 관방회계과에 입부한다. 당시 조선총독부는 총독부청사의 공사가 한창일 때라서 처음부터 큰 규모의 건축실무에 접하여 경험을 쌓게 되었다." (한국건축가협회, 『한국의 현대건축』, 1994. p.47)

27—윤일주, 앞의 책, p. 77

28—김현경, 유대혁, 황두진, '건축가 이훈우에 대한 연구', 『건축역사연구』 제29권 3호, 2020. 6. pp.37-50

29—한국건축가협회, 『한국현대건축·건축가』, p.67. 에서는 심의석을 일러 '한학 세대 건축가', '도편수였으며 자생적 건축가'라고 하고, '전통건축의 마지막 세대이자 신건축(異様建築)의 창세대'였다고 평가하고 있다. 1854년에 태어나 1924년에 사망한 그는 미국인 선교사들과의 접촉을 통하여 새로운 건축 기술을 익혔으며, 고종과 순종 연간에 많은 양식 건축의 건립에 참여한 것으로 알려져 있고, 일제강점기에는 내무아문의 기사로 승진한 것으로 되어있다. 철근콘크리트 한옥의 선구자라 할 수 있는 조승원(1901-1987) 역시 선교사를 통하여 신식 건축을 익힌 목수출신의 건축가라 할 수 있다.

30—정인국, 『현대건축론』, 1981, 야정문화사(초판은 1970년). pp.249

31—한국 최초의 현대건축가 타이틀을 둘러싼 박길룡과 이훈우 사이의 논쟁은, 미분학의 발명을 둘러싼 뉴튼과 라이프니치 사이의 논쟁과 닮은 점이 있다. 서로 영향관계를 주지 않은 채로 큰 시간차 없이 진행된 일이었다는 점이 우선 그렇고, 결국 그 판단은 역사적 인식, 다시 말해 현재적 해석에 의존할 것이라는 점에서도 그렇다.

미국 등에서 대학과 고등공업학교를 졸업한 사람을 합하여 건축 전문 인력의 수가 120명 남짓이었다고 추정되지만,[32] 이 가운데 일부는 해방 공간과 한국전쟁을 거치면서 월북을 하게 되어 남한에 남은 전문 인력의 수는 많아도 100명을 넘지 않았던 상황에서 우리의 현대건축이 시작되었다. 그들은 해방 공간에서 관계와 학계, 산업계에서 주도적인 역할을 담당하게 되고, 결국 그들과 일터에서 만난 후배와 그들이 학교에서 길러낸 제자들에 의하여 한국의 현대건축이 이루어져 왔다.

5. 한국현대건축의 시기구분과 시기별 특징

1945년 해방이 되고 건축 인력의 민족간 교체가 전격적으로 이루어졌지만, 우리는 여전히 일제 강점기 그들이 만들어놓은 도시환경 속에서 살아야 했다. 특히 해방 이후 3년에 걸친 군정기, 그리고 새로운 정부 수립 이후 곧바로 일어난 1950년의 한국전쟁, 그리고 해방 직전의 세계대전기까지를 포함하면 1940년대 전반에서 1950년대 전반에 걸친 10여 년간은 사실상 '건축 활동의 공백기'였다고 해도 과언이 아닐 것이다. 해방 당시 시내에 가장 높은 건물은 8층의 반도호텔이었다. 해방 이후 다시 8층 높이의 건물을 지은 것은 1961년 미국이 지어준 쌍둥이 정부청사이고, 그 전해에 완공된 시민회관의 일부인 계단탑동이 11층으로 지어졌을 뿐이다.

그러니 본격적인 건축 활동은 빨라도 1955년경부터 시작된다고 볼 수 있으며,[33] 그리고도 1961년까지는 '국제건축양식의 무비판적인 도입기'로 평가된다.[34] 이번 전시에서 1920년대부터 1950년대까지의 긴 기간을 하나의 시기로 보고, '학습과 모방'의 시기라고 제목한 이유다. 해방 전후 소수의 한국인에 의한 건축 작품뿐만 아니라, 시인 이상의 도상화된 시(詩)와 장기인 선생이 편찬한 『건축용어집』(1958)을 함께 전시하였는데, 건축을 넘어선 문화예술계로의 기여와 해방 후 홀로서기를 해야 하는 건축사회 당시의 고민과 대응을 잘 보여준다고 생각하였기 때문이다.

이후의 변화에 대하여, 윤일주 선생은 1960년대 초, 정인국 선생은 1965년경을 전환기로 꼽고 있다,[35] 두 글의 집필 년도가 각각 1972년과 1970년이라고 하는 점을 생각해보면, 그 시점 이후 불과 5년에서 10년 남짓이 경과하였을 뿐이었음에도 이렇게 획기를 한 것을 보면 1960년대의 건축적 환경의 변화가 얼마나 컸는지를 충분히 짐작할 수 있다. 즉, 1965년에서 1970년에 이르는 이 기간에는, 부여박물관, 종합박물관, 청계천고가도로, 정부종합청사, 국회의사당, 남서울도시계획, 경주박물관, EXPO70 한국관 등 건축계를 강타한 여러 논쟁을 촉발한 사건들이 연발하였다.[36] 이들 사건은 앞선 시기의 무분별한 국제주의 건축 양식의 도입에서 벗어나, 한국성과 세계성, 도시와 교통, 건축가의 자격과 현상 설계의 제도 등에

32—안창모, 『한국현대건축 50년』, 재원, 1995. p.71
33—윤일주, '한국현대건축의 형태적 유형에 관한 고찰', 『성균관대학논문집』 1972. 12. (『한국근대건축사연구』, 1987. pp.68-77. 소수)
34—정인국, 앞의 책, p252
35—윤일주, 앞의 글, 1987(1972)p.69, 정인국, 앞의 책, 1970. p.264
36—정인국, 앞의 책, p.271. 참조

대한 사회적 논의를 촉발하였고, 실제로 이 시기 건축사법이 제정됨으로써, 도제 관계에 기반한 건축설계사무소의 운영 행태가 일변하였다.

1960년대 중반에 활발해진 경제성장과 도시개발의 분위기는 1970년대에도 이어졌으며, 이번 전시에서는 1960년대와 1970년대의 기간을 하나의 시기로 설정하였다. 이 시기는 현재 강북의 도심 고층 건축군이 형성된 개발의 시기이자,[37] 이천승과 김희춘, 김정수, 정인국, 배기형 등 해방 이전에 교육을 받은 구세대에서 1950년대 후반 미국 등 외국에서 수련을 마치고 돌아온 이광노와 김수근 등의 신세대로 건축가의 세대교체가 이루어진 시기이기도 하다. 김중업은 구세대와 신세대에 걸쳐 있는 건축가로, 첫 번째 전문 교육 이후 이미 구세대의 중심 인물 가운데 하나로 성장하였지만, 1950년대 프랑스에서의 실무 수련을 다시 마치고 돌아와 1960년대와 70년대의 가장 활발한 신세대 건축가의 일원이 되는 독특한 이력을 갖는다.

이 시기를 '팽창과 모색'의 시기라고 이름 한 것은, 김현옥, 양택식, 구자춘이라는 세 명의 시장이 벌인 서울 개발 사업으로 대표되는 도시적 팽창과 함께, 주한 프랑스대사관이나 공간 사옥에서 드러나듯 한국의 전통 건축에 대한 현대적인 해석과 모색도 활발히 진행되었기 때문이다. 이 시기를 통치하였던 박정희 정부의 국정 슬로건이었던 '민족문화의 중흥'이나 '한국적 민주주의'가 지시하는 것은, 개발을 우선으로 하면서도 그에 따른 피로감과 소외감을 민족이라는 공동체 의식으로 달래 감싸는 전략이었다.

세 번째 시기로 잡은 1980년대와 1990년대는 해방이나 한국전쟁, 그리고 5.16군사쿠데타와 비견할만한 큰 정치사회적 사건이 연속하였던 시기다. 또 여전히 하나의 시기로 잡는 것이 옳은지, 구분한다면 어디에서 잘라야 할지가 망설여지는 시기이기도 하다. 정치적으로는 대통령 직선제를 중심으로 하는 1987년 체제의 성립과 군사 정권의 종식, 민주화 등을 중요한 사건으로 꼽을 수 있고, 국제 사회와의 관계에서는 1988년 서울 올림픽의 개최와 1989년 해외여행 자유화의 개시, 1980년대 말 동구권 사회주의의 붕괴 등에 따른 세계화의 시작, 그리고 사회경제적인 면에서 노동조합 활성화를 통한 근로자의 처우 개선과 자가용 자동차의 보급 등으로 대표되는 소비 사회의 도래 등이 이 시기를 특징짓는 키워드라고 할 수 있다. 건축계에서도 1990년을 전후하여 제2시기를 주름잡았던 거장들의 시대가 지나가고, 4.3그룹으로 대표되는 제3세대 건축가그룹이 등장하는 변화가 있었다.

이처럼 1980년대 후반에 여러 가지 큰 사건들이 집중해 있기 때문에 1980년대 말을 중요한 분기로 삼을 수도 있다. 전시에서도 크게는 1980년대와 1990년대를 함께 묶으면서도 두 시기를

37—1970년대 후반에 완공된 것만 보더라도, 강북 도심부의 동방생명빌딩과 대우센터, 프라자호텔, 롯데호텔, 외환은행본점, 한국산업은행본점, 시민회관(세종문화회관), 신라호텔 등과 과천의 제2종합정부청사, 여의도의 한국증권거래소, 잠실의 잠실종합경기장 계획 등이 있다.

나눠 배치할 수밖에 없었다. 그렇게 놓고 보면 1980년대 중엽까지는 독립기념관이나 예술의 전당, 현대미술관, 올림픽 시설과 같은 정부 주도의 대형 프로젝트가 여전히 활발히 진행되었다는 점에서 1970년대와 비슷한 점이 있고, 1980년대 말 이후 사회적 변화 속에서 점차 시장의 중심이 공공에서 민간으로 넘어가고 지방자치제도가 시행되면서 중앙정부보다도 지방 정부의 역할이 강화되며, 앞서 언급한 제3세대 건축가들이 독립하여 활동을 시작하였다는 점에서 1990년대는 2000년대 이후와 닮은 점이 보인다. 따라서 만일 해방 이후를 3시기로 구분한다면, 1960년대 중반과 1990년 전후를 각기 분기로 삼을 수 있을 것이다.[38]

그럼에도 불구하고 이번 전시에서 2000년대 이후를 새로운 시기로 설정한 것은, 1997년의 IMF 외환위기 이후 완전한 시장개방이 이루어지고, 핸드폰과 인터넷 등을 통한 정보화 시대의 도래한 것을 더 큰 변화로 보았고, 건축계 내부로 보더라도 1999년 정부에 의해 '건축문화의 해'가 선포된 이후 건축에 대한 문화 혹은 예술적 인식이 크게 확산되고, 이러한 분위기에 힘입어 새건협(2004), 국가건축정책위원회와 건축도시공간연구소(2007), 젊은 건축가상(2008) 등의 새로운 기관과 제도가 만들어지고, 도시건축적 상황에 있어서도 2000년 본격화된 북촌한옥마을 조성이나 2003년에 시작한 청계천 복원사업 등의 도시재생 사업에서 보듯 개발 지상주의에 대한 반성이 일어나고 실행되었으며, 가장 보수적이랄 수 있는 학교도 이러한 변화를 피하지 못하고, 2002년 이후 5년제 건축학전문 과정을 도입함으로써 오랜 일본식 건축교육의 모델에서 벗어난 것을 평가하였기 때문이다.[39]

이처럼 앞뒤로 경제성장기와 세계화의 시기를 가지고 있는 1980년대와 1990년대 한국건축계는 두 시기의 특성이 서로 섞여 있으면서 제3세대의 건축가들과 제4세대의 건축가들이 각종의 건축캠프와 단체 활동, 전시회 등을 통하여 만나는 시기였다. '개방과 탐구', 그리고 '건축가와 사회'를 각각 1980년대와 1990년대의 핵심어로 꼽은 것은 이와 같은 사정을 반영한 것으로, 1980년대 김태수와 김종성, 우규승, 유걸 등 재미건축가의 귀국 혹은 한국 내 활동은 국내 건축계와 해외

38—다른 분야에서도 비슷하여, 김윤식의 『한국현대문학사』가 그러한 입장을 취하고 있다. 즉, 김윤식은 2010년 초판을 쓸 당시, 해방 이후의 문학사를 1945년-1960년대 중반, 1960년대 후반-1990년대 중반, 1990년대 후반-현재라는 세단계로 나누고, 그 각각을 민족문학의 확립기, 문학의 사회적 확대기, 그리고 문학의 위상 변화기로 규정하고 있다. 이때 세 번째 시기의 문학의 위상 변화에 가장 큰 영향을 준 요인으로는 역시 정보화와 세계화를 꼽고 있다. (권영민, 『한국현대문학사 2』, 2020. pp.18-21.)

39—5년제 건축학 교육제도의 성립은 단지 커리큘럼의 변화에 그치는 것은 아니다. 우리나라 고등교육의 한 축을 이루는 서울대학교의 경우를 보면, 일제 강점기의 여러 관립 학교들을 모아 해방과 함께 국립대학으로 출범하였으나, 내용적으로는 1955-1961년의 기간에 진행된 미네소타프로젝트르 통하여 비로소 일본의 관립대학 체제에서 미국의 주립대학 체제로 바뀌었고, 2000년대 들어서는 외국인과 타교 출신 교수의 수용 등의 개방화 과정을 거쳐 마침내 2011년 법인으로 독립하면서, 오랜 관학 혹은 국립대학의 틀을 벗어나기 시작했다고 볼 수 있다.

건축계를 잇는 통로의 역할을 하였고, 특히 김종성이 이끄는 서울건축은 종합무역상사인 ㈜대우의 국제적 네트워크를 적극 활용하여 설계와 시공 전반에 걸친 기술 수준의 향상에 기여하였다.[40]

또, 1990년대 4.3그룹으로 대표되는 제3세대 건축가그룹은 서구 근대건축에 대한 학습과 비평과 글쓰기를 통하여 자기 정체성의 확립에 노력하였고, 가회동11번지와 분당, 파주출판도시 등에서의 집단적 작업과 제도권 내외에서 건축 설계 교육의 개선에 참여하여 동료 및 후배들과의 직능적 연대를 아울러 강화하였다.[41] 또 민건협과 새건축운동 등을 주도한 집단은 1980년대말 사회민주화의 분위기 속에서 건축가의 대사회적 발언을 통하여 건축가와 사회의 관계를 재정립하고, 건축가의 직능에 대한 반성적 성찰을 이어갔다. 그리고 이들이 각기 자신의 색깔을 뚜렷이 하는 아틀리에 사무소들을 키워나가는 한편으로는, 정림과 원도시, 서울건축, 희림, 범, 간삼 등의 설계사무소가 대형의 설계회사로 성장하고, 아파트 중심의 주택공급 물량이 커지면서 아파트설계를 전문으로 하는 엔지니어링회사도 성장하였다.

제4기로 삼은 2000년대 이후 현재에 이르는 기간은, 현재도 그 변화가 진행되고 있는 상황이라서 그 특색을 간단히 정리하기는 어렵다. '논리와 감각'이라고 제목한 것은 각각 자신만의 방법론을 구축하며 다채롭게 진행되고 있는 젊은 건축가들의 작업을 포괄하기 위한 수식이다. 즉, 1990년대를 중간에 끼워 두었지만, 2000년대 이후의 우리 사회와 건축계는 1980년대 이전의 그것과 너무나도 달라져서 마치 다른 나라에 살고 있는 것이 아닌가는 느낌이 들 정도이지만,[42] 건축 내부로 보면 수많은 개별적 건축가들의 등장이 가장 큰 특징으로 보인다.[43]

세계화되고 다원화된 사회에서 정보의 비대칭 없이 성장한 이들 제4세대의 건축가들은 적극적인 컴퓨터 활용을 통해 극소형 건축설계사무소를 운영하고 SNS를 통해 친구들과 직접 소통하며 건축 내외부에 걸쳐 다방면에서 비위계적인 활동을 펼쳐가고 있다. 또 이들의 작품에서는, 형태와 공간의 조형에 집중하던 태도에서 나아가 재료의 물성과 구축의 질서라는 좀 더 세밀한 문제에 집중하고, 기술과 예산, 대지와 주변 콘텍스트라고

40—김종성의 다음과 같은 언설은 1970년대의 폐쇄적인 한국거축계의 상황과 1978년 귀국한 이후 김종성이 한국건축계에 기여한 중심적 내용을 잘 보여준다. "개인적인 소견으로는 당분간 전통의 표현문제를 우리 건축인들의 과제 순위에서 하위에 놓고 전반적인 건축의 질의 개선에 전념하는 것이, 고건축을 모티브로 이식하려는 행위나, 하루바삐 한국적 건축을 조성하려는 조바심보다 더 우리를 목적지에 빨리 이끄는 길이 아닌가 생각한다"(『공간』 1975년 5월호, 김원, '한국의 현대건축, 무엇이 문제인가', 『목구회 1981 건축평론 및 작품집』광장, 1981. p.149에서 재인용. 밑줄은 필자)

41—정인하는 1990년대의 주변적 상황을 새로운 건축가집단의 등장과 건축교육제도의 변화, 그리고 집단적 작업의 유행으로 정리하고, 그들의 건축적 지향점으로 지역성과 프로그램, 구축성 등에 기반한 리얼리티의 추구를 들고 있다. (정인하, '1.총설 1990년대 한국건축: 현실과 아이디어로서의 건축', 『한국현대건축총람·건축가(1990-1999)』, 대가, 2010, pp.10-67. 참조)

42—전봉희, 『나무, 돌, 그리고 한국건축문명』, 21세기북스, 2021. pp.329-336. 참조

43—전진삼은 이들을 일러 '강소 건축가'라 하였다. (전진삼, '3장. 신세대 건축가와 강소사무소의 등장'『한국현대건축총람(2000-2009)』, 대가, 2012, pp.180-209. 참조)

하는 조건 속에서 최선의 해법을 찾는 절충적 접근보다는 우선순위에 따라 선택을 분명히 하는 개성적 접근을 시도하며, 국가와 민족이라는 거대 담론을 대신하여 커뮤니티와 일상, 그리고 재미있는 가로 풍경을 조성하는 구체적이고 친근한 제안들이 돋보인다.

마무리

이상과 같이 이번 전시에서는 한국현대건축을 근대적 건축교육을 받은 한국인 건축가의 활동을 중심으로 하여, 전체의 기간을 100년으로 잡고, 이를 다시 한국사회의 변화와 건축적 활동의 성격과 내용을 중심으로 하여 4개의 시기로 나누었다. 1920–1950년대, 1960–70년대, 1980–90년대, 그리고 2000년대 이후라고 하는 이 4개의 시기는 각기, 모방과 학습의 시대, 양적 성장의 시대, 질적 변환의 시대, 그리고 다양한 실험이 평가를 기다리고 있는 당대로 볼 수 있다. 이러한 시기 구분은 그대로 각 시기에 중심적인 역할을 한 건축가들의 세대를 구분하는 기준으로도 작동할 것이며, 각 건축가의 활동에 대한 역사적 평가 역시 이에 따라 달라질 것으로 보인다.[44]

‘모든 역사는 다채로운 옷을 입은 현재사’라고 한다. 특히 자신의 생애가 걸쳐있는 당대사의 정리는 언제나 주관적이라는 위험을 피하기 어렵다. 더욱이 최근의 K-컬춰 붐과 같은 현재의 성과에 취하여 과거의 역사를 승리의 편에서 서술하는 경우, ‘단기적 승리’조차도 모두 ‘장기적인 승리’로 과장하여 해석하려들기 쉽다.[45] 1920년대 이후 현재까지의 한국건축의 경과를 살핀 이번 전시와 심포지엄이 단지 살아남은 자의 후일담이나 과거의 미화에 그치지 않고 미래를 위한 성찰의 기회를 제공해준다면,—이번에 나눈 20년 단위의 시기 구분으로 보자면 2021년은 이미 새로운 분기로 접어든 시기이다—기획자로서 더 바랄 것이 없다.

44—세대를 물으면 누구나 낀 세대라고 한다. 앞 세대의 막내인지 뒷 세대의 선두인지를 정하는 것은 스스로의 자각과 노력에 의 하기도 하지만 자신을 둘러싼 역사적 환경에서 자유롭지 못하며 결국은 후배들이 정하는 것이다.

45—에릭 홉스봄, 강성호 옮김, 『역사론』, 민음사, 2002. p.384

고층으로의 갈망: 1950년대의 시대적 요구

박일향 (건축공간연구원 부연구위원)

1. 들어가며

일반적으로 건물의 높이를 제한한다고 하면, 건물이 일정 높이 이상 올라가지 못하도록 하는 규제를 연상시킨다. 도시의 주요 시설물을 보호하고 경관을 관리하기 위해 최고높이를 제한하는 수법이 쓰인다. 또한 도로의 개방감과 인접 건물의 일조권을 확보하기 위해 개별 건물의 최고한도가 정해진다. 1934년에 「조선시가지계획령」이 제정되면서부터 우리나라에서도 건물의 최고높이를 제한하기 시작했다. 그런데 높이의 제한은 개발을 억제하는 것뿐만 아니라 유도하는 수단이 되기도 한다. 바로 건물의 최저높이를 제한하는 것이다.

오랫동안 서울의 절대다수 건물은 단층 목조였다. 일제강점기에 청사, 교회, 학교, 사옥, 백화점 등이 건설되면서 일부 시설의 고층화가 진행되었지만, 한국전쟁을 거치며 많은 건물이 소실되었다. 그리고 경제개발계획의 성과, 소득수준의 향상, 건설기술의 발달 등에 힘입어 서울은 1960년대 후반이 되어서야 본격적인 고층화의 시대로 진입했다. 그런데 비록 높은 수준의 건축을 기대할 수는 없었지만, 전후 1950년대라는 시대는 도시파괴라는 위기 속에서 수도재건이라는 강한 목표를 달성하기 위한 새로운 정책이 수립된 시기였다. 즉, 건물의 최저층수를 제한함으로써 간선도로변만이라도 고층화하려 했던 것이었다. 이 연구에서는 전후에 이러한 정책의 수립 배경과 내용을 살피고, 그 성과와 이후의 영향을 살피고자 한다.

2. 1930년대 서울의 빌딩

윤일주는 『한국·양식건축 80년사』(1966)에서 1920년대 중반을 기준으로 일제강점기 양식건축의 시대를 구분하고 있다. '일제 전반기'에는 "위의(威儀)를 갖추는 데 안성맞춤"인 역사적인 건축양식을 채택한 식민통치 기관의 건설이 주를 이뤘다면, 경성역(1925), 조선총독부 청사(1926), 경성부청사(1926) 등 역사주의 양식의 공공건축이 일단락된 이후인 '일제 후반기'는 '빌딩'으로 대표되는 근대건축의 시대로 보았다. 1920년을 전후로 미국식 빌딩이 세워지고 근대건축 운동이 전개되었던 일본의 상황, 그리고 회사령 철폐로 인해 일본 자본의 국내 진출이 늘어나면서 같이 증가한 업무용 공간의 수요에 따른 건축의 고층화에서 그 원인을 찾는다. 특히 종로, 광화문로, 태평로, 남대문로 등지에 많은 '빌딩'이 다투어 건설되던 1930년대는 "중요 가도(街道)의 형성기라 해도 좋다"고 평가했다.[1]

1930년대 서울의 고층건물에 대한 당대의 인식은 몇 가지 갈래로 나눠볼 수 있다. 우선 고층건물은 도시성장을 보여주는 증거와 같았다. 고층건물 이슈는 1930년대부터 신문에 등장한다. 4층 높이의 신축 '삘딩'에 대해 "근대도시의 위관(偉觀)을 자랑하는 건축물의 하나로 서울의 얼굴을 장식"했다고 호평하거나, "차츰 현대도시의 면목을 갖추어 상점가로서 알맞은 고층건물들이 삐죽삐죽 솟아오르고", "금후 경성 시가가 근대적 장식을 완비해감을 따라서 거리마다 고층건물이 즐비할 모양"이며, "70만 대식구를 안고 있는 경성부는 시가지계획, 고층삘딩의 대건축 등으로 옛 풍모를 근대양식으로 화장하여 모던경성을 만들어낸다"고 도시 발전의 상징으로서 고층건물의 건설상을 긍정적으로 묘사했다. 당시 고층화의 양상은 "1층에서 2, 3층 집으로, 완전히 평면도시에서 입체도시로 현저히 발전"하고 있다고 평가받을 정도로 놀라운 변화였다.[2] 하지만 북촌에 들어서기 시작한 고층건물들은 소자본의 한국인 상인들에게 불안요소이자 진입장벽으로 다가왔다. "많은 삘딩이 생겨나니 종로거리의 번영을 위하여 기쁜 일이라 하겠으나", 신축건물 입주의 혜택은 "세를 잘 낼 수 있는 남촌 대상인"에게 돌아갈 가능성이 높았다. 한청빌딩(1935, 건축주 한학수, 설계자 박길룡), 영보빌딩(1937, 건축주 민규식, 설계자 이천승) 등 한국인 자본으로 건설된 건물도 예외가 아니었다. 북촌 상인들끼리 대책을 세워야 하는 것 아니냐는 논의도 신문기사에 등장한다.[3] 이러한 기사들을 보면 1930년대 상업·업무용 빌딩은 그 규모와 형태 자체로 발전된 근대도시를 상징했고, 동시에 북촌과 남촌이라는 민족 간 거주영역의 구분을 허무는 계기가 되기도 했다는 것을 알 수 있다.

여기에 더해 고층건물을 근대건축으로서 비평하는 시도가 보인다. 그 예로 건축가 박길룡은

1—윤일주, 『한국·양식건축 80년사: 양식건축 유입과 변천에 관한 연구: 해방전편』, 야정문화사, 1966

2—「낙성된 종로삘딩」, 『조선일보』, 1931. 12. 19; 「족생하는 종로삘딩 남촌상인진출의 보루화」, 『조선일보』, 1935. 1. 24; 「고층건물 설계에 방화설비에 치중」, 『조선일보』, 1935. 2. 1; 「고층건물 격증 작년 중 고루 만천여」, 『동아일보』, 1935. 7. 12; 「대경성의 입체화」, 『조선일보』, 1937. 7. 13

3—「악기상진에 틈입자 북촌상가에 대이상」, 『조선일보』, 1935. 1. 16; 「족생하는 종로삘딩 남촌상인진출의 보루화」, 『조선일보』, 1935. 1. 24; 「신규계획 제삘딩과 북촌상가대책은?」, 『조선일보』, 1935. 1. 24

1935년에, 이전에 지어졌거나 최근에 완공된 25개의 큰 건물에 대한 간단한 소감을 적은 「대경성빌딩 건축평」을 『삼천리』에 게재했다. 외부양식을 중요한 기준으로 삼아서 비평하고 있다는 점이 앞서 언급한 윤일주의 글과 유사하다. 박길룡은 위신(威信)을 보여주기 위한 외관의 양식과 장식은 이제 대중에게는 아무런 효과를 주지 못하는 허식이 되었고, 건축은 인간 생활을 위한 기계와 같기 때문에 사회가 진보할수록 사무공간으로서 기능을 중시한 내부구조에 중점을 두어야 한다고 반복적으로 주장한다. 박길룡이 설계에 관여했다고 알려져 있는 조선총독부 청사에 대해서도 규모나 건축비로는 동양에서 손에 꼽히지만, 쓸데없는 장식에 들인 비용을 공간을 넓히는 데 사용했다면 합리적인 건축이 되었을 것이라 비판했다. 조선은행(1912), 식산은행(1918), 저축은행(1935) 등 양식건축에 대해서도 현대적으로는 아무 가치도 없다고 혹평했다. 중앙전화국, 간이보험국, 조선일보사, 동아일보사 등은 "스타일에는 조금도 편중하지 않은 일대혁신"을 보여준 합리적인 건축이라 칭찬하고, 자신이 설계한 한청빌딩은 "무슨 식(式)이라고 이름을 붙일 수 없는 가장 현대적인 건축양식"이면서도 내부구조나 설비는 빈약하다고 자평했다. 이 글에서 근대적 건축교육을 받은 건축가가 모더니즘을 받아들이는 태도를 엿볼 수 있다.[4]

4—박길룡, 「대경성빌딩 건축평」, 『삼천리』, 7(9), 1935. 10
5—공보처 통계국, 『6·25사변 종합피해조사표』, 공보처 통계국, 1954

이렇듯 1930년대에 서울은 새로운 건축양식이 도입되는 과도기에 있었다. 현재 관점에서는 고층으로 부를 수 없는 수준이었지만, 빌딩이라는 이름의 건물들도 세워지기 시작했다. 하지만 전시체제로 들어가면서 건설은 침체할 수밖에 없었다. 해방을 맞이한 이후에도 사회적 혼란 속에서 건축행위는 본격화되지 못했다. 그리고 발발한 한국전쟁은 전후복구라는 큰 과제를 남겼다.

3. 전쟁 피해와 전후복구

한국전쟁은 특히 서울에 큰 피해를 남겼다. 치열한 시가전이 벌어졌던 중구, 용산구, 그리고 영등포구의 피해가 컸다. 1952년경에 작성되었다고 추정되는 서울역사박물관 소장의 「서울특별시 전재표시도」를 보면, 종로, 을지로, 퇴계로, 광화문로, 남대문로, 한강로, 의주로와 같은 주요 간선도로를 따라 피해가 컸음을 알 수 있다.

이후의 복구는 건축공간의 확보와 도시 기반시설의 확충을 중심으로 진행되었다. 우선 건축에 대해 살펴보자. 1953년 7월 27일 현재 공보처에 따르면([표 1]), 건물 피해 규모는 전국적으로 661,002동, 연면적 15,482,772평이었다. 그리고 서울은 53,670동, 2,288,825평을 기록했다. 서울의 건물 피해액은 전국 피해액의 약 40%인 73,583,038,000환(圜)으로, 다른 지역에 비해 압도적으로 높았다. 그중에서도 주택 파괴가 가장 심해서, 전체 건물 피해 동수의 90% 이상을 차지했다.[5] 동수로 보았을 때는 다른 건물유형의 피해가 주택과 비교해서 대단히 적은 편이었다. 하지만 주택은 대부분 단층의 소형이었기 때문에,

분류	동수	연면적(평)
주택	48,543 (90.447%)	904,878 (39.53%)
학교	1,025 (3.361%)	583,530 (25.49%)
중앙 직속기관	1,479 (2.756%)	501,572 (21.91%)
일반기업체	1,804 (1.910%)	249,223 (10.89%)
의료기관	275 (0.512%)	16,193 (0.71%)
금융기관	83 (0.235%)	12,395 (0.54%)
지방청 직속기관	126 (0.171%)	6,350 (0.28%)
경찰관서	91 (0.170%)	5,651 (0.25%)
공영건물	92 (0.155%)	2,679 (0.12%)
종교단체	53 (0.099%)	2,534 (0.11%)
사회단체	45 (0.084%)	2,022 (0.09%)
공공단체	27 (0.050%)	1,176 (0.05%)
시청	2 (0.034%)	350 (0.02%)
구청	18 (0.013%)	143 (0.01%)
세무서	7 (0.004%)	129 (0.01%)
계	53,670 (100%)	2,288,825 (100%)

표1. 『6·25사변 종합피해조사표』에 수록된 서울시 건물 피해 규모

연면적으로 비교하면 학교, 중앙 직속기관, 일반기업체의 피해가 전체의 60% 정도로 매우 컸다는 것도 확인할 수 있다.

이것과 함께 볼 수 있는 자료로 1953년 3월 31일 현재 서울시 통계가 있다. 이 자료는 서울 주택의 29%가 파손되었고 특히 용산구(철도공작창, 용산역 일대)와 중구(을지로, 청계천 일대)의 피해가 컸음을 보여준다. 한편 일반기업체 건물은 21,900동 파손(전소파 15,129동, 반소파 6,771동)으로 기록되어 있어, 공보처 통계와는 큰 차이가 있다.[6][7] 이러한 자료들은 일관된 수치를 보여주지는 않지만, 서울에서 주택 이외에도 업무용 건물의 피해가 막심했음을 알려준다.

더구나 서울 인구는 빠르게 증가했다. 170만 명에 이르던 인구는 전쟁을 거치며 1930년대 중반의 수준인 약 65만 명으로 감소했다. 하지만 최저 인구를 기록했던 1951년 이후 지속적으로 증가해, 1955년에는 전쟁 전의 수준을 회복했다. 그리고 1959년에 200만 명, 1963년에 300만 명을 넘어서게 된다.[8] 정부와 기관의 환도, 피난민의 유입, 북한 인구의 월남, 제대군인과 농촌인구의 도시집중, 인구의 자연증가에서 그 원인을 찾을 수 있다. 한편 공식적인 통계를 찾을 수는 없었지만, 전쟁을 기점으로 서울에 체류하는 외국인 인구도 증가했으리라 생각된다. 정부가 재한외국인의 실태를 제대로 파악하고 있지 않다는 문제를 다룬 1955년의 신문기사는, 외무부에 등록되어있는 외국 민간인은 13,664명이지만 이외에 등록되지 않은 상당수의 외국인이 있으며 외국 상사(商社)도 행정수속을 밟지 않은 경우가 대부분이라고 지적했다. 특히 전쟁 후 외국인의 출입이

6—발행연도는 1952년으로 기록되어 있지만 1953년의 통계를 담고 있다. (서울특별시, 『서울특별시 시세일람』, 서울특별시, 1952; 서울역사박물관, 『1950.. 서울.. 폐허에서 일어서다』, 서울역사박물관, 2010; 서울특별시사편찬위원회, 『서울육백년사: 1945-1961. 제5권』, 서울특별시사편찬위원회, 1983)

7—'반소파'는 내부는 거의 파괴되었지만 외형은 그대로 남아 있어, 수리해 사용할 수 있는 상태를 의미한다. (손정목, 『서울 도시계획 이야기 1』, 한울, 2003)

8—서울 열린데이터 광장(https://data.seoul.go.kr)의 「서울시 인구추이(주민등록인구) 통계」 참조

급증했다는 점을 강조하고 있다.[9]

건물 파손과 인구 집중이라는 문제는, 생활에 필요한 건축공간이 절대적으로 부족하다는 사실을 의미했다. 주택난이 가장 시급했다. 파괴된 주택의 재건과 전재민을 위한 소형주택 건설을 시작으로, 정부, 금융기관, 원조기관 등은 공공자금과 해외원조를 바탕으로 한 다양한 명칭의 공공주택을 건설했다. 주택 이외의 시설도 시급히 재건해야 할 대상이었다. [표 2]는 1956년 9월 30일 현재 각 구별로 진행되고 있는 건물 재건상황의 통계이다. 전파(全破) 또는 대형 건물만 공식적으로 집계했을 것이라 추측되기 때문에, 전체 상황을 보여주지는 않는다.[10] 연면적으로 봤을 때 주택 파괴가 가장 심한 만큼, 가장 많이 재건되었지만 진행률은 낮았다. 그런데 통계에 공공시설, 학교, 교회가 포함되었다는 점이 흥미롭다. 앞의 『6·25사변 종합피해조사표』에서도 알 수 있듯이 공공시설과 학교는 피해 규모가 큰 유형에 속했으며, 이용 빈도가 높고 영향력이 큰 시설이었기 때문에 서울시 차원에서도 그 재건을 중요하게 다루었을 것이다. 학교는 1955년 창간호부터 1960년까지 『건축』에 소개된 서울 소재 준공건물 중에서 가장 많이 등장하는 유형이기도 했다. 여기에 더해 휴전 이후 김태선 시장(1951–1956)[11]은 '건설 제1주의'를 시정 기본방침으로 세우고 1954년에 '수도재건방침 12개항'을 발표했는데, 여기에는 공원, 시장, 병원, 운동장, 동물원 등 다수가 이용하는 도시시설에 대한 확충계획도 포함되어 있었다.[12]

그런데 정부가 청사, 사무소 등 업무시설이나 호텔 등 숙박시설을 확보하기 위해 노력했다는 점이 눈에 띈다.[13] 그리고 이러한 목적에서 재건의 대상으로 지목한 건물들은 당시의 고층건물이었다. 예를 들어 정부는 한동안 가장 높은 건물이었던 반도호텔(1938, 8층)을 정부청사로 이용하려고 했으며, 민간자본으로 "3층 이상, 연면적 2백 평 이상의 고층건물"을 수리해 'Office 빌딩'으로 사용하라는 「중요도시건물 수리운영요강」을 시행하기도 했다. "정부 각 부처 환도에 따라 정치, 경제, 문화 각 방면의 중심이 임시수도 부산으로부터 서울로 이동하게 되어 각기 업체는 사옥 물색에 혈안"인 상황에서, 정부는 외화획득의 방편으로 외국 상사(商社)의 사무소나 외국인용 호텔로 이용할 수 있는 고층건물을 물색했다.[14] 삼화빌딩, 미도파백화점, 상공장려관 등은 이 요강에 따라 수리된 고층건물이었다. 또한 서울에서 미국인과 해외 실업가(businessmen)가 사용할

9—등록된 외국인의 직업을 살펴보면, 상업이 가장 높은 비율을 차지했다. (「출입국 사변 전의 배… 등록 안 한 상사 수두룩…」, 『동아일보』, 1955. 4. 30)
10—서울특별시사편찬위원회, 앞의 책, p.701
11—1903년 함경남도 출생. 평양 숭실전문학교 졸업. 1935년 일리노이 웨슬리안대학 법죄학·사회학 학사. 1937년 보스톤대학 신문학 석사. 1945년 경무부 수사국 부국장. 1948년 수도경찰청장. 1950년 내무부 치안국장. 1957년 일리노이 웨슬리안대학 명예법학박사. (한국민족문화대백과사전)
12—수도재건방침 12개항: 토지구획정리사업 추진, 상수도 확장공사, 시립공원(남산, 북한산) 설치, 문화진흥 추진, 시내 생산 공산품 장려, 3대 시장 현대화, 서울시 주변 교통망 투자, 수도부흥자금 조달, 시민보건시설 강화, 청소, 올림픽운동장 설치, 창경원 동물원 재건 (서울특별시사편찬위원회, 앞의 책, pp.140-141)
13—[표 2]의 통계에서 '공공시설'이 구체적으로 무엇인지는 언급되지 않는데, 공공시설에 청사가 포함되었을 가능성이 높다.
14—「중요도시건물 수리운영요강 제정에 관한 건」, 『국무회의상정안건철』, 국가기록원 소장, BA0084194, 1953; 「"딸라" 획득의 계책」, 『경향신문』, 1953. 7. 19

분류	일반주택			공공시설			학교			교회			합계		
	파괴 개소	파괴 평수	재건 평수	파괴 개소	파괴 평수	재건 평수	파괴 개소	파괴 평수	재건 평수	파괴 개소	파괴 평수	재건 평수	파괴 개소	파괴 평수	재건 평수
종로구	54	45,998	31,954	-	-	-	8	2,494	1,482	1	60	-	63	48,552	33,436
중구	31	141,642	69,837	13	82,749	63,478	4	3,300	3,300	4	722	667	52	228,413	137,282
동대문구	10	1,810.5	1,030	6	4,035	3,515	1	220	150	-	-	-	17	6,065.5	4,695
성동구	12	44,769	24,322	2	890	521	4	3,684	3,379	1	50	-	19	49,393	28,222
성북구	22	20,790	13,555	-	-	-	1	100	100	-	-	-	23	20,890	13,655
서대문구	28	36,883.5	25,285.4	1	210	210	4	605	605	6	486	486	39	38,184.5	26,586.4
마포구	17	23,940	15,784	2	405	405	4	1,406	1,327	3	106	106	26	25,857	17,622
용산구	28	180,516	63,882	28	13,709	8,237	9	3,608	1,683	9	1,275	1,062	74	199,108	74,864
영등포구	16	4,320	4,220	6	1,970	1,040	5	2,330	2,330	2	150	150	29	8,770	7,740
합계	218	500,669	249,869.4	58	103,968	77,406	40	17,747	14,356	26	2,849	2,471	342	625,233	344,102.4
진행률	50%			74%			81%			87%			55%		

표 2.『시세일람』(1955)에 수록된 1956년 파괴건물 재건상황
(『서울육백년사: 1945 – 1961. 제5권』(서울특별시사편찬위원회, 1983, p.701)의 통계표 재인용·재작성)

업무공간(Office space)과 호텔에 대한 절박한 필요를 충족하기 위해 FOA(대외활동본부)가 1953년경부터 4–6층 규모의 복합용도 청사 신축을 추진했다는 사실에서도,[15,16] 일정 규모와 시설을 갖추고 서구식 생활에도 적합한 공간의 수요가 컸음을 알 수 있다.

한편 도로, 교량, 상하수도 등 도시 기반시설의 확충도 시급했다. 복구에서 더 나아가 새로운 도시계획을 과감히 추진할 수 있는 절호의 기회이기도 했지만, 가장 파괴가 심한 일부 지역을 꼽아 토지구획정리로 재정비하는 도시계획을 수립하는데 머물렀다. 이에 대해서는 전체 전재지를 매수할 재정이 없었고 당시 도시계획 실무자들이 유일하게 알고 있던 방법이었기 때문에, 일제강점기부터 시행되었던 토지구획정리 수법을 다시 채택할 수밖에 없었다고 평해진다. 이렇게 수립된 1952년 3월 25일 내무부고시 제23호 「서울도시계획 가로변경, 토지구획정리지구 추가 및 계획지역변경」은 서울의 공식적인 전재복구계획이자 한국인에 의한 최초의 도시계획이라 일컬어진다.[17] 서울시는 이 계획에 따라 1952년부터 전체 면적 1,639,470m^2의 9개 지구(을3, 충무로, 관철, 종5, 묵정, 남대문, 원효로,

15—『계약-주택-킹연합2/2 (Contracts-Housing-King associates 2/2)』, 국가기록원 소장, CTA0001466, 1953-1954.

16—박일향, 전봉희, 「1950년대 수도재건 과정에서 나타난 건물의 고층화」, 『한국건축역사학회 추계학술발표대회 논문집』, 2018, pp.25-28

17—손정목, 앞의 책, pp.115, 122

행촌, 왕십리지구)에 대한 중앙토지구획정리사업을 1, 2차에 걸쳐 추진했다.[18]

서울시 도시계획과, 도시계획위원회, 수도부흥위원회는 이러한 전후 도시계획과 재건에 밀접하게 관여했을 것으로 생각된다. 우선 토지구획정리는 서울시 건설국 도시계획과에서 담당했다. 도시계획과는 서울시 직제가 개편된 1962년까지 도시계획, 토지측량 및 건축통제 개선에 관한 사항을 담당했다.[19] 1962년까지 건설국장으로는 민한식, 신현주, 최경열, 장영상, 백진기, 이상연이, 도시계획과장으로는 장훈(1945 – 1956),[20] 최운식(1957 – 1959), 강신용(1960 – ?)이 재임했다.[21] 그리고 1952년 6월에는 도시계획위원회가 정식으로 발족했다. 도시계획위원회는 도시계획의 조사, 연구, 계몽 및 사업과 관련된 시장의 자문에 응하기 위해 설치되었는데, 당시 국내 유일한 도시계획 전문가 집단으로서 서울의 주요 도시계획을 검토·보완했다.[22] 도시계획위원회의 위원장은 시장, 부위원장은 부시장이었으며, 상임위원으로는 주원(1952 – 1960),[23] 최경열(1959), 신현주(1959), 이봉인(1959), 민한식(1960), 장훈(1960 – 1961), 오한영(1961 – 1962)이 있었다. 이외에 윤정섭, 이광노, 이성옥, 한정섭, 김의원, 조원근, 장명수, 정성환, 박노 등이 위원회를 구성했다.[24] 한편 김태선 시장은 "정부의 지시를 기다릴 것 없이 우선 시 자체로서 시 재건에 대한 구체적인 계획을 세워야 한다"는 취지하에, 도시계획위원회와는 별개로 수도의 전반적인 부흥대책을 추진할 기관으로 1953년 8월 1일에 수도부흥위원회를 조직했다. 총 8개 분과(재정, 건설, 산업, 공기업, 교육, 문화시설, 사회보건, 치안분과) 중 건설분과위원회는 도시계획, 기타 도시재건에 필요한 시설에 대한 조사연구, 심의, 종합계획에 관한 사항을 분장하도록 했다.[25] 서울의 전후복구과 도시계획에 위 인물들이 큰 영향력을 발휘했을 것이라 짐작할 수 있다.

18—1960년에 서울시 도시계획과에서 제작한 「서울도시계획가로망도」 (서울역사박물관 소장)에는 중앙토지구획정리지구가 표기되어 있다. 이를 앞서 언급한 「서울특별시 전재표시도」와 비교해보면, 전쟁 피해지역의 일부를 제1, 2중앙토지구획 정리지구로 지정했음을 알 수 있다.
19—「서울특별시직제」, 1950. 6. 23
20—손정목이 "대한민국 최초의 도시계획가"라 평한 장훈의 약력은 다음과 같다. 1911년 함경남도 출생으로, 와세다대학 부속 공과학교 토목과를 중퇴하고 1935년에 소화공과학교 토목과를 졸업했다. 졸업 직후 황해도청에 채용되어 내무부 토목과 조수(측량사)로 일하며 토지구획정리에 대해 공부했다. 1938년에는 경성부 시가지계획과(도시계획과) 조수가 되었으며, 1945년에 초대 도시계획과장으로 임명되었다. (손정목, 앞의 책, pp.92-100)
21—연도별 『시세일람』과 『서울통계연보』에서 조직을 확인했다.
22—서울특별시사편찬위원회, 앞의 책, p.591
23—1906년 함경남도 출생으로, 함흥공립고등보통학교를 거쳐 일본 동경 제1외국어학교를 졸업했다. 1928-1937년에 일본 오오하라 사회경제연구소 도시경제연구부 연구원으로 있으면서 도시계획 전문가들과 교류했다. 한국전쟁 중 피난지에서 김중업, 이균상과 교류했고, 1951-1959년에 서울대학교 공과대학 강사로 활동했다. 김태선 시장의 요청으로 서울 도시계획위원회 상임위원으로 취임했다. 이밖에 1953-1967년 중앙도시계획위원회 위원, 1959년 대한국토계획학회 초대회장, 1961-1963년 국가재건최고회의 자문위원, 1967-1969년 건설부장관을 역임했다. 한편 1966년 서울도시기본계획 수립에 참여했다. (대한국토·도시계획학회, 『이야기로 듣는 국토·도시계획 반백년』, 보성각, 2009, pp.12-28)
24—서울특별시, 『서울도시계획』, 서울특별시, 1965, pp.376-377; 대한국토·도시계획학회, 위의 책, p.17)
25—「시부흥사업 추진 본격화」, 『경향신문』, 1953. 7. 15; 「시부흥위원회」, 『조선일보』, 1953. 7. 19; 서울특별시 규칙 제25호, 「서울특별시 수도부흥위원회규정」, 1953. 8. 1

4. 도시미관과 간선도로변 고층화

「수도부흥위원회규정」 공포 직후인 1953년 8월 3일, 서울시는 「건축행정요강」을 발표했다. 김태선 시장은 다음 인용문과 같이 수립 배경에 대해 설명한다. 대도시로의 발전을 대비하여 건축허가를 위한 세부지침을 결정한 것이었다. 요강을 작성하는 일에는 도시계획위원회나 수도부흥위원회가 참여했을 가능성이 높다. 조선시가지계획령을 근거로 한 건축행정요강은 총 9개의 항목을 다루었는데,[26] 이중에서 가장 주목받은 것은 도로변의 '최저층수'를 제한하는 '건축물의 높이' 항목이었다.[27] 여기서의 최저층수란, 용도지역과 전면도로 폭에 따라 차등을 둔 2층, 3층이었다. 그리고 특히 5개 주요 간선도로(①세종로-남대문-서울역 앞, ②남대문-한국은행 앞-종로2가, ③서대문로터리-종로5가, ④을지로1-6가, ⑤종묘 앞-필동2가)는 가장 높은 최저층수인 5층 이상으로 제한했다.[28]

> 건축행정은 금후 수도부흥에 있어서 가장 중요하고 긴급한 과업으로서 이의 진부여하(振否如何)는 장래, 정치, 경제, 문화 또는 산업, 외교 등의 중심이 될 대(大)서울특별시의 발전에 중대한 영향을 미치게 될 것임에 감(鑑)하야 웅대한 구상과 치밀한 계획 하에 색원적 조치를 강구함이 필요함으로 좌(左)와 여(如)히 건축행정요강을 정한다.[29]

당시 서울의 도로계획은 폭에 따라 크게 8개 등급으로 도로를 규정했다. 구체적으로 광로(50m 이상), 대로1(34m 이상), 대로2(28m 이상), 대로3(24m 이상), 중로1(20m 이상), 중로2(15m 이상), 중로3(12m 이상), 소로(12m 미만)로 구분되었다. 예를 들어 건축행정요강에서 2층 이상으로 짓도록 했던 도로는 상업지역에서는 중로3이상, 기타지역에서는 중로2 이상의 도로를 의미했다. 말하자면 건축행정요강은 폭 12m 미만의 소로를 제외한 거의 모든 도로에 대해, 최저층수를 제한했다는 것을 알 수 있다.

도로변으로 일정 높이 이상의 건물만 짓도록 한 것은 도시미관을 위한 조치였다. 이에 대해 손정목은, 김태선, 장훈, 주원 등이 생각한 서울의 장래 모습은 격자형으로 계획된

26—조선시가지계획령은 일본에서 제정된 「시가지건축물법」을 모법(母法)으로 하는 법령으로, 1962년에 「건축법」과 「도시계획법」이 제정되기 전까지 효력을 유지했다. 시가지건축물법에서는 용도지역, 전면도로 폭, 구조에 따른 건물의 '최고 절대높이'와, 지정된 구역 안에서 건물의 '최고 또는 최저한도'를 제한할 수 있는 2가지의 높이제한 수법을 채택했다. 건물 높이를 규제하는 이러한 방식은 조선시가지계획령에도 그대로 적용되었다. 해방 이후 조선시가지계획령은 '시가지계획령', '도시계획령' 등으로 불렸다. (박일향, 전봉희, 「1950-1970년대 도시미화를 위한 서울 간선도로변 고층화제도의 사적 고찰」, 『대한건축학회논문집』, 35(10), 2019, pp.42-44)

27—항목별로는 다음과 같다. ①도시계획에 저촉 없는 대지상 건축, ②도시계획에 저촉된 대지상 건축, ③건축물의 높이, ④건축물의 대지면적에 대한 비율, ⑤주택부지 면적의 한도, ⑥일반주택, ⑦건축대지 경계선, ⑧예외조치, ⑨무허가건축물에 대한 조치

28—당시 신문기사는 "주요도로변엔 5층 이상으로", "중요가로 5층 이상만 허가"라는 제목으로 건축행정요강을 설명했고, 서울시 연표자료 역시 "주요도로변에는 5층 이상의 건물 신축"이라는 설명으로 요강을 기록했다. (「주요도로변엔 5층 이상으로」, 『조선일보』, 1953. 8. 6; 「중요가로 5층 이상만 허가」, 『경향신문』, 1953. 8. 6; 「팔면봉」, 『조선일보』, 1953. 8. 6; 서울특별시, 『시사자료: 시세일람 2, 1945. 8-1961. 5』, 서울특별시, 1982, p.586)

29—서울특별시공고 제24호, 「건축행정요강」, 1953. 8. 3

항목	1953. 8. 3 서울시공고 제24호	1954. 7. 10 서울시공고 제74호	1958. 4. 30 서울시고시 제215호
도시계획에 저촉 없는 대지상 건축	도시계획령에 의거해 전면 허가		
		고층건물지구는 지정건축설계에 의해 2층 이상 준공사용 인정 (지하실 반드시 설계)	
도시계획에 저촉된 대지상 건축	신축 불허 / 대수선, 용도변경 조건부 허가 / 재해건물 수선, 용도변경 조건부 허가	조건부 가건축 신축 허가 (폭 15m 이상 전면도로는 2층 이상)	
건축물의 높이	1. 5층 이상 (5개 주요 간선도로) 2. 3층 이상 (상업·노선상업:폭25m이상) 3. 2층 이상 (상업·노선상업:폭12-25m / 기타: 폭15m이상)		1. 4층 이상 2. 3층 이상 3. 2층 (단층 가능)
건축물의 대지면적에 대한 비율(건폐율)	주거지역 40% 상업지역 60% 공업지역 40% 풍치지역 30% 혼합지역 40%		50% 60% (80%) 40% (60%) 30% 60%
주택부지 면적의 한도	25평 이상		

표 3. 건축행정요강의 주요 규정

시가지와, 국제사회 어느 대도시에 견주어도 크게 손색이 없을 만큼 간선도로변 만에라도 세워진 고층건물이었다고 설명한다.[30] 1953년 9월에 건축가 이천승도 이와 유사한 관점으로 다음 인용문과 같은 기고문을 작성했다. 간선도로(沿道) 건물의 통일성을 부여할 규제가 필요하다는 내용이었다. 또한 도시계획위원회 상임위원인 주원은 자신의 책에서 고도제한을 설명하며, "건축물의 굉장웅대(宏壯雄大)가 도시미관을 돕고 도시수용력을 확대하는 중요한 일면"이라 서술했다. 특히 최저와 최고높이를 모두 제한하는 방식에 대해서는 후진국가로서는 지극히 타당한 방법이며, 도심지의 미관과 건축물 높이와의 관계가 매우 중요하다고 강조했다.[31]

> 정리된 도로망에 비추어 연도(沿道) 건물과 건축률을 규정지어야 하며 종로, 충무로 등지에 각양각색의 건축물이 난립하여서는 안 될 것이다. 요는 통일적인 관점 아래 어떠한 규정을 제정하여야하며 한국 특유의 민족성과 문화성을 충분히 삽입하여 기능 본위의 국제건축을 이루어야할 것이다.[32]

건축행정요강이 근현대 서울에서 간선도로변 최저층수를 제한한 최초의 사례는 아니었다. 조선총독부 청사 완공을 앞두고 1925년에 경성부는 "대경성의 미관"을 위해 종로를 확장하고 헐린 터에는 2층 이상 짓도록 제한한 바 있다.[33] 또한 1936년의 신문기사에 따르면 총독부-태평통 일대에 대해 "오피쓰센타로 건축도 3층 이상의 고층건물이어야 한다"는 방침이 있어왔으며, 태평통, 남대문통, 종로통은 앞으로 "시가미(市街美)를 위해 미관지구"로 지정될

30—손정목, 앞의 책, pp.132-133
31—전후 서울시는 도시계획 기본서를 마련하기 위해 당시 서울대학교에서 도시계획 강의를 맡았던 주원을 위촉했다. 책은 1955년에 『도시계획과 지역계획』이라는 제목으로 발간되었다. (『도시계획과 지역계획』, 서울특별시 도시계획위원회, 1955, pp.60-62)
32—「내가 구상하는 수도부흥 (3) 건축면」, 『경향신문』, 1953. 9. 20
33—이연경, 「근대적 도시가로환경의 형성—1896년-1939년 종로 1,2가의 변화를 중심으로」, 『도시연구』, (11), 2014, pp.12-13

가능성이 높은 곳이라 예측되고 있었다.[34] 일제강점기에도 정부가 도시미화의 방편으로 도로변의 최저층수를 제한하는 수법을 이용했음을 알 수 있다. 그런데 종로, 태평로와 같이 특정도로만을 대상으로 한 것이 아니라, 전후의 건축행정요강은 용도지역과 전면도로 폭이라는 기준에 따라 최저층수를 제한함으로써 향후 조성될 간선도로변에의 적용까지를 고려한 지침이었다고 평가할 수 있다.

이러한 지침을 만드는 데 해외사례를 참고했을 것으로 생각된다. 앞서 언급한 책에서 주원은 일본, 소련, 미국의 고도제한을 언급한다. 특히 모스크바에서 최고와 최저높이를 모두 제한함으로써 효과를 거두었는데, 이는 선진도시를 따르려는 노력이라 설명한다. 또한 미국 앨러미다에서는 높이와 층수를 같이 제한하고 있는데 층수를 제한하는 것은 결국 수용인원을 제한하는 것이라 말한다.[35] 이를 건축행정요강에 적용해보면, 최저층수를 제한함으로써 도로를 중심으로 도시의 외형을 갖추는 동시에 수용인원을 늘리고자 했음을 알 수 있다.

하지만 당시 서울에서 2층, 3층, 5층이라는 최저층수는 사람들이 지키기 어려운 규정이었다. 특히 가장 높은 최저층수를 제한받는 주요 간선도로변의 건설은 토지소유자들의 자금난으로 위축되었다. 건설을 유도하기 위해 서울시는 주요 간선도로변에 3층 이상으로 지으면 우선 건축허가를 준다는 내용으로 1956년에 건축행정요강을 임시수정했다. 단, 5층 이상으로 증축할 수 있도록 지대를 공고히 해야 한다는 단서를 붙였다.[36] 그리고 결국 1958년에는 최저층수를 한층 완화한 요강을 공식적으로 발표했다. 주요 간선도로변은 4층 이상으로, 그리고 2층 이상으로 지어야 하는 도로변은 도시미관상 지장이 없을 시 단층도 가능하다는 내용이었다. 이에 대해 당시 신문기사는, 서울시가 '도시미관'을 주목적으로 간선도로변에 4층 이하 건물을 일체 허가해주지 않기로 개정했다고 전했다.[37]

5. 을3지구 간선도로변 맞벽건축[38]

건축행정요강으로 제도화된 서울시의 고층화정책은 어떠한 성과를 거두었을까. 1950년대 중반 이후 건설업은 성장세를 보였다. 건물 피해가 막심했기 때문에 건설수요가 끊이지 않았고, 건설업은 영세자본으로 영위할 수 있는 업종에 해당했기 때문이다. 신규업자가 급증하면서 "업자의 난립상(亂立相)"으로까지 이어졌다.[39] 임대를 주목적으로 하는 오피스빌딩의 건설도 점차 늘어났다. 3층 이상이면 고층으로 간주하던 시민들에게 USOM-KOREA OFFICE(남대문로, 7층), 개풍빌딩(을지로, 5층), 한양빌딩(종로, 5층)

34—실제로 미관지구로 지정되지는 않았다. (「종로 도로개수와 일본인의 북진」, 『조선일보』, 1925. 6. 18; 「경성부도시계획의 총독부안 내용 결정」, 『조선일보』, 1936. 7. 19)

35—주원, 앞의 책, pp.59, 62

36—「3층 이상은 허용 서울도시계획요강 변경」,『경향신문』, 1956. 1. 14;「3층 이상 허가 간선도로변 건물」,『동아일보』, 1956. 1. 14

37—「시내간선도로 연변 4층 이하 신축 불허」, 『경향신문』, 1958. 7. 3; 박일향, 전봉희, 앞의 글, 2019, p.44

38—박일향, 「건축행정요강과 을3지구 간선도로변 맞벽건축」, 『대한건축학회논문집』, 36(7), 2020

39—한국건설산업연구원, 『한국건설통사 4』, 대한건설협회, 2017; 민한식, 「건설업법 시행에 대하여」, 『건축』, 3, 1958

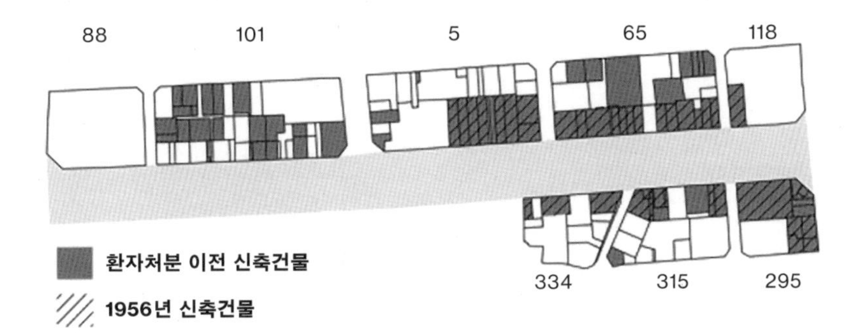

그림 1. 환지처분 이전에 신축된 현존건물의 위치

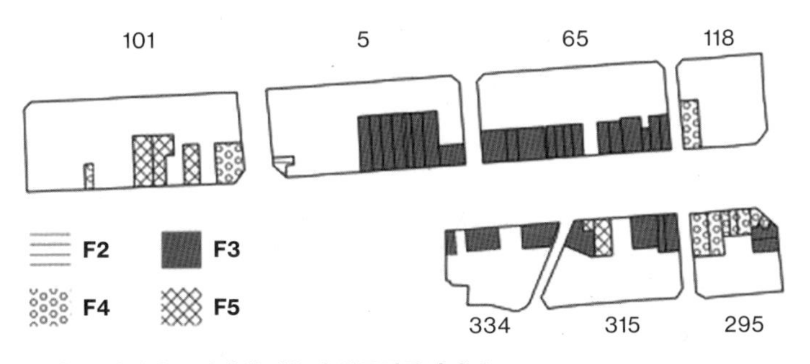

그림 2. 환지처분 이전에 신축된 현존건물의 층수

등은 도시명소로 다가왔다.[40] 그런데 이 건물들이 건축행정요강의 직접적인 성과인지 밝히기는 어렵다.

제1중앙토지구획정리의 첫 번째 사업지이자, 건축행정요강에서 주요 간선도로로 지정한 을지로에 위치한 을3지구의 간선도로변 건물들은 그 성과를 파악하기에 적합한 대상이다. 을3지구의 환지예정지는 1953년 4월 30일에 지정되었고, 환지처분은 1962년 12월 14일에 이루어졌다. 건축물대장 사용승인일자를 통해, 을3지구의 을지로변 8개 가구에 1953년부터 건축법 제정 이전까지 지어진 건물 61동이 현존하고 있음을 확인할 수 있다. 토지구획정리에서 토지소유자는 환지예정지 지정일부터 건물을 건설할 수 있었는데, 이 61동의 건물들은 환지예정지 지정일 이후 요강의 적용을 받아 지어진 것이라 추측할 수 있다.

특히 그 중 상당수인 35동이 1956년에 집단적으로 건설되었다는 사실은, 이 일대의 신축이 건축행정요강과 밀접한 관련을 맺고 있음을 시사한다. 1956년은, 3층 이상이면 우선 건축을 허가해주는 것으로 서울시가 최저층수의 제한을 완화했던 해였다. 실제로 이 건물들의 높이는 대개 3층으로, 임시수정된 요강에 따라 증축을 조건으로 3층으로 지어졌다가 이후에 증축되지 못하고 그대로 남은 것이라 생각된다. 또한 요강에는 층수 이외에 구체적인 높이나 층고에 대한 제한은 없었지만, 전체 높이뿐만 아니라 층고까지 유사하게 조정한 경향도 보인다.

흥미롭게도 을지로변에 세워진 당시 건물들은, 건축선을 맞춰 양측 건물과 연결해 지은 맞벽건축이었다. 건축행정요강은 간선도로변에서 고층건물의 건설을 강제하는 것을 주된 내용으로 했다. 그런데 이와 동시에 간선도로변에서는 이격거리 규정을 예외로 함으로써 맞벽건축의 건설을 유도하고 있었다.[41] 결과적으로 을지로변에는 유사한 층수와 층고의 맞벽건축이

40—「준공레뷰」,『건축』제5권 (1960), p.16; 서울특별시사편찬위원회, 앞의 책, pp.679-691;「한양빌딩」,『경향신문』, 1957. 9. 27; 손정목, 앞의 책, p.137

41—제정 당시부터 요강은 대지경계선으로부터 1m의 이격거리를 두도록 했다. 하지만 최저층수를 제한하는 간선도로변과 노선상업지역에 대해서는 이를 예외로 했다. 더 나아가 2차 개정에서는 이격거리 제한을 삭제하고 민법에 따르도록 했다. 즉, 민법에 의거해 특별한 관습이 있거나 인접대지 소유자의 동의를 얻는다면 맞벽건축을 건설할 수 있었다. 또한 동의 없이 건설했어도 완공 후에는 법적으로 건물을 존치시킬 수 있었다. 이렇게 특정 도로변에서의 예외적 허용과 토지소유자 간 합의를 인정하는 규정이 을3지구 맞벽건축군 건설의 중요한 배경이 되었으리라 생각된다.

그림 3. 을3지구 본번65번지 을지로변 맞벽건축군의 전경 (연구자 촬영)

건설되었고, 일련의 건물들이 통일성을 갖고 연속된 가로입면을 형성했다. 3–5층이라는 일정한 층수, 집단적 건설시기, 그리고 맞벽건축을 통한 통일적인 가로경관 조성에 건축행정요강이 큰 영향을 끼쳤을 것이라 생각된다.

동시에 불완전하게 진행되었던 당시 건설상도 보여준다. 을3지구 맞벽건축군의 도시미관상 성과와는 별개로, 개별 건물은 공간적인 한계도 가지고 있었다. 우선 토지구획정리는 일정 규모 이상의 정연한 대지를 조성하기 위한 사업이었다. 하지만 환지처분 당시 을지로변 가구의 필지규모를 확인해본 결과 25평 미만의 소형필지가 다수 조성되었고, 더 나아가 환지처분 직후에 대형필지의 분필이 활발히 진행되었다는 것을 알 수 있었다. 분필은 주로 대형 국유지에서 이루어졌는데, 흥미롭게도 맞벽건축과 밀접하게 관련되어 있었다. 즉, 환지예정지로 지정된 대형 국유지에 여러 동의 세장한 맞벽건축이 신축된 후, 해당 대형필지가 우선 1개의 필지로 환지처분되었다가, 이후 앞서 건설된 맞벽건축의 건물선과 유사하게 분필 및 불하된 것이다. 이렇듯 환지예정지로 지정되었던 대지에는 토지소유권의 정리 이전에 여러 동의 소규모 맞벽건축이 들어섰다. 맞벽건축의 세장한 평면형은 최대한 많은 건물이 도로변에 접하도록 만들기 위한 방안이었을 것이다. 그리고 토지소유자의 개발 욕구에 따라, 혹은 전후라는 시대적 상황에 기인한 약한 행정력에 따라, 건축행정요강의 건폐율 기준을 초과해 지어졌다. 결과적으로 정돈되지 않은 최소한의 공지가 건물의 측·후면부 일부에 남겨졌고, 가구 내부에는 채광과 환기가 어려운 초고밀도 환경이 만들어졌다.

그리고 외관상 통일적인 입면을 갖추었지만, 주 출입이 전면을 통해서만 가능한 세장한 대지조건 속에서, 건물 내부의 동선은 좁고 복잡했다. 공통적으로 건물출입구에 별도의 복도나 홀 없이 바로 계단이 설치되었다. 그리고 코어로서 계단실이 설치되기 보다는, 출입구부터 외벽을 따라 좁은 폭의 계단이 연속적으로 설치된 형태가 일반적이었다. 가장 단순한 계단은 최상층까지 외벽을 따라 일직선으로 오르는 것이었다. 이는 가장 넓은 유효 바닥면적을 얻으면서, 도로에 면한 실의 전면길이를 최대치로 확보할 수 있는 방법이었다. 하지만 층별로 사용가능한 바닥의 형태와 면적을 달라지게 만드는 원인인 동시에, 건물 길이가 충분하지 못한 경우에는 매우 가파른 계단이 만들어질 수밖에 없었다.

따라서 이와 함께 보편적으로 채택된 방법은 저층부와 고층부의 계단을 분리하는 것이었다. 2, 3층까지 일직선의 직통계단을 두는 것은 동일하지만, 이후 복도를 연장해 상층부로 오르는 별도의 계단을 설치하는 방식이었다. 이는 건물

그림 4. 을3지구 본번101번지의 1972년 항공사진(左)과 옥상 전경(右) (서울특별시 항공사진서비스; 연구자 촬영)

증축에도 유연하게 대응할 수 있는 방법이었다. 하지만 중간층의 바닥면적 손실을 야기하고 내부동선을 매우 복잡하게 만드는 요인이기도 했다. 불과 3–5층의 규모임에도 복잡하게 구성된 내부공간은, 처음부터 종합적인 계획 하에 계단을 집약적으로 배치시키는 계획방식이 자리 잡지 못했고, 외관에 집중해 건설되었음을 보여주는 단서라 생각된다.

한편 좁은 대지에서 최대한의 공간효율을 찾고자 저층부를 공유하는 공동건축도 고안되었다. 2동의 건물 경계부에 출입구를 두고, 2층 혹은 3층까지 일직선의 직통계단을 설치해 공동사용하는 방식이었다. 그리고 각 건물에는 고층부 진입을 위한 별도의 계단이 설치되었다. 공동건축은 필지를 공동으로 소유하거나, 기존의 필지가 여러 개로 분할된 경우에 주로 나타났다. 인접건물 간의 합의를 통해 가능한 건축행위였을 뿐만 아니라, 층고가 유사한 을3지구 맞벽건축군의 특성을 잘 활용한 것이었다.

을3지구 맞벽건축군은 동시기에 지어지고 있었던 오피스빌딩과는 규모나 완성도면에서 떨어지는 건축이었다고 평가할 수 있다. 건축행정요강을 통해 건설이 유도된 이 건물들은 전후 불완전하게 시행된 고층건물의 건설상을 대변한다. 동시에 토지를 최대한 효율적으로 이용하기 위한 민간의 대응책을 보여준다. 이들은 비록 높은 완성도를 갖추지는 못했지만, "전란의 상처가 가장 심한 거리의 하나"인 을지로에 펼쳐진 "고층건물의 행렬"이었으며 "한국인의 생존"을 보여주는 전재부흥의 상징이었다.[42 43]

6. 나가며: 최저층수의 제한과 미관지구제도

간선도로변 고층화를 주된 목표로 한 건축행정요강에는 당대의 도시미관에 대한 생각이 반영되어 있었다. 또한 맞벽건축을 유도함으로써 도로 이면의 어지러운 풍경을 가리고 정돈된 가로입면을 연출했다. 간선도로변 맞벽건축의 건설은 전후의 일시적인 현상에 머무르지

42—「을지로」, 『조선일보』, 1957. 3. 23

43—이균상은 "을지로3가 북편 일대 전재 입은 터에 쭉 들어선 3층 건물군을 처음 본 감상… 즉 우리는 죽지 않고 살았거니 하는, 우리의 생명을 인정하고 한국인의 생존을 확인하는 환희인 것이다"라고 을3지구 등 전재복구 지역의 건축에 대한 소감을 밝혔다. (이균상, 「건축계의 번영을 기해서」, 『건축』, 4, 1959)

않고 1960년대에도 이어졌다. 간선도로에 면한 상업지역에서, 세장한 평면에 서로 유사한 입면양식으로 집단적으로 건설된 맞벽건축군의 실물을 확인할 수 있다. 도심부에는 고층화, 대형화된 맞벽건축 형태의 빌딩이 등장하기도 했다. 하지만 대도시의 건축과밀과 화재연소 방지를 위해 상업지역에서 인접대지경계선 규제를 강화하는 방향으로 1972년에 건축법이 개정되면서, 맞벽건축의 건설은 소강상태에 이르렀다.

한편 눈에 두드러지는 간선도로변에라도 고층건물을 짓도록 제한하는 것이 도시미관을 향상하는 길이라는 발상은 오랜 생명력을 유지했다. 새로 법이 제정된 1960년대에도 서울시는 고층화의 수단으로 최저층수의 제한을 지속적으로 채택했다. 그 방식은 일관되지 않았지만, 고도지구, 재개발지구, 미관지구, 지역별 시장등급제 등을 통해 이를 시도했다. 그리고 1970년에 '미관지구제도'를 정식 공포함으로써, 확장된 서울 행정구역 전체의 간선도로로 최저층수 제한의 범위를 확장시켰다. '최저층수'는 1950년대부터 가장 기본적인 서울 간선도로변 미관의 기준이 되었다. 파괴된 도시를 현대적인 외관으로 빠르게 조성하기 위해서 간선도로변에 고층건물을 지어야 한다는 생각이, 반세기 가량 서울의 경관이 형성되어가는 데 중요한 배경이 되었다는 점에서, 우리는 1950년대를 중요하게 평가할 수 있다. 그리고 전후 건축행정요강이 최대한 조속한 고층화를 강제하기 위한 수단이었다면, 미관지구제도에서는 종별로 최저와 최고층수를 함께 제한하는 등 간선도로변 건축물의 적정규모에 대한 고민으로 진화해갔다.

이러한 미관지구제도는 1990년대에 새로운 전환점을 맞이한다. 서울은 고층화를 유도해야하는 것이 아니라, 거주환경을 확보하기 위해 개발을 규제해야하는 상황에 도래했다. 또한 가로경관의 다양성을 고민하게 되었다. 결국 최저층수 제한은 미관지구제도에서 2001년에 삭제되었다. 긴 생명력을 유지했던 고층화 정책이 더 이상 서울의 도시개발과 도시미화에서 최선의 가치가 아니게 된 것이다. 그리고 이제 현 시대에 적합한 도시미관의 재정립이 필요한 시점이 되었다.

발전-국민-국가와 건축

박정현(도서출판 마티 편집장, 건축비평가)

1960–70년대는 일시를 나타내는 숫자로 명명되는 사건으로 시작하고 끝난다. 1960년 4.19혁명으로 시작한 이 시기는 1979년 12.12쿠데타로 끝났다. 그 사이 1961년의 5.16쿠데타와 1979년 10.26사건이 자리한다. 혁명을 이끈 학생들과 시민, 전두환과 신군부가 처음과 마지막에 등장하지만 60–70년대라는 무대의 주인공은 단연 박정희였다. 여기서 물론 박정희는 한 인간을 말하는 것이 아니라, 그의 이름 아래 이루어진 3공화국과 4공화국의 수많은 동원과 억압, 정책과 폭력 등을 총칭하는 말에 가깝다. 그리고 이 시기는 오늘날 한국의 가까운 기원이다. 단일민족 신화가 지배하는 한반도에서 국민국가 또는 민족국가가 언제부터 형성되었는지는 쉽게 답하기 어렵다. 'nation'을 일방적으로 국민이나 민족으로 번역하기 힘든 사정이 이를 드러낸다. 그럼에도 불구하고 지금과 직접적으로 연결되는 현대적 의미의 네이션-스테이트가 구체적으로 형성되기 시작한 시기는 1960년대부터라고 크게 무리가 없을 것이다. 그리고 이 시기는 한국 경제가 고도성장의 궤도에 오르기 시작한 때이기도 하다. 세계은행 기준, 1960년 158달러였던 1인당 GDP는 1979년 1783달러로 11배 이상 증가했다.[1] 1960년대 시작되어 1990년대 초까지 이어진 기적에 가까운 경제 성장은 발전국가라는 국가 주도 계획 체제와 떼어서 생각할

1—참고로, 1960년과 1979년 일본의 1인당 GDP는 각각 475달러와 9103달러다. 1960년 한국의 1인당 GDP는 일본의 33퍼센트였고, 1979년에는 20퍼센트로, 격차가 더 벌어지던 시기였다.

수 없다. 국민국가 만들기와 발전체제는 동일한 동전의 양면이자 탈식민의 움직임이었다.

1960년대 중반, 박정희 정권은 일본과 국교를 정상화하는 협상을 시작했다. 미국이 주도하는 국제 분업 구도 안에서 경제 발전을 도모하기 위해서 일본과의 수교는 불가피했다. 인접한 국가인 중국(중공)과 북한과의 교역이 전무한 상황에서 일본은 세계와 연결될 수 있는 중요한 통로였다. 한편 해방된 지 20년이 남짓 지난 시점에 이루어진 일본과의 수교는 즉각적으로 민족주의를 호출했다. 일본이 식민지 시절에 설정한 조선의 정체성과 타율성이라는 테제를 극복하기 위해서 근대의 맹아가 일제 강점 이전 조선에 내재하고 있었음을 증명해내야 했다. 철학, 경제학 등 여러 분야에서 동시에 제기된 내재적 발전론에 대한 요구다. 건축사가 내재적 발전론에 어떤 영향을 받았는지, 또는 받지 않았다면 왜 그랬는지 등은 더 연구해야 할 주제다. 그러나 1960년대 중후반 전통 및 한국성 논쟁이 이런 시대적 분위기 속에서 촉발되었다는 것은 분명하다. 단순히 발주처나 개인이 선택 가능한 양식을 둘러싼 논쟁으로 축소하기보다 더 넓은 역사적 맥락에서 살펴보아야 한다. 1966년 종합박물관 현상설계 파행, 1967년 부여박물관의 왜색 논쟁 등은 모두 전통의 재창안이라는 당국 또는 시대의 요구에 현대건축을 추구하려는 건축가들의 반발로 불거진 사건이다. 이 관행이 지금까지 이어지는 것과는 별개로, 60년대 기념비적 건축에서 전통을 강조하는 것은 피할 수 없는 과정이었다. 건축가 원정수는 종합박물관 현상설계에 맞서 현대건축을 수호하기 위해서는 "순교가 필요"하다고 말했다.[2] 1922년 시카고 트리뷴타워 현상설계에 낙선을 예상하면서도 양식주의를 거부하고 모더니즘을 견지한 안을 제출한 그로피우스를 본받아야 한다는 것이었다. 그러나 논쟁의 구도를 놓고 보면, 1960년대 한국은 1920년대 시카고보다 통일된 독일에게 적합한 양식이 무엇인지를 두고 갑론을박을 벌인(국민국가를 상징하는 양식을 찾는 과정) 19세기 전반기 독일에 더 가깝다고 해야 할지 모른다. 원정수는 국제주의자 그로피우스를 호출했지만, 정부는 (알기만 했더라면) 프로이센의 싱켈이나 바이마르의 클렌체를 호명했을 것이다.

현대성이나 당대성을 긍정하기 위해서라도 전통과 한국성을 재구성하고 재승인하는 과정을 겪을 수밖에 없기 때문이다. 이는 현대 속에 현대 이전과 현대 이후가 공존하고 뒤섞여 있는, 양식주의로 국가 정체성을 표상해야 하는 과제와 모더니즘 미학에 대한 탐닉이 뒤엉켜 있는, 한국의 상황을 보여주는 예다. 민족주의와 국민국가의 관계가 근대에 와서 구성된 것인지, 인종과 민족 및 지역에 귀속되어 있는지는 쉽게 답하기 어렵다. 또 민족의 역사적 지속력을 강조하면서도 원초주의로 환원하지 않는 입장까지 민족주의에 대한 해석은 다양하다.[3] 건너기 어려운 입장 차이에도 불구하고 현대적 의미의 국민국가가 형성되기 위해서는 모종의 매개와 상징이 필요하다는 점은 분명하다.

2—『공간』, 1967년 2월.
3—이 갈래에 대해서는, 앤서니 D. 스미스의 『족류 상징주의와 민족주의』 (아카넷, 2016), 13쪽 이하.

활자 인쇄물이 가장 대표적인 매개로 언급되지만, 시간을 공간으로 재현하는 현장인 기념비 건축물도 국민국가의 상징 장치에서 빼놓을 수 없다. 60–70년대 전통 논쟁은 대한민국의 정체성을 형성해 나가면서 생기는 파열음이었다. 이 정체성이 온당하고 유일하며 적합한 것이 아니었기에 이 마찰음은 쉽게 잦아들지 않았다.

1960–70년대 발전국가 체제는 국민국가 형성의 또 다른 방편이었다. 국민국가를 만들어야 하는 당위가 곧 발전된 조국이었다. 세계적 냉전 구도, 국지적인 북한과의 체제 경쟁 속에서 '민족적 민주주의' '지도 받는 민주주의'라는 모순적인 수사, 독재와 억압이라는 현실은 경제 성장을 통해서만 정당화될 수 있었다. 국가가 시장에 규제가 아니라 계획으로 개입하는 발전국가의 특징은 경제기획원의 설립(건설부의 종합계획국·물동계획국, 내무부의 통계국, 재무부의 예산국을 흡수하여 1961년 7월 설립)과 62년부터 시작된 경제개발5개년계획에서 단적으로 나타난다. 박정희 정권은 이 계획의 이데올로기를 시각적으로 보여줄 필요가 있었다. 1962년 경제개발5개년계획 모형전시회, 1962년 산업박람회, 1966년 경제개발5개년계획 종합전시장, 1966년 도시계획 모형전시회. 1968년 한국무역박람회 같은 일련의 대형 전시회와 박람회는 국민을 동원하는 장치이자 계획이 선사할 미래를 확인하는 장소였다. 이 전시회들에서 빠지지 않고 '국토' 전체를 대상으로 건설되고 있는 공장과 인프라스트럭처를 재현한 모형은 관람자에게 마스터플래너의 시선을 제공했다. 여기에서 시민들은 박정희, 김현옥, 월트 휘트먼 로스토 등과 같은 발전의 신화를 신봉한 근대주의자들의 시선을 공유했다.

계획과 건축의 얽힘은 한국종합기술개발공사(이하 기공)에서 극대화되었다. 국제산업기술단(1963), 코리아 퍼시픽 콘설탄트(1964)를 거쳐 1965년 한국종합기술개발공사라는 이름으로 공식출범한 기공은 경제개발계획에 필요한 기술 용역을 국내에서 해결하기 위해 설립된 국영 회사다. 김수근은 1963년부터 이 기관에 참여해 이사, 부사장을 지냈고 1968년 4월 19일부터 1969년 7월 22일까지 2대 사장을 역임했다. 김수근은 퇴역 장성이 줄곧 사장을 지낸 엔지니어링 업체에서 예외적인 인물이었다.[4] 고속도로, 댐, 항만, 공업단지 등의 타당성 조사와 설계가 주력 사업인 업체에서 작가주의적 건축가와 그의 팀이 맡은 역할은 건축의 이미지로 미래를 표상하는 것이었다. 1966년 세운상가, 1967년 여의도마스터플랜, 1968년 구로 한국무역박람회, 1970년 오사카엑스포70[5] 등 김수근 팀의 역할은 지난 세기 한국건축사에서 비교 상대를 찾기 어려울 정도로 몽상적이고 유토피아적이었다. 한국 건축사에서 기공의 작업이 예외였던 만큼, 기공에서 김수근 팀의 작업도 예외였다. 김수근이 1969년 기공을 떠난 뒤, 사업과 조직 양쪽에서 건축이 단 한번도 전면에 부각된 적은 없다.

기공 내 김수근 팀이 선보인 이미지는 1차

4—박정현, 『건축은 무엇을 했는가: 발전국가 시기 한국 현대 건축』 (워크룸, 2020), 48쪽.

5—오사카엑스포 70은 김수근 팀이 기공을 떠나 설립한 인간환경계획 연구소에서 진행한 것이지만, 60년대 중반부터 이어진 국가 상징 프로젝트의 흐름 속에서 이해할 수 있다.

경제개발5개년계획이 끝나고 2차 경제개발계획이 시작되던 1960년대 말 효용성을 잃어갔다. 70년대 초 콘크리트가 맡았던 계획의 이미지는 조선소의 크레인, 제철소의 고로, 정유소의 파이프라인이 대신했다.[6] 중화학공업단지의 숭고(sublime)는 세운상가와 여의도의 이미지를 능가했다. 개발의 이미지는 교체되었으나, 전통과 개발의 두 축 가운데 한국성의 강조는 지역 거점 박물관, 극장과 공연장에서 비슷한 형태로 반복되었다. 기공 내 김수근 팀이 그린 이미지의 지속력은 짧았으나 이들은 한국 건축사에 훨씬 더 지속적이고 폭넓은 영향력을 행사하는 매체를 만들었다. 잡지 『공간』이 그것이다. 『공간』은 육사8기로 3공화국에서 다채로운 일을 수행한 석정선이 초대 발행인을 맡고, 윤승중, 김원 등이 내용과 편집에 적극 관여해 1966년 11월 창간되었다. 창간호에 제호로 '공간'을 삼은 이유는 찾을 수 없지만, 『공간』은 이후 한국 건축계 담론이 '공간'을 화두로 삼아 전개되어 나가는 데 결정적으로 기여했다. 김원은 "로칼리티의 추구에 의한 인간 본래의 곳에의 동경"과 "코스모폴리탄적 패션의 경향을 갖는 국제주의와 메이저스페이스의 기념성 추구"를 대비하며 후자를 옹호했다.[7] 『공간』 창간호 특집으로 소개된 (『프로그레시브 아키텍처』 특집을 전재한) "Major Space"는 지역적 특색을 추구하는 경향과 상반되는 방식의 기념비성을 말했다. 창간 당시 『공간』이 기공의 거대 프로젝트와 긴밀히 얽혀 있었음을 드러내는 징후다. 이후 윤승중은 "'메이저 스페이스'를 '당'이라 생각하고" 자신의 개념을 정립해 나간다.[8] 당의 개념은 (김원과 함께한) 부산시청사 현상설계(1968)를 시작으로 대법원청사(1989)까지 이어진다. 『공간』이 조직과 내용 모두 기공에서 벗어나고, 중공업단지가 개발의 이미지를 독점해 나가던, 1970년대 『공간』은 또 다른 '공간' 개념들이 벼려지는 장이었다. 이는 콘크리트기와로 굳어진 한국성에 대한 대항마이기도 했다. 하나는 공간사옥의 공간이고, 다른 하나는 1974년 연재되기 시작한 안영배의 '한국건축의 외부공간'이다. 공간사옥, 그리고 같은 시기의 프로젝트인 보부르센터 응모안이 좁은 공간의 중첩으로 만들어지는 유형을 제시했다면, '외부공간'은 솔리드와 보이드가 중첩되는 방식과 보이드의 중요성을 강조했다. 이 다채로운 '공간' 개념, 솔리드한 것보다 보이드한 것에 정신적 우월성을 부여하는 태도는 80년대말 비움, 마당, 허, 보이드 등의 개념이 등장할 수 있는 밑거름이 되었다.

1960–70년대 건축, 나아가 역사 일반을 논할 때 (놓치기 쉽지만) '아파트단지'의 형성을 짚고 넘어갈 필요가 있다. 아파트의 유입은 일제 강점기 시절까지 거슬러 올라가지만,[9] 시간이

6—포항제철은 1968년 설립되어 1973년 6월 9일 첫생산을 시작했고, 울산 현대조선소는 1970년 현대건설 내 조선사업부로 발족해 1974년 6월 준공했다.

7—김원, "건축비평의 보편적 당위", 『공간』, 1967년 10월호.

8—봉회, 우동선, 최원준 채록연구, 『윤승중 구술집』 (마티, 2014), 214쪽.

9—박철수, 『경성의 아파트』 (집, 2021) 참조.

흐를수록, 건축산업, 도시구조는 물론이고 한국 사회의 거의 모든 것을 집어삼키는 아파트의 시작점은 1960년대다. 쿠데타 직후 집권세력은 서울 시내에 유례가 없는 아파트단지인 마포아파트 건설을 감행한다. 1961년 개최된 10회 대한민국미술전람회에 모형이 전시되었고, 1963년 민정이양을 앞두고 발간된 1856쪽짜리 프로파간다 서적 『한국군사혁명사』에도 주거의 치적으로 홍보되었다. 마포아파트는 쿠데타 세력이 제시하는 미래의 또 다른 모습이었다. 미래를 포착해 현재에 제시하는 것이 계획의 이데올로기라면 마포아파트는 이데올로기 그 자체였다. 최근 박철수는 마포아파트 건립에 미국이 적극적으로 반대하는 의견을 개진한 문서를 발굴해 밝히 바 있다. USOM(미국경제협조처)은 마포아파트의 계획 도면을 두고, 배치계획, 설계, 구조, 전기, 기계 등 모든 면이 미흡하다고 평가했다. "마포아파트 건설사업과 관련해 드러난 기술 정보는 조화롭지도 않으며 불완전하다"고 일축하며 전면 재검토를 요청했다.[10] 한국 정부는 USOM의 권고에 따라 10층을 6층으로 낮추었지만, 건설을 감행한다. 주변과 극적인 차이를 보이며 완성된 6개동의 마포아파트는 이후 쉼 없이 반복될 재개발의 원풍경이었다.

마포아파트에 첫 입주민이 이사를 시작하고 10개월 정도 지난 1963년 10월 15일 제5대 대통령 선거가, 다시 한 달 뒤인 11월 26일 6대 국회의원선거가 치러졌다. 박정희와 쿠데타 세력이 주축이 되어 만들어진 민주공화당은 이 두 선거에서 '황소'를 선거 캠페인의 모티브로 삼았다. 대통령 선거 포스터와 걸개에는 농부가 황소로 쟁기를 끄는 모습이 그려져 있고 구호는 "새 일꾼에 한 표 주어 황소같이 부려보자!"였다. 박정희가 대통령에 당선된 뒤 열린 국회의원 선거 구호는 "한 번 던져 뽑은 황소 두 번 던져 부려보자!"로 변주되었다. 전체 인구 70퍼센트가 농업에 종사하던 1960년대 초 국민에게 호소하는 이미지로 아파트를 삼기에는 시기상조였다. 그러나 마포아파트를 시작으로 아파트단지는 이내 서울과 전국 도시의 거의 유일한 개발 전략이자 주택 공급 방식으로 자리 잡는다. 쿠데타의 성과를 당장 눈앞에 보여주기 위해 동원할 수 있는 모든 자원을 모으고 국내외의 반대를 무릅쓰고 마포아파트를 건설한 지 10년 뒤인 1971년 박정희는 3선 개헌을 통해 세 번째 대통령 선거에 출마했다. 그 사이 한강변 남북을 따라 중산층을 위한 대규모 아파트단지가 속속 들어서고 있었다. 황소는 이제 선거에서 주인공이 아니었다. 새로운 포스터에서 황소를 끌던 농부는 이제 "공화당과 함께 풍요한 결실과 행복한 생활을" 누린다. 선거를 일주일 여 앞두고 일간 신문에 일제히 실린 광고는 빼곡하게 맺힌 나락을 보며 미소 짓는 농부의 얼굴과 나란히 마포 아파트 잔디밭에서 아이와 함께 즐거운 한 때는 보내는 부부의 사진을 실었다. 이렇게 아파트는 선거를 좌우할 수 있는 중요한 열쇠가 부상해갔다.

공급량, 가격 등 거의 모든 것을 국가가

10—박철수, 『한국주택 유전자 2』 (마티, 2021), 137-144쪽.

결정한 1960–70년대 아파트단지의 개발은 정권의 통치수단, 생명정치의 측면에서 연구될 필요가 있다. 본격적인 출산율 관리, 인구를 대상으로 하는 정치,[11] 표준적인 의례와 표준적인 주택 평면, '국민' 교육의 확산 등과 함께 아파트 정치를 함께 살펴볼 수 있기 때문이다.

1960–70년대 한국은 개발과 민족주의의 두 축으로 전개되어 나갔다. 건축 역시 이 틀 속에서 파악해볼 수 있다. 전통 논쟁, 개발 이데올로기, 국가 정체성, 주거 공급과 도시 개발 등 건축을 둘러싼 다양한 행위가 모두 두 축을 중심으로 이루어졌다. 물론 건축 행위가 이런 외부적 요인에 의해 전적으로 환원되는 것은 아니지만, 이 외부의 규정에 맞서는 건축 내부의 기율이 확립되어 있지는 않았다. 발전국가의 구속력이 약해지고 건축계의 내부의 역량이 커진 시점은 80년대 이후의 일이다. 그러나 1960–70년대에 시작된 담론, 제도, 관행, 매체 등은 지금까지 이어지고 있다.

11— 해방후 1949년 1955년 인구총조사가 시행되었다. 단순히 인구가 아니라 주택 부문도 함께 조사한 최초의 인구총조사는 UN의 권고로 시행된 1960년 조사가 처음이다.

변화와 연속: 20세기 한국건축의 마지막 20년

최원준 (숭실대학교 건축학부 교수)

20세기 말은 참으로 역동적인 시간이었다. 세계적으로도 냉전시대를 지나 독일의 통일, 소비에트연방의 해체와 동구권의 몰락이 이어졌고, 중국의 개방 확대와 일본의 거품경제 종식, 인터넷의 보급 등 주요한 사건들이 일어난 시기였지만, 우리의 경우 정치, 사회, 경제, 문화 등 전방위에 걸친 일대 전환을 경험하였다. 민주화운동의 결실로 군부독제체재가 청산되고, 국제 스포츠대회의 개최와 해외여행 자유화로 국제교류가 활성화되었으며, 3저호황으로 유례없는 높은 경제성장률을 기록했다. 일상영역에서는 두텁게 형성된 중산층을 중심으로 대중소비문화가 자리 잡았고, 근대화를 이끌어오던 거대담론이 사라지면서 사유와 가치의 체계가 분화된 다원화사회로의 전환이 이루어졌다. 건축적으로는 국가주도형 대형 사업에서 중소규모의 민간 프로젝트로 시장의 중심이 이동하고, 전통에 대한 논의가 여전히 유효한 가운데 해외 건축계의 사상과 유행이 유입되고 유학파들이 귀국하면서 건축의 목표와 성향도 다변화되었다.

이러한 변화가 대략적으로 1980년대 말과 90년대 초에 걸쳐져 있기에, 우리의 80년대와 90년대는 사회적으로나 건축적으로 여러모로 다른 특징들을 보인다. 이 글에서는 몇 가지 주요 사건과 주제를 통해 당대 건축계의 변화와 그 동력, 지향점, 영향을 확인하고자 한다.

88서울올림픽, 이전과 이후

이 시대의 다양한 변화들을 이끌어낸 촉매이자 동력은 1988년 개최된 서울 하계올림픽이었다.

1981년 9월 서울이 제24회 올림픽 개최지로 확정되었을 때, 산업화와 민족 문화의 창달이라는 전후 시대의 과제는 보다 명확하게 규정된 목표를 갖게 되었다. 올림픽의 성공적인 개최를 통해 선진국으로 도약한다는 국가적, 민족적 대의명분 아래 하드웨어의 구축에서 가장 중요한 것은 당연히 건축사업이었다. 세계인 앞에 산업국으로서의 이미지를 구축하기 위해 도시정비의 일환으로 을지로와 마포 일대에 도심재개발 사업이, 또 외국인의 눈길이 닿을 영역을 중심으로 고층건물의 건설이 추진되었다.[1] 기념적 건축의 영역에서도 독립기념관, 중앙박물관, 예술의 전당, 국립현대미술관 등 국가주도의 대규모 프로젝트들이 연이어 진행되었고, 고궁 등 문화유산에 대한 복원도 이루어졌다.

올림픽은 이와 같이 국가 주도의 건축사업을 물량적으로 제공하기도 했지만, 건축의 사회적 목표와 의의도 담보해주거나, 적어도 그에 대한 의구심을 유예해주었다. 그것은 곧 올림픽 이후에는 전혀 새로운 상황이 도래함을 의미하기도 했다. "올림픽이 지나면서 전통을 찾기 위한 시도나, 과시적인 관점에서 이루어졌던 사회적 압박으로부터 편해졌다"[2]는 장세양의 말처럼 올림픽의 종료는 산업화, 근대화의 표상과 국가 정체성의 확립이라는 거대담론의 해체를 가져왔으며, 관점에 따라 자유 혹은 혼란의 시기로 규정할 수 있는 시대가 뒤를 이었다. 건축시장은 민간프로젝트 중심으로의 전환기를 맞았고, 신자유주의의 빠른 전파 속에서 건축의 의미와 목표는 이제 건축가 스스로가 확보해야 했다. 후술할 새로운 건축가 세대의 등장과 담론의 다양화는 이와 같은 배경 속에서 이루어졌다. 이후에도 1993년 대전엑스포, 2002년 월드컵 등 국제행사가 개최되었지만 88올림픽만큼의 사회적, 경제적, 심리적 구심점으로 작동하지는 못했다.

세계 속의 한국: 유입과 진출의 국제화

올림픽, 그리고 그 뒤를 이은 해외여행 자유화(1989년)는 우리 사회를 국제적인 흐름 속으로 빠르게 편입시켰다. 건축에 있어 국제화는 우리의 디자인과 기술이 국제적 수준에 보조를 맞춰야 한다는 것을, 또 문화적으로는 국내의 사회적, 정치적 배경에서 모색되었던 전통과 정체성이 세계무대에서도 인정받아야 한다는 것을 의미했다.

당대 우리나라의 문화적, 기술적 역량을 고려할 때 국제 교류의 주된 방향은 당연히 해외에서 국내로의 흐름, 특히 해외 선진기술의 유입이었다. 이미 전후 복구시기부터 주요 프로젝트가 해외 원조와 참여로 진행되어왔기에 그 자체가 새로운 일은 아니었지만, 특히 80년대에는 올림픽을 대비하여 대형 건축사업을 급속도로 추진하며 신동아63빌딩(SOM), 럭키금성 트윈타워(SOM+창조건축), 한국종합무역센터(니켄세케이+원도시건축+정림건축) 등 프로젝트가 해외건축가의 설계로 구현되었다. 복합적인

1—올림픽을 대비한 일반건축영역의 사업에 대해서는 박정현, "올림픽 파사드: 체면, 가면, 입면", 『올림픽 이펙트: 한국 건축과 디자인 8090』 (국립현대미술관, 2021), 23-37쪽 참고.

2—장세양, "올림픽의 한국적 수용과 반성", 『공간』 (1988. 12), 47쪽.

프로그램을 담거나 새로운 구조와 공법을 요하는 대형 프로젝트들이었으며, 다만 독립기념관, 예술의 전당, 국립현대미술관 등 우리의 전통적, 문화적 가치를 표상해야 할 기념비 영역은 철저하게 우리 건축가의 손에 맡겨졌다.[3] 1990년대에도 송도마스터플랜(OMA, 그루엔아키텍츠, 니켄세케이), 삼성미술관 리움(OMA+마리오 보타+장 누벨) 등 공공 및 민간프로젝트가 해외에 맡겨졌고 이러한 경향은 2000년대에도 이어지지만, 국내 건축의 기술적 한계보다는 세계화의 흐름 속에서 스타건축가의 명성을 통해 프로젝트를 국제적으로 널리 알리고 성공시키려는 열망에 기인했다는 차이가 있다.

선진기술은 자연스럽게 받아들일 수밖에 없었다면, 해외 사조, 담론이나 유행의 유입에는 많은 문화적 저항이 따랐다. 세계 건축계에서 나타난 마지막 양식적 유행이라 할 수 있는 1970–80년대의 포스트모더니즘은 우리의 문호가 개방되면서 본격적으로 상륙한 대표적인 사조였다. 하지만 모더니즘을 제대로 겪지 못한 우리나라에서는 이론적 토대가 성립하지 않는다는 비판과 함께, 역사적 파편을 활용하는 포스트모더니즘의 형식에 60년대 이래 국가기념비에서 형태적 전통주의를 강요받아온 우리의 기억이 오버랩 되어 뿌리를 내리지 못했다. 영국을 중심으로 유행하던 하이테크 건축은 우리와의 기술적 간극 때문에 그리 큰 영향을 미치지 못했으며, 1988년 뉴욕현대미술관의 전시를 통해 명명되고 널리 주목받은 해체주의 역시 우리사회의 역사적 단계에서는 큰 상관성이 없어보였다. 다른 한편으로 랜드스케이프아키텍쳐는 훨씬 수월하게 수용되었는데, 국제화의 진행단계가 심화된 1990년대 중반이라는 시대적 배경과 함께, 자연과 지형과의 관계 속에서 건축을 도모하는 우리의 전통 건축개념과의 유사성도 영향을 미쳤을 것이다. 이론의 영역에서는 자본주의 하에서 건축의 제도적 한계를 물었던 만프레도 타푸리의 이론이 거대담론의 해체 후 방황하던 우리의 상황에서 한때 주목을 받았으며, 현대사회에서 건축의 지역성이 지닌 의미를 고찰하는 케네스 프램튼의 비판적 지역주의도 전통의 현대화를 다각도로 모색해오던 우리의 입장에서 긍정적으로 수용되었다. 영향관계라는 것이 궁극적으로는 받아들이는 측의 주체적 판단에 의해 형성된다고 할 때, 우리는 해외의 다양한 건축적 사고를 꽤나 선택적으로 수용한 셈이다.

반대로 해외를 향한 우리 건축의 진출은 극히 제한적이었다. 특히 독일이나 일본과는 달리 올림픽을 기해 우리 건축가를 세계에 알릴 기회를 활용하지 못했다는 반성이 있었다.[4] “한불건축”전(1987년)은 양국의 기념적 건축을 함께 조명하는 기회를 제공했지만 국립현대미술관에서 열린 국내 행사였다. 해외에 한국건축이 소개된 경우도 우리가 능동적으로 이룬 것은 아니었다. 대표적으로 올림픽을 기한 일본의 관심을 들 수

3 — 재미건축가 김태수가 진행한 국립현대미술관의 경우는 국내, 해외 건축가 중 중재안을 택한 셈이었는데, 당대 기념비 중 이례적으로 전통의 형태적 표상에서 벗어났다. 박정현, “7장. 건축의 자율성을 향하여”, 『건축은 무엇을 했는가: 발전국가 시기 한국 현대 건축』 (마티, 2020), 217–236쪽.

4 — 김원 등, “올림픽의 한국적 수용과 반성”, 『공간』 (1988.12), 31–47쪽.

있다. 하우징스터디그룹의 『한국현대주거학: 마당과 온돌의 주양식』(1988–89년 『건축지식』 연재, 1990년 단행본 출간)이 우리의 일반주거를, 도쿄 갤러리 마의 "신세대의 한국건축 3인전: 마당의 사상" 전시와 연계 세미나(1989년)가 김기석, 조성룡, 김인철의 작품을 통해 한국 현대건축을 조명했다. 90년대 중반에는 뉴욕 중심 건축가들의 씽크탱크인 애니원 코퍼래이션(Anyone Corporation)이 주최한 "애니와이즈(Anywise)"가 한국에서 개최되었는데, 당대 세계 건축계 전반의 이슈들을 논의하는 가운데 한 세션이 서울에 할애되었으나 국내 건축계에 미친 영향은 미비했다.

당대의 국제화는 이처럼 기술과 사조의 유입 중심으로 진행되었고, 이를 통해 우리 건축이 진일보하며 다가올 시장개방을 대비할 수 있었다. 그러나 국내에서 해외로의 진출, 즉 우리나라 건축이 해외에서 본격적으로 소개되는 일은 독일 아에데스 건축포럼(Aedes Architecture Forum)의 전시회[5]나 독일건축박물관의 한국현대건축전 "메가 시티 네트워크(Mega City Network)"(2007년) 등에서 보듯 2000년대 중반 이후에야 활성화되었다.

건축가의 세대 교체와 네트워크 형성

흔히 1986년 김수근, 88년 김중업의 타계로 건축계의 세대교체가 이루어졌다고 하지만, 이미 80년대 초반 독립기념관, 예술의 전당 등 올림픽 관련 대형프로젝트를 김원과 김석철이 추진하면서 '포스트 양김'의 시대가 도래했었으며, 정림건축, 원도시건축, 간삼건축, 서울건축 등 대형설계사무소 역시 도심재개발 사업과 노태우 정부의 주택 200만호 공급 등 큰 프로젝트들을 담당하며 건축계의 중심을 형성하고 있었다. 김원, 김석철은 정부의 주요 기념비 사업에 전격 발탁되어 활동했다는 측면에서 그들의 스승이었던 김수근과 유사했기에 앞선 세대와는 차이보다 공통점이 많았다.

이들과 뚜렷하게 구별되는 특성을 가진 건축가들이 등장한 것은 1980년대 말이었다. 국가주도의 대형프로젝트에서 민간건축시장으로의 전환이 일어난 시절, 기존의 대규모 설계조직에 속했던 젊은 건축가들이 아틀리에형 사무소를 차려 독립하였다. 이 세대의 특성을 가장 대표적으로 보여주는 것이 4.3그룹이다. 변화된 건축시장에서 살아남기 위해서는 자신만의 독자적인 건축관이 필요하다고 느낀 30, 40대의 젊은 건축가 14인은 4년 여의 시간에 걸쳐 답사와 토론을 통해 함께 공부해나갔다. 그들은 건축저널에서 적극적으로 활동하고, 사회나 제도적 문제에 직접 발언을 하는 등 기성세대와는 차별화된 활동모습을 보였다. 1992년 말 "이 시대 우리의 건축" 전시회와 도록을 통해 그간의 결과를 사회에 발표하였는데, '시대정신'을 공유하면서도 이에 대한 대응을 하나로 수렴시킨다는 것이 더 이상 맞지 않는다는 판단 하에 각자의 다양한 목소리가 공존할 수 있는 형식적 체계를 실험하였다. 엄밀한 병치의 형식을 취한 전시회와 도록에 명시된 그룹 멤버들의 건축관은 제각각이어서, 건축과 도시의 현실적

5—"Seung H-Sang: Culturescape" (2005), "Paju Book City"(2005), "Jong Soung Kimm: Tectonic Logic and Spatial Imagination"(2006), "Dense Modernities: Kim Swoo Geun" (2011), "Seoul: Towards a Meta-City"(2014) 등으로 유럽에서 가장 적극적으로 한국 건축을 소개하였다.

문제로 접근하는 이들이 있는가 하면(조성룡, 이종상), 사변을 통해 건축의 본질 탐구하는 이가 훨씬 많았고, 그들은 다시 외부참조체가 있는 경우(승효상, 민현식, 방철린)와 없는 경우(도창환, 김병윤 등)로 나뉘었다. 4.3그룹의 대외활동은 궁극적으로는 건축에 대한 사회적 향유가 기술이 아닌 문화의 영역에서 이루어질 수 있는 환경을 조성하는데 기여하였는데, 건축을 지나치게 난해하게 만들었다는 비판도 있었다.[6]

이어 90년대 중반에는 해외에서 유학과 실무를 마치고 막 귀국한 1960년대 생의 활동이 눈에 띄게 증가했다. 국내에서 실무를 통해 성장한 직전 세대와는 완연히 다른 건축적 성장과정을 겪은 이들로, 개성과 건축관은 훨씬 다양한 방향으로 전개되었다. 미국과 유럽에서의 체계적인 교육과 실무과정을 경험하였기에, 4.3그룹 세대와 같이 사변적 담론을 통해 건축의 의미를 확보하기보다는 건축형식의 자율성과 내적 완결성을 훨씬 치열하게 도모하였다. 이러한 공통분모 하에, 주어진 조건의 냉철한 분석에 기반한 합리적 설계과정을 강조하거나(김영준, 최문규), 현상학적 체험을 중시하고(김준성, 김종규, 최욱), 혹은 건축의 텍토닉적 속성을 도모(김승회)하는 등 각자의 경향은 이전 세대보다 다양한 스펙트럼에 걸쳐있었다.[7]

10년 사이에 서로 다른 속성의 건축가 세대가 두 차례나 등장한 것은 우리 현대건축의 역사에서 매우 이례적인 것으로, 당대의 급격한 전환기적 속성을 잘 보여준다. 전술한 바와 같이 두 세대는 교육과 실무경험, 그리고 건축적 지향점이 서로 달랐지만, 기본적으로 성향의 다양성에서 공통점을 찾을 수 있으며 이것이 80년대 이전의 세대와 구분되는 가장 큰 특징이다. 이와 더불어 중요한 또 하나의 차이는 변화된 협업, 교류 방식이다. 80년대의 건축가 모임은 건축가 및 건축사협회를 제외하면 서울대의 목구회, 한양대의 한길회, 홍익대의 금우회, 인하대의 용마루 등 학연에 기반한 폐쇄적인 친목모임이었다. 반면 90년대의 건축가들은 보다 명확한 목표와 실제적이고 구체적인 작업을 위해 모였다. 스터디그룹으로 결성한 4.3그룹 외에도, 제도적 관행을 개혁하기 위해 건축의 미래를 준비하는 모임(건미준, 1993–2000년) 등을 조직하였으며, 새로운 건축교육을 선도하기 위해 경기대학교 건축전문대학원(1995–2006년)과 서울건축학교(sa, 1995–2002년)에서 뭉쳤고, 90년대 말에는 파주출판도시와 헤이리예술마을과 같은 도시 규모의 프로젝트에서 협업하기 위해 모였다. 이들 모임은 학연을 초월하고 기성과 신예 건축가의 협업으로 세대간 교류도 활성화되었다는 측면에서도 80년대와 다르다.

모임과 협업 방식의 차이는 다수 건축가들의 참여로 진행된 2개의 프로젝트를 통해 확인할 수 있다. 1993년 "한국의 주거문화 1994"란 제목으로 개최된 한국토지개발공사의 분당신도시주택설계 전시회의 경우 여러 세대에 걸친 건축가 21인의 차이를 중재할 도시적 코디네이션이 부재했다면,

6—4.3그룹의 각 멤버가 제시한 말의 형식의 차이와 우리의 건축담론에 미친 영향은 최원준, "함께 하는 말, 홀로 서는 말", 『전환기의 한국 건축과 4.3그룹』 (집, 2014), 92-109쪽 참고.

7—Choi Won-joon, "An Historical Account of a Generation", *Sections of Autonomy, Six Korean Architects* (Libria, 2017), pp.8-20.

1997년 출판인 조합이 주체가 되어 본격적으로 추진된 파주출판도시는 일련의 건축가들에 의한 가이드라인의 설정에서 출발하여 섹터별로 책임건축가가 선정되는 등 다중의 협업체계를 기반으로 했다. 세기말, 세기초 파주와 헤이리의 도시 프로젝트는 90년대 중반 교육 등을 통한 건축가들의 교류가 없었다면 불가능했을 것이다.

건축담론의 확산과 다변화, 그리고 비움

새로운 세대의 다양한 건축관은 한층 확대된 담론의 장에서 꽃필 수 있었다. 올림픽을 대비한 건설물량의 증대는 『건축문화』(1981년 –), 『건축과 환경』(1984년 –), 『플러스』(1987년 –), 『이상건축』(1992 – 2005년), 『건축인PoAR』(1996 – 2006년) 등의 창간을 이끌어내어, 기존의 기관지 및 『공간』(1966년 –), 『꾸밈』(1977 – 91년)에 한정되었던 건축저널의 폭을 크게 확장하였다. 담론의 장은 양적 확장 뿐 아니라 질적으로도 깊어져, 보다 체계적인 건축비평과 독자적인 건축론이 시도되었다. 『건축과 환경』이 "작가와 비평" 시리즈를 통해 비평의 활성화에 대한 강한 의지를 천명한데 이어 이듬해에는 『공간』에서도 "한국현대작가론" 시리즈를 시작하였으며, 건축평론동우회, 간향, 건축비평동인 등 비평집단도 등장했다. 작품에 대해 소묘적 설명을 벗어난 건축론의 요구는 기성세대 건축가들을 당황시키기도 했지만, 1990년을 전후해 독자적 활동을 시작한 30, 40대의 건축가들은 80년대부터 『공간』 등에 기고해오던 터라 이러한 '말의 영역'에 보다 익숙했으며 다양한 목소리를 개진했다.[8] 건축의 재현 형식에 대한 논의도 보다 고도화되어, 공간미술관 개최 "일본건축가 드로잉전"(1983년), "공간건축드로잉전"(1985년) 등이 건축의 시각적 표현체계에 대한 확대된 가능성을 탐색했다면, 전술한 4.3그룹의 "이 시대 우리의 건축" 전시회는 건축의 종합적 재현에 있어 가장 혁신적인 안을 제시했다.

90년대에 새로운 세대의 건축가들이 제시하는 건축적 비전의 스펙트럼은 앞서 말한 바와 같이 매우 넓었다.[9] 우리 고유의 건축적 정체성을 모색하는 노력은 이 시기에도 지속되었으나, 이를 전통보다는 현재의 도시적 상황에서 찾는 시도도 등장했고, 아예 한국성이라는 거대담론에서 벗어나 개인적, 철학적 접근을 취하는 등 다양한 관점들이 부각되었다. 다양한 목소리 가운데 상대적으로 큰 흐름을 형성한 것은 소위 '비움'의 담론이었다. 비움, 비어있음, 마당, 여백, 공백, 비물질성, 불확실성 등 4.3그룹 구성원 다수가 제시했던 건축관에 관계했고, 국립국악중고등학교, 마당 깊은 집, 수졸당, 수백당 등 당대 주요 건축작품의 개념적

8 — 당대의 비평적 시도에 대한 종합적인 평가에 대해서는 성인수, "저널과 비평", 『한국 건축사 연구 2: 이론과 쟁점』 (발언, 2003), 197 - 231쪽 참고.

9 — 다양성 가운데 기술관련 담론의 부재는 실제와 이론 영역에서 공히 눈에 띈다. 김종성의 정제된 구조적 표현, 유걸의 대형공간을 이루는 복합 구조, 인텔리전트빌딩의 전형을 보여준 간삼건축의 포스코센터 정도가 건축계에서 거론된 기술적 성취들이었다. 최신 컴퓨터기술이 이끄는 새로운 담론과 건축에 미칠 실질적인 영향에 대해 90년대 서양에서는 많은 논의가 전개된 반면 우리나라에서는 극히 한정적으로 이루어졌다.

기반을 이루었으며, 보다 큰 규모로 파주출판도시의 가이드라인 설정에 활용되기도 하였다. 표상을 목적으로 한 형태보다는 공간, 그리고 공간이 수용해야 할 프로그램적 유동성과 사회적, 공공적 가치에 중점을 둔 사고로, 기본적으로 계획의 대상을 형태에 앞서 비워진 공간으로 설정하고 있다. 각 개념이 가진 차이를 지나치게 축소하는 것일 수도 있겠지만, 이러한 생각은 90년대 후반 플로리안 베이겔이 이야기한 '구체적 불확정성(specific indeterminacy)'과 접점을 찾기도 했으며, 21세기에는 승효상의 '어번 보이드'로 확장되거나 그와 민현식이 함께 참여한 2003년 미주전시회에서는 '비움의 구축'으로 통합되며 이어졌다.

비움의 담론이 확산된 것은 90년대지만, 그 발아의 흔적은 그 이전 시대의 글과 작품에서 발견된다. 민현식의 경우 1970년대 말 전통 공간의 무목적성과 우발성, 전이적 속성에 주목하였으며, 이러한 생각은 80년대 후반 보다 구체화되어 일련의 주택작품에 적용되었고, 같은 시기 조성룡도 마당과 외부공간의 흐름에 주목하여 주택작품을 진행하였다.[10] 흔히 80년대에는 독립기념관, 예술의 전당 등 전통적 형태를 통한 표상 중심의 사례, 90년대에는 수졸당, 마당 깊은 집 등 공간 중심의 전통적 해석이 적용된 작품이 부각되어 두 시대의 차이가 강조되지만, 이는 두 시대 건축 전반의 변화보다는 국가주도 기념프로젝트와 민간 프로젝트의 차이에 우선적으로 기인한다. 형태가 아닌 공간에 기반한 접근은 건축의 표상보다는 작동에 초점을 두기에 기념비, 특히 근대화와 전통성의 명확한 표상을 필요로 한 올림픽 시기의 기념비에는 적합하지 않았다. 다만 당대의 민간영역에서는 나타나고 있었으며, 따라서 1980 – 90년대의 민간 건축영역을 조명할 때 보다 연속적인 내러티브를 발견할 수 있다.[11]

우리 전통건축에 대한 공간적 해석을 기반으로 건축적 가치를 도출하는 이러한 시도가 80년대에 구체화될 수 있었던 이면에는 다양한 배경들이 겹쳐져 있다. 이 시기에는 답사를 통한 전통건축의 실제 체험과 아울러 건축 역사학과 실무의 연계가 다양하게 모색되었다. 김봉렬의 저술("한국 전통건축의 체험"의 『공간』 연재 1984 – 85년, 단행본 『한국의 건축—전통건축편』 1986년 출간)이 전통건축에 대한 관심을 증폭시킨 데 이어, 한샘건축기행(1987 – 94년)은 건축가들에게 전통건축의 공간을 직접 체험하고 역사가들과 교류할 기회를 제공하였다.[12] 특수전문요원 제도(일명 석사장교, 1984 – 92년)의 시행으로

10—민현식, "전통고—그것을 자연으로서", 『공간』 (1978. 12) 13-15쪽; 민현식, "주택의 본질에 대한 태도와 설계규율", 『플러스』 (1987. 11), 78-81쪽; 조성룡, "청담동 주택", 『플러스』 (1989. 2), 76-83쪽.

11—자유센터, 부여박물관 등 60년대 국가기념비에서 한국적 형태를 도모했던 김수근이 부여박물관의 왜색 논쟁으로 곤욕을 치른 후 방향을 전환하여 공간중심의 전통 해석을 도모한 작품은 민간 프로젝트인 공간사옥이었으며, 이후 이러한 공간 언어를 예술의 전당, 국립현대미술관 등 국가프로젝트 설계경기 응모안에도 적용하였으나 당선되지 못한 것은 80년대까지 기념비에 요구되었던 정치적, 사회적 요구를 잘 보여준다.

12—한샘건축기행은 답사를 통해 학연을 초월한 역사학자와 건축가의 교류를 이끌어냈기에, 90년대 건축가들의 교류 방식을 선도한 사례로 평가할 수 있다. 한샘건축기행을 비롯한 당대 답사프로그램의 활동내역과 영향은 우동선, "건축답사여행과 한샘건축기행", 『종이와 콘크리트: 한국 현대건축 운동 1987-1997』 (국립현대미술관, 2017), 88-101쪽을 참고하라.

설계실무 희망자도 대학원에 진학하여 전통건축의 공간적 분석과 관련된 연구들을 진행하였다. 디자이너의 입장에서 전통으로부터 취할 수 있는 것은, 시대적 효용성을 다한 것으로 보였던 목구조 형식과 관련된 제반적 속성들이 아니라, 추상적이어서 현대건축에 바로 적용할 수 있고 삶과의 연계를 적극적으로 도모할 수 있는 공간적 특질이었다. 건축사학계의 연구대상도 기존 기념비 중심에서 벗어나 지역별 마을 실측작업 등 민간영역으로 확장되어 양식보다는 배치, 공간적 해석에 집중하게 되었다. 일찍이 1970년대에 안영배의 『한국건축의 외부공간』(1974–75년 『공간』 연재; 1978년 단행본 출간)과 김수근의 공간사옥(1971–77년)이 각각 이론과 디자인의 영역에서 전통에 대한 공간적 해석을 선도했다면, 1980년대에는 보다 다양한 접근과 해석의 기회가 제공되었고, 이를 기반으로 90년대, 그리고 그 너머까지 일정 영향을 미치고 있는 비움의 담론이 형성되었다고 할 수 있다. 비움의 담론이 이렇듯 지속성을 지닐 수 있었던 것은 프로그램적 유동성, 공간의 신체적, 감각적 경험, 공공재로서의 윤리성 등 현대건축의 이슈들과도 공명했기 때문이며, 이를 통해 한정된 시대를 넘은 우리 담론의 자생성과 연속성을 확인할 수 있다.

건축가의 직접적 사회 참여

1980년대 후반과 90년대에 나타난 또 하나의 주된 경향은 건축의 사회적 역할을 강조하며 건축가의 보다 직접적인 사회 참여를 도모한 것이다. 민주화운동의 열기 속에서 건축 분야에서도 의뢰인을 위한 서비스 제공이라는 틀을 넘어 보다 확장된 사회적 역할이 모색되었다. 청년건축인협의회(청건협, 1987–91년), 수도권지역건축학도협의회(수건협, 1988–90년), 건축운동연구회(건운연, 1989–93년), 한국도시건축연구원(도건원, 1992년–) 등이 설립되어 저소득층 주거, 환경문제 등 기성건축계가 관여하지 않았던 영역들에 실천적, 이론적으로 개입하였으며, 민족건축인협의회(민건협, 1992년–)는 건축인과 일반인에게 열린 건축담론의 장을 마련했다.

80년대 사회적 참여의 주체가 당대 민주화운동의 주역과 마찬가지로 학도와 사회 초년생이었다면, 건축제도에 대한 개선 운동은 이미 실무계에서 활동하고 있던 윗세대에 의해 90년대에 전개되었다. 새로운 건축풍토를 위한 실천협의회(새건협, 1993년)와 건미준을 이끈 이들은 4.3그룹 멤버와도 상당 부분 겹친다.[13] 건축계의 제도적 변화를 실천적으로 이끌어내려는 노력은 대안적인 건축교육제도의 설립으로도 이어졌다. 4.3그룹 등 소장파 건축가들이 주축이 되어 제도권에서는 경기대학교 건축전문대학원, 비제도권에서는 공간아트아카데미 하계 건축학교(1991년), 서울건축학교를 운영하였는데, 그 중심에는 양적, 질적으로 강화된 설계교육이 있었다.[14]

13—이종우, "현실의 건축을 향하여: 진보적 단체들의 현실주의적 건축 (1987-199X)", 『종이와 콘크리트: 한국 현대건축 운동 1987-1997』 (국립현대미술관, 2017), 42-49쪽.

14—전봉희, "1987-2002년 한국 현대건축 전환기의 건축교육 운동", 『종이와 콘크리트: 한국 현대건축 운동 1987-1997』 (국립현대미술관, 2017), 58-65쪽.

제도적 개혁이 아닌 설계작업을 통해 사회적 문제에 직접 참여한 사례로는 가회동 11번지 주거계획 건축전시회(1991년)가 있다. 한옥 지역의 재개발이라는 현안에 건축가들이 자발적으로 대안을 제시하고 주민을 설득하는 '아래로부터의 접근'을 시도한 예로, 4.3그룹 멤버 일부에 장세양이 합세하였다. 개인적 설계작업 중에는 이일훈의 기찻길 옆 공부방이 도심 저소득층의 문제를 직접 다룬 예로 꼽을 수 있다.

근본적으로 자본과 권력의 영향 하에 생산되는 건축은 순수예술분야와 달리 사회적으로 급진성을 띠기 어렵다. 하지만 80년대 말에서 90년대에 걸친 이러한 활동들은 건축가의 사회적 책임과 윤리를 물으며 신자유주의 시대에 위협받는 공공의 가치를 여전히 확보하고자 했다. 이러한 자세는 비움의 담론[15]과 연계되어 파주출판도시와 같은 대형 프로젝트가 공공성의 목표를 기반으로 진행될 수 있게 하기도 했다. 또한 2000년대 들어와 영주를 시작으로 서울, 부산 등 여러 시에서 추진된 총괄건축가 및 공공건축가 제도는 건축의 공공적 책무를 강조한 20세기 말의 노력들이 조성한 토대 위에서 이루어졌다고 할 수 있다.

시대의 마감과 의의

이렇듯 생동했던 1980-90년대는 그러나 그늘 속에서 종결되었다. 건축계가 건미준 등의 활동을 통해 대내외의 제도적 개혁을 도모하는 가운데, 건축의 가장 기본적인 사회적 책무인 안전성마저 확보하지 못한 사건이 연이어 발생하였다. 1994년 성수대교에 이어 1995년 삼풍백화점이 붕괴되어 시스템이 제대로 구축되지 못한 압축성장의 대가를 너무나 크게 치렀다. 국제화를 통한 세계 질서로의 편입 또한 경제 체제를 제대로 정비하지 못한 상황에서 급히 이루어져, 결국 1997년에는 외환위기를 맞아 IMF 구제금융을 신청하게 되었다. 90년대 전반과 중반, 정치적, 경제적, 문화적으로 낙관론이 넘쳤던 부흥기는 그렇게 급속하게 시들며 세기말을 맞이했다.

설계물량이 급감하는 가운데 건축가 개개인에게는 재충전의 시간이 주어지기도 했다. 승효상은 1년간 런던에 체류하며 자신의 건축적 아이디어를 국제적 흐름 속에서 고찰할 기회를 가졌고, 조남호는 목재건축 워크샵에 참가하여 우리나라에서는 생소한 기술영역에 대한 관심을 갖기 시작하였다. 어차피 상황이 어려울 수밖에 없는 초년의 건축가들은 교육의 영역 등에서 근근이 활동하며 2000년대 초에 다가올 경제 부흥기에 활동할 기반을 닦았다. 앞서 소개한 1990년대 중반에 등장한 건축가들이 그들이었으며, 이후 21세기에 들어 우리 건축계의 중추를 형성하게 된다.

우리에게 20세기 마지막 20년의 가장 근본적인 변화를 꼽는다면 거대담론에서 벗어난 다원주의 사회의 도래라 할 수 있을 것이다. 1980년대를 지나 90년대에 접어들면서 근대화, 민주화라는 목표에 일면 도달한 우리 사회는 국제화의 흐름 속에서 저마다의 목표와 가치를 설정하고 다양한

15—민현식은 비움의 속성을 기능, 미학과 더불어 윤리학으로 설정했다. 민현식, "마당-미학을 넘어 윤리학으로", 『민현식』(열화당, 2012), 145-156쪽.

미래를 꿈꾸게 되었다. 이때 사회적 구축인 건축에서 필요한 것은 가치의 다원화가 초래할 수 있는 공동체의 와해와 공공성의 완전한 상실을 지양하면서, 다양성이 확보될 수 있는 길을 모색하는 것이었다. 자칫 개인화되기 쉬운 상황에서 건축가들이 교류와 협업을 활성화하고 건축의 사회적 책무와 공공성의 목표를 재고하는 기회를 스스로 마련한 것은 90년대의 큰 성취라 할 수 있다. 아울러 4.3그룹의 토론, 출판, 전시 형식과 파주출판도시의 가이드라인 등은 구성인자의 다양성이 전체의 경험을 보다 증폭시킬 수 있는 건축적 형식을 제안했다는 측면에서 그 가치를 찾을 수 있다. 지역성과 정체성에 대한 우리 사회의 오랜 모색에 현재적 보편성을 지닌 비움의 개념으로 응답하고, 건축의 사회적 의미와 건축가의 역할을 재고하는 가운데 지난 세기가 마무리되면서, 이어진 21세기에는 한국건축이 특정 논의에 얽매이지 않고 보다 다양한 성향으로 전개되는 동시에 공공영역에서의 일정 성취도 함께 이루게 된다.

한국적 모더니즘과 진화의 현장

임진영 (건축저널리스트, 기획자)

2000년대 이후의 한국 건축

2000년대는 민간 시장과 아틀리에 중심의 건축가 활동이 본격화되는 시기다. 국가 주도의 발전을 이루던 시대와 1990년대 규방의 시대로 규정한 비평가 박정현은 이후 국가에서 민간으로 건축주의 위치가 바뀌고 아틀리에 건축가의 시대가 열렸음을 주목한다. 특히 1997년 IMF 사태 이후 외국 자본을 중심으로 한 한국 시장의 급격한 세계화와 신자본주의의 등장으로 시장의 주체는 자본 중심으로 재편된다. 이 시기는 1989년 세계 여행 자유화로 인해 본격적인 유학길에 오른 한 세대가 귀국해 자신의 건축을 보여주는 때이기도 하다.

이 20년의 시간을 두고 가능하다면 2000년대 이후의 한국 건축은 2010년 전후로 구분해볼 필요가 있다. 2000년대에는 일산 주택단지에서 해외 유학을 마치고 온 건축가들이 집을 통해 자신의 건축을 선보인다. 1990년대 말 중견 건축가들이 참여한 분당 전람회 단지와 비교되는 일산 주택단지는 서양 건축 수업을 통해 체득한 건축 어휘와 한옥의 특징에 대한 탐색, 의뢰인들의 삶을 반영한 공간 구성 등 유연하고 다양한 실험들이 이어진다. 파주출판도시와 헤이리아트밸리에서는 건축가가 주도한 마스터플랜과 가이드라인을 통해 4.3그룹 세대와 젊은 건축가들의 공조가 이루어진다. 설계 조건은 열악했으나, 건축가가 자신의 건축을 펼쳐낼 기회가 되었다는 점에서 젊은 건축가에게는 또 하나의 무대가 되기도 했다.

반면 공공에서 조성되는 대형 시설들은 턴키에 의존해 작동했다. 당시 지어지던 청사와 문화시설 등 공공건축이 턴키로 지어지면서 건설사와 대형설계사무소의 협업 시스템이 구축되었고, 그 과정에서 건축의 완성도나 성취는 미약해지게 되었다. 턴키로 당선된 서울시청 안이 문화재 심의에 제동이 걸리고 또 서울을 대표하는 건축물로서 상징성을 갖추지 못했다는 강한 비판에 직면하면서 아이디어 공모전을 통해 새로운 설계자를 찾게 된 과정은 턴키 방식이 갖는 한계를 여실히 드러내기도 했다.

거대 자본과 스타 아키텍트의 등장:
또한, 이 시기는 거대 자본을 타고 스타 아키텍트의 세계적인 활약이 한국 시장에도 물밀 듯이 밀려오던 시기이다. 1990년대 말 렘 콜하스와 장 누벨, 마리오 보타가 참여한 리움은 세계적인 건축가의 본격적인 등장을 알렸고, 이후 스타 아키텍트의 이름은 여러 프로젝트에서 적극적으로 활용하게 된다.

시대적 차이는 있지만 1970년대부터 1990년대 한국에서 건축주가 해외건축가를 선호하는 배경은 두 가지로 살펴볼 수 있다. 하나는 병원, 대형건축물, 공항과 같은 특수 기능을 가진 건축물에 대한 국내 설계사무소의 기술과 경험 부족을 극복하기 위한 것이다. 또 다른 측면은 건축물의 새로운 아이디어를 수용하거나 디자인의 한계를 뛰어넘기 위한 것이다. 1970년대에 호텔 건축을 중심으로 일본 건축가가 등장했다면, 1980년대에는 여의도와 중구를 중심으로 오피스빌딩 군이 시저 펠리, SOM, 니켄 세케이의 이름으로 지어졌다. 경제가 수직으로 상승하던 1990년대에는 KPF, 리처드 로저스, 라파엘 비놀리, 레오나르도 파커와 같은 미국 건축가의 이름이 대세를 이루었는데, 이 시기에는 문화시설뿐만 아니라 초고층 빌딩, 고속전철역사 및 공항과 같은 특수시설이 본격적으로 확장되던 때이다. 여전히 국내 설계사무소의 수준을 불신하던 발주처가 외국 건축가와 협력을 강력히 요구하던 시기이기도 하다. IMF 금융지원 사태로 잠시 주춤하는 듯했지만, 2000년에 들어 해외건축가는 다시 등장했다.

그런데 이 시기에 한국에 등장한 해외건축가는 이전과 다른 양상을 보이기 시작했다. '조직 설계를 근간으로 하는 기업형 건축(가) 설계집단'의 노하우와 전문성이라는 기술 유입이 아닌, 작가적 성향이 강한 해외건축가들의 창의적인 디자인에 손을 내밀기 시작한 것이다. 1994년 마리오 보타의 부산 교보생명 사옥계획(2000년 완공), 리움(2005), 서울대 미술관(2005)처럼 세계적인 건축가의 건축이 속속 완공되고 여기에 2004년 이화캠퍼스센터 국제초청공모전을 시작으로, 부산영상센터, 동대문 디자인센터 국제초청공모전까지, 대규모 공공프로젝트에서도 영향력 있는 해외건축가를 초청해 공모전을 열면서, 한국건축계는 21세기 초반을 국제적으로 왕성하게 활동하고 있는 현대 건축가들과 함께 열었다.

안타깝게도 이 화려한 이름과 함께하면서 그 역량을 온전히 드러내는 건축물은 손에 꼽힌다. 한국에 지어진 일부 프로젝트는 해외에, 혹은 설계자의 포트폴리오를 통해 소개되지 않았고, 건축 담론을 만들어내지 못했다. 그저 스타 건축가의 이름을 단 국내용 범작에 그치고 만 경우다. 2010년 이후에는 도시의 정치적 공간 역시 '빌바오 효과'의 맹신도가 되고 결국 디자인의 가치는 상품성과

맞물려 자본과 긴밀한 동행을 하게 된다. 그로 인해 다시 아이콘과 상징, 기념비를 채워줄 스타 건축가에 열광하는 순환을 반복하게 된다.

여전히 한국 건축의 주류는 대형 자본이 주도하는 시장과 만나지 않는 평행선을 이뤘고, 시민들에게 건축은 난해하고 먼 존재로 여겨졌다. 관 주도로 도시 차원의 '메이킹 플레이스(making place)', 즉 공간 만들기가 주요 정책이 되면서 랜드마크가 계획되던 시기이기도 하다.

'방의 도시'를 넘어서는 한국 건축:

2004년 베니스 건축비엔날레 한국관은 '방'으로 채워졌다. 〈방의 도시(City Of Bang)〉라는 제목으로 열린 전시는 당시 우후죽순 자라던 한국의 방 문화에 대한 재치 있는 분석을 담아 국제적인 관심을 받았다. 이 전시는 노래방, 찜질방, 비디오방, 놀이방, 소주방까지 다양한 방을 통해 대중화한 한국의 도시 상황을 주제로 구성되었다. 여기에서 방으로 채워진 풍경은 도시의 켜가 사라지고 단조로워진 도시의 단면을 포착했다. 급격한 도시화와 아파트 문화가 만연하면서 도시 공간의 여백 없이 필요에 의한 공간만을 소비해 온 한국 사회의 단면에 주목했다. 한국 사회와 도시에 대한 흥미로운 분석을 내놓은 이 전시는 2004년 베니스 건축비엔날레 주목할 만한 다섯 개의 전시 안에 드는 성과를 남기기도 했다.

2000년대 들어서면서 한국 건축은 단일 건축물을 넘어서 도시 공간으로 시야를 확대한다. 무계획적이고 불확실한 도시의 빈틈에 개입함으로써 더 풍요로운 도시 환경을 만들기 시작했다. 걷기 좋은 도시를 만들기 위한 정책이 이어졌고 경복궁, 창덕궁 등 기존 도시와 단절된 문화재 시설 주변을 정비하는 건축가들의 계획도 시도되었다. 서울시청 광장과 광화문 광장 등 도심 광장 디자인을 모색했고, 청계천 복원 논의도 시작되었다. 공공디자인 영역에서 건축가들은 단절된 도시를 재구성하는 디자인을 선보이기 시작했다.

한강 주변에 대한 공공 환경 개선으로 방치돼 있던 도시의 말단을 잇는 시도도 이루어졌다. 서울시 한강르네상스 프로젝트 일환으로 진행한 '나들목 개선 사업'과 '한강 교량 보행환경 개선 사업'은 한강에 대한 접근성을 높인 경우다. 일찍이 모래사장이 깔려있고 사람들의 피서지이기도 했던 한강은 잦은 홍수로 인해 피해도 컸다. 개발과 성장에 초점을 두었던 1970년대에, 환경보다 치수의 편리함을 위해 콘크리트 블록으로 강변을 덮게 된다. 강변을 따라 고속도로가 놓이고 아파트 단지가 들어서면서 한강은 쉽게 접근하기 어려워졌고 일상의 공간과도 거리가 멀어졌다. 그 결과 한강 변에 가기 위해서는 강변 고속도로 아래로 난 작은 콘크리트 굴다리를 통과하곤 했다. 이런 환경을 개선하기 위해 서울시는 당시 젊은 건축가들에게 기존 콘크리트 육갑문을 리노베이션해 환경을 개선하도록 의뢰했고 건축가 김찬중, 신혜원, 이소진 등이 참여해 환경을 개선했다.

2010년대 이후, 전환의 시대:

2010년 이후는 달라진 건축에 대한 사회 전반의 인식과 분위기를 감지하게 된다. 이 변화를 보여주는 상징적인 사건은 건축가 유걸의 서울시청과 땅콩주택 열풍을 꼽을 수 있다. 서울시청이 처음 가림막을 걷었을 때, 이를 둘러싼 시민들의 호불호가 다양한 목소리로 표현되었고, 이는 도시를 이루는 물리적 환경에 대해 시민들의 관심이 직접적으로, 또 폭발적으로 드러났다는 점에서 의미 있는 신호로 볼 수 있다. '3억으로 집짓기'를 내세웠던 땅콩주택은 아파트를 대체할 수 있는 새로운 주거 유형이 평범한 시민들의 전셋값으로 구현 가능하다는 한 신호였고 이는 집에 대한 일반인들의 관심이 구체적으로 실현되는 계기가 된다.

2010년대 후반 인스타그램을 비롯한 소셜 네트워크 서비스(Social Network Service)를 타고 장소와 공간에 관한 관심이 크게 늘었을 뿐만 아니라, 건축에 대한 시민들의 사회적 관심도 높아지면서 건축 문화가 높아지는 시기를 만나게 된다.

시행사가 주도하던 분양 시장에서는 디자인의 차별화를 가치로 내세우는 분양 상품이 등장한다. 2008년에 완공된 부티크 모나코는 당시 젊은 건축가 조민석을 영입하면서 사업적 성공을 거두는데, 고급화 전략으로 디자인 차별화를 내세웠다는 점에서 이전과 다른 접근을 보여준다. 건축가 조민석은 네이처포엠(2005), 부티크 모나코(2008), 에스트레뉴(2009) 등 고층 복합주거 시리즈를 설계하면서 '매트릭스 스터디스'를 선보였다. 용적률과 건폐율에 최적화된 기존의 매트릭스를 어긋나게 하거나 비우거나 단면의 변화를 시도하면서 고층 복합주거의 불균질한 균열을 내고자 했다.[1] 비슷하게 주택단지 분양뿐만 아니라 주유소, 골프클럽하우스 등 다양한 상업시설에서 건축가들이 호명되면서 건축가들의 시장은 확대되고 다양해졌다.

공공건축의 제도적 보완과 질적인 향상도 중요한 변화로 꼽을 수 있다. 서울시를 중심으로 공공 영역에서 진행되던 무분별한 턴키 중심의 공모전에 제동을 걸고 디자인 중심의 공모전을 구축하면서 공공건축은 질적인 변화를 시작한다. 서울시가 가장 먼저 젊은 건축가들의 공공사업 참여를 유도하는 공공건축가 제도를 활용하기 시작했고, 2015년부터 시작된 공모전 제도의 보완은 공공건축의 변화를 가져오면서 그 결실을 맺고 있다.

한국적 모더니즘의 등장

1990년대는 아틀리에 건축가들이 주도하는 시기다. 그리고 1990년대 후반부터 한국 건축에는 1989년 해외여행 자율화로 유학을 다녀온 건축가들이 본격적으로 등장하게 된다. 조병수, 최두남, 김종규, 김준성, 임재용, 김헌, 김영준, 이은영, 최문규, 이은석, 김승회, 최욱, 황두진, 정재헌, 민성진 등이다. 이들은 해외 유학을 통해 동시대의 정보를 습득했지만 동시에 자신의 정체성에 대한 치열한 고민과 마주하는데, 박길룡 교수는 이에 대해 한국전통건축에 대한 결핍과 서양 건축의 동시대 수용이 '이종(異種)의 경험을 만들었다[2]고 말하기도 했다. 이에 대한 자각은 한국성에 대한 고민, 한국

1—건축가특집 〈mass studies〉, 월간 space 0510.
2—박길용, 『한국현대건축의 유전자』, (주)공간사, 2005.

건축의 특징에 관한 탐구로 이어져 서양 건축의 규율 안에서 한국 건축의 특징을 통합하려는 치열한 숙제를 실천하게 했다.

반면 이전 세대가 개입하지 않았던 자본 주도의 시장에 기꺼이 참여해 게임을 벌이고 대안을 모색한 건축가 조민석, 문훈, 김찬중 등은 한국성에 대한 짐을 지지 않고 한국 건축의 최전선에 적극적으로 대응한다는 점에서 의미가 있다. 그리고 그 이후 시간적, 물리적 제약 없이 동시대로부터 정보를 얻고 건축을 이행하는 결핍 없는 세대가 등장한다. 치열한 고민을 했던 아틀리에 건축가들이 한국적 모더니즘을 꾸준히 추구했다면, 더는 스스로의 정체성을 한국성에서 찾지 않아도 되는 건축가들이 동시대 건축의 흐름 안에서 건축을 선보이는 셈이다.

이후 1995년 세계무역기구(WTO) 체제 아래 국제적인 건축사 자격 상호 인정 문제에 대비하기 위해, 건축교육제도 개선을 위해 5년제가 논의되고 2002년부터 5년제가 인가되면서 보다 체계적인 설계 교육을 받은 세대가 등장하면서, 동시대 건축 논의의 연장선에서 자신의 작업을 펼치는 오늘의 젊은 건축가들이 작업을 선보이게 된다.

1990년대 중후반, 건축 설계 교육에 대한 반성과 개선을 위해 서울건축학교가 조직되고 경기대 건축전문대학원이 설립되면서 설계 기반의 교육 시스템 개선을 위한 두 그룹을 형성한다. 여름방학을 활용한 워크숍 형태로 진행된 서울건축학교와 해외 유학을 마친 젊은 건축가들이 대거 참여한 스튜디오 운영으로 동시대 건축을 탐색한 경기대 건축전문대학원은 2002년 이후 건축 5년제 인가가 확대되기 이전의 여러 실험을 보여주며, 건축 교육의 의미 있는 두 축을 이룬다. 이는 이후 2010년대 이후 서울건축학교의 성향을 잇는 한국예술종합학교와 경기대 건축전문대학원으로 대표되는 건축전문대학원 중심의 교육을 받은 젊은 건축가들의 등장을 가져왔다.

2000년대의 키워드를 굳이 뽑자면, 한국 건축에 대한 정체성과 서양 건축의 경계에서 치열하게 자신의 정체성을 추구하며 한국적 모더니즘을 구현하고자 한 아틀리에 건축가와 이후 동시대 정보를 자유롭게 흡수하는 결핍 없는 세대의 등장과 진화를 들 수 있다. 이는 작가주의를 전제로 한 접근이지만 한국 건축에 계보와 좌표를 설정할 수 있는 다양성이 펼쳐졌다는 점에서 주목할 만하다.

작가주의에 대한 옹호

1987년 해외여행 자율화는 미국과 유럽에 본격적인 건축 수업을 받을 수 있는 길을 열었다. 1990년대 후반에서 2000년대는 이 해외여행 자율화로 유학길이 올랐던 세대가 한국에서 본격적인 활동을 시작하는 시기이다. 당시 30대 건축가였던 이들은 해외 건축을 현장에서 습득하고 실무를 경험한 후 각자의 정체성을 보다 강하게 드러낸 세대다. 동시대 서양 건축을 흡수하면서 정체성에 대한 고민을 마주할 수밖에 없었던 이들은 귀국 후 이전 세대가 주도하던 한국성에 대한 숙제도 짊어져야 했다. 이들은 서양의 현장에서 포스트모더니즘과 후기 모더니즘, 해체주의를 경험했지만, 귀국 후 한국 상황에 맞는 건축을 풀어내기 위해 고민했다. 특히 아파트가 한국 사회의 주요한 주거 형태로 자리 잡은 상황에서, 젊은 건축가들은 주거 양식에 대해 실험을 하며 자신의 건축 어휘를 드러내기 시작했다. 서양의 건축 언어를 제대로 익혔지만, 이를 그대로 이식하기보다 한국성에 대한 고민을 내적으로 풀어내면서 자신의 독창성을 표현한 세대라고 할 수 있다. 이 '이종의 경험'이 가져온 치열함은 개별적인 건축가의 개성을 드러내는 원동력이 되기도 했다.

1990년대 후반부터 건축전문지 〈건축과 환경(현 C3 KOREA)〉에서는 젊은 건축가들의 특집을 적극적으로 다루었는데, 이때 건축가 특집을 선정하는 중요한 기준으로 오리지널리티, 트래디셔널리티, 아이덴티티(Originality, Traditionality, Identity)를 꼽았다. 작가주의를 옹호하는 이 세 가지 기준은 본격적인 유학 세대의 등장과 함께 한국 건축에 작가주의 건축가가 대거 등장했음을 알리는 신호였다. 당시 김승회+강원필, 조병수, 최두남, 임재용, 유태용, 김헌, 김영준, 이은영, 최문규, 이은석, 김준성, 민성진, 김종규 등의 해외파 젊은 건축가뿐만 아니라 곽재환, 이충기, 김효만 등 국내파 건축가들의 작업이 특집으로 소개되었고, 이러한 방식은 건축가들에게 스스로 추구하는 건축을 더 강하게 부각하고 규정하는 통로가 되었다.

한국성과 세계화의 경계에 선 건축가들

1990년대 말, 2000년대 초에 소개된 이 건축가의 작업은 자신이 추구하고자 하는 건축을 주제어로 표방하고 개별적인 특징을 강조하며 작가주의의 특성을 드러내게 된다.

김헌은 언어를 통해 건축을 풀어낸다. 중의적이고 다의적인 해석이 가능한 개념적인 단어들은 그의 내적인 건축 주제를 반영한다. 언어와 함께, 대지에서 얻은 선, 폐허에 대한 심성은 그의 건축의 중요한 출발점이 된다. 대지에서 떠오른 다양한 선들이 만들어내는 공간의 역동성, 우물과 같은 공동, 브리지, 경사로, 외부 공간, 천창(하늘 창)과 이중 외피는 공간을 낯설게 해 긴장감과 생명력을 만든다. 그래서 그의 건축에는 원시성, 날 것과 같은 원형이 담겨 있다. 이러한 날 것 같은 원시성은 자연에 대한 경험을 은유한다.

김승회의 건축사사무소 이름은 경영위치(經營位置)다. 동양화에서 구도를 잡는다는 것을 뜻하는 이 말은, 하나의 사물이 아니라 사물 간의 관계에 주목하자는 의미다. 같은 세대 건축가들과 마찬가지로 그는 포스트모더니즘과 해체주의의 현장에서 건축을 공부했지만, 결국 건축의 기본과 기능에 충실했던 모더니즘으로 눈을 돌려 주요한 출발점으로 삼는다. 그의 건축은 모더니즘의 완결성과 질서를 가지고 있으면서도 한국적인 여백을 담고 있다. 이는 그가 12년에 걸친 소도시 보건소 연작을 통해 한국의 소도시에서 공공건축이 도시적 맥락에서 대응하는 방법에 대해 고민했으며, 옛 건축을 통해 한국 건축의 주거 유형을 분석하고 이를 바탕으로 우리 시대를 위한 주거를 탐구한 결과다.

김종규는 이미 1980년대 후반이라는 이른 시기에 영국 AA스쿨에서 랜드스케이프 아키텍처에 대한 개념을 가지고 자신만의 건축을 전개했다. "한국에서 가져온 땅에 대한 타고난 친숙함" 덕분이다. 한국에 귀국해 응모했던 1996년 명동성당

100주년 기념 마스터플랜에서 그는 건축을 도시적인 풍경으로 풀어낸 인상적인 계획안을 발표했다. 건축물과 땅의 경계를 허물고 주변 대지와 건물의 관계를 만들어간다는 개념 아래에, 도시의 지형이 건축물 일부가 되고 건축물은 다시 도시 풍경으로 되돌아가는 지형적 공간을 기획하여 당시 건축계에 신선한 감흥을 주었다. 이후로도 한정된 재료를 사용해 절제된 표현을 하는 김종규는 중성적인 공간을 통해 건축의 본질이 가진 미학을 보여주는 작업을 연달아 소개하고 있다. 그는 공간이 주는 감동보다 지극히 보편적이고 상식적인 일상의 환경으로 건축을 바라본다.

건축가 최욱은 베네치아 대학에서 서양 이론을 공부한 후 알파벳 문자와 상형 문자를 갖는 동서양의 세계관 차이를 인식한다. 이후 한국 건축에 대한 분석은 '터'라는 주제로 발전하고, 단면의 섬세한 시퀀스를 만들어나가며 저층부가 주변에 관계를 맺는 방식에 주목한다. 형태를 지우고 빛의 퀄리티, 공간의 스케일 감, 창을 통해 바라보는 풍경 등을 섬세하게 고려한다. 초기의 한옥 리노베이션을 거쳐 현대카드 영등포사옥에서 '배경으로 존재하는 입면'을 시도하고 현대카드 디자인라이브러리, 1964빌딩, 가파도 프로젝트까지, 병치, 합, 터 등의 한국 건축의 전통적인 특성을 분석해 공간에 구축하고자 한다.

건축가 조병수는 장인 정신, 모더니즘, 동양사상이라는 세 개의 축으로 설명된다. 그의 건축은 모더니즘 운동과 동양사상 사이의 심오한 연계에 대한 이해를 바탕으로, 유기성과 추상성이라는 공존하기 어려운 두 극단을 포용한다는 평을 받는다.[3] 상자라는 절제된 형태를 통해 사용자의 경험과 본질적인 공간이 주는 경이로움을 탐구해왔는데, 건축은 절제된 배경으로 남고 자연의 변화를 오롯이 느낄 수 있는 개인의 경험을 담고자 한다. 또한, 절제된 공간을 만들기 위해 시공 현장에서 벌어지는 여러 건축적 실험과 재료 탐구는 그만의 디테일을 만들어냈고, 투박하지만 세련되고 절제되지만 풍요로운 건축[4]을 만들어냈다.

건축가 정재헌은 프랑스에서 앙리 시리아니에게 수학하고 로랑 살로몽에게 실무를 배우면서 신체 치수가 갖는 공간의 구체적인 안정감과 감성을 체득한다. 한국 건축 답사를 통해 우리나라의 지형과 전통건축의 공간이 갖는 내외부 공간의 소통 등을 체득해 건축에 담아오고 있다. 특히 판교 주택 시리즈는 실제 쓰임을 고려한 마당과 내외부 공간의 교류를 통해 주택의 새로운 변화를 이끌고 냈고, 오피스 빌딩, 호텔, 상업 공간에서 역시 내외부 공간의 짜임새를 만들어주며 풍부한 공간을 만들어내고 있다.

이제는 중견 건축가로 한국 건축의 허리를 탄탄하게 지지하고 있는 이들은 한국 건축의 질적 풍요로움을 키웠을 뿐 아니라 건축 문화의 다양성을 가져왔다. 무엇보다 이들은 공동의 가치를 추구하는 대신, 개개인의 건축 탐구에 몰두했다는 점에서 근대적 자아의 태도를 엿볼 수 있다.

3—조병수, 『Cho Byoung-soo』, +Architect 03, (주)공간사, 2009.
4—마크 라자탄스키, '거칢 속의 세련됨, 세련됨 속의 무심함', SPACE 0704.

분당 전람회 주택단지에서 일산 주택단지로, 주거 유형의 실험

주거에 대한 건축가들의 참여는 일부 소수 단독주택을 통해서 이루어졌고, 이들은 다양성과 삶의 질, 디자인 측면을 고려한 건축물을 선보이며 조금씩 주거 문화에 대한 틈새를 찾고 있었다. 1990년대 말, 2000년대 초에 젊은 건축가들의 실험 무대가 된 것은 일산 주택단지이다. 1989년 주택의 대량 공급을 위해 조성된 분당과 일산은 매우 흥미로운 비교 대상이 된다. 분당 전람회단지가 토지개발공사가 주최해 건축가를 선정하면서 중견 건축가들이 참여했다면, 일산 주택단지는 개개인의 의뢰를 통해 젊은 건축가들의 데뷔작이 된 곳이다.

분당 신도시 주택설계는 전람회라는 방식으로 새로운 주거 유형을 대대적으로 전시 및 홍보해 실현한 주택단지이다. 강석원, 공일곤, 김석철, 김원, 김인철, 김종석, 도창환, 류춘수, 민현식, 박연심, 승효상, 엄덕문, 원정수, 지순, 윤승중, 이성관, 장석웅, 장세양, 조건영, 조성룡, 황일인 등이 선정되어 참여했고, 단독주택 1채와 공동주택 1채를 설계해 미리 제안하는 방식이었다. 주최 측이 건축가의 제안을 최대한 보장하면서 단독주택과 공동주택에 대한 건축가들의 제안은 치열했으나, 단독주택의 규모가 매우 커서 호화주택이라는 비판에 면했고, 강홍빈 박사는 과연 누구를 위한 것이고 무엇을 다루고자 하는지 명확하지 않다는 지적을 하기도 했다.[5]

조금 늦게 조성된 일산 신도시의 단독주택지구는 당시 유학 후 갓 귀국한 젊은 건축가들의 주거 실험장이 되었다. 이곳은 경사 지붕 사용, 담장 철폐, 진남 방향으로의 이격 거리 유지라는 도시설계지침을 두고 있는데, 실제 주를 이루는 주택은 이국적 풍경의 전원주택이 뒤섞여 있다. 이곳에서 김승회의 일산주택, 임재용의 주택 3제, 김광수의 일산 27블록 주택, 조병수의 ㄴ자집, ㄱ자집, 김헌의 주택 등 젊은 건축가들의 데뷔작이 지어졌다.

김승회는 가회동의 도심형 한옥에 대한 기억을 떠올려 주거의 원형을 되살리려 했고, 김헌은 과감한 사선으로 일상의 공간에 긴장감을 불어넣고자 했다. 조병수는 ㄱ자집과 ㄴ자집으로 한국 전통건축의 배치를 활용한 주거를 선보였고, 김효만의 임거당은 건물의 외부와 내부를 자연스럽게 소통하게 하고 다양한 마당을 두어 교류하게 했다. 당시 주택들은 현대건축의 언어를 가지고 한국의 주거 문화에 대해 다양한 해석을 내어놓았다.

일산주택단지는 이후로도 신도시 주택단지는 젊은 건축가들의 주거 제안이 집중되는 무대가 되는데, 2010년대에 들어 판교 주택단지와 위례 주택단지, 김포 운양동 주택단지 등에서 정수진, 김광수, 서승모를 비롯한 건축가들의 다양한 주거 제안이 이어졌다.

한국적 모더니즘의 진화

2000년대 들어 한국성 논의를 벗어나 개개의 건축 완성도와 정체성에 주목하게 된 한국 건축은 이후

5—안건혁, 분당 신도시 건설과 주택 전람회의 의의, 건축사 9304. 안창모, 〈분당 전람회단지와 일산 단독주택지구—그들만의 주거문화와 우리들의 주거문화〉, 건축문화 0106. 윤중연, 「1990년대 전반 건축전을 통해 본 한국건축담론의 전환기—4.3그룹 건축전 "이 시대 우리의 건축"(1992)과 분당 신도시 주택 설계 전시회 "한국의 주거문화 1994"(1993)를 중심으로」, 숭실대학교, 2014.

더 진화한 한국적 모더니즘을 선보인다. 건축가 조병수의 카메라타와 ㅁ자집은 그가 꾸준히 추구해 온 건축적 관심을 집약시켜 보여준다. 건축 원형에 담긴 절제, 투박하지만 세련된 매스 구성 등은 최대한 절제하면서 그 안에 다양한 자연의 경험을 끌어내는 작업들이다. 특히 재료의 물성을 적극적으로 활용하면서도, 이를 구성하는 디테일과 시공 방법에 깊이 개입함으로써 건축은 크래프트맨쉽의 힘을 갖게 되었다. ㅁ자집에서 파라펫 없는 30cm 지붕의 가운데를 ㅁ자로 반듯하게 잘라낸 시공 방식은 단순한 상자를 만들기 위한 오랜 시도와 연구 끝에 얻은 노하우다. 얇은 판형 같은 지붕을 한옥의 옛 고재로 그리드를 벗어난 비정형 방식으로 받치고, 안에서 하늘을 향에 열린 공간을 구성함으로써, 건축물은 바람과 햇빛, 비와 눈, 기온을 경험하는 배경이 된다. ㅁ자집 옆에 지은 땅집은 말 그대로 지붕이 열린 박스를 땅 밑에 묻어 자연스럽게 땅속에 파고들어 있다. 전통 흙집을 짓는 방식을 차용해 콘크리트와 흙, 나무가 공존하는 집이다. 모더니즘을 내재하면서도 한국적인 공간이 가진 원형을 놓치지 않는 조병수의 작업은 한국적인 특성을 보여주면서도 보편성을 획득해 국제무대에서 주목을 받고 있다.

재일건축가 고 이타미 준은 한국과 일본의 경계인으로서 살았지만, 오히려 '모던 코리아'를 강하게 보여주는 대표적인 건축가이다. 포도 호텔과 수풍석 박물관 시리즈, 그리고 방주교회까지, 제주도에 자리한 연작은 그의 대표적인 작품들이다. 아름답지만 혹독한 자연환경과 지역 특유의 풍토가 강한 제주야말로 이타미 준의 건축을 가장 잘 드러내는 토양이다. 그의 건축은 자연에 반응하고 야성미와 추상, 엄숙함과 고요함을 통해 건축의 본질적인 감동을 전하고자 하기 때문이다. 그는 조형의 순수성을 획득하기 위해 그 토지의 전통에 뿌리를 두고 문화의 흐름을 추출하고자 했으며, 강인한 조형 감각과 자유로운 시대정신을 추구했다.[6] 이를 두고 한 비평가는 '건축 그 자체가 현대 미술이며, 토속적인 소재로 추상미를 지향한다'라고 평하며 이를 '모던 코리아'라고 칭하기도 했다.

김인철의 바탐방(battambang) 원불교 교당과 네팔 좀솜의 라디오 방송국 '바람 품은 돌집'은 지역성에 대한 흥미로운 관점을 선사한다. 각각 캄보디아와 네팔에 지어진 이 두 집은 한국 건축가가 같은 아시아 지역에서 건축하면서 지역적 특성을 극대화한 흥미로운 사례다. 캄보디아에서는 현지의 기후에 적합한 타공벽돌의 단면을 벽에 드러냄으로써 미적 효과와 환기 통풍의 효과를 동시에 얻었다. 재료에서 구축 방식까지 모두 토속적인 것에서 찾고자 했던 결과, 지역성을 현대화하는 데 성공했다. 히말라야의 길목에 있는 네팔의 '바람 품은 돌집' 역시, 이렇다 할 공사 장비 없이 현지의 재료와 구축 방식을 활용하면서도 이를 현대적인 공간으로 구성해냈다. 한국 건축가의 작업이 한국이라는 토양을 넘어 보다 넓은 세계에서 지역적 특성과 정체성을 길어낸 것이다.

6 — 유동룡, 『돌과 바람의 소리』, 학고재, 2004.

랜드스케이프 아키텍처와 도시경관의 변화

한국에 랜드스케이프 아키텍처라는 개념을 처음 선보인 것은 1999년 명동성당 100주년 기념성당 공모전에서였다. 일찍이 1980년대 후반 영국 AA스쿨에서 이미 랜드스케이프 아키텍처에 대한 개념을 구축했던 건축가 김종규는 대지의 지형을 자연스럽게 건축으로 이어낸다. 그리고 건축과 대지, 도시의 경계가 사라지고 이를 다양하게 구성하면서 복잡한 도심 한복판에 땅을 그려내는 안을 제출했다. 공모전은 무산되었지만, 이 안은 한국 건축에 지형과 깊은 관계를 맺는 랜드스케이프 아키텍처의 개념을 파급시킨 출발점이 되었다. 단일 건축물이 아니라 도시 풍경, 대지에 긴밀하게 연계하는 작업이 등장하기 시작한 것이다.

건축가 승효상의 대표작인 웰콤시티는 도시경관에 건축이 적극적으로 개입한 사례다. 대로변에 있는 거대한 사옥이 뒤편 주택가의 시야를 가리지 않게 하려고 네 개의 커다란 매스로 분절하면서, 건축은 도시의 풍경을 결정하는 동시에 시각적 교류를 활성화했다. 건축이 스스로 독립된 오브제가 되기보다 도시경관과 풍경에 적극적으로 개입하고, 더욱 나은 환경을 제시하는 역할을 제시한다. 저층부에는 육중한 콘크리트 매스로 하나의 기단을 만들고, 상부에는 산화 강판으로 마감한 4개의 매스를 분절하였으며, 그 사이 공간은 자연스럽게 외부 공간이자 휴식의 공간이 되었다. 겉으로는 단순하고 명쾌하며 단절되어 보이지만, 실상 내부에서는 복잡한 동선으로 공간이 전개되는 특징을 가지고 있다.

보다 적극적으로 조경과 건축이 함께 땅을 다룬 예도 있다. 정영선, 조성룡의 선유도 공원은 지금도 시민들의 사랑을 받는 아름다운 공원이다. 당시 선유도의 한강 정수시설이 그 역할을 다하게 되자, 더는 사용되지 않는 산업 유산을 없애고 공원을 조성하기로 했다. 그러나 공모전에 당선된 정영선, 조성룡의 안은 기존 산업 시설을 밀어내지 않고, 그 흔적을 남긴 채 대지를 다시 디자인하면서 산업 유산의 재활용에 대한 우리나라 최초의 사례를 만들었다.

수직 타워에서 도시경관을 전환한 사례도 있다. 고도의 효율성과 합리성을 추구해 획일적인 평면으로 솟아오르는 수직 타워는 도시경관의 스카이라인을 만들기도 하지만 획일적인 도시경관을 만드는 주범이기도 하다. 특히 수직 타워가 밀집된 강남 일대는 전형적인 커튼월 입면으로 회색 도시의 이미지를 만들어냈다. 이 강남의 수직 타워 풍경에 조민석의 부티크 모나코, 김인철의 어반 하이브, 마리오 보타의 교보빌딩을 시작으로 새로운 풍경을 선사하기 시작했다.

김인철의 어반 하이브는 수직 타워에 대한 또 다른 제안을 보여준다. 원형 패턴이 반복되어 '땡땡이'라는 별명을 얻기도 한 어반 하이브에서, 외벽은 스스로 반복적인 패턴을 가진 구조체이자 외부로 열린 시각적 창의 역할을 한다. 내부는 유리로 마감되면서 건물의 외벽은 이중 스킨으로 깊이를 가진다. 독특하고 과감한 형태, 재료와 구조의 새로운 시도를 통해 커튼월로 점철된 강남 일대에 확연한 차별화를 보여주고 있다.

건축가 조민석이 설계해 2006년 완공된 부티크 모나코는 용적률과 건폐율을 최대로 끌어올리는 기존 수직 타워와 다른 시도를 했다. 최고 높이로 올린 건물에서 초과한 용적률만큼 건물의 중심부 곳곳을 빈 공간으로 파낸 것이다. 결과적으로 오피스텔 용도를 지닌 건물에는 다양한 수직 공원과 브리지가 만들어졌고, 도미노 시스템의 천편일률적인 평면 대신 48개의 다양한 평면의 조합이 이루어졌다. 건축가 조민석은 네이처포엠, 부티크 모나코, 지웰 타워와 에스트레뉴 등 여러 타입의 수직 타워를 통해 도미노 시스템에 빈틈을 만드는 '매트릭스 스터디'를 이어갔다. 나아가 '다음 스페이스닷원(Space.1, 현 카카오사옥)'과 남해 컨트리클럽 하우스를 통해, 기둥, 벽, 천장이 절묘한 곡선과 직선으로 일체화되는 구조체를 통해 유기적인 공간을 만들어내며 수평적으로 확장하는 시도를 보여주고 있다.

한옥의 재발견

근대 시기 도시화의 가속으로 인구 밀도가 증가하면서 한옥 역시 도시화의 길을 걸었다. 도심형 한옥 집합지에는 대부분 대형 필지를 잘게 나누고 다른 집 벽을 맞대어 마당을 조성하는 ㅁ자 혹은 ㄷ자형의 소규모 한옥이 등장했다. 도심형 한옥을 마지막으로 한옥은 그 생산력과 기술에서 시장을 확보하지 못하고 한국 건축에서 소외되기 시작했다. 건축가가 개입할 여지도 관심도 없었던 한옥을 다시 보기 시작한 것 역시 2000년대에 들어서면서이다. 이 도심형 한옥은 2000년대 이후 건축가들의 작업에 또 다른 참고문헌이 되기 시작했다.

한국 건축에 대한 고민은 건축가마다 다양한 방식으로 전개되는데, 1985년의 〈가회동 실측조사보고서〉는 건축가들에게 도심형 한옥을 통해 한국 건축을 접하게 하는 계기를 만들었다. 당시 서울대학교 건축학과의 무애건축연구실과 홍익대학교 건축학과의 윤도근 교수 연구실이 함께 조사한 이 실측 조사에는 송인호, 우창훈, 조용훈, 이상구, 정인하, 정영균, 한필원, 전봉희, 우동선과 함께 당시 대학원생이던 황두진, 김승회 건축가의 이름을 볼 수 있다. 홍익대에서는 김란기, 윤희상, 김한준, 김능현, 남호현, 이일형 등이 참여했다.[7] 김승회, 황두진 건축가 모두 이 한옥 실측 작업을 중요한 경험으로 언급하고 있다. 김승회는 일산주택에서 '우리 시대 집의 한 전형에 대해 고민했다'라고 말하며 '10여 년 전 줄자를 갖고 가회동의 한옥들을 재고 다니던 때부터 키워온 것'이라고 말한다. 황두진 역시 이때의 한옥 공간에 대한 이해를 이후 전통의 유전자가 담긴 현대건축의 시도와 공극률에 대한 출발로 삼고 있다. 이후에도 도심형 한옥은 여러 건축가들의 주요한 참고 자료로 언급되며 작업의 레퍼런스로 등장한다.

도심형 한옥에 대한 유지 보수가 문화재 관리 기술자나 집 장사의 손에 의지하던 시절, 건축가들은 하나 둘 도심형 한옥을 재구성하는 시도를 시작한다. 도심에서 얻는 2평의 작은 마당과 밀집된 공간 구성 등 도심형 한옥이 가진 가치를 일찍 알아본 건축가 조건영에 이어, 건축가 최욱은 기존 한옥에 유리를 사용해 고쳐 쓰면서 한옥 공간이 가진 가치를 실험하기 시작했다. 젊은

7 — 무애연구소·OB Seminar, 『가회동』, 사라져간 우리 한옥 시리즈 I, 도서출판 곰시, 2011.

건축가 서승모 역시 기존 한옥 구조를 그대로 두고 유리와 다양한 재료를 통해 한옥을 현대적으로 고쳐 쓰는 방식을 시도하였다.

조정구 역시 한옥에 대한 실험을 진행 중인 건축가다. 한옥 호텔인 '라궁'을 통해 한옥 부재의 규격화와 산업화를 시도했다. 한옥 부재의 규격화를 이루면 이를 대량 생산하는 것이 가능해지고, 그로 인해 부재의 단가가 낮아지면 한옥의 대중화를 이룰 수 있다는 전략이다. 규격화로 인해 부재의 길이가 짧아지고 이로 인해 한옥의 기본 구성단위인 '칸'이 다소 작아지는 한계가 남았지만, 높은 가격의 목재와 시공비를 극복하기 위한 의미 있는 실험을 이뤘으며, 이후에도 조정구는 현대건축에 한옥을 접합한 다양한 시도도 병행 중이다.

건축가 조남호의 경우, 2×4공법으로 불리는 경골 목구조를 통해 목조건축의 새로운 가능성을 실험한다. 콘크리트와 목구조를 결합하려 하지 않고 목구조 자체의 구조적인 미학을 실험하면서, 단순히 한옥이라는 유형에 머무르지 않고 목조건축의 다양성을 넓히는 시도를 하는 중이다.

이러한 목구조에 대한 이해는 한옥이나 전통건축의 공간을 이해하고 현대적으로 해석하는 토대가 된다. 건축가 민성진의 레이크힐스 순천 컨트리클럽 클럽하우스는 전통 한옥을 현대적으로 해석한 대표적인 사례다. 건축주는 '한국적인 건축이 무엇인가'라는 화두를 던졌고, 건축가는 이를 그대로 재현하는 대신 한국적인 선을 현대화하는 형태적, 구조적 실험을 병행했다. 한옥의 처마선을 살리려는 디자인 의도를 역 아치 형상의 구조로 풀어낸 것이다. 결과적으로 클럽하우스라는 대공간을 구축하면서도 전통건축의 선을 현대적으로 재해석하는 탁월한 해법을 선보인다.

건축가 황두진 역시 본격적으로 한옥 구조를 재해석한다. 그는 가회동 한옥밀집지역의 한옥을 연달아 설계하면서 목구조가 가진 가구 체계를 분석하고 이를 공간적으로 재구축하려는 시도를 이어갔다. 초기 작업이 기존 한옥이 가진 공간적 한계를 개선하고 다시 구축하는 작업이었다면, 그는 점점 한옥의 시스템에 현대적인 재료와 공법을 실험하기 시작한다. 휘닉스스프링스 컨트리클럽 한옥연회장에서는 중간에 유리로 지붕을 올린 한옥을 실험하거나, 통인 시장 입구 구조물에서는 스틸과 유리를 활용해 더 날렵한 구조물을 실현하고자 하였다.

한옥의 유형을 하나의 시스템으로 이해하고, 이를 다시 새로운 공간으로 구축하면서 한옥이 새롭게 진화할 가능성을 보여준 것이다. 이러한 한옥의 체계를 분석하고 마당을 중심으로 한 공간 구성을 현대적으로 내포하면서 그 DNA를 현대건축에 다시 시도하는데, 도심형 한옥의 공간 구성과 공극률 방식이 반영된 현대캐피탈 '캐슬 오브 스카이워커스'는 전통건축을 있는 그대로 계승하기보다 이를 분석하고 해체하여 새로운 시스템으로 재구성하면서 테크놀로지와 디자인을 합리적으로 규합한다.

동시대 건축을 말하는 건축가들

정체성과 한국성에 얽매이기보다 세계 건축의 흐름 속에서 개개의 건축적 완성도를 높이며 자신의 존재를 드러내는 건축가들도 등장했다. 한국

사회의 단면을 예리하게 주시하고 매스(MASS)에 대한 다양한 탐구를 쏟아내는 건축가 조민석이나, 샤머니즘에 가까운 한국적 정서를 강한 개성으로 표출해내는 문훈 등의 건축가들은 서구의 건축 문화에 대한 동경과 열등감을 극복하고 자신의 뿌리를 증명하기 위해 애써야 했던 이전 세대와 달리, 동시대 세계의 건축가들과 같은 토양과 출발선에 서 있다.

조민석은 이전 세대와 다음 세대를 구분하는 중요한 갈림길을 만드는 건축가다. 그는 뉴욕에서 건축을 공부한 후 세계 무대에서 활동하면서 건축에 대한 경험의 폭을 넓혔다. 세계 건축의 흐름을 습득하고 수용하기에 바빴던 이전 세대와 달리, 동시대 세계 건축의 현장에서 그 흐름에 동참하면서 자신의 건축을 펼쳐낸다. 한국에 돌아온 그는 한국 사회와 도시의 역동성에 주목하고 그 단면을 예리하게 주시하며 건축을 풀어내고 있다.

무엇보다 그는 한국적 정서나 전통의 굴레에 얽매이지 않으면서도 한국의 현재에 긴밀하게 대응한다. 한국 도시의 천편일률적인 수직 타워에 변화를 모색하는 매트릭스 스터디에서, 나아가 3차원 곡면 쉘을 통한 대공간 구성에 이르기까지 과감한 건축 행보를 보여주고 있다. 딸기가 좋아, 부띠크 모나코, 앤 드뮐러미스터와 다음(Daum) 사옥까지 그의 작업은 해외 저널을 통해 왕성하게 소개되고 있으며 많은 관심을 받고 있다. 조민석은 2014년 베니스 건축비엔날레에서 분단 상태의 한반도 100년을 조망한 〈한반도 오감도〉의 총감독으로 황금사자상을 받기도 했다.

문훈은 어쩌면 가장 부정할 수 없는 한국적 속성을 담고 있는 건축가라고 할 수 있다. 건축계의 이단아를 자처하는 그의 초기 스케치는 여체를 해부하여 건축과 연계하는 에로티시즘을 통해 건축을 상상하고 건축을 판타지와 결합시킨다. 그의 건축은 마치 당장 하늘로 날아오를 것 같은 모습을 하고 있으면서, 현실과 환상의 경계를 넘나들고, 망사를 뒤집어쓴 듯한 외벽으로 호기심을 유발시키는가 하면, 또 붉은 커튼을 휘날리는 유연한 경계를 만든다. 유치한 상상력, 소프트한 건축 장치 등을 통해 그는 건축이 '감정적인 커넥션'이 되도록 한다. 잠재적 무의식에 깔린 한국의 샤머니즘에서 에너지를 발견하고 이를 표현하는 무당이기를 주저하지 않는다.

건축가 김찬중은 산업 소재를 활용하면서 '산업적 공예성'을 추구하는 작업을 해왔다. 하나의 생산 단위가 모여 시스템을 이루는 방식에 관심을 둔 김찬중은 '싸고 빠르게'로 대변되는 한국 사회에 특성에 공장 제작한 폴리카보네이트와 FRP로 대응했다. 비정형 형태로 제작한 모듈의 반복적인 구성은 시간과 비용을 절약할 뿐만 아니라 흥미로운 패턴을 만들어냈다. 공장 생산 모듈 시스템의 방식은 이후 진화해 UHPC와 같은 구조체의 실현으로 이루어졌는데, 이 경우 3D 비정형 형상을 제작하는 과정은 제작 프로세스를 디자인하는 과정과도 같았다. UHPC로 구현한 하나은행 플레이스1과 울릉도 힐링 스테이 코스모스의 실험은 12cm의 단일 구조체로 외벽 패널과 구조체를 구현함으로써 새로운 콘크리트의 텍토닉을 만들어냈다.

고군분투하는 젊은 건축가들

2000년대 후반 국제적인 무대에서 실무를 쌓고 보다 자유로운 몸짓을 지닌 건축가들은 한국 사회 곳곳에서 자신의 역량을 드러낸다. 하태석, 조재원, 정현아, 신혜원, 이소진, 장영철+전숙희(WISE건축), 서승모, 양수인, 이정훈, 나은중+유소래(네임리스건축)을 비롯한 건축가들이 다양한 작업을 선보였다면, 2010년대에는 5년제 건축 교육을 받고 한국의 건축사무소에서 실무 경험을 쌓으며 성장한 젊은 건축가들이 대거 등장해, 세계적인 건축 흐름을 동시대에 경험하고, 글로벌 네트워크를 통해 정보를 습득하며, 국내외에서 활발하게 자신의 건축을 표현하고 있다.

특히 문화부가 주최하고 (사)새건축사협의회와 (사)한국건축가협회, (사)한국여성건축가협회가 공동으로 주관하여 2008년부터 열린 젊은건축가상은 젊은 건축가를 발굴하고 등단시키는 주요한 통로가 되고 있다. 김동진, 신승수, 임도균+조준호, 김정주+윤웅원, 조한, 임지택, 김현진, 이기용, 강진구, 정기정, 조장희+원유민+안현희, 김주경+최교식, 김순주+권형표, 곽상준+이소정, 김민석, 박현진, 김수영, 이은경, 조진만, 강예린+이치훈+이재원(SoA), 김현석, 김창균, 임영환+김선현, 전병욱, 신민재+안기현, 이승택+임미정, 김창진, 강제용+전종우(이데아키텍츠), 국형걸, 서재원+이의행(aoa), 문주호+임지환+조성현(경계없는 작업실), 김이홍, 남정민, 박수정+심희준(건축공방), 전보림+이승환(아이디알건축), 한승재+한양규+윤한진(푸하하하프렌즈), 박지현+우승진+조성학(비유에스아키텍츠), 김세진, 정웅식, 이세웅+최연웅(아파랏체), 조윤희+홍지학(구보건축), 강영진+강우현(아키후드 건축) 등 지난 2008년부터 젊은 건축가상을 수상한 건축가들은 공공건축가 제도와 공모전 제도의 안착으로 공공건축의 현장에 개입하면서 성장하고 있다.

한국 도시에 대응하는 흥미로운 건축 해법이나, 전통이라는 굴레에 얽매이지 않는 자유로운 공간과 형태의 표현으로, 한국의 젊은 세대는 수평적 다양성을 보여주는 이 젊은 건축가의 과감함과 적극성은 한국 건축의 다양성을 보여줄 수 있는 중요한 건축 태도가 될 것이다. 또한, 이 결핍 없는 세대의 등장은 세계와 동시대성을 지닌다. 유학을 통해 서양 건축을 습득하는 과정은 더는 필수적인 코스가 되지 않는다. 5년제 건축 교육을 받은 후 한국의 건축사무소에서 실무를 쌓아 독립하는 건축가들이 늘어나면서 이전 세대였던 건축가들의 언어를 바탕으로 자신의 건축을 확장하는 건축가들이 꾸준한 작업을 보이고 있다. 이 다양성이야말로 한국 건축의 계보와 좌표를 그려낼 수 있는 풍부한 토대가 되며 한국 건축을 탄탄하게 할 기회가 될 것이다.

포럼 토론 원고

1950년대 이전

박동민 (단국대학교 건축학부 교수)

지난 100년간 한국 건축이 지나온 흔적을 생각해볼 수 있는 유익한 시간이었습니다. 저는 오늘 발표의 전반부에 해당하는 박일향 박사님과 박정현 박사님의 발표에 대한 의견을 몇 가지 말해보겠습니다.

먼저, 1950년대 간선도로변의 고층화에 관한 박일향 박사님의 발표는 이 시기에 관해 지금까지 충분히 연구되지 않았던 도시계획의 한 측면을 보여준다는 점에서 중요한 연구입니다. 이 발표를 들으며 제가 가졌던 의문점은, 1950년대 간선도로변 최저층수의 제한이라는 도시계획 정책이 이 시기의 정신을 대표하는 현상이었는지, 아니면 예외적 현상이었냐 하는 점입니다.

건축 분야에서, 1950년대 한국을 이해하는 중요한 요소로서 미국의 영향을 들 수 있습니다. 특히, 엘리트 사회에서 미국의 유학과 연수가 성공의 지름길로 인식되었고, 한국의 최고 고등교육기관인 서울대학교도 미국의 영향을 받아 미국식으로 재편됩니다. 그런데, 오늘 박일향 박사님 발표의 주된 분야였던 도시는 상대적으로 이런 영향이 분명하지 않다는 생각이 듭니다. 물론, 도시에서도 서울대학교의 윤정섭 교수님처럼 해외 연수를 다녀온 경우도 있지만, 다른 기술 분야에 비하면 미국의 영향보다는 이전 일제강점기 시기의 영향이 강하게 지속되었던 것 같습니다. 오늘 발표의 중요한 참여자, 이를테면 도시계획에 참여한 장훈이나 주헌과 같은 인물은 일제강점기 때 교육을 받았고, 당시의 다른 관료들 역시 일제강점기부터 이 분야에서 일을 해왔습니다. 그 외에도, 개별 건물의 건설에 참여했던 이름을 알수없는 많은 사람에게 미국의 영향은 상대적으로 약했던 것 같다는 생각이 듭니다.

오늘 발표에 등장한 1955년 주원의 글에서, 그가 모스크바를 이상적인 도시의 모습으로 보았다는 점도 흥미롭습니다. 1950년대의 도시계획가들은 냉전이라는 대립 관계의 구속에 크게 얽매이지 않았던 것 같습니다. 실제로 1950년대 미국의 지원을 보면, 서울의 도시계획 분야에서 통일된 도시의 이미지를 구축하려는 시도는 발견하기 어렵습니다. 1950년대 서울 미관지구의 최저층고는 오히려 북한에서 유사한 사례를 찾을 수 있습니다. 평양의 재건을 보면, 전쟁 직후 복구에서 중심가와 간선도로 주변이 4층 혹은 5층으로 개발됩니다. 발표에서 박일향 박사님이 말씀하신 것과 거의 비슷한 현상이 북한의 평양에서도 발견된다는 거죠. 1950년대 미관지구의 고층화현상이 사회주의 국가의 원조로 건설되던 북한과 유사한 지향을 가졌다는 점은 흥미롭습니다. 이런 점에서 보면, 1950년대 한국의 건축 분야와 도시계획 분야가 다소 다른 지적 분위기였던 것은 아닐까 생각해봅니다.

박정현 박사님의 1960년대와 1970년대 발전기의 한국 건축의 변화에 대한 발표도 재미있게 들었습니다. 박정현 박사님은 전통과 개발이라는 두 축으로 이 시대를 이해하였습니다. 흥미로운 점은, 건축에서 이 두 개의 가치가 서로 다른 기준에 의해 판단되었다는 사실입니다. 이를테면, 서양의 근대 건축물은 그대로 모방의 대상이 될 수 있었지만, 한국의 전통 건축물을 그대로 모방하는 행위는 비판의 대상이 되었습니다. 현대화의 과정에서 서구의 모방은 허락되었지만, 전통성의 재현에서 우리 자신의 과거는 그대로 재현되어서는 안 된다는 이중 기준이 만들어진 것입니다.

근대화와 주체적 전통 해석을 모두 강조했던 북한과 비교해보면 흥미로운 점이 있습니다. 강봉진의 국립종합박물관 논쟁 이전인 1960년에 북한에서도 비슷한 시도가 있었습니다. 북한의 평양대극장은 전통 건축을 현대화시키려는 시도의 일환으로, 내부 공간은 현대적으로 만들었지만, 외부의 지붕을 전통적 기와지붕 형태로 만들었습니다. 이 경우에는 비판을 받기 보다는 국가적으로 전통 표현의 중요한 하나의 방식으로 인정받게 됩니다. 즉, 남한에서는 전통적 기와지붕 건물을 따라한 강봉진의 건축이 비판의 대상이 되었는데, 북한에서는 비슷한 시도가 받아들여졌습니다.

저는 아이러니하게도 북한에서 1960년이라는 이른 시기에 전통적 건축 형태가 그대로 받아들여짐으로써, 그 이후에 북한에서 전통건축의 현대화에 관한 발전적 논의가 일어날 여지가 상대적으로 줄어들었다고 생각합니다. 실제로 북한에서 1950년대 후반부는 전통 논쟁이 가장 활발하게 일어났던 시기입니다. 하지만, 김일성의 1인 독재체제가 강화된 1960년대부터는 전통의 새로운 해석보다는 기존에 공인된 해석법을 따라가게 됩니다. 이에 반해서, 1966년 강봉진의 국립종합박물관과 1967년 김수근의 부여박물관은 남한의 건축계에서 만족스러운 전통 해석으로 받아들여지지 못했고, 이후에도 계속해서 전통 건축의 현대적 계승법을 찾는 노력을 지속하게 됩니다. 요약하자면, 북한은 너무 일찍 답을 정해버렸기 때문에, 생산적인 후속 논쟁이 충분히 나오지 못했고, 남한은 만족스러운 답을 찾지 못했기 때문에, 여러 가지 다른 접근법이 시도된 것이라 생각됩니다.

박일향 박사님과 박정현 박사님은 비교적 최근에 박사논문을 발표하셨다는 공통점이 있습니다. 두 분 모두 앞으로 한국 근현대건축사 분야에서 중요한 역할을 하실 것을 기대합니다.

1960 – 1970년대 이전

이종우 (명지대학교 건축학부 교수)

박정현 선생님의 발제에 초점을 맞추어 몇가지 논점을 제안하고자 합니다. 먼저 언급하고 싶은 것은 최근에 출판된 선생님의 저작입니다. 작년 말에 출간 되었으며, 오늘 발제의 내용이 부분적으로 다루고 있는 저작 『건축은 무엇을 했는가. 발전국가 시기 한국 현대 건축』(2020), 그리고 이 책의 근간이 된 2018년 박사는문 『발전국가 시기 한국 현대 건축의 생산과 재현』(2018)이 그것입니다.

이 부분을 먼저 언급하고자 하는 것은, 이 발제 또한 앞서 출판된 이 장기간의 연구의 맥락과 문제의식 속에 위치하기 때문이고, 또한 이 저작에서 제가 가장 중요하게 본 부분과 오늘 발제문이 다루고 있는 소재 사이에 어느 정도의 차이가 있는데 이것이 의미있을 것이라고 보여지기 때문입니다.

우선 이 책의 전반적 특징에 대해 얘기하자면, 국가 주도의 도시개발과 민족적, 반공적 이데올로기의 강화라는, 이번 심포지움의 키워드를 이용하자면 '팽창과 모색'의 틈바구니에서 실행되었던 건축 역사의 한가운데를 파고들고 있습니다. 또한 이 건축의 역사는 그동안 아마도 '건축적으로 순수하지' 못하다는, 그래서 '작품'으로 보기에 어렵다는 이유로 건축학적, 건축사학적 평가에서 배제되었던 영역이며, 그렇지만 한국 건축의 성격변화라는 내용을 일반사와의 관계 속에서 무엇보다도 잘 담고 있는 부분입니다.

이 연구는 국가 정책으로 대표되는 외부적 힘들과의 관계속에서, 그리고 건축의 기초가 되는 기술적 조건의 변화와 구체적인 경제적 조건

속에서 새로운 건축의 등장을 자리매김했습니다. 또한 그 방법에 있어서 시대적 거시적 흐름과 구체적, 미시적 에피소드와 개별 건축가의 당시 입장 및 회고가 계속적으로 교차되고 있으며, 쉽게 말하자면 일반사와 미시사가 교차되고 있습니다.

그런 의미에서 이 연구는 본격적인 역사 연구입니다. 같은 시기에 건축 영역 바깥에서 벌어진 인문, 사회, 정치, 경제적 사안들을 건축 내적 사안들과 동등한 무게를 가지고 다루면서도 그러한 힘들 속에서 건설된 건축물들에 대한 건축미학적 비평을 통해, 미약하지만 분명히 존재했던 건축의 자율성을 다뤘습니다. 그리고 한국 현대 건축의 발전에 선행했거나 동시대적으로 진행된 세계적 건축 조류와의 비교평가를 행하고 있습니다. 이러한 자리매김은 찬미나 비난의 방식과는 거리가 멀고, 매우 중립적이고 냉정하기까지한, 또한 종종 냉소적 위트를 보이며, 독자가 긴장 속에서 글을 읽게하는 역사적 자리매김입니다.

제가 이 책에서 특히 중요하다고 생각하는, 그리고 앞서 언급한 이 책의 방향에 가장 밀착된 주제는 1970년대에 본격적으로 추진되어 80년대에 절정기를 맞았던 서울의 도심재개발과 그 속에서의 건축이라고 생각됩니다. 이 과정의 실질적 주역이었던 건축설계사무소와 그 과정에서 벌어졌던 규모의 대형화. 이로인해 촉발된 건축가 작업의 고유성과 대형 시스템에 기반한 익명성 사이의 줄타기 등은 이 시기의 한국건축을 움직인 중요한 동력과 건축의 성격을 이해하는데 매우 중요하다고 봅니다.

도심재개발이라는 주제가 중요해 보이는 또다른 이유는 최원준 교수님의 발제에서도 일부 등장했듯이, 이것이 1970년대말, 80년대 초반에 단편적으로 시작되어 80년대 후반 젊은 건축인들과 건축과 학생들이 주축이되었던 건축운동에서 주요한 논제와 대항 담론의 소재가 되었다는 것이고, 90년대말 이후 현실 건축의 방향 재설정으로 이어졌기 때문입니다.

박정현 선쟁님의 오늘의 발제는 1960, 70년대의 건축을 이끈 두 축의 국가 정책, 즉 국민국가의 정체성 확립과 국가 주도의 경제개발 중에서 전자에 더 방점을 두고 있는 듯 보입니다. 한국종합기술개발공사에서 김수근이 맡았던, 현실적 건설자로서가 아닌 미래를 표상하는 이미지 메이커로서의 역할, 70년대 박물관,극장, 공연장 건축이 요구받았던 한국성의 강조,『공간』지에서 전개된 한국적 공간론, 초기 아파트인 마포아파트가 맡았던 이데올로기적 역할 등은 이번 발제가 당시 건축이 맡았던 국가적 정체성 확립의 역할에 초점이 맞춰졌음을 보여주는 소재들이라고 생각됩니다.

이와 관련하여 두가지 질문을 하고 싶습니다. 첫번째는, 오늘 한국 건축의 1960–70년대에 대한 발제에서 개발 보다 전통과 국가 정체성에 초점을 맞추신 이유가 어떤 것인지 궁금합니다.

두번째로는, 1960–70년대에 상당히 폭력적이고 독재적이었던 도시 개발과 건축 정책 하에서 대사회적, 대항적 건축담론이 전무했다고 보시는지 궁금합니다. 1980년대의 후반, 건축계에서 대사회적 담론의 폭증이라는 상황과는 극적으로 대비되는 것이 1960–70년대인가 하는 것입니다. 물론 여러번 지적되었듯이 해방공간 이후 조선건축기술단을

중심으로한 짧고 제한적인 논의 이후 1980년대
이전의 시기까지 건축가들의 대자회적 논의는
찾아보기 힘든 것이 사실일 것입니다. 그렇지만
개발 시대를 겪으면서, 특히 71년 광주대단지
사건 등을 겪으면서 여기 서울대학교의 경우를
보자면 건축과 내에 주택문제연구회가 결성되었고,
공과대학 차원에서는 산업사회연구회와 같은
현실비판적 학술모임이 만들어진 것으로 알고
있습니다. 즉, 미약하게나마 그리고 비공식적인
방식으로 1970년대 후반부터 개발의 이면이라고
할 수 있는 도시건축 문제에 대한 비판과 대사회적
목소리가 등장하지 않았나, 건축계 전반은
아닐지라도 학계 내에서 등장하지 않았나 싶는데,
이러한 부분을 이 시기의 건축을 다룰때 포함시키는
시키는 것이 필요하지 않을까라는 생각이 있습니다.
이상입니다.

1980–1990년대 이전

김현섭 (고려대학교 건축학과 교수)

서울대학교 박물관과 건축학과가 펼쳐놓은 전시회 〈우리가 그려온 미래: 한국 현대건축 100년〉도 그러하지만, 이번 연계 심포지엄 역시 대단히 야심찬 기획임에 틀림없다. 한국의 현대건축의 시간적 범주를 100년으로 설정하고, 이를 과감히 네 개의 시기로 나눠 두 시간 분량의 발표에 아우르려 했으니 말이다. 그러나 준비된 한 편의 총론과 네 편의 시기별 발표문은, 저마다의 차이가 있지만, 그만큼의 밀도를 담아 유의미한 내용을 선사했다고 생각한다.

전봉희의 「한국 현대건축의 시점과 획기」는 이 학술행사의 밑그림을 보여주는 총론으로서 가장 논쟁적이면서도 야심찬 기획의 변에 다름 아니다. 그는 “현대”라는 용어를 규정하기 위해 그간 우리 건축계에서 해방을 분기점으로 “근대”와 “현대”를 나누던 사례를 두루 살펴보고, 중국과 일본의 경우와도 비교한다. 그러나 또 다른 한편으로는 그러한 시기구분에 어긋나는 관점들, 특히 한국건축가협회가 개항 이후부터를 일괄 “현대”로 묶어낸 관점 역시도 병치시킨다. 결국 전봉희의 초점은 정치적 격변의 시점보다는 첫 한국인 경성공전(경성고공) 졸업생인 박길룡과 이기인이 배출된 1919년과 나고야고공 출신의 이훈우가 사무소를 개업한 1920년으로 모아지는데, “건축가”의 존재를 근거로 하는 건축가협회의 입장과 (실상은 매우 보편적이라 할 만한 역사서술의 입장과)[1] 일치된 셈이다. 그러나 이러한 “획기”의 논거는 사후구축적일지도 모른다. 아니, 지금의 시점과 아주 절묘하게 잘 맞춰낸 사전의 포석이렷다. 2021년 전시를 펼쳐낸 이상 100년,

즉 한 세기라는 상징적이면서도 실질적인 기간이 유효한 것 아닌가. 어떤 특정 연도와 기간은 저자의 레시피에 따라 얼마든지 맛나게 요리될 수 있음을 우리는 알고 있다.[2]

이러한 한 세기를 전봉희와 전시팀이 1920–1950년대, 1960–1970년대, 1980–90년대, 2000년대로 나누고 각각에 "학습과 모방", "팽창과 모색", "개방과 탐구" 및 "건축가와 사회", "논리와 감각"이라는 테마를 부여한 것은 대체로 적절하면서도 여전히 논쟁의 여지를 남긴다. 그러나 이 자체를 논하기보다, 각 시기를 담당한 개별 연구자들의 원고가 얼마나 이를 반영하는가와 더불어 이를 벗어나 여기에 얼마나 새로운 의미를 부여하느냐가 관심의 초점일 것이다. 결론부터 말하자면, 각 연구자는 굳이 전술한 키워드에 얽매이지 않은 것으로 보이며, 각 시대를 바라보는 서로간의 프레임 역시도 모두 다르다. 이는 시대 전체를 관통하는 (총론에 근거한다면 "건축가"의 존재와 활동이라는) 일관된 줄기의 부재라는 아쉬움을 엿보임과 동시에, 각 시대마다 시대상이 다르고 각 연구자들의 관점도 다를 수밖에 없는 현실을 그대로 보여준다. 어쩌면 이는 총론이 얽어놓은 구조 위에 다각적 의미를 획득하는 과정의 하나라 볼 수 있겠다.

1920–1950년대를 다룬 박일향의 원고 「고층으로의 갈망: 1950년대의 시대적 요구」는 1953년 서울시의 〈건축행정요강〉이 "최저층수"를 제한함으로써 "간선도로변 고층화"를 유도한 상황에 집중한다. 이는 결국 국가의 '정책과 제도'가 현대의 건축과 도시를 어떻게 변화시키는지 보여주는 단면이다. 박정현이 담당한 1960~1970년대는 박정희의 집권시기와 일치하는 만큼, 그의 원고 「발전-국민-국가와 건축」은 민족주의에 근간한 당 정권의 "국가주도 발전계획체제"가 건축과 어떻게 관계하는지를 조명한다. 당대 건축계의 전통성 논쟁, 『공간』 창간, "아파트 단지"의 형성 등이 국가 이데올로기의 발현과 엮여 언급된 사례다. 전 시대의 관점이 '정책과 제도'에 바탕 한다면, 이 시대는 '정책과 제도' 이면의 '정치와 이데올로기'의 시각에서 건축의 변화를 보여줬다고 하겠다. 그러나 이후의 두 시기와 비교한다면 이 두 시기의 입장은 상대적으로 가까워보인다. 1980–1990년대를 다룬 최원준의 「연속/불연속: 20세기 한국건축의 마지막 20년」과 임진영의 「한국적 모더니즘의 진화의

1. 국내에서는 『김수근 건축론』(1996)에서 출발한 정인하의 모노그래프 시리즈가 건축가의 "근대적 자의식"에 초점을 맞춘 것으로 대표적이지만, 박길룡 세대의 그것과 차별화한 점이 결정적 차이다.

2. 가장 흥미로운 사례는 조안 오크만(Joan Ockman)이 엮어낸 『Architecture Culture 1943-1968: A Documentary Anthology』(1993)가 아닐까 싶다. 1968년은 68혁명의 때로서 시대의 분수령임이 명쾌하지만, 선집의 시점을 이차대전이 종식된 1945년이 아닌 1943년을 설정한 근거는 무엇인가? 1943년 기디온 등이 출판한 「Nine Points on Monumentality」의 의미와는 별개로, 결국 68혁명에 이르기까지의 사반세기라는 기간이 오크만의 구미를 당겼을 것이다. 한편, 뉴욕 현대미술관의 전시를 계기로 "국제(주의) 양식"이라는 라벨이 만들어진 1932년은 지난 10년의 건축적 성장을 다룬 것이고(H.-R. Hitchcock and P. Johnson, *The International Style: Architecture Since 1922*, New York: Rizzoli, 1932), 윌리엄 커티스는 그간의 여러 상충했던 입장을 일소하며 "1900년 이후"로 자신의 역사서술에 대한 기간을 설정했다(W. J. R. Curtis, *Modern Architecture Since 1900*, 1st ed., London: Phaidon, 1982).

현장」은 모두 당 시대의 콘텍스트를 배경으로 하되 '결과로서의 건축 및 건축가들의 활동'에 집중했기 때문이다. 근접한 시기일수록 단일한 관점에서 역사를 파악하기 어려운 까닭일 텐데,[3] 두 연구자는 다양한 '경향들'과 '사례들'을 폭넓게 펼쳐낸다. 최원준이 88올림픽을 전후해 건축 프로젝트의 속성이 국가주도에서 민간주도로 중심이동 했다는 큰 흐름을 적확히 지적했지만, (세계화, 세대교체, 사회참여 등의 주제를 거쳐) 결국 "다원주의 사회의 도래"를 읽을 수밖에 없었던 게 현실이었다. 물론 이러한 다원성은 2000년대 들어 더욱 가속화됐다고 말할 수 있다. 하지만 더 정확히는, 현재 진행 중인 "당대"를 역사화하기 위해서는 아직 더 기다려야 한다고 말할 수 있겠다. 그럼에도 불구하고 임진영이 강조한 세계와의 "동시대성"은 현재의 젊은 건축가들이 지닌 (혹은 지녀야 할) 속성임에 틀림없으며, 그가 암시했으나 덜 강조된 점은 건축의 '상품화' 현상이 아닐까 싶고, 언급하지 않았으나 언급할 만했던 경향에는 (관습적 건물 짓기를 넘어 전시, 설치, 출판 등 여러 주변 영역을 아우르는) '건축 영역의 확장'도 속할 수 있을 것 같다.

크고 작게 달랐던 각 시기를 보는 프레임이 여타의 시기에 적용된다면 어떠할까? 또 다른 풍성한 스토리와 의미가 직조되지 않을까 싶은데, 네 명의 연구자뿐만 아니라 우리 모두에게 던져보는 질문이다.

필자가 더 집중하기를 요청받은 1980–1990년대에 대해서라면, "양김 시대에서 양김 시대로"라는 최원준의 언급은 당대 건축가의 세대교체와 관련해 유의미하게 생각되던 바다. 우리가 잘 알 듯, 1980년대 김중업과 김수근 이후 김원과 김석철의 시대가 도래한 듯 했으나 1990년 4.3그룹의 부상으로 그 시대가 단명했기 때문이다. 한편, 박정현이 부분적으로 서술한 1966년『공간』창간의 맥락은 무척 중요하다고 판단된다.[4] 당시 한국 현대건축이 정체성을 찾아가는 과정을 이 잡지가 생생히 보여줄 뿐만 아니라, 이 심포지엄이 다루는 한 세기의 후반부 내내 한국건축의 창작과 담론에 지대한 영향을 미쳐왔기 때문이다. 끝으로, 이 심포지엄의 야심찬 기획이 지시하는 바를 반대 각도에서 다시 규정해보자. 그것은 '우리가 그려갈 미래: 한국 현대건축 100년사'가 아닐까? 아직은 좀 더 숙성이 필요하지만 그리 먼 이야기만도 아닐 듯싶다.

3. 영국의 역사가 리턴 스트레이치가 시사하듯 최근의 역사는 어렵다. 왜냐하면 "우리가 너무 많이 알고 있기 때문이다." Lytton Strachey, *Eminent Victorians*, Harmonsworth: Penguin, 1948, p. 6.
4. 지극히 개인적인 이야기이지만,『공간』2022년 1월호에 게재될「RE-VISIT SPACE 13:『공간』창간호 다시 보기」라는 글을 탈고한 직후 읽게 된 박정현의 유관 서술은 필자에게 인상적이다. 중복되는 내용이 있으면서도 유의미한 차이 또한 담고 있는 까닭이다.

2000년대 이후

임동우 (홍익대학교 건축도시대학원 교수)

임진영의 글은 2000년대 한국의 건축을 매우 함축적으로 요약. 주요한 개별 건축가들의 작업들의 성격과 의미를 짚어내면서도, 이들의 나열을 통해 2000년대 한국 건축판의 컨택스트, 맥락을 서술하고 있다. 다른 시기의 발표 및 글과는 달리 임진영이 다루고 있는 2000년대는 개별 건축가들의 이야기에 집중할 수 밖에 없는 듯이 보인다. 고층화에 대한 욕구를 다룬 50년대, 경제개발시기의 시대적 현상을 반영할 수 밖에 없었던 60–70년대, 김수근–김중업 시대가 막을 내리고 한국의 경제가 정점에 있었으면서 한국을 국제 무대에 내세우고자 했던 80-90년대는 모두 시대가 설명해주는 당대의 한국 건축의 맥락이라고 하는 것이 존재했다. 물론 2000년대 역시 여행 자유화 시대를 누린 세대가 등장하고, 또 2008년 세계경제위기 등 여러 사회.경제적 맥락이 존재했지만, 여전히 개인 건축가의 작업에 집중해서 설명해야 더 이해도가 높아질 수 밖에 없다.

이것이 과연 "아직 역사가 되지 않은" 시기의 이야기이기 때문일까. 2020년대를 살아가는 우리에게 있어서 2000–2020년 기간의 이야기는 아직 큰 사회적 맥락을 이야기하기에 너무 "현재"의 이야기이기 때문일까. 물론 이러한 요소도 배제할 수는 없지만, 임진영의 글과 발표를 보다보면, 이것은 결국 한국 건축에서 현재 일어나고 있는 현상적인 부분으로 이해할 수 있다. 즉 지금으로부터 20–30년이 흐른 시점에서 2000년대를 되돌아 본다 해도, 임진영이 하나의 맥락보다는 각개로 전개할 수 밖에 없었던 이 시각이 크게 흔들리지는 않을 것 같다. 이는 앞선 시대를 발표한 최원준의 이야기에서 힌트를 얻을 수 있다. 2000년대를 이끌고(?) 있는 건축가들은 소싯적 무슨 단체에 속해 고적답사 다니는 문화보다는 여행 자유화라는 정책을 등에 업고 개인적으로 해외 여행을 다녔던 세대인 것이다. 매우 단편적인 힌트일 수는 있으나, 그만큼 이 세대는 전체의 목소리 보다는 각자의 개성을 표출하는 것이 더 익숙한 세대라는 이야기로 귀결될 수 있는 힌트다.

임진영은 직접적으로 소결내리지는 않았지만, 임진영이 개별 건축가에 집중하는 식으로 2000년대의 건축을 기술할 수 밖에 없는 현상 그 자체가 한국적 모더니즘이 아닐까 생각해본다. 지난 수십년동안 한국 건축계에서의 가장 큰 과제는 서양의 근대건축 (혹은 건축술)과 한국의 전통성을 어떻게 결합하느냐였다. "한국성"이라는 정체모를 (혹은 해석불가한) 단어는 한국 건축계에서 전혀 어색하지 않은 단어가 되어버렸다. 이것이 김수근의 부여박물관 논란에서부터 야기된 논쟁인지 아닌지는 중요하지 않다. 여전히 전통적, 한국적이라는 이야기는 한국건축계에서 중요한 화두다. 그런데 이것이 2000년대부터는 하나의 집단적 패러다임을 추구하는 것이 아니라 각각의 건축가들의 개별적 실험 과정으로 나타난다. 어떤 건축가에겐 전통적 공간을 현대적으로 해석하는 것이, 어떤 건축가에겐 전통 건축의 구축 기법 혹은 요소 자체를 재해석하는 과정이, 또 어떤 건축가는 전통건축이 아닌 한국의 도시적 맥락을 반영하는 것이 현재 한국 건축계의 현상이며, 중요한 것은 이것이 어떠한 집단현상으로 나타난다기 보다는 건축가 개개인의 고민과 실험으로 나타난다는 점이다.

건축가의 개성이 두드러지게 드러나고 그것이 그대로 존중받을 수 있는 시대가 된 것은 확실히 2000년대의 특징이다. 그리고 아이러니컬하게도 파주출판단지나 헤이리 예술인마을 등의 기회(?)는 건축가들이 "나의 정체성"을 어떻게 차별화할 것인가를 고민하게 한 것은 아닐까 한다. 2000년대에 활발히 활동하는 많은 건축가들은 젊은 시절 매우 "운 좋은" 기회를 얻었다. 위의 두 프로젝트를 통해 당시 젊은 건축가들은 다양한 민간건축을 진행할 기회가 있었고, 수많은 작품들이 나열되는 가운데 자신의 프로젝트가 다른 건축가의 프로젝트와는 다른 정체성을 보여지도록 하겠다고 하는 것은 어찌보면 건축가들의 본능이었을 것이다. 때문에 이 세대의 건축가들에게는 집단적 언어보다 개별적 언어가 더욱 더 중요하게 다가왔을 것이다.

여행 자유화, 해외유학, 민간건축 위주의 시장 등은 2000년대를 이끌어 가는 건축가들을 설명하는 데 빼 놓을 수 없는 키워드가 되었다. 하지만 이들 시대적 키워드의 결론적인 얘기는 이러한 맥락 때문에 어떠한 시대적 담론이 형성되었다가 아니라, 오히려 개별건축가들의 이야기들로 귀결된다는 점이다. 그리고 이것은 결국 이제서야 "모더니즘의 종말"을 이야기할 수 있는 지점까지 왔다고 확대 해석할 수 있겠다. 시대적인 정의로서 "근대"가 아닌 언어로서 "모더니즘"을 이야기한다면, 모더니즘은 하나의 매우 명확한 건축 언어이고, 개별성보다는 합리성과 기능성, 그리고 보편성이 강조된다. 마르크시즘과 산업혁명의 시기에 생겨난 건축언어로서 어찌보면 당연한 이야기일 것이다. 그리고 건축 언어로서의 "포스트모더니즘"은 조금 다르지만, 사회적 의미로서 포스트모더니즘은 모더니즘에서 억눌렀어야 했던 개별성을 표출하는 것을 중요하게 생각한다. 큰 틀에서 보자면 현재 2000년대의 한국 건축은 포스트모던에 가깝다. 임진영이 언급하는 "한국적 모더니즘"은 아이러니하게도 모더니즘을 탈피하고 있는 한국 건축계의 과정에 대한 이야기다.

이러한 과정은 2010년대에 등장하는 젊은 건축가들에게서도 이어진다. 이는 1970년대 부동산 시장의 경제성과 손을 마주 잡았던 몇몇 포스트모더니스트 건축가들에게서 보일 법한 입면으로 소위말하는 "생존건축"을 하는 건축가들의 등장을 두고 하는 말이 아니다. 건축가들의 개별성은 더욱 더 진화하고 있으며, 특히 이제는 "한국" 혹은 "전통"이란 단어는 더 이상 2010년대의 건축가들의 입에서 듣기 힘든 단어들이 되었다. 직.간접적으로 위의 의미들이 건축에 녹아져 있었던 2000년대의 건축가들과는 또 다른 단계로 탈피해 나가고 있다는 점이다. (물론 임진영의 지적대로 2000년대의 건축가지만 2010년대의 마인드로 진보적 성향을 띈 건축가들도 없지 않았다) 이들 건축가들에게 있어서는 (모두가 그런 것은 당연히 아니지만) 이제는 "모더니즘" 그 자체에 도전을 하고 있다. 모더니즘의 구축방식을 재해석함은 물론 완전히 재구성하려는 건축가들도 있고, 모더니즘이 추구하던 기능성을 의도적으로 뒤집어 놓는 건축가들도 보인다. 그야말로 근대건축을 지나 현대건축이다.

이번 기획전시에서 "현대건축"이라는 단어는 매우 의미있는 단어로서 매우 조심스럽게 정의되었다. 우리의 현대건축의 시기를 지난 100년으로 정의내릴 수 있느냐 없느냐는 또 하나의 새로운 담론을 만들어 낼 것이다. 하지만 이 기획전시와 심포지움을 통해 읽을 수 있었던 점은 시대적 의미로서가 아닌 건축언어로서 근대건축 혹은 모더니즘 (Modernism)과 대비해서 현대건축 (Contemporary Architecture)를 말한다면, 지금 한국의 건축은 충분히 근대를 넘어선 현대건축을 추구하고 있다. 2010년대의 건축가들은 더이상 모더니즘을 어떻게 수용할지, 모더니즘에 "한국성"을 어떻게 대입할지 고민하지 않는다. 그들은 모두 각자의 방식으로 모더니즘에 맞서고 있다.

사진: 김재환

우리가 그려온 미래:
한국 현대 건축 100년
2021. 9. 1-2022. 2. 26

전시

주최:
서울대학교 박물관,
서울대학교 공과대학 건축학과—BK 사업단

주관:
서울대학교 박물관,
서울대학교 공과대학 건축학과,
목천김정식문화재단

기획위원회:
위원장. 전봉희
위원. 강예린, 김승회, 박철수,
서현, 이철호, 최춘웅

큐레이터:
강예린

어소시에이트 큐레이터:
허유진

기획지원:
김태형(목천김정식문화재단),
선일(서울대학교박물관 학예연구관),
이정은(서울대학교박물관 학예연구사)

코디네이터:
김수빈, 김영섭, 김태은, 유영이,
조윤오, 임석영

모형팀:
김무영, 신미소, 임석영, 정재홍

자문:
최원준(숭실대학교 건축학과 교수),
박정현 (도서출판 마티 편집장)

자료협조:
김수근문화재단, 광주역사시민속박물관, 국가기록원,
국립현대미술관, 대한건축사협회, 목천김정식문화재단,
사진가 김재경, 서울과학기술대학교 시설관리팀,
서울대학교 건축학과 도서실, 서울대학교 시설지원과,
서울대학교 중앙도서관, 서울역사박물관, 서울특별시
광화문광장추진단, 서울특별시 미디어재단 티비에스,
성락침례교회, 월간 SPACE (공간), 주헝가리한국문화원,
청계천박물관, 한국건축가협회, 한국문화예술위원회,
한국정책방송원 방송영상부, 한올문화재연구원

그래픽 디자인:
홍은주, 김형재

전시설치:
주성디자인랩

프린트:
이미지원, 제로스톤즈, 으뜸프로세스, 남이디자인

참여작가 (1층):
김대일 (리소건축), 김성우 (엔이이디건축),
김세진 (지요건축), 김주경_최교식_김세진 (오우재건축),
김지하 (율건축), 김진휴_남호진 (김남건축),
김한중 (그라운드아키텍츠), 김호민 (폴리머건축),
맹필수·문동환·김지훈 (엠엠케이플러스건축),
문주호 (경계없는작업실), 이승환·전보림 (아이디알건축),
이은경 (이엠에이건축), 조성현·이경엽·서종관 (스페이스워크),
조윤희·홍지학 (구보건축), 최재원 (플로건축),
강예린 (건축공간연구실), 강현구 (고성능구조공학연구실),
김승회 (도시건축설계연구실), 박문서 (건설기술연구실),
박소현 (도시건축보존계획연구실), 박철수 (건축에너지연구실),
박홍근 (건축구조시스템연구실), 백진 (건축도시이론연구실),
여명석 (건축환경계획연구실), 이철호 (강구조내진설계연구실),
전봉희 (건축사연구실), 조항만 (TAALab),
존홍 (프로젝트: 아키텍쳐), 최재필 (건축도시공간연구실),
최춘웅 (건축문화연구실), 홍성걸 (구조재료실험실)

자료제공 (2층):
권문성 (아뜰리에 17), 김원 (광장 건축환경연구소),
김봉렬 (한국예술종합학교), 김승회 (경영위치),
김영준 (김영준도시건축), 김용미 (금성건축),
김종성 (서울건축), 김진균 (서울대학교 명예교수),
김태수 (TSKP Studio), 류재은 (시건축), 민규암 (토마건축),
민현식 (기오헌), 민현준 (엠피아트), 승효상 (이로재),
신동재 (다울건축), 안영배 (서울시립대학교 명예교수),
오섬훈 (어반엑스), 우규승 (Kyu Sung Woo Architects),
유걸 (아이아크), 윤세한·김태만 (해안건축),
윤승중 (대한민국 예술원 회원), 이규상·장기욱 (보이드아키텍트),
이민아 (협동원), 이성관 (한울건축), 임재용 (OCA),
장윤규 (운생동), 장영균 (희림건축), 조정구 (구가도시건축),
최두남 (서울대학교 명예교수), 황두진 (황두진 건축사사무소),
황일인 (일건건축), 오퍼스건축사사무소, 인터커드건축사사무소,
터미널7아키텍츠 건축사사무소

포스터 디자인:
홍은주, 김형재

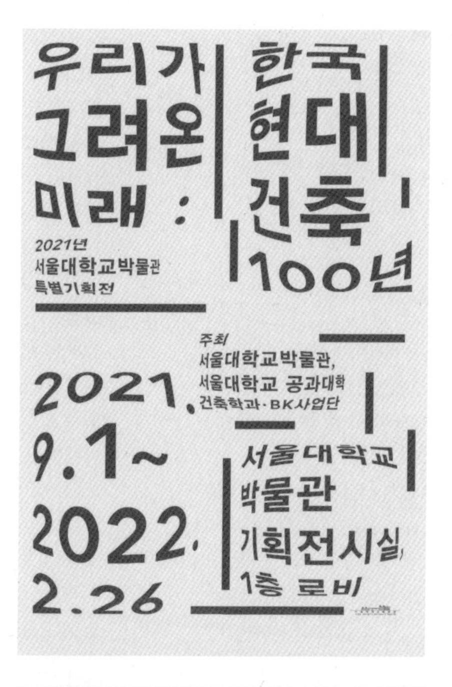

우리가 그려온 미래:
한국 현대 건축 100년

도록

초판 1쇄 펴낸날 2022년 4월 1일

기획 및 편집:
전봉희, 강예린

펴낸이:
이상희

펴낸 곳:
도서출판 집
출판등록 2013년 5월 7일
서울 종로구 사직로8길 15-2 4층
전화 02-6052-7013
팩스 02-6499-3049
zippub@naver.com

ISBN 979-11-88679-15-7 03540

진행:
서울대 건축학과 BK 사업단,
서울대학교박물관
08826 서울시 관악구 관악로1
02-880-5333

자료총괄:
허유진

도록 디자인:
워크룸

인쇄·제책:
세걸음

글:
전봉희, 박일향, 박정현, 최원준, 임진영,
박동민, 이종우, 김현섭, 임동우

사진:
텍스처 온 텍스처 (texture on texture),
김재환

그라운드 매핑 디자인:
홍은주 김형재

자료:
1층.
김대일 (리소건축)
김성우 (엔이이디건축)
김세진 (지요건축)
김주경·최교식·김세진 (오우재건축)
김지하 (율건축)
김진휴·남호진 (김남건축)
김한중 (그라운드아키텍츠)
김호민 (폴리머건축)
맹필수·문동환·김지훈 (엠엠케이플러스건축)
문주호 (경계없는작업실)
이승환·전보림 (아이디알건축)
이은경 (이엠에이건축)
조성현·이경엽·서종관 (스페이스워크)
조윤희·홍지학 (구보건축)
최재원 (플로건축)
강예린 (건축공간연구실)
강현구 (고성능구조공학연구실)
김승회 (도시건축설계연구실)
박문서 (건설기술연구실)
박소현 (도시건축보존계획연구실)
박철수 (건축에너지연구실)
박홍근 (건축구조시스템연구실)
백진 (건축도시이론연구실)
여명석 (건축환경계획연구실)
이철호 (강구조내진설계연구실)
전봉희 (건축사연구실)
조항만 (TAALab)
존홍 (프로젝트: 아키텍처)
최재필 (건축도시공간연구실)
최춘웅 (건축문화연구실)
홍성걸 (구조재료실험실)

2층.
권문성 (아뜰리에17)
김원 (광장 건축환경연구소)
김봉렬 (한국예술종합학교)
김승회 (경영위치)
김영준 (김영준도시건축)
김용미 (금성건축)
김종성 (서울건축)
김진균 (서울대학교 명예교수)
김태수 (TSKP Studio)
류재은 (시건축)
민규암 (토마건축)
민현식 (기오헌)
민현준 (엠피아트)
승효상 (이로재)
신동재 (다울건축)
안영배 (서울시립대학교 명예교수)
오섬훈 (어반엑스)
우규승 (Kyu Sung Woo Architects)
유걸 (아이아크)
윤세한·김태만 (해안종합건축사사무소)
윤승중 (대한민국 예술원 회원)
이규상·장기욱 (보이드아키텍트)
이민아 (협동원)
이성관 (한울건축)
임재용 (OCA)
장윤규 (운생동)
정영균 (희림종합건축사사무소)
조정구 (구가도시건축)
최두남 (서울대학교 명예교수)
황두진 (황두진 건축사사무소)
황일인 (일건건축)

김수근문화재단
광주역사민속박물관
국가기록원
국립현대미술관
대한건축사협회
목천김정식문화재단
사진가 김재경
서울과학기술대학교 시설관리팀
서울대학교 건축학과 도서실
서울대학교 시설지원과
서울대학교 중앙도서관
서울역사박물관
서울특별시 광화문광장추진단
서울특별시 미디어재단 티비에스
성락침례교회
월간 SPACE (공간)
주헝가리한국문화원
청계천박물관
한국건축가협회
한국문화예술위원회
한국정책방송원 방송영상부
한울문화재연구원

오퍼스건축사사무소
인터커드건축사사무소
터미널7아키텍츠 건축사사무소